过程工程中的模拟与优化：数学方法应用于化学工业的成果

〔德〕迈克尔·博尔茨(Michael Bortz)
诺伯特·阿斯普里恩(Norbert Asprion) 编著
张　蕾　译

中国石化出版社
·北京·

Simulation and Optimization in Process Engineering, 1st
Michael Bortz, Norbert Asprion
ISBN: 9780323850438

Authorized Chinese translation published by China Petrochemical Press Co., Ltd.
《过程工程中的模拟与优化》(第 1 版)(张蕾 译)
ISBN: 9787511480019

北京市版权局著作权合同登记　图字：01-2024-0766 号

注　意

本书涉及领域的知识和实践标准在不断变化。新的研究和经验拓展我们的理解，因此须对研究方法、专业实践或医疗方法作出调整。从业者和研究人员必须始终依靠自身经验和知识来评估和使用本书中提到的所有信息、方法、化合物或本书中描述的实验。在使用这些信息或方法时，他们应注意自身和他人的安全，包括注意他们负有专业责任的当事人的安全。在法律允许的最大范围内，爱思唯尔、译文的原文作者、原文编辑及原文内容提供者均不对因产品责任、疏忽或其他人身或财产伤害及/或损失承担责任，亦不对由于使用或操作文中提到的方法、产品、说明或思想而导致的人身或财产伤害及/或损失承担责任。

图书在版编目(CIP)数据

过程工程中的模拟与优化=Simulation and Optimization in Process Engineering：数学方法应用于化学工业的成果 /（德）迈克尔·博尔茨（Michael Bortz），（德）诺伯特·阿斯普里恩（Norbert Asprion）编著；张蕾译. — 北京：中国石化出版社，2025. 7. — ISBN 978-7-5114-8001-9

Ⅰ. TQ02

中国国家版本馆 CIP 数据核字第 2025N7W114 号

中国石化出版社出版发行

地址：北京市东城区安定门外大街 58 号
邮编：100011　电话：(010)57512446
发行部电话：(010)57512575
http://www.sinopec-press.com
E-mail：press@sinopec.com
宝蕾元仁浩(天津)印刷有限公司印刷
全国各地新华书店经销

*

787 毫米×1092 毫米 16 开本 17.75 印张 378 千字
2025 年 7 月第 1 版　2025 年 7 月第 1 次印刷
定价：118.00 元

译者序

Order

本书聚焦于过程系统工程这一交叉学科的最新研究进展和典型应用案例，有两个突出特点，一是范围广，包括化工、生物、冶金、环境、能源等不同行业、多个细分领域的内容，从分子的微观尺度到多装置调度的宏观尺度，从瞬时的化学反应到以月为周期的资源优化；二是实用性强，所有案例都来自工业或科研一线，以最新的数学工具予以解决，并提供了其中的部分开源代码或工具软件信息。

原书编者特别强调“工程世界和数学世界的接触能获得显著成果”，而各章的编写者们基本都是这样的组合：企业的工程师，以及大学和研究机构的科研人员。本书的内容充分说明：从现实世界的难题中提炼其隐含的科学或技术问题，并用适当的数学形式表达出来，再寻找(经常需要整合、改进甚至自行研发)合适的求解方法，最后回归到工程上可行的解决方案，已经成为当代高水平过程工业的必然要求，也是相关从业者们必须掌握的技能。

本书适用于每天面对实际挑战的工程师们：他们可能发现和自己所研究类似的问题而进行借鉴，也可能触类旁通受到启发，从而为企业创造效益；同样适用于高等院校相关专业的师生们，帮助他们深入理解数学工具与专业知识的结合如何为过程工业提供强大支持。

感谢巩明适、梁文军、刘晓宇、孙若琳、袁海鸥、周智菊对本书翻译工作的贡献。感谢中国石化出版社对译著的付梓出版。

由于该书兼具行业领域的广度和数学表述的深度，译者的水平恐难以精确表达原作的每一细节，敬请读者批评指正。

张蕾

前言

Preface

基于知识和数据的建模，与建立新技术解决方案相结合，构成了工程师推动进步的基础。要获得有重大实际影响的新见解和新观点，高度专业的领域知识是必要的。

与高度专业化的工程师相反，数学家致力于寻找与行业背景无关的结构关系，证明解的存在性，以及设计算法识别它们。越普遍的数学陈述，其被认可的价值就越高。

本书的想法根植于这样的信念，即当这两个世界——专业驱动的工程世界和方法驱动的数学世界——接触时，实质性的成果就会产生。这些成果可以是双重的，如下所述。

一方面，从科学的角度来看，对模型及其架构的数学理解可以为工程问题生成新的解决方案。构建模型的方式，会对现有解决方案是否以及如何通过算法揭示产生重大影响。此外，工程师提出的现实问题可能会挑战数学方法，远超过在数学教科书中作为示例的问题。

另一方面，从现实的角度来看，这种合作可产生重大进展。如果数学方法的应用导致了更可靠、更通用和更适用的模型预测，就不需要那么多的试错，达成改进——不管是哪种类型——所需的时间会大大减少。最终，这是基于模型的模拟和优化的有力承诺：可以对高度复杂的非线性系统进行预测，如何在不超过必要成本的情况下实现高效能。

本书强调了来自化学工程的应用，展示了模拟和优化中的数学进步如何在实际工作中产生重大影响。章节顺序遵循化学工程中的不同尺度：从物质性质到稳态、动态的装置和流程模型，再到调度和生产计划的组织问题。

在整本书中，读者将发现隐藏在模型中的数学架构，在模拟和优化任务时，如何被用来获取新的见解。我们希望本书可以给被实际问题挑战的工程师和数学家带来灵感。

Michael Bortz 和 Norbert Asprion

写于凯撒斯劳滕和路德维希港

目录

Contents

第 1 章　PC-SAFT 状态方程对传输和界面性质等物性的预测和关联　1

第 2 章　求解！而非搜索——应用 IDAES 的过程优化建模　24

第 3 章　多准则思考——优化方面的万用工具　40

第 4 章　电弧炉炼钢过程的集成建模及能量优化：工业应用实例　52

第8章 采用优化反馈控制的间歇过程实时优化 137

第9章 实现需求侧管理的可切换氯碱电解的经济运行 154

第 10 章 动态过程的最优实验设计 167

第 11 章 自动连续流和生物反应器平台中反应和生长的表征——从线性实验设计到基于模型的方法 188

第14章　资源任务网络调度模型在化学工业中的应用　247

第1章 PC-SAFT 状态方程对传输和界面性质等物性的预测和关联

Jonas Mairhofer[a]，Joachim Gross[b]

a 巴斯夫股份有限公司，德国路德维希港；
b 斯图加特大学热力学与热过程工程研究所，德国斯图加特

过程模拟的可靠性在很大程度上取决于应用的物性模型的适用性。对于多种多样的物理性质需要足够多的模型：使用平衡塔板模型模拟蒸馏塔可能需要一个活度系数、蒸气压、焓以及可能的气相逸度系数的模型。此外，基于速率的过程模型需要传输特性，如黏度、导热系数或扩散系数作为输入。为了从质量流量或摩尔流量计算体积流量，例如确定设备尺寸时，需要知道物料的密度。此外，熵在压缩机或泵等的仿真中也起着重要的作用。这对物性模型提出了很高的要求：它们必须准确地关联可用的实验数据，但也要在大范围的温度和压力下表现出外推的健壮性。它们必须能够对表现出复杂分子相互作用的物质和混合物的热力学行为进行建模。同时，为了确保可靠的数值解和避免过程模拟运行时间过长，它们不能太过于复杂。

有几种可供选择的物性方法。过程模拟中最广泛使用的方法之一是应用活度系数模型，例如非随机双液相模型(NRTL)[1]，将液相非理想性与纯组分蒸气压、液相和气相比热容、液相密度和其他所需性质的专用的、通常是经验的相关性相结合以建模。气相通常近似为理想气体。这种方法有几个缺点：它不适合在高压下应用，因为活度系数的压力依赖性通常被忽略，并且理想气体近似是不成立的。在计算蒸汽焓时必须考虑气相的非理想性问题。此外，对于临界温度低于模拟温度的组分，需要进行特殊处理。

一个状态方程模型加上所有纯物质的理想气体比热容表达式，可以提供所有静态的热力学性质。此外，传输系数的模型，例如黏度、导热系数或扩散系数，存在于状态方程输出的基础上。然而，简单的立方型状态方程，如 Peng-Robinson[2] 或 Soave-Redlich Kwong[3] 状态方程，只能应用于简单的分子，并且通常不能产生足够精确的结果以满足在大多数真实世界的过程模拟应用中所需的所有特性。对于表现出复杂分子相互作用(如氢键或极性相互作用)的分子，需要更精确的热力学模型，这促进了基于物理的、更复杂的状态方程的发展，例如由 Chapman 等人[4,5] 和 Jackson 等人[6] 基于 Wertheim 的工作[7-10] 开发的统计关联流体的理论(SAFT)。SAFT 得到了残余亥姆霍兹能 $A^{res}(T,\rho,x)$ 的表达式为 $A(T,\rho,x)-A^{ig}(T,\rho,x)$，其中 A^{ig} 表示温度为 T、数密度为 ρ、摩尔分数为 x 的理想气体的亥姆霍兹能。A^{res} 的值是各种贡献的总和。每种贡献都考虑了一个特定类型的分子相互作用。不同的亥姆霍兹能的贡献利用扰动理论开发，该理论(在适当条件下)允许从具有更简单的相互作用势和已知性质的参考流体的性质中获得具有指定相互作用势的目标流体的热力学性质。SAFT 的优势在于，它允许包括高度定向的吸引相互作用的贡献，例如氢键作用，这使得它成为

表现出这种复杂分子相互作用的分子(及其混合物)性质建模的合适选择。根据参考流体的选择和目标流体的相互作用势，可以推导出不同 SAFT 类型的状态方程。

关于 SAFT 基本原理的详细描述可以在 Solana 的书[11]中找到。关于 SAFT 类型状态方程在包含极性分子和缔合分子、聚合物、离子液体、药物以及生物分子的复杂系统中成功应用的全面列表，可以在综述文章[12-18]中找到。

本章的内容是介绍扰动链统计关联流体理论(PC-SAFT)。实现该模型的公式在第 1.1 节中给出。确定有意义的纯组分和二元交互参数是第 1.2 节的主题。第 1.3 节介绍了可以在常见情况下预测模型参数的基团贡献方法，可以在特定分子可用实验数据不足的情况下预测模型参数，从而避免了参数回归。最后，第 1.4 节和第 1.5 节分别讨论了传输和界面性质的关联或预测。

1.1 PC-SAFT 的模型方程

在 Gross 和 Sadowski[19-21]开发的 PC-SAFT 中，利用硬链流体作为参考。每条链由 m 个通过键连接的硬球段组成，其直径参数为 σ。链之间的吸引相互作用，如色散相互作用或氢键，之后作为扰动加入这种纯排斥参考流体。无量纲的残余亥姆霍兹能 $a^{res} \equiv A^{res}/NkT$(其中 N 为分子数，k 为玻尔兹曼常数)，如式(1.1)所示。

$$a^{res} = a^{hc} + a^{disp} + a^{assoc} + a^{dd} + a^{qq} + a^{dq} \tag{1.1}$$

亥姆霍兹能有几个贡献来源，即硬链参考流体 a^{hc}，链之间的色散相互作用引起的亥姆霍兹能的变化 a^{disp}，高度定向的吸引相互作用如氢键 a^{assoc} 和偶极-偶极 a^{dd}、四极-四极 a^{qq} 以及偶极-四极 a^{dq} 相互作用。在包含极性贡献后，该模型通常被称为扰动链极性统计关联流体理论(PCP-SAFT)。在后面章节中，将针对温度为 T、数密度为 ρ 且组分 i 的摩尔分数为 x_i 的混合物，给出公式(1.1)的各项。利用基本热力学关系，所有其他热力学性质可以从 a^{res} 推导得到。

硬链参考流体的亥姆霍兹能由式(1.2)给出：

$$a^{hc} = \bar{m} a^{hs} + \sum_i x_i (1 - m_i) \ln(g_{ii}^{hs}) \tag{1.2}$$

其中，a^{hs} 表示硬球流体的亥姆霍兹能。混合物的平均链段数计算为 $\bar{m} = \sum_i x_i m_i$，m_i 为组分 i 链上的链段数。注意参数 m_i 在 SAFT 模型中被放松为实数值(而不是整数值)参数。

a^{hs} 的值由 Boublík[22]和 Mansoori 等人[23]给出的硬球流体的精确状态方程获得。

$$a^{hs} = \frac{1}{\zeta_0}\left[\frac{3\zeta_1\zeta_2}{1-\zeta_3} + \frac{\zeta_2^3}{\zeta_3(1-\zeta_3)^2} + \ln(1-\zeta_3)\left(\frac{\zeta_2^3}{\zeta_3^2} - \zeta_0\right)\right] \tag{1.3}$$

其中，密度测量 ζ_n 定义为：

$$\zeta_n = \frac{\pi}{6}\rho \sum_i x_i m_i d_i^n \quad n \in (0,\ 1,\ 2,\ 3) \tag{1.4}$$

这里，d_i 表示组分 i 的温度相关的段直径。

$$d_i(T) = \sigma_i \left[1 - 0.12\exp\left(\frac{-3\varepsilon_i}{kT}\right)\right] \tag{1.5}$$

其中，ε_i/k 表示组分 i 链内各段之间的分散相互作用能。进一步地，硬球流体在接触距离处的径向分布函数计算为：

$$g_{ij}^{hs}=\frac{1}{1-\zeta_3}+\left(\frac{d_i d_j}{d_i+d_j}\right)\frac{3\zeta_2}{(1-\zeta_3)^2}+\left(\frac{d_i d_j}{d_i+d_j}\right)^2\frac{2\zeta_2^2}{(1-\zeta_3)^3} \tag{1.6}$$

使用 Barker 和 Henderson[24,25]的二阶扰动理论扩展到链流体[19]及 Lennard-Jones 类型的扰动势，将链分子间色散相互作用对亥姆霍兹能的贡献扩展为对硬链参考流体的扰动，即：

$$a^{disp}=a_1^{disp}+a_2^{disp} \tag{1.7}$$

一阶和二阶的贡献如下：

$$a_1^{disp}=-2\pi\rho I_1(\eta,\ \bar{m})\sum_i\sum_j x_i x_j m_i m_j\left(\frac{\varepsilon_{ij}}{kT}\right)\sigma_{ij}^3 \tag{1.8}$$

$$a_2^{disp}=-\pi\rho\bar{m}\left(1+Z^{hc}+\rho\frac{\partial Z^{hc}}{\partial\rho}\right)^{-1}I_2(\eta,\ \bar{m})\sum_i\sum_j x_i x_j m_i m_j\left(\frac{\varepsilon_{ij}}{kT}\right)^2\sigma_{ij}^3 \tag{1.9}$$

其中，

$$\left(1+Z^{hc}+\rho\frac{\partial Z^{hc}}{\partial\rho}\right)=\left(1+\bar{m}\frac{8\eta-2\eta^2}{(1-\eta)^4}+(1-\bar{m})\frac{20\eta-27\eta^2+12\eta^3-2\eta^4}{[(1-\eta)(2-\eta)]^2}\right) \tag{1.10}$$

填充分数 $\eta=\zeta_3$。ε_{ij}和 σ_{ij}的值由 Lorentz-Berthelot 组合规则确定，其中 $\varepsilon_{ij}=\sqrt{\varepsilon_i\varepsilon_j}$，$\sigma_{ij}=0.5(\sigma_i+\sigma_j)$。如第 1.2.2 节所述，为了改进对混合物性质的描述，通常需要引入可调二元交互参数(BIP)来计算 ε_{ij}和 σ_{ij}。扰动方法需要对参考流体的配对相关函数和扰动势进行积分计算。在 PC-SAFT 中，这些积分被近似为密度的幂级数。

$$I_1(\eta,\ \bar{m})=\sum_{i=0}^{6}a_i(\bar{m})\eta^i \tag{1.11}$$

$$I_2(\eta,\ \bar{m})=\sum_{i=0}^{6}b_i(\bar{m})\eta^i \tag{1.12}$$

其中，系数 $a_i(\bar{m})$ 和 $b_i(\bar{m})$ 取决于混合物的平均链段数。参照 Liu 和 Hu 的链形成理论[26]，取一个简单但准确的[19]对链段数的依赖关系，如下：

$$a_i(\bar{m})=a_{0i}+\frac{\bar{m}-1}{\bar{m}}a_{1i}+\frac{\bar{m}-1}{\bar{m}}\frac{\bar{m}-2}{\bar{m}}a_{2i} \tag{1.13}$$

$$b_i(\bar{m})=b_{0i}+\frac{\bar{m}-1}{\bar{m}}b_{1i}+\frac{\bar{m}-1}{\bar{m}}\frac{\bar{m}-2}{\bar{m}}b_{2i} \tag{1.14}$$

模型常数 a_{0i}、a_{1i}、a_{2i}以及 b_{0i}、b_{1i}和 b_{2i}均根据正烷烃的实验蒸气压和 *PVT* 数据进行调整。这些常数的值可以在参考文献[20]中找到。

为了包含高度定向的吸引相互作用，如氢键，在链分子上设置了缔合位点。这些位点可以是不同类型的，并且只允许特定类型的位点之间发生相互作用。例如，位点类型可以表示电子供体或受体，允许在供体位点和受体位点之间发生相互作用，但不允许在两个供体位点或两个受体位点之间发生相互作用。在 Huang 和 Radosz[27]的工作中，对几种重要化学族的缔合位点方案进行了早期分类。缔合导致的亥姆霍兹能贡献的最终表达式为：

$$a^{assoc}=\sum_i x_i\sum_{A\in\Gamma^i}\left(\ln\chi_A^i-\frac{\chi_A^i}{2}+\frac{1}{2}\right) \tag{1.15}$$

其中，Γ^i表示位于组分 i 分子上的缔合位点的集合，χ_A^i表示组分 i 分子中非键合缔合位点 A 的比例。χ_A^i的值需要通过求解如下非线性方程组来确定：

$$\chi_A^i = \left(1 + \rho \sum_j x_j \sum_{B \in \Gamma^j} \chi_B^j \Delta_{A_i, B_j}\right)^{-1} \tag{1.16}$$

其中，

$$\Delta_{A_i,B_j} = \sigma_{ij}^3 g_{ij}^{hs} \kappa_{A_i,B_j}^{HB} \left[\exp\left(\frac{\varepsilon_{A_i,B_j}^{HB}}{kT}\right) - 1 \right] \tag{1.17}$$

在这里，$\varepsilon_{A_i,B_j}^{HB}$和 κ_{A_i,B_j}^{HB}分别表示组分 i 的分子上 A 位点和组分 j 的分子上 B 位点之间的缔合强度以及两个位点之间发生缔合的无量纲体积。这些值是根据 Wolbach 和 Sandler[28]提出的以下结合规则获得的。

$$\varepsilon_{A_i,B_j}^{HB} = \frac{1}{2}(\varepsilon_{A_i,B_i}^{HB} + \varepsilon_{A_j,B_j}^{HB}) \tag{1.18}$$

和

$$\kappa_{A_i,B_j}^{HB} = (\sqrt{\kappa_{A_i,B_i}^{HB} \kappa_{A_j,B_j}^{HB}}) \sqrt{(\sigma_i \sigma_j)^3} / \sigma_{ij}^3 \tag{1.19}$$

严格来说，结合规则无法为两个(自)缔合分子 i 和 j 之间的交叉缔合提供有力的依据(与色散相互作用相反，色散相互作用可以近似推导出 Lorentz-Berthelot 组合规则)。交叉缔合可以通过量子力学计算来确定。然而，在许多实际应用中，简单的结合规则，即式(1.18)和式(1.19)，可以产生合适的交叉缔合参数近似值。显然，可以在式(1.18)和式(1.19)中引入二元交互参数以改善结果，参见第 1.2.2 节。例如，Michelsen[29]、Michelsen 和 Hendriks[30]、Tan 等人[31]以及 Langenbach 和 Enders[32]已经开发出求解方程(1.16)和确定 a^{assoc} 导数的有效方案。

在自缔合分子 i 与不自缔合但提供质子供体或受体位点的分子 j 的混合物中，这些位点可以与 i 类型的分子形成交叉氢键，通常建议为组分 j 分配一个非零值的 κ_{A_i,B_j}^{HB}[33]。由于 $\varepsilon_{A_i,B_j}^{HB}$的值被设置为零，因此组分 j 的纯组分结果保持不变。然而，该模型现在考虑了分子 i 和 j 之间的交叉缔合，因为交叉缔合体积 κ_{A_i,B_j}^{HB}和交叉缔合能 $\varepsilon_{A_i,B_j}^{HB}$都不为零。在为组分 j 分配了(或多或少任意的)缔合体积值后，可以引入 BIP 来微调混合物结果，如第 1.2.2 节所述。

极性分子的亥姆霍兹能贡献是由多位学者研究的，其中包括 Gross[34]的四极-四极相互作用，Gross 和 Vrabec[35]的偶极-偶极相互作用，以及 Vrabec 和 Gross[36]的偶极-四极相互作用。在这三种情况下，所得表达式均来自 Stell 等人[37,38]提出的一个扩展到双中心 Lennard-Jones 流体的三阶扰动方法。这三种极性亥姆霍兹能贡献在结构上相似，这里只列出偶极-偶极贡献 a^{dd}的表达式。读者可查阅原出版物，了解四极-四极贡献 a^{qq}和偶极-四极贡献 a^{dq}的详细信息。

对于偶极-偶极相互作用，亥姆霍兹能是在 Padé 逼近的三阶微扰下得出的。

$$a^{dd} = \frac{a_2^{dd}}{1 - a_3^{dd}/a_2^{dd}} \tag{1.20}$$

二阶和三阶扰动项为：

$$a_2^{dd} = -\pi\rho \sum_i \sum_j x_i x_j \frac{\varepsilon_i}{kT} \frac{\varepsilon_j}{kT} \frac{\sigma_i^3 \sigma_j^3}{\sigma_{ij}^3} \mu_i^{*2} \mu_j^{*2} J_{2,ij}^{dd} \tag{1.21}$$

和

$$a_3^{dd} = -\frac{4\pi^2}{3}\rho^2 \sum_i \sum_j \sum_k x_i x_j x_k \frac{\varepsilon_i}{kT}\frac{\varepsilon_j}{kT}\frac{\varepsilon_k}{kT}\frac{\sigma_i^3\sigma_j^3\sigma_k^3}{\sigma_{ij}\sigma_{ik}\sigma_{jk}}\mu_i^{*2}\mu_j^{*2}\mu_k^{*2}J_{3,ijk}^{dd} \tag{1.22}$$

无量纲平方偶极矩可以通过以下公式获得：$\mu_i^{*2} = \mu_i^2/(m_i\varepsilon_i\sigma_i^3)$，其中 μ_i 是组分 i 的偶极矩。微扰方法需要对参考流体的双体相关和三体相关函数进行积分评估。这些积分被近似为无量纲填充分数 η 的简单幂函数：

$$J_{2,ij}^{dd} = \sum_{n=0}^{4}\left(a_{n,ij} + b_{n,ij}\frac{\sqrt{\epsilon_i\epsilon_j}}{kT}\right)\eta^n \tag{1.23}$$

$$J_{3,ijk}^{dd} = \sum_{n=0}^{4} c_{n,ijk}\eta^n \tag{1.24}$$

系数 $a_{n,ij}$，$b_{n,ij}$和 $c_{n,ijk}$依赖于链长 m，如下所示：

$$a_{n,ij} = a_{0n} + \frac{m_{ij}-1}{m_{ij}}a_{1n} + \frac{m_{ij}-1}{m_{ij}}\frac{m_{ij}-2}{m_{ij}}a_{2n} \tag{1.25}$$

$$b_{n,ij} = b_{0n} + \frac{m_{ij}-1}{m_{ij}}b_{1n} + \frac{m_{ij}-1}{m_{ij}}\frac{m_{ij}-2}{m_{ij}}b_{2n} \tag{1.26}$$

和

$$c_{n,ijk} = c_{0n} + \frac{m_{ijk}-1}{m_{ijk}}c_{1n} + \frac{m_{ijk}-1}{m_{ijk}}\frac{m_{ijk}-2}{m_{ijk}}c_{2n} \tag{1.27}$$

以下结合规则用于 m_{ij}和 m_{ijk}：

$$m_{ij} = (\check{m}_i\check{m}_j)^{1/2} \text{和} \ m_{ijk} = (\check{m}_i\check{m}_j\check{m}_k)^{1/3} \tag{1.28}$$

$$\check{m}_i = \min(m_i,\ 2) \tag{1.29}$$

模型常数 a_{0n}、a_{1n}、a_{2n}、b_{0n}、b_{1n}、b_{2n}、c_{0n}、c_{1n}、c_{2n}已根据 Stoll 等人[39]的分子模拟结果进行了调整。它们的值可以在原出版物中找到。综上所述，被建模为非缔合和非极性的组分 i 的分子由三个纯组分模型参数来表征：链节数 m_i、链节直径参数 σ_i和色散能 ε_i。为了包含缔合，需要另外两个参数：缔合强度 $\varepsilon_{A_i,B_j}^{HB}$和缔合体积 κ_{A_i,B_j}^{HB}。极性贡献需要偶极矩或四极矩的值，这两者都可以使用文献值。

1.2 参数化

1.2.1 纯组分参数

调整纯组分参数的目标当然是准确描述所关心的性质。实现这一目标最简单的方法是在参数回归中包含目标性质的实验数据。如果只有其他性质的数据可用，则必须确保根据这些数据调整的参数能够令人满意地预测主要关心的性质。

在选择用于参数优化的性质时，必须确保这些性质确实能够很好地定义所有模型参数。例如，在非缔合、非极性分子的 PC-SAFT 模型中，蒸发焓和临界温度的值不依赖于参数 σ 的值，而 Pitzer 偏心因子 ω 只是链节数 m 的函数[40]。

此外，还必须牢记状态方程(如 PC-SAFT)在准确再现临界区域方面的局限性，并且通常将临界点附近的数据排除在参数优化之外。

文献中找到的大多数 PC-SAFT 参数集是根据蒸气压 p^s 和液体密度 ρ_l 的实验数据进行

调整的。其他研究还包括声速、表面张力[41,42]、非键合缔合位点的分数[43]或分子模拟结果[41]的数据。为了解决准确描述不同热力学性质的子目标之间存在的冲突，参数调整是作为多准则优化问题进行的[42,44]。

最近的一项关于非缔合、非极性分子参数调整的研究[45]得出结论，使用p^s和ρ_l的组合数据确定足以获得m、σ、ε的参数值，以便准确计算目标性质蒸气压、饱和液体密度ρ_l^s、蒸发焓Δh^{lv}以及饱和液体比热容$c_p^{l,s}$，这一组参数对于过程模拟最为相关。据报道，对于包含1000多个非缔合、非极性分子的数据库，根据蒸气压和饱和液体密度调整时，p^s的平均偏差为0.97%，ρ_l^s为0.85%，Δh^{lv}为3.04%，$c_p^{l,s}$为3.35%[45]。Zhu等人[46]的文献综述评估了几种状态方程在再现非缔合分子以及如醇和水等缔合分子的比热容和声速方面的性能。研究表明，使用根据蒸气压和液体密度进行调整的参数，PC-SAFT对这些衍生性质的预测仍然可以与实验数据达到令人满意的吻合。当然，与非缔合分子相比，预期会出现更大的偏差。此外，结果对缔合方案的选择很敏感[47,48]。对于预测衍生性质存在较大偏差的情况，补救措施是将这些性质纳入参数优化中，如Oliveira等人的工作[49]。此外，研究者还作出了相当大的努力，以减少需要调整的模型参数的数量，尤其是在将分子建模为缔合流体的情况下，需要确定五个模型参数，并且经常观察到不同的局部最小值和浅层最小值。这些方法包括使用同一化学族成员的通用纯组分参数[50]，为同系物分子的参数建立相关性[51-53]，进行灵敏度分析并固定最不敏感的参数[54]，通过独立方法(如从头计算[55-57]、分子模拟[58]或COSMO-RS[53])确定单个参数的值，通常是缔合能，或建立PC-SAFT参数与立方EOS参数之间的联系[59]。针对聚合物等无法获取蒸气压数据的情况[60,61]或未指定组分的石油馏分[62]，已经开发出了确定PC-SAFT参数的特殊路线。也许最重要的方法，如下文第1.3节所述，是在基团贡献法中减少确定纯组分参数的需求。

1.2.2 二元交互参数

在色散相互作用占分子间吸引势主导地位的混合物中，通常在不引入ε_{ij}、σ_{ij}、$\varepsilon_{A_i,B_j}^{HB}$和$\kappa_{A_i,B_j}^{HB}$组合规则的BIP的情况下，也可以获得准确的结果。然而，对于许多具有工业意义的混合物，二元交互参数对于改善结果是有必要的。在本节中，将介绍通常应用的二元交互参数，并讨论如何获得有意义的值。

类型i分子与类型j分子之间的色散能ε_{ij}，可以通过二元交互参数k_{ij}进行校正，如式(1.30)所示：

$$\varepsilon_{ij}=\sqrt{\varepsilon_i\varepsilon_j}(1-k_{ij}) \tag{1.30}$$

另一个用于色散能的二元交互参数l_{ij}对于关联液-液平衡特别有用，有时用作σ_{ij}值的校正，如式(1.31)所示：

$$\sigma_{ij}=0.5(\sigma_i+\sigma_j)(1-l_{ij}) \tag{1.31}$$

另外，Tang和Gross[63]提出了一种非对称混合规则，其中二元交互参数作用于分散贡献的一阶微扰项中的双重求和，即式(1.8)中的a_1^{disp}。

对于两种被建模为缔合分子的物质，可以在缔合能量和体积的结合规则中引入额外的二元交互参数，即k_{ij}^{HB}和l_{ij}^{HB}。

$$\varepsilon_{A_i,B_j}^{HB}=0.5(\varepsilon_{A_i,B_i}^{HB}+\varepsilon_{A_j,B_j}^{HB})(1-k_{ij}^{HB}) \tag{1.32}$$

和

$$\kappa_{A_i,B_j}^{HB}=(\sqrt{\kappa_{A_i,B_i}^{HB}\kappa_{A_j,B_j}^{HB}}+l_{ij}^{HB})\sqrt{(\sigma_i\sigma_j)^3}/\sigma_{ij}^3 \tag{1.33}$$

如果在广泛的温度范围内的结果是相关的，可以引入温度相关的二元交互参数，例如：

$$k_{ij}(T)=a+b\left(\frac{T/\mathrm{K}-300}{100}\right)+c\left(\frac{T/\mathrm{K}-300}{100}\right)^2 \tag{1.34}$$

然而，在许多情况下，可以通过使用两个或多个不同类型的常数二元交互参数(例如，常数 k_{ij}和常数 l_{ij})，来避免与温度相关的 $k_{ij}(T)$。类似于纯组分参数，对于同一化学族的成员进行调整的二元交互参数通常表现出良好的趋势，可以利用这些趋势在缺乏实验数据的情况下获得参数。图 1.1 说明了甲烷与正构烷烃二元混合物的这种行为：尽管存在一些离群值，但可以观察到优化后的 k_{ij}值与正构烷烃链长之间的明显趋势。

对于更复杂的混合物也观察到了类似的趋势：Haarmann 等人[65]证明了，通过调整某些正构烷烃和水的混合物的液-液平衡参数获得的二元交互参数的相关性，随着烷烃碳数的增加，可以外推到更多的正构烷烃。对于乙酸苄酯与正构烷烃的混合物，结果表明只需要一个 k_{ij}值就可获得所有考虑的正构烷烃混合物的超额焓的准确结果[66]。

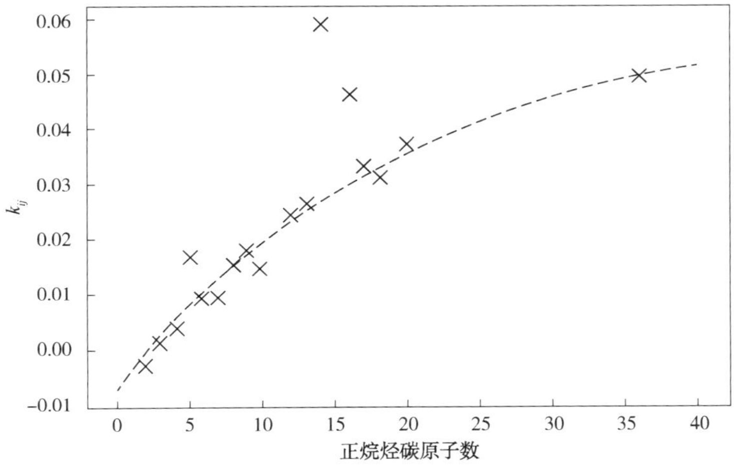

图 1.1　对于甲烷与几种正烷烃的二元 VLE 数据[64]，常数 k_{ij}随正烷烃碳原子数的变化而调整，虚线表示根据结果(排除十四烷和十六烷的值)调整的三次多项式

在许多应用中，对相平衡的准确描述至关重要。因此，二元交互参数最常根据二元气-液或液-液平衡的实验数据进行调整。然而，在过程模拟中，物性模型还需要提供混合物其他性质的准确结果，例如密度和焓。几项研究[67-72]表明，在许多情况下，预测的混合物密度(即所有二元交互参数都设置为零)足够准确。此外，使用相平衡数据调整后的二元交互参数获得的混合物密度与实验结果也非常吻合[73-75]。

此外，理想的情况是模型的二元交互参数可以根据简单测量可获取且普遍可用的热力学性质进行调整，而后该模型可被应用于其他感兴趣的性质。Schacht 等人[76]的工作表明，用无限稀释下的活度系数 γ^∞ 数据调整的二元交互参数能够很好地外推，以描述整个组成范围内的相平衡。同样地，使用 γ^∞ 调整的二元交互参数，离子液体与醇[77]和溶剂[78]的混合物的超额焓也得到了满意的结果。Soo[79]的研究表明，对于某些混合物，可以使用单个二元交互参数(根据系统的超额焓数据调整)获得对相平衡的良好预测。然而，也有一些系统使用这种方法失败的情况。在这种情况下，当然也可以将几个二元交互参数根据相平衡数据以及超额焓的结果调整。在过程模拟中，另一个常见要求是使用相同的二元交互参数集对气-液和液-液平衡进行满意的描述。一方面，Tumakaka 等人[16]使用 k_{ij} 的单个常数值对甲醇-环己烷系统的 VLE 和 LLE 数据进行了令人信服的同时相关性描述。另一方面，Grenner 等人[50]的研究结果表明，对于水-醇系统，一个固定的 k_{ij} 值不足以很好地描述 VLE 和 LLE。

水与 1-丁醇的二元混合物案例研究涵盖了本节讨论的几个问题。该混合物的结果如图 1.2 和图 1.3 所示。为了测试同时关联 VLE 和 LLE 数据的能力，二元交互参数同时根据这两种类型的数据调整：四个与温度独立的二元交互参数仅在 $p=1\text{bar}$ 下根据实验 VLE 和 LLE 结果调整，这对应于图 1.2 中的黑线。VLE 结果的相关性非常准确，LLE 的两个液相的组成也与实验数据非常吻合。为了评估模型在不同温度和压力下的外推能力(在参数优化中未考虑)，将模型应用于 2bar、5bar 和 8bar 下的 VLE 以及 2500bar 下的 LLE。考虑到数据的温度和压力的宽范围，模型结果非常令人满意，如图 1.2 所示。使用这些二元交互参数获得的混合物密度和超额焓如图 1.3 所示。

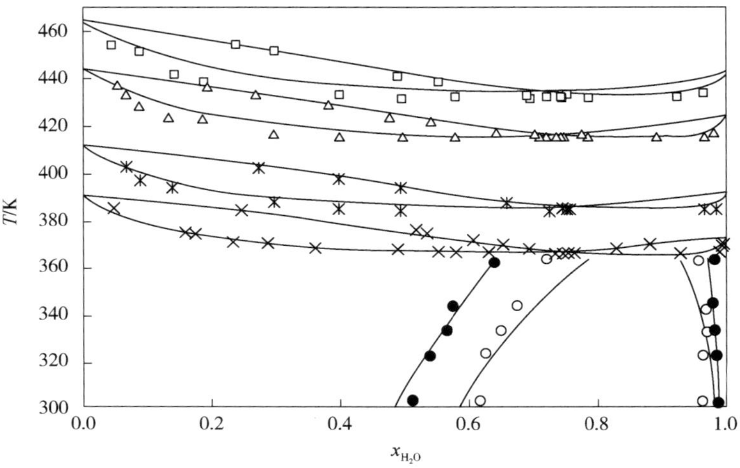

图 1.2　水与 1-丁醇的二元混合物的相平衡。四个与温度无关的二元交互参数值，$k_{ij}(-0.0223)$、l_{ij}[63](-0.0102)、$k_{ij}^{HB}(-0.1256)$ 以及 $l_{ij}^{HB}(4.1437\times10^{-3})$，仅针对 $p=1\text{bar}$ 下的 VLE 和 LLE 实验数据进行调整(更大的黑色叉号和黑色圆圈)。使用这些二元交互参数值计算了在更高压力下的 VLE 结果(⁎，1.98bar；△，4.92bar；□，7.87bar)以及在 2482bar 下的 LLE 结果(○)。水和 1-丁醇的纯组分模型参数取自 Stavrou[80]和 Lötgering-Lin 等人[81]的研究成果。实验数据取自 Aoki 和 Moriyoshi[82]，Boublik[83]以及 Hessel 和 Geiseler[84]的研究成果

二元交互参数对混合物密度的影响很小，模型结果与实验数据吻合得很好。超额焓的结果对二元交互参数更敏感。通过应用从 1bar 下的相行为中获得的二元交互参数，与实验数据的偏差显著减小。显然，在这种情况下，应该将超额焓数据纳入二元交互参数优化中，以便更准确地描述混合物的焓。

为了将二元交互参数调整至吻合 VLE 或 LLE 数据，可以定义各种目标函数，其中包含模型与实验数据之间的偏差(残差)。残差的简单定义，例如计算压力与实验相平衡压力(如泡点或露点)之间的偏差，对某些二元混合物可能是有用的。对于泡点或露点线随压力

变化较陡，且可能斜率符号发生变化的混合物，这种方法是不适用的。如果两个共存的相′和″完全由实验数据定义，例如(T，p，x_k'，x_k'')数据集，则可以对二元混合物的二元交互参数进行数值稳健且快速的优化。然后，可以使用逸度差$f_i(T, p, x_k'')-f_i(T, p, x_k')$作为残差的定义，注意，如果模型精确再现了相平衡，则该差值将为零。至少对于预优化，强烈建议采用以逸度差定义的残差最小化为目标函数。利用所得二元交互参数，可以进行最终优化。关于适合最终优化的目标函数的讨论，可以在 Soave 等人[87]和 Höller 等人[88]的工作中找到。

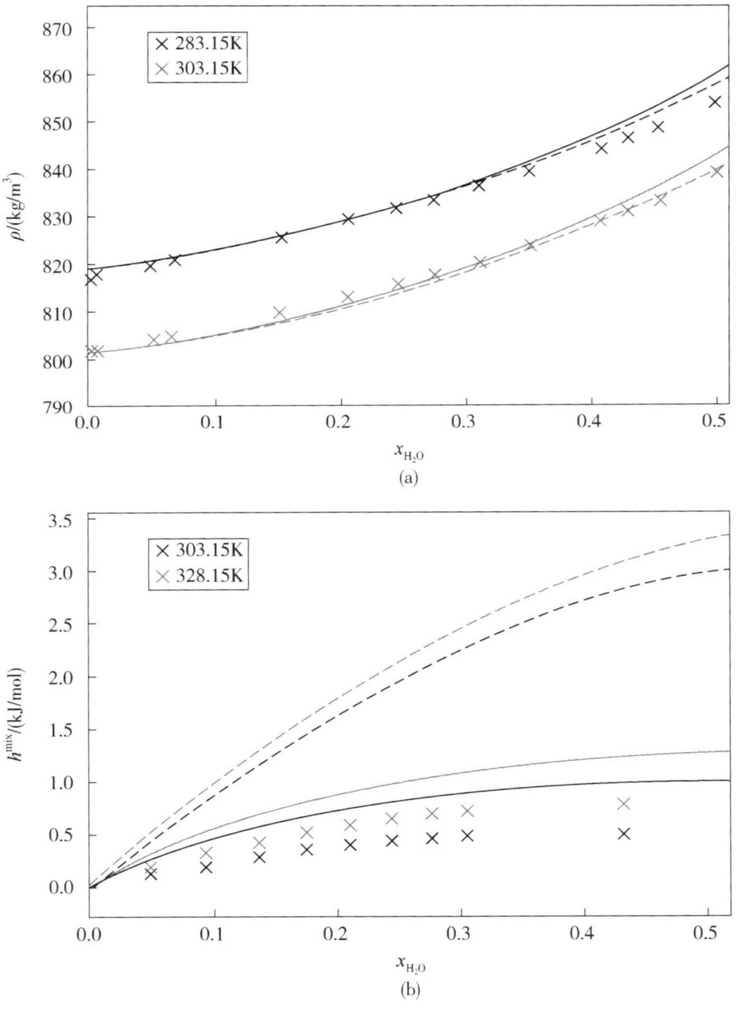

图 1.3 (a)在 1bar、T=283.15K 和 303.15K 下水与 1-丁醇混合物的液体密度。使用与 VLE 和 LLE 数据在 p=1bar 下调整的温度无关二元交互参数(k_{ij}，l_{ij}，k_{ij}^{HB}，l_{ij}^{HB})的结果(实线)以及将所有二元交互参数设置为零的结果(虚线)。实验数据(叉号)取自 Cristino 等人[85]。(b)在 1bar、T=303.15K 和 328.15K 下水与 1-丁醇混合物的超额焓。使用与 VLE 和 LLE 数据在 p=1bar 下调整的温度无关二元交互参数(k_{ij}，l_{ij}，k_{ij}^{HB}，l_{ij}^{HB})的结果(实线)以及将所有二元交互参数设置为零的结果(虚线)。实验数据(叉号)取自 Lim 和 Smith[86]

1.3 用于 PC-SAFT 的基团贡献法

并非总是可以通过调整特定分子或二元对的参数来确定纯组分或二元混合物的模型参数。对于许多物质，甚至对于许多二元对，这样的数据可能根本不存在，或者在质量和数量上无法进行有意义的参数调整。在这种情况下，基团贡献(GC)法通常可以提供一种合适的方法来预测所需的热力学性质。基团贡献法的基本思想是通过构成分子的官能团来表征给定的分子。单个官能团或不同类型官能团之间二元相互作用的模型参数会针对包含特定官能团的分子数据进行调整。然后假定，分子的性质可近似地由该分子上所有官能团的贡献确定。例如，—CH_3和—CH_2—基团的模型参数可以通过所有正烷烃的可用数据拟合来获得。然后，可以使用已知的—CH_3和—CH_2—基团的参数，继续调整—OH 基团的参数，以符合所有醇的数据。当然，也可以同时调整所有官能团的参数。

然而，这个过程已经显示出基团贡献法开发的挑战和应用的局限：在最简单的形式中，基团贡献法假定分子上官能团的位置并不重要。然而，长链正构烷烃中仅被其他—CH_2—基团包围的—CH_2—基团，与位于 OH 基团旁边的—CH_2—基团相比，与其他基团的相互作用是不同的。在我们的例子中，假设 CH_2相关参数在分子之间是可转移的，而不受相邻基团的影响，这种假设是不完善的。另一个例子是，伯醇的—OH 基团对分子行为的影响与仲醇的—OH 基团对分子行为的影响是不同的。当单个分子中出现多个极性基团或氢键基团时，基团贡献的可转移性特别有限。在开发基团贡献法时，人们必须在可预测性(—OH 只有一个参数集)和为不同分子环境中具有相同的化学结构的基团引入不同的参数集(例如，允许伯、仲和叔—OH 基团有不同的参数集)之间做出妥协。处理邻近效应的另一个方法是引入二阶基团：二阶基团为描述特定的相邻基团对提供了额外的参数。例如，可以为相邻对$(CH)_{芳烃}$—OH 定义一个二阶基团。

PC-SAFT 的基团贡献法可分为同段法或异段法：在同段法中，分子的链模型由相同片段组成，并应用平均规则从基团参数确定分子参数。在这种情况下，基团贡献法的应用是一个简单的预处理步骤。一旦确定了分子参数，PC-SAFT 的应用与无基团贡献法的情况相同。从基团参数(下标 α)获得分子参数(下标 i)的一种可行的平均规则如下[89]：

$$\begin{aligned} m_i &= \sum_{\alpha} n_{\alpha i} m_{\alpha} \\ m_i \sigma_i^3 &= \sum_{\alpha} n_{\alpha i} m_{\alpha} \sigma_{\alpha}^3 \\ m_i \varepsilon_i &= \sum_{\alpha} n_{\alpha i} m_{\alpha} \varepsilon_{\alpha} \end{aligned} \tag{1.35}$$

求和遍历所有类型的基团，$n_{\alpha i}$表示在组分 i 的分子中存在多少个类型为 α 的基团。许多研究已经提出了适用于同段 PC-SAFT 的基团贡献参数，可用于描述烃类体系[90,91]，烃与小的挥发性化合物的不对称混合物[92-94]，包括极性化合物或缔合化合物的混合物[89,95-103]、腈[104]以及长链双官能团分子如烷醇胺和烷二醇[105]的气-液平衡和液-液平衡。

来自广泛化学族的分子的大量官能团的参数已被提出，例如 Sauer 等人[106]和 Emami 等人[107]的工作。为了处理邻近效应，Tihic 等人[108-110]为各种官能团提出了一阶和二阶基团参数，并将该方法也应用于研究聚合物。Burgess 等人[111]在这项工作的基础上，对烷烃、芳烃和环烷烃在高温高压条件下的一阶和二阶基团参数进行了调整。类似地，Vijande 等人在对非缔合分子的研究[112]以及对伯醇和胺的研究[113]中，对参考基团和扰动基团的参数进行了调整。

在异段基团贡献法中，形成链分子的段保持其各自的性质；例如，它们可以具有不同的大小。没有平均化步骤来确定分子参数。相反，状态方程直接使用各种基团参数。在这种情况下，PC-SAFT 的状态方程被重写为涵盖所有段类型的总和。例如，色散贡献的一阶扰动项为[114]：

$$a_1^{disp} = -2\pi\rho I_1(\eta,\ \overline{m}) \sum_i \sum_j x_i x_j \sum_\alpha \sum_\beta n_{\alpha i} n_{\beta j} m_\alpha m_\beta \left(\frac{\varepsilon_{\alpha\beta}}{kT}\right) \sigma_{\alpha\beta}^3 \tag{1.36}$$

这里，带有下标 i 和 j 的求和为遍历分子，而带有下标 α 和 β 的求和为遍历官能团类型。使用与非基团贡献法情况下相同的结合规则，通过相应的基团参数获得 $\varepsilon_{\alpha\beta}$ 和 $\sigma_{\alpha\beta}$ 的值，见式(1.30)和式(1.31)。

在 Shukla 和 Chapman[115]以及 Banaszak 等人[116]的工作基础上，Gross 等人[114]开发了一种用于建模共聚物的异段链分子的基团贡献法。使用这种方法，Sauer 等人[106]调整了 22 个官能团的参数，以适应来自 12 个不同化学族的分子的纯组分数据，包括极性和缔合物种。之后，Mairhofer 和 Gross[117]调整了二元基团-基团相互作用参数以及一个组分特定参数，以改善对实验数据表征良好的分子的描述。异段 PC-SAFT 的进一步应用是 Paduszyński 和 Domańska[118]对纯烃类化合物的研究，Peters 等[119,120]对聚合物体系的研究，其中包括开发了一种基团贡献法来确定聚合物和溶剂之间的二元交互参数[121]，以及 Haarmann 等[122-124]对极性和缔合长链分子及其相关混合物的研究。为了更准确地描述支链烷烃，Jaber 等人[125]引入了二级基团。

一般来说，可以假设，对于给定的分子，建模方法的准确性从组分特定的描述到异段基团贡献法，再到同段基团贡献法依次下降，例如可参见文献[106，118]中对同段基团贡献法和异段基团贡献法的比较。由此可以推断，异段基团贡献法应始终优先于同段基团贡献法。然而，情况并非总是如此：因为在异段基团贡献法中，PC-SAFT 模型的方程发生了变化，它不能仅应用于单个分子，而必须采用异段基团贡献法对每个分子以及每对二元分子间的相互作用进行建模。同段基团贡献法却可应用于选定的分子。在许多应用中，对于大多数化合物，有足够的数据来调整纯组分参数使其与该化合物的数据一致，而只有少数组分需要用基团贡献法进行描述。在这种情况下，仅对这些分子采用同段基团贡献法，而使用更精确、组分特定的模型参数和针对特定二元对的数据调整过的二元交互参数来描述其余的分子，是有优势的。

1.4 传输性质

有几种可选方法可基于状态方程如摩擦理论[126]或自由体积理论[127]的输入来确定传输系数，如黏度、导热系数或自扩散系数。不过，本节的重点是超额熵或残余熵的测定。这种方法可以确定黏度、导热系数以及自扩散系数，而且其实现方法非常简洁。超额熵测定是基于这样的观察：传输系数一旦用参考值测定，就可以相当准确地近似为一个仅依赖于残余熵 s^{res} 的单变量函数，其中 $s^{res}(T,\ \rho,\ x) = s(T,\ \rho,\ x) - s^{ig}(T,\ \rho,\ x)$，$s^{ig}$ 是理想气体的熵。熵测定最初是由 Rosenfeld[128,129]针对某些模型流体提出的，但对于真实分子也获得了令人信服的结果。Dyre 等人[130-135]的同构理论是探究超额熵测定的理论基础的一个框架。可以使用简单的拟设函数，如低阶多项式，将测定后的传输性质的对数与残余熵相关联。这些函数的系数通常是根据所考虑的传输系数的纯组分数据进行调整的(但也存在预测性的基团贡献法)，并使用简单的混合规则[81]预测混合物的结果。

图 1.4 展示了甲烷、二氧化碳和正癸烷的超额熵测定的基本概念：一旦将覆盖大范围温度和压力的实验黏度数据转化为无量纲值，就可以通过一个简单的三次多项式，将其与残余熵精确关联起来。

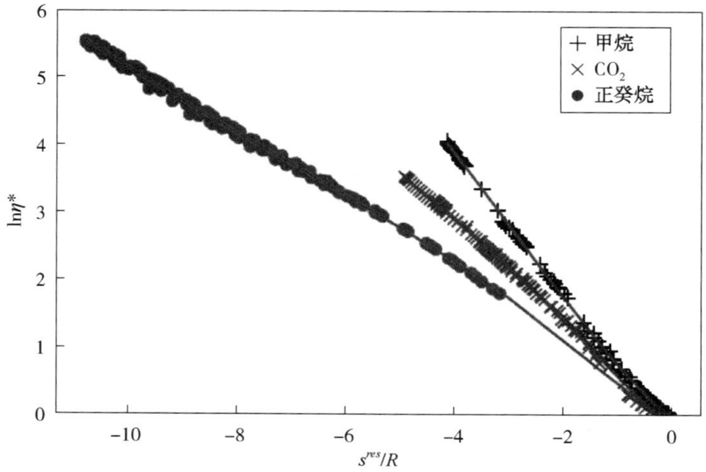

(a)

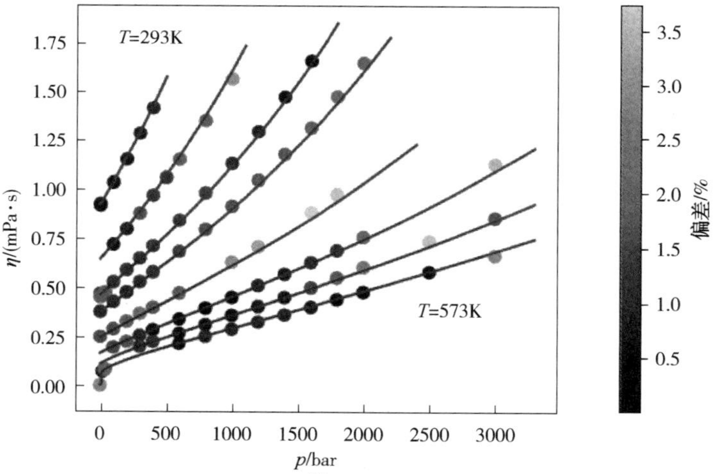

(b)

图 1.4 (a)甲烷、CO_2和正癸烷的无量纲剪切黏度 η^* 的对数与 s^{res}/R 的关系。线条表示与实验数据[64](符号)相关的三次多项式。甲烷数据的温度和压力范围为 91~450K 和 0.1~700bar，CO_2为 219~500K 和 5.6~2600bar，正癸烷为 289~709K 和 0.07~3000bar。(b)若干等温线上正癸烷的黏度与压强的关系。实验数据[64](符号)和熵测定结果(线条)使用了图(a)中的三次多项式。符号颜色表示每个数据点的模型误差

以下重点介绍使用 PC-SAFT 模型来获取残余熵的研究。Novak 已经使用几种 s^{res} 热力学模型进行了黏度[136,137]、导热系数以及自扩散系数[138]的研究，证明了使用从 PC-SAFT 获得的残余熵，可以通过预测对应状态方法获得非缔合分子的准确黏度结果[139,140]。

Lötgering-Lin 等人[81]将几种化学族的纯组分黏度关联起来，并应用从分子模拟结果中得出的混合规则预测混合物黏度。对于非缔合组分的混合物，平均偏差约为 5%，而考虑到缔合分子时，则预期会有更高的偏差。Lötgering-Lin 和 Gross[81,141]的纯预测性基团贡献法也可以获得类似精度的结果，其中，残余熵是根据基团贡献 PC-SAFT 状态方程计算得出的。Hopp 和 Gross 对导热系数进行了广泛的研究，他们采用组分特定的参数来关联纯组分的结果[142]，也采用了一种预测性的基团贡献法[143]。这两种方法对于纯组分热导率的实验结果都表现出极好的一致性。这包括具有强氢键的分子，如水和乙醇。

Hopp 等人[144]公布了 14 种不同化学族的纯物质的自扩散系数的结果，并报告说在接近 1 万个数据点的数据集中，平均偏差为 8%。在过程模拟中，二元扩散系数通常更有意义。存在几种方法可以将二元扩散系数与自扩散系数联系起来[145,146]。

1.5 界面性质

在本节中，将简要介绍密度梯度理论(DGT)和经典密度泛函理论(DFT)。DGT 的起源可以追溯到 Van der Waals 的工作[147]；Cahn 和 Hilliard 后来重新阐述了这一理论[148]。DFT 最初是由 Hohenberg 和 Kohn[149]以及 Mermin[150]针对非均质电子气体提出的。对分子系统(而不是电子流体)的首次应用则归功于 Ebner 等人[151,152]。

DGT 和 DFT 都可以确定混合物中每种组分在两相界面上的密度分布。这两相可以是两种流体相，即气-液或液-液平衡，也可以是一种流体相与固体相接触，从而可以研究吸附性质。根据界面上的密度分布，可以推导出表面张力的值以及进一步的界面特性如传热和传质阻力[153,154]。此外，密度分布还可以用于研究诸如混合物中某些组分在界面处富集等现象。与表面张力的简单工程模型相比，DGT 和 DFT 不需要辅助模型的输入，它们显示出更优越的预测能力和更广泛的适用范围。DFT 不需要任何特定的界面参数，可以被认为是界面性质的预测，而 DGT 则需要每个纯组分的一个参数(通常认为是常数)，而混合物的预测往往只需基于纯物质。

DGT 和 DFT 计算的起点是一个体积为 V 的域，其中包含两个热力学平衡的流体相。这意味着温度 T 和每个组分 i 的化学势 μ_i 在两个相之间的界面上是恒定的。此外，组分密度 ρ_i 在界面上从第一相的本体值 ρ_i^1 变化到第二相的本体值 ρ_i^2。平衡状态，即 μ_i、ρ_i^1 和 ρ_i^2 的值，通过预先的相平衡计算得到。

我们将考虑一个由 T、V 和所有 μ_i 的值来确定的一维气-液或液-液界面。界面上的平衡密度分布为 $\rho_i(z)$，其中 z 是与界面垂直的坐标，使巨势 Ω 最小化(在没有外部场的情况下)可以表示为：

$$\Omega = \int f[\{\rho_k(z)\}] - \sum_i^N \mu_i \rho_i(z) \mathrm{d}z \tag{1.37}$$

其中，$f[\{\rho_k(z)\}]$表示局部亥姆霍兹能量密度，它是所有组分密度分布集$\{\rho_k(z)\}$的泛函，k是类组分下标。对于体相，$f/(kT)=A/(VkT)=a\cdot\rho$。为简洁起见，在式(1.37)中省略了$f$对温度的依赖关系和$\Omega$对$T$、$V$和所有$\mu_i$的依赖关系。

对于具有随空间变化密度的系统，逼近$f[\{\rho_k(z)\}]$真实值的途径是DGT和DFT的核心部分。在DGT中，位置z处的局部亥姆霍兹能量密度围绕具有密度$\rho=\sum\rho_i(z)$的假想体相的值展开。

$$f(\rho)^{DGT}=f^0(\rho)+\frac{1}{2}\sum_i\sum_j c_{ij}\nabla\rho_i\nabla\rho_j \tag{1.38}$$

假想体相的值$f^0(\rho)$可以通过任何合适的状态方程来计算。$\nabla\rho_i$表示组分i的密度分布中的局部梯度，并且通常使用几何组合规则来计算$c_{ij}=\sqrt{c_i c_j}$，其中c_i和c_j分别是纯组分的影响参数。理论上存在可推导出的影响参数表达式[155-157]，然而，在大多数情况下，影响参数的值都是根据纯组分表面张力的实验数据进行调整的，或者通过简单的相关性获得[158-162]。Rehner和Gross最近提出了一种预测性的DGT，其中影响参数是通过围绕DFT形式的扩展而获得的[163]。

DFT不需要任何特定于界面的可调参数。局部亥姆霍兹能量密度被建模为类似于式(1.1)的不同贡献的总和。然而，现在所有的贡献都是空间变化密度分布的泛函，这些泛函在本体极限处可简化为PC-SAFT状态方程的表达式[164-166]。一旦建立了$f[\{\rho_k(z)\}]$的模型，界面上所有组分的密度分布就可通过最小化与密度分布有关的巨势Ω来确定。

DGT与PC-SAFT相结合的应用包括对烃类混合物[167,168]，包含极性[169,170]、缔合[171]或超临界[172]组分的体系、共沸混合物[173]以及水体系[174-177]的研究。例如，基于与PC-SAFT一致的泛函的DFT被用于确定包含缔合组分的二元混合物在气-液[178]和液-液平衡[179]以及聚合物体系[180]中的表面张力。在Mairhofer和Gross的研究[181]中，可以找到基于PC-SAFT的DFT和DGT在各种系统(包括极性和缔合分子混合物)中的比较：对于非缔合分子的纯物质和混合物体系，DFT预测的表面张力与针对纯组分表面张力数据调整影响参数获得的DGT的结果具有相当的准确性。只有对于纯缔合分子和包含缔合化合物的某些混合物，DGT的可调参数才相对于DFT预测结果体现出改善。Mairhofer和Gross[182]以及Stierle等人[183]已经确定了在案例中有效求解DFT中产生的方程的算法。然而，DFT计算的运算成本仍然高于DGT计算。

为了说明DFT和DGT的能力，图1.5中展示了三种制冷剂混合物的表面张力的结果[181]：可以看出，这些结果与实验数据总体吻合度良好。此外，只有对于R32与R134a的混合物，纯预测DFT的结果与实验值的偏差才明显大于DGT的结果偏差，而DGT需要对每个组分都设置一个影响参数值。

Mairhofer等人[117]基于界面SAFT[187,188](iSAFT)开发了一种与异段基团贡献PC-SAFT状态方程一致的基团贡献DFT。其中对于生物柴油体系获得了准确的表面张力预测结果。Haarmann等人[189]最近提出了一种基团贡献DGT方法，并研究了纯长链化合物(脂肪醇和甲酯)及其与水的二元混合物的表面张力。

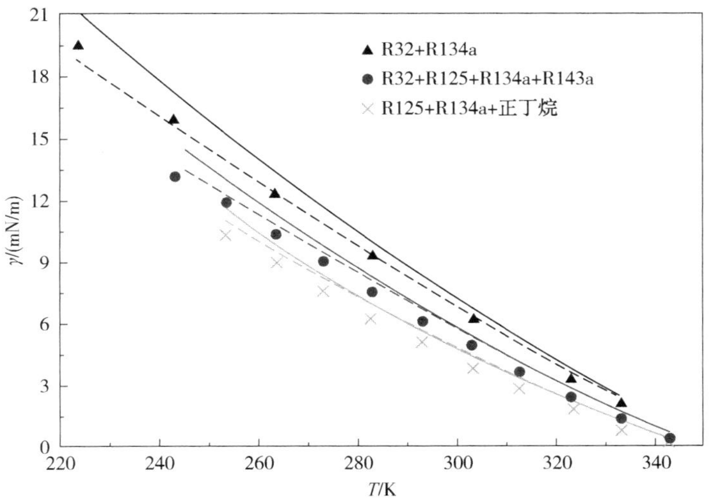

图 1.5　几种制冷剂混合物的表面张力 γ。计算结果(实线：DFT；虚线：DGT)和实验数据[184-186][J. Mairhofer, J. Gross, Modeling properies of the one-dimensional vapor-liquid interface: application of classical density function and density gradient theory, Fluid Phase Equilib. 458(2018)243-252，经 Elsevier 授权]

参 考 文 献

[1] H. Renon, J. M. Prausnitz, Local compositions in thermodynamic excess functions for liquid mixtures, AIChE J. 14(1)(1968)135-144.

[2] D. -Y. Peng, D. B. Robinson, A new two-constant equation of state, Ind. Eng. Chem. Fundam. 15(1)(1976)59-64.

[3] G. Soave, Equilibrium constants from a modified Redlich-Kwong equation of state, Chem. Eng. Sci. 27(6)(1972)1197-1203.

[4] W. G. Chapman, G. Jackson, K. E. Gubbins, Phase equilibria of associating fluids: chain molecules with multiple bonding sites, Mol. Phys. 65(5)(1988)1057-1079.

[5] W. G. Chapman, K. E. Gubbins, G. Jackson, M. Radosz, SAFT: equation-of-state solution model for associating fluids, Fluid Phase Equilib. 52(1989)31-38.

[6] G. Jackson, W. G. Chapman, K. E. Gubbins, Phase equilibria of associating fluids: spherical molecules with multiple bonding sites, Mol. Phys. 65(1)(1988)1-31.

[7] M. Wertheim, Fluids with highly directional attractive forces. Ⅰ. Statistical thermodynamics, J. Stat. Phys. 35(1)(1984)19-34.

[8] M. Wertheim, Fluids with highly directional attractive forces. Ⅱ. Thermodynamic perturbation theory and integral equations, J. Stat. Phys. 35(1-2)(1984)35-47.

[9] M. Wertheim, Fluids with highly directional attractive forces. Ⅲ. Multiple attraction sites, J. Stat. Phys. 42(3)(1986)459-476.

[10] M. Wertheim, Fluids with highly directional attractive forces. Ⅳ. Equilibrium polymerization, J. Stat. Phys. 42(3)(1986)477-492.

[11] J. R. Solana, Perturbation Theories for the Thermodynamic Properties of Fluids and Solids, CRC Press, 2013.

[12] E. A. Müller, K. E. Gubbins, Molecular-based equations of state for associating fluids: a review of SAFT and related approaches, Ind. Eng. Chem. Res. 40(10)(2001)2193-2211.

[13] G. Economou, Statistical associating fluid theory: a successful model for the calculation of thermodynamic and phase equilibrium properties of complex fluid mixtures, Ind. Eng. Chem. Res. 41(5)(2002)953-962.

[14] W. G. Chapman, S. G. Sauer, D. Ting, A. Ghosh, Phase behavior applications of SAFT based equations of state—from associating fluids to polydisperse, polar copolymers, Fluid Phase Equilib. 217(2)(2004)

137-143.
[15] G. Sadowski, Thermodynamics of polymer systems, in: Macromolecular Symposia, vol. 206, Wiley Online Library, 2004, pp. 333-346.
[16] F. Tumakaka, J. Gross, G. Sadowski, Thermodynamic modeling of complex systems using PC-SAFT, Fluid Phase Equilib. 228(2005)89-98.
[17] S. P. Tan, H. Adidharma, M. Radosz, Recent advances and applications of statistical associating fluid theory, Ind. Eng. Chem. Res. 47(21)(2008)8063-8082.
[18] T. Spyriouni, X. Krokidis, I. G. Economou, Thermodynamics of pharmaceuticals: prediction of solubility in pure and mixed solvents with PC-SAFT, Fluid Phase Equilib. 302(1-2)(2011)331-337.
[19] J. Gross, G. Sadowski, Application of perturbation theory to a hard-chain reference fluid: an equation of state for square-well chains, Fluid Phase Equilib. 168(2)(2000)183-199.
[20] J. Gross, G. Sadowski, Perturbed-chain SAFT: an equation of state based on a perturbation theory for chain molecules, Ind. Eng. Chem. Res. 40(4)(2001)1244-1260.
[21] J. Gross, G. Sadowski, Application of the perturbed-chain SAFT equation of state to associating systems, Ind. Eng. Chem. Res. 41(22)(2002)5510-5515.
[22] T. Boublík, Hard-sphere equation of state, J. Chem. Phys. 53(1)(1970)471-472.
[23] G. Mansoori, N. F. Carnahan, K. Starling, T. Leland Jr., Equilibrium thermodynamic properties of the mixture of hard spheres, J. Chem. Phys. 54(4)(1971)1523-1525.
[24] J. A. Barker, D. Henderson, Perturbation theory and equation of state for fluids: the squarewell potential, J. Chem. Phys. 47(8)(1967)2856-2861.
[25] J. A. Barker, D. Henderson, Perturbation theory and equation of state for fluids. Ⅱ. A successful theory of liquids, J. Chem. Phys. 47(11)(1967)4714-4721.
[26] H. Liu, Y. Hu, Molecular thermodynamic theory for polymer systems part Ⅱ. Equation of state for chain fluids, Fluid Phase Equilib. 122(1-2)(1996)75-97.
[27] S. H. Huang, M. Radosz, Equation of state for small, large, polydisperse, and associating molecules, Ind. Eng. Chem. Res. 29(11)(1990)2284-2294.
[28] J. P. Wolbach, S. I. Sandler, Using molecular orbital calculations to describe the phase behavior of cross-associating mixtures, Ind. Eng. Chem. Res. 37(8)(1998)2917-2928.
[29] M. L. Michelsen, Robust and efficient solution procedures for association models, Ind. Eng. Chem. Res. 45(25)(2006)8449-8453.
[30] M. L. Michelsen, E. M. Hendriks, Physical properties from association models, Fluid Phase Equilib. 180(1-2)(2001)165-174.
[31] S. P. Tan, H. Adidharma, M. Radosz, Generalized procedure for estimating the fractions of nonbonded associating molecules and their derivatives in thermodynamic perturbation theory, Ind. Eng. Chem. Res. 43(1)(2004)203-208.
[32] K. Langenbach, S. Enders, Cross-association of multi-component systems, Mol. Phys. 110(11-12)(2012)1249-1260.
[33] M. Kleiner, G. Sadowski, Modeling of polar systems using PCP-SAFT: an approach to account for induced-association interactions, J. Phys. Chem. C 111(43)(2007)15544-15553.
[34] J. Gross, An equation-of-state contribution for polar components: quadrupolar molecules, AIChE J. 51(9)(2005)2556-2568.
[35] J. Gross, J. Vrabec, An equation-of-state contribution for polar components: dipolar molecules, AIChE J. 52(3)(2006)1194-1204.
[36] J. Vrabec, J. Gross, Vapor-liquid equilibria simulation and an equation of state contribution for dipole-quadrupole interactions, J. Phys. Chem. B 112(1)(2008)51-60.
[37] G. Stell, J. Rasaiah, H. Narang, Thermodynamic perturbation theory for simple polar fluids, Ⅰ, Mol. Phys. 23(2)(1972)393-406.
[38] G. Stell, J. Rasaiah, H. Narang, Thermodynamic perturbation theory for simple polar fluids. Ⅱ, Mol. Phys. 27(5)(1974)1393-1414.
[39] J. Stoll, J. Vrabec, H. Hasse, Comprehensive study of the vapour-liquid equilibria of the pure two-centre Lennard-Jones plus pointdipole fluid, Fluid Phase Equilib. 209(1)(2003)29-53.
[40] R. Privat, E. Moine, B. Sirjean, R. Gani, J. -N. Jaubert, Application of the corresponding-state law to the parametrization of statistical associating fluid theory(SAFT)-type models: generation and use of "generalized

charts", Ind. Eng. Chem. Res. 58(21)(2019)9127-9139.

[41] J. Mairhofer, J. Gross, Identifying pure-component parameters of an analytic equation of state using experimental surface tension or molecular simulations with a transferable force field, Ind. Eng. Chem. Res. 57(36)(2018)12254-12263.

[42] P. Rehner, J. Gross, Multiobjective optimization of PCP-SAFT parameters for water and alcohols using surface tension data, J. Chem. Eng. Data 65(12)(2020)5698-5707.

[43] G. N. Clark, A. J. Haslam, A. Galindo, G. Jackson, Developing optimal Wertheim-like models of water for use in statistical associating fluid theory(SAFT) and related approaches, Mol. Phys. 104(22-24)(2006) 3561-3581.

[44] E. Forte, J. Burger, K. Langenbach, H. Hasse, M. Bortz, Multi-criteria optimization for parameterization of saft-type equations of state for water, AIChE J. 64(1)(2018)226-237.

[45] N. Ramírez-Vélez, A. Piña-Martinez, J. -N. Jaubert, R. Privat, Parameterization of SAFT models: analysis of different parameter estimation strategies and application to the development of a comprehensive database of PC-SAFT molecular parameters, J. Chem. Eng. Data 65(12)(2020)5920-5932.

[46] C. Zhu, X. Liu, M. He, G. M. Kontogeorgis, X. Liang, Heat capacities of fluids: the performance of various equations of state, J. Chem. Eng. Data 65(12)(2020)5654-5676.

[47] N. I. Diamantonis, I. G. Economou, Evaluation of statistical associating fluid theory(SAFT) and perturbed chain-saft equations of state for the calculation of thermodynamic derivative properties of fluids related to carbon capture and sequestration, Energy Fuel 25(7)(2011)3334-3343.

[48] C. De Villiers, A. B. Schwarz, G. Kontogeorgis, Evaluation of the PC-SAFT, SAFT and CPA equations of state in predicting derivative properties of selected non-polar and hydrogenbonding compounds, Fluid Phase Equilib. 338(2013)1-15.

[49] M. Oliveira, F. Llovell, J. Coutinho, L. Vega, New procedure for enhancing the transferability of statistical associating fluid theory (SAFT) molecular parameters: the role of derivative properties, Ind. Eng. Chem. Res. 55(37)(2016)10011-10024.

[50] Grenner, G. M. Kontogeorgis, N. von Solms, M. L. Michelsen, Modeling phase equilibria of alkanols with the simplified PC-SAFT equation of state and generalized pure compound parameters, Fluid Phase Equilib. 258(1)(2007)83-94.

[51] A. Tihic, G. M. Kontogeorgis, N. von Solms, M. L. Michelsen, Applications of the simplified perturbed-chain SAFT equation of state using an extended parameter table, Fluid Phase Equilib. 248(1)(2006)29-43.

[52] Grenner, G. M. Kontogeorgis, N. von Solms, M. L. Michelsen, Application of PC-SAFT to glycol containing systems-PC-SAFT towards a predictive approach, Fluid Phase Equilib. 261(1-2)(2007)248-257.

[53] K. Albers, M. Heilig, G. Sadowski, Reducing the amount of PCP-SAFT fitting parameters. 2. Associating components, Fluid Phase Equilib. 326(2012)31-44.

[54] M. Fuenzalida, J. Cuevas-Valenzuela, J. R. Pérez-Correa, Improved estimation of PC-SAFT equation of state parameters using a multi-objective variable-weight cost function, Fluid Phase Equilib. 427(2016)308-319.

[55] N. Van Nhu, M. Singh, K. Leonhard, Quantum mechanically based estimation of perturbedchain polar statistical associating fluid theory parameters for analyzing their physical significance and predicting properties, J. Phys. Chem. B 112(18)(2008)5693-5701.

[56] M. Umer, K. Albers, G. Sadowski, K. Leonhard, PC-SAFT parameters from ab initio calculations, Fluid Phase Equilib. 362(2014)41-50.

[57] S. Kaminski, K. Leonhard, Sepp: segment-based equation of state parameter prediction, J. Chem. Eng. Data 65(12)(2020)5830-5843.

[58] N. Ferrando, J. -C. de Hemptinne, P. Mougin, J. -P. Passarello, Prediction of the PC-SAFT associating parameters by molecular simulation, J. Phys. Chem. B 116(1)(2012)367-377.

[59] P. Hosseinifar, S. Jamshidi, Determination of perturbed-chain statistical association fluid theory parameters for pure substances, single carbon number groups, and petroleum fractions using cubic equations of state parameters, Ind. Eng. Chem. Res. 54(45)(2015)11448-11465.

[60] J. Gross, G. Sadowski, Modeling polymer systems using the perturbed-chain statistical associating fluid theory equation of state, Ind. Eng. Chem. Res. 41(5)(2002)1084-1093.

[61] A. Kouskoumvekaki, N. von Solms, T. Lindvig, M. L. Michelsen, G. M. Kontogeorgis, Novel method

for estimating pure-component parameters for polymers: application to the PC-SAFT equation of state, Ind. Eng. Chem. Res. 43(11)(2004)2830-2838.
[62] P. Hosseinifar, M. Assareh, C. Ghotbi, Developing a new model for the determination of petroleum fraction PC-SAFT parameters to model reservoir fluids, Fluid Phase Equilib. 412(2016)145-157.
[63] X. Tang, J. Gross, Modeling the phase equilibria of hydrogen sulfide and carbon dioxide in mixture with hydrocarbons and water using the PCP-SAFT equation of state, Fluid Phase Equilib. 293(1)(2010)11-21.
[64] Dortmund Data Bank, 2015. www.ddbst.com.
[65] N. Haarmann, S. Enders, G. Sadowski, Modeling binary mixtures of n-alkanes and water using PC-SAFT, Fluid Phase Equilib. 470(2018)203-211.
[66] N. Haarmann, R. Siewert, A. A. Samarov, S. P. Verevkin, C. Held, G. Sadowski, Thermodynamic properties of systems comprising esters: experimental data and modeling with PC-SAFT and SAFT-γ Mie, Ind. Eng. Chem. Res. 58(16)(2019)6841-6849.
[67] G. Watson, T. Lafitte, C. K. Zéberg-Mikkelsen, A. Baylaucq, D. Bessieres, C. Boned, Volumetric and derivative properties under pressure for the system 1-propanol+ toluene: a discussion of PC-SAFT and SAFT-VR, Fluid Phase Equilib. 247(1-2)(2006)121-134.
[68] M. Hashemi, M. Moosavi, A. Omrani, A. A. Rostami, Non-ideal behavior of ethanol+ amines mixtures, modeling using the Peng-Robinson and PC-SAFT equation of state, J. Mol. Liq. 256(2018)445-455.
[69] A. Bamgbade, Y. Wu, W. A. Burgess, D. Tapriyal, I. K. Gamwo, H. O. Baled, R. M. Enick, M. A. McHugh, High-temperature, high-pressure volumetric properties of propane, squalane, and their mixtures: measurement and PC-SAFT modeling, Ind. Eng. Chem. Res. 54(26)(2015)6804-6811.
[70] X. Wang, W. Du, X. Wang, Volumetric properties of n-hexadecane/ethyl octanoate mixtures from 293. 15K to 363. 15K and pressures up to 60MPa, J. Chem. Thermodyn. (2020)106122.
[71] I. Abala, F. E. M. Alaoui, Y. Chhiti, A. S. Eddine, N. M. Rujas, F. Aguilar, Experimental density and PC-SAFT modeling of biofuel mixtures(DBE+ 1-heptanol) at temperatures from(298. 15 to 393. 15)K and at pressures up to 140MPa, J. Chem. Thermodyn. 131(2019)269-285.
[72] S. M. García-Abarrio, M. Torcal, M. L. Haya, J. S. Urieta, A. M. Mainar, Thermophysical properties of {(±)-linalool+ propan-1-ol}: a first stage towards the development of a green process, J. Chem. Thermodyn. 43(4)(2011)527-536.
[73] O. Fandiño, E. R. López, L. Lugo, J. García, J. Fernández, Solubility of carbon dioxide in pentaerythritol ester oils. New data and modeling using the PC-SAFT model, J. Supercrit. Fluids 55(1)(2010)62-70.
[74] K. Mejbri, A. Bellagi, Modelling of the thermodynamic properties of the water-ammonia mixture by three different approaches, Int. J. Refrig. 29(2)(2006)211-218.
[75] W. Yan, T. Regueira, Y. Liu, E. H. Stenby, Density modeling of high-pressure mixtures using cubic and non-cubic EOS and an excess volume method, Fluid Phase Equilib. 532(2021)112884.
[76] S. Schacht, L. Zubeir, T. W. de Loos, J. Gross, Application of infinite dilution activity coefficients for determining binary equation of state parameters, Ind. Eng. Chem. Res. 49(16)(2010)7646-7653.
[77] K. Paduszyński, M. Królikowski, U. Domańska, Excess enthalpies of mixing of piperidinium ionic liquids with short-chain alcohols: measurements and PC-SAFT modeling, J. Phys. Chem. B 117(14)(2013) 3884-3891.
[78] K. Paduszyński, E. V. Lukoshko, M. Królikowski, U. Domańska, J. Szydlowski, Thermodynamic study of binary mixtures of 1-butyl-1-methylpyrrolidinium dicyanamide ionic liquid with molecular solvents: new experimental data and modeling with PC-SAFT equation of state, J. Phys. Chem. B 119(2)(2015)543-551.
[79] C. -B. Soo, Experimental Thermodynamic Measurements of Biofuel-Related Associating Compounds and Modeling Using the PC-SAFT Equation of State(PhD thesis), Ecole Nationale Superieure des Mines de Paris, 2011.
[80] M. Stavrou, Integrated Process and Solvent Design for CO_2 Capture Using Continuous Molecular Targeting-Computer Aided Molecular Design(CoMT-CAMD)(PhD thesis), TU Delft, 2017.
[81] O. Lötgering-Lin, M. Fischer, M. Hopp, J. Gross, Pure substance and mixture viscosities based on entropy scaling and an analytic equation of state, Ind. Eng. Chem. Res. 57(11)(2018)4095-4114.
[82] Y. Aoki, T. Moriyoshi, Mutual solubility of n-butanol+ water under high pressures, J. Chem. Thermodyn. 10(12)(1978)1173-1179.
[83] T. Boublik, Gleichgewicht Flüssigkeit-Dampf xx. Bestimmung des Gleichgewichts Flüssigkeit-Dampf in

Systemen, deren Komponenten in flüssiger Phase beschränkt mischbar sind, Collect. Czechoslov. Chem. Commun. 25(1)(1960)285-288.
[84] D. Hessel, G. Geiseler, Über die Druckabhängigkeit des heteroazeotropen Systems n-Butanol/Wasser, Z. Phys. Chem. 229(1)(1965)199-209.
[85] F. Cristino, L. C. Nobre, F. E. Bioucas, A. F. Santos, C. A. N. de Castro, I. M. Lampreia, Volumetric and sound speed study of aqueous 1-butanol liquid mixtures at different temperatures, J. Chem. Thermodyn. 134(2019)127-135.
[86] K. -H. Lim, D. H. Smith, Excess enthalpies(HE)for 2-butoxyethanol/water and determination of liquid-liquid equilibrium phase boundaries from fits to he of Redlich-Kister, Pade, and critical-scaling equations, J. Chem. Eng. Jpn. 34(4)(2001)513-522.
[87] G. Soave, S. Gamba, L. A. Pellegrini, SRK equation of state: predicting binary interaction parameters of hydrocarbons and related compounds, Fluid Phase Equilib. 299(2)(2010)285-293.
[88] J. Höller, P. Bickert, P. Schwartz, M. von Kurnatowski, J. Kerber, N. Künzle, H. M. Lorenz, N. Asprion, S. Blagov, M. Bortz, Parameter estimation strategies in thermodynamics, ChemEngineering 3(2)(2019)56.
[89] J. Vijande, M. Pineiro, D. Bessieres, H. Saint-Guirons, J. Legido, Description of PVT behaviour of hydrofluoroethers using the PC-SAFT EOS, Phys. Chem. Chem. Phys. 6(4)(2004)766-770.
[90] D. NguyenHuynh, A modified group-contribution PC-SAFT equation of state for prediction of phase equilibria, Fluid Phase Equilib. 430(2016)33-46.
[91] D. NguyenHuynh, D. NguyenHuynh, Application of the modified group-contribution perturbed-chain SAFT to branched alkanes, n-olefins and their mixtures, Fluid Phase Equilib. 434(2017)176-192.
[92] L. Thi, S. Tamouza, J. -P. Passarello, P. Tobaly, J. -C. de Hemptinne, Modeling phase equilibrium of H_2+n-alkane and CO_2+n-alkane binary mixtures using a group contribution statistical association fluid theory equation of state(GC-SAFT-EOS) with a k_{ij} group contribution method, Ind. Eng. Chem. Res. 45(20)(2006)6803-6810.
[93] D. Nguyen-Huynh, J. -P. Passarello, P. Tobaly, J. -C. de Hemptinne, Modeling phase equilibria of asymmetric mixtures using a group-contribution SAFT(GC-SAFT) with a k_{ij} correlation method based on London's theory. 1. Application to co_2+n-alkane, methane+n-alkane, and ethane+n-alkane systems, Ind. Eng. Chem. Res. 47(22)(2008)8847-8858.
[94] D. Nguyen-Huynh, T. Tran, S. Tamouza, J. -P. Passarello, P. Tobaly, J. -C. De Hemptinne, Modeling phase equilibria of asymmetric mixtures using a group-contribution SAFT(GC-SAFT) with a k_{ij} correlation method based on London's theory. 2. Application to binary mixtures containing aromatic hydrocarbons, n-alkanes, CO_2, N_2, and H_2S, Ind. Eng. Chem. Res. 47(22)(2008)8859-8868.
[95] M. Mourah, D. NguyenHuynh, J. Passarello, J. De Hemptinne, P. Tobaly, Modelling LLE and VLE of methanol+ n-alkane series using gc-PC-SAFT with a group contribution kij, Fluid Phase Equilib. 298(1)(2010)154-168.
[96] D. Nguyen-Huynh, J. -C. de Hemptinne, R. Lugo, J. -P. Passarello, P. Tobaly, Modeling liquid-liquid and liquid-vapor equilibria of binary systems containing water with an alkane, an aromatic hydrocarbon, an alcohol or a gas(methane, ethane, CO_2 or H_2S), using group contribution polar perturbed-chain statistical associating fluid theory, Ind. Eng. Chem. Res. 50(12)(2011)7467-7483.
[97] J. Rozmus, J. -C. de Hemptinne, P. Mougin, Application of GC-PPC-SAFT-EoS to amine mixtures with a predictive approach, Fluid Phase Equilib. 303(1)(2011)15-30.
[98] D. NguyenHuynh, J. -P. Passarello, J. -C. de Hemptinne, P. Tobaly, Extension of polar GC-SAFT to systems containing some oxygenated compounds: application to ethers, aldehydes and ketones, Fluid Phase Equilib. 307(2)(2011)142-159.
[99] L. Grandjean, J. -C. de Hemptinne, R. Lugo, Application of GC-PPC-SAFT-EoS to ammonia and its mixtures, Fluid Phase Equilib. 367(2014)159-172.
[100] T. T. X. Nguyen, D. NguyenHuynh, Predicting the phase equilibria of esters/alcohols mixtures and biodiesel density from its fatty acid composition using the modified group-contribution PC-SAFT, Fluid Phase Equilib. 472(2018)128-146.
[101] D. NguyenHuynh, S. T. Tran, C. T. Mai, Predicting the phase behavior of alcohols, aromatic alcohols, and their mixtures using the modified group-contribution perturbed-chain statistical associating fluid theory, Ind. Eng. Chem. Res. 58(36)(2019)16963-16977.

[102] D. NguyenHuynh, C. T. Mai, Application of the modified group contribution PC-SAFT to carboxylic acids and their mixtures, Ind. Eng. Chem. Res. 58(20)(2019)8923-8934.
[103] D. NguyenHuynh, C. T. Mai, S. T. Tran, X. T. Nguyen, O. Baudouin, Modelling of phase behavior of ammonia and its mixtures using the mg-SAFT, Fluid Phase Equilib. 523(2020)112689.
[104] D. NguyenHuynh, T. T. X. Nguyen, Application of the modified group-contribution PC-SAFT to nitrile and their mixtures, Fluid Phase Equilib. 450(2017)112-125.
[105] J. Rozmus, J. -C. de Hemptinne, N. Ferrando, P. Mougin, Long chain multifunctional molecules with GC-PPC-SAFT: limits of data and model, Fluid Phase Equilib. 329(2012)78-85.
[106] E. Sauer, M. Stavrou, J. Gross, Comparison between a homo-and a heterosegmented group contribution approach based on the perturbed-chain polar statistical associating fluid theory equation of state, Ind. Eng. Chem. Res. 53(38)(2014)14854-14864.
[107] S. Emami, A. Vahid, J. R. Elliott Jr., F. Feyzi, Group contribution prediction of vapor pressure with statistical associating fluid theory, perturbed-chain statistical associating fluid theory, and Elliott-Suresh-Donohue equations of state, Ind. Eng. Chem. Res. 47(21)(2008)8401-8411.
[108] A. Tihic, G. M. Kontogeorgis, N. Von Solms, M. L. Michelsen, L. Constantinou, A predictive group-contribution simplified PC-SAFT equation of state: application to polymer systems, Ind. Eng. Chem. Res. 47(15)(2008)5092-5101.
[109] A. Tihic, N. von Solms, M. L. Michelsen, G. M. Kontogeorgis, L. Constantinou, Application of sPC-SAFT and group contribution sPC-SAFT to polymer systems—capabilities and limitations, Fluid Phase Equilib. 281(1)(2009)70-77.
[110] A. Tihic, N. von Solms, M. L. Michelsen, G. M. Kontogeorgis, L. Constantinou, Analysis and applications of a group contribution sPC-SAFT equation of state, Fluid Phase Equilib. 281(1)(2009)60-69.
[111] W. A. Burgess, D. Tapriyal, I. K. Gamwo, Y. Wu, M. A. McHugh, R. M. Enick, New groupcontribution parameters for the calculation of PC-SAFT parameters for use at pressures to 276 MPa and temperatures to 533 K, Ind. Eng. Chem. Res. 53(6)(2014)2520-2528.
[112] J. Vijande, M. M. Pineiro, J. L. Legido, D. Bessieres, Group-contribution method for the molecular parameters of the PC-SAFT equation of state taking into account the proximity effect. Application to nonassociated compounds, Ind. Eng. Chem. Res. 49(19)(2010)9394-9406.
[113] J. Vijande, M. M. Pineiro, J. L. Legido, Group-contribution method with proximity effect for PC-SAFT molecular parameters. 2. Application to association parameters: primary alcohols and amines, Ind. Eng. Chem. Res. 53(2)(2014)909-919.
[114] J. Gross, O. Spuhl, F. Tumakaka, G. Sadowski, Modeling copolymer systems using the perturbed-chain SAFT equation of state, Ind. Eng. Chem. Res. 42(6)(2003)1266-1274.
[115] K. P. Shukla, W. G. Chapman, SAFT equation of state for fluid mixtures of hard chain copolymers, Mol. Phys. 91(6)(1997)1075-1082.
[116] M. Banaszak, C. Chen, M. Radosz, Copolymer SAFT equation of state. Thermodynamic perturbation theory extended to heterobonded chains, Macromolecules 29(20)(1996)6481-6486.
[117] J. Mairhofer, B. Xiao, J. Gross, A classical density functional theory for vapor-liquid interfaces consistent with the heterosegmented group-contribution perturbed-chain polar statistical associating fluid theory, Fluid Phase Equilib. 472(2018)117-127.
[118] K. Paduszyński, U. Domańska, Heterosegmented perturbed-chain statistical associating fluid theory as a robust and accurate tool for modeling of various alkanes. 1. Pure fluids, Ind. Eng. Chem. Res. 51(39)(2012)12967-12983.
[119] T. Peters, F. S. Laube, G. Sadowski, Development of a group contribution method for polymers within the PC-SAFT model, Fluid Phase Equilib. 324(2012)70-79.
[120] T. Peters, M. Herhut, G. Sadowski, Extension of the PC-SAFT based group contribution method for polymers to aromatic, oxygen-and silicon-based polymers, Fluid Phase Equilib. 339(2013)89-104.
[121] F. T. Peters, F. S. Laube, G. Sadowski, PC-SAFT based group contribution method for binary interaction parameters of polymer/solvent systems, Fluid Phase Equilib. 358(2013)137-150.
[122] N. Haarmann, S. Enders, G. Sadowski, Heterosegmental modeling of long-chain molecules and related mixtures using PC-SAFT: 1. Polar compounds, Ind. Eng. Chem. Res. 58(7)(2018)2551-2574.
[123] N. Haarmann, A. Sosa, J. Ortega, G. Sadowski, Measurement and prediction of excess properties of binary mixtures methyl decanoate+an even-numbered n-alkane(C6-C16) at 298. 15 K, J. Chem. Eng.

Data 64(6)(2019)2816-2825.
[124] N. Haarmann, S. Enders, G. Sadowski, Heterosegmental modeling of long-chain molecules and related mixtures using PC-SAFT: 2. Associating compounds, Ind. Eng. Chem. Res. 58(11)(2019)4625-4643.
[125] M. Jaber, W. Babe, E. Sauer, J. Gross, R. Lugo, J. de Hemptinne, An improved group contribution method for PC-SAFT applied to branched alkanes: data analysis and parameterization, Fluid Phase Equilib. 473(2018)183-191.
[126] S. E. Quiñones-Cisneros, C. K. Zéberg-Mikkelsen, E. H. Stenby, The friction theory (f-theory) for viscosity modeling, Fluid Phase Equilib. 169(2)(2000)249-276.
[127] A. Allal, C. Boned, A. Baylaucq, Free-volume viscosity model for fluids in the dense and gaseous states, Phys. Rev. E 64(1)(2001)011203.
[128] Y. Rosenfeld, Relation between the transport coefficients and the internal entropy of simple systems, Phys. Rev. A 15(6)(1977)2545.
[129] Y. Rosenfeld, A quasi-universal scaling law for atomic transport in simple fluids, J. Phys. Condens. Matter 11(28)(1999)5415.
[130] N. P. Bailey, U. R. Pedersen, N. Gnan, T. B. Schrøder, J. C. Dyre, Pressure-energy correlations in liquids. I. Results from computer simulations, J. Chem. Phys. 129(18)(2008)184507.
[131] N. P. Bailey, U. R. Pedersen, N. Gnan, T. B. Schrøder, J. C. Dyre, Pressure-energy correlations in liquids. Ⅱ. Analysis and consequences, J. Chem. Phys. 129(18)(2008)184508.
[132] T. B. Schrøder, N. P. Bailey, U. R. Pedersen, N. Gnan, J. C. Dyre, Pressure-energy correlations in liquids. Ⅲ. Statistical mechanics and thermodynamics of liquids with hidden scale invariance, J. Chem. Phys. 131(23)(2009)234503.
[133] N. Gnan, T. B. Schrøder, U. R. Pedersen, N. P. Bailey, J. C. Dyre, Pressure-energy correlations in liquids. Ⅳ. "Isomorphs" in liquid phase diagrams, J. Chem. Phys. 131(23)(2009)234504.
[134] T. B. Schrøder, N. Gnan, U. R. Pedersen, N. P. Bailey, J. C. Dyre, Pressure-energy correlations in liquids. V. Isomorphs in generalized Lennard-Jones systems, J. Chem. Phys. 134(16)(2011)164505.
[135] J. C. Dyre, Isomorphs, hidden scale invariance, and quasiuniversality, Phys. Rev. E 88(4)(2013)042139.
[136] L. T. Novak, Fluid viscosity-residual entropy correlation, Int. J. Chem. React. Eng. 9(1)(2011).
[137] L. T. Novak, Predictive corresponding-states viscosity model for the entire fluid region: nalkanes, Ind. Eng. Chem. Res. 52(20)(2013)6841-6847.
[138] L. Novak, Self-diffusion coefficient and viscosity in fluids, Int. J. Chem. React. Eng. 9(1)(2011).
[139] L. T. Novak, Predicting natural gas viscosity with a mixture viscosity model for the entire fluid region, Ind. Eng. Chem. Res. 52(45)(2013)16014-16018.
[140] L. T. Novak, Predicting fluid viscosity of nonassociating molecules, Ind. Eng. Chem. Res. 54(21)(2015)5830-5835.
[141] O. Lötgering-Lin, J. Gross, Group contribution method for viscosities based on entropy scaling using the perturbed-chain polar statistical associating fluid theory, Ind. Eng. Chem. Res. 54(32)(2015)7942-7952.
[142] M. Hopp, J. Gross, Thermal conductivity of real substances from excess entropy scaling using PCP-SAFT, Ind. Eng. Chem. Res. 56(15)(2017)4527-4538.
[143] M. Hopp, J. Gross, Thermal conductivity from entropy scaling: a group-contribution method, Ind. Eng. Chem. Res. 58(44)(2019)20441-20449.
[144] M. Hopp, J. Mele, J. Gross, Self-diffusion coefficients from entropy scaling using the PCP-SAFT equation of state, Ind. Eng. Chem. Res. 57(38)(2018)12942-12950.
[145] X. Liu, T. J. Vlugt, A. Bardow, Predictive Darken equation for Maxwell-Stefan diffusivities in multicomponent mixtures, Ind. Eng. Chem. Res. 50(17)(2011)10350-10358.
[146] E. Poling, J. M. Prausnitz, J. P. O'Connell, Properties of Gases and Liquids, McGraw-Hill Education, 2001.
[147] J. Van der Waals, Thermodynamische Theorie der Kapillarität unter Voraussetzung stetiger Dichteänderung, Z. Phys. Chem. 13(1)(1894)657-725.
[148] J. W. Cahn, J. E. Hilliard, Free energy of a nonuniform system. I. Interfacial free energy, J. Chem. Phys. 28(2)(1958)258-267.
[149] P. Hohenberg, W. Kohn, Inhomogeneous electron gas, Phys. Rev. 136(3B)(1964)B864.

[150] N. D. Mermin, Thermal properties of the inhomogeneous electron gas, Phys. Rev. 137(5A)(1965)A1441.
[151] C. Ebner, W. Saam, D. Stroud, Density-functional theory of simple classical fluids. I. Surfaces, Phys. Rev. A 14(6)(1976)2264.
[152] W. Saam, C. Ebner, Density-functional theory of classical systems, Phys. Rev. A 15(6)(1977)2566.
[153] E. Johannessen, J. Gross, D. Bedeaux, Nonequilibrium thermodynamics of interfaces using classical density functional theory, J. Chem. Phys. 129(18)(2008)184703.
[154] C. Klink, C. Waibel, J. Gross, Analysis of interfacial transport resistivities of pure components and mixtures based on density functional theory, Ind. Eng. Chem. Res. 54(45)(2015)11483-11492.
[155] V. Bongiorno, L. Scriven, H. Davis, Molecular theory of fluid interfaces, J. Colloid Interface Sci. 57(3)(1976)462-475.
[156] A. J. M. Yang, P. D. Fleming, J. H. Gibbs, A molecular theory of interfacial phenomena in multicomponent systems, J. Chem. Phys. 64(1976)3732-3747.
[157] R. Evans, The nature of the liquid-vapour interface and other topics in the statistical mechanics of non-uniform, classical fluids, Adv. Phys. 28(2)(1979)143-200.
[158] B. Breure, C. Peters, Modeling of the surface tension of pure components and mixtures using the density gradient theory combined with a theoretically derived influence parameter correlation, Fluid Phase Equilib. 334(2012)189-196.
[159] P. Cornelisse, C. Peters, J. de Swaan Arons, On the fundamentals of the gradient theory of Van der Waals, J. Chem. Phys. 106(23)(1997)9820-9834.
[160] C. Miqueu, B. Mendiboure, A. Graciaa, J. Lachaise, Modelling of the surface tension of pure components with the gradient theory of fluid interfaces: a simple and accurate expression for the influence parameters, Fluid Phase Equilib. 207(1-2)(2003)225-246.
[161] H. Lin, Y. -Y. Duan, Q. Min, Gradient theory modeling of surface tension for pure fluids and binary mixtures, Fluid Phase Equilib. 254(1-2)(2007)75-90.
[162] M. Garrido, A. Mejía, M. M. Pineiro, F. J. Blas, E. A. Müller, Interfacial tensions of industrial fluids from a molecular-based square gradient theory, AIChE J. 62(5)(2016)1781-1794.
[163] P. Rehner, J. Gross, Predictive density gradient theory based on nonlocal density functional theory, Phys. Rev. E 98(6)(2018)063312.
[164] J. Gross, A density functional theory for vapor-liquid interfaces using the PCP-SAFT equation of state, J. Chem. Phys. 131(20)(2009)204705.
[165] C. Klink, J. Gross, A density functional theory for vapor-liquid interfaces of mixtures using the perturbed-chain polar statistical associating fluid theory equation of state, Ind. Eng. Chem. Res. 53(14)(2014)6169-6178.
[166] E. Sauer, J. Gross, Classical density functional theory for liquid-fluid interfaces and confined systems: a functional for the perturbed-chain polar statistical associating fluid theory equation of state, Ind. Eng. Chem. Res. 56(14)(2017)4119-4135.
[167] D. Fu, Y. Wei, Investigation of vapor-liquid surface tension for carbon dioxide and hydrocarbon mixtures by perturbed-chain statistical associating fluid theory combined with density-gradient theory, Ind. Eng. Chem. Res. 47(13)(2008)4490-4495.
[168] O. N. Amézquita, S. Enders, P. T. Jaeger, R. Eggers, Measurement and prediction of interfacial tension of binary mixtures, Ind. Eng. Chem. Res. 49(2)(2010)592-601.
[169] O. N. Amézquita, S. Enders, Prediction of interfacial tension of binary mixtures, in: Computer Aided Chemical Engineering, vol. 28, Elsevier, 2010, pp. 85-90.
[170] V. Vinš, B. Planková, J. Hruby, Surface tension of binary mixtures including polar components modeled by the density gradient theory combined with the PC-SAFT equation of state, Int. J. Thermophys. 34(5)(2013)792-812.
[171] S. Becker, S. Werth, M. Horsch, K. Langenbach, H. Hasse, Interfacial tension and adsorption in the binary system ethanol and carbon dioxide: experiments, molecular simulation and density gradient theory, Fluid Phase Equilib. 427(2016)476-487.
[172] O. N. Amezquita, S. Enders, P. Jaeger, R. Eggers, Interfacial properties of mixtures containing supercritical gases, J. Supercrit. Fluids 55(2)(2010)724-734.
[173] E. Schäafer, G. Sadowski, S. Enders, Interfacial tension of binary mixtures exhibiting azeotropic behavior: measurement and modeling with PCP-SAFT combined with density gradient theory, Fluid Phase Equilib.

362(2014)151-162.
[174] X. -S. Li, J. -M. Liu, D. Fu, Investigation of interfacial tensions for carbon dioxide aqueous solutions by perturbed-chain statistical associating fluid theory combined with density gradient theory, Ind. Eng. Chem. Res. 47(22)(2008)8911-8917.
[175] O. N. Amézquita, D. van Putten, S. Enders, Phase equilibrium and interfacial properties of water+CO_2 mixtures, Fluid Phase Equilib. 332(2012)40-47.
[176] O. N. Amézquita, S. Enders, Phase equilibrium and interfacial properties of water+methane mixtures, Fluid Phase Equilib. 407(2016)143-151.
[177] X. Mu, S. Xi, F. O. Alpak, W. G. Chapman, Modified density gradient theory for surfactant molecules applied to oil/water interfaces, Ind. Eng. Chem. Res. 57(22)(2018)7643-7654.
[178] L. C. Vergara, G. M. Kontogeorgis, X. Liang, On the study of the vapor-liquid interface of associating fluids with classical density functional theory, Fluid Phase Equilib. 522(2020)112744.
[179] C. Klink, B. Planková, J. Gross, Density functional theory for liquid-liquid interfaces of mixtures using the perturbed-chain polar statistical associating fluid theory equation of state, Ind. Eng. Chem. Res. 54(16)(2015)4633-4642.
[180] X. Xu, D. E. Cristancho, S. Costeux, Z. -G. Wang, Density-functional theory for polymercarbon dioxide mixtures: a perturbed-chain SAFT approach, J. Chem. Phys. 137(5)(2012)054902.
[181] J. Mairhofer, J. Gross, Modeling properties of the one-dimensional vapor-liquid interface: application of classical density functional and density gradient theory, Fluid Phase Equilib. 458(2018)243-252.
[182] J. Mairhofer, J. Gross, Numerical aspects of classical density functional theory for onedimensional vapor-liquid interfaces, Fluid Phase Equilib. 444(2017)1-12.
[183] R. Stierle, E. Sauer, J. Eller, M. Theiss, P. Rehner, P. Ackermann, J. Gross, Guide to efficient solution of PC-SAFT classical density functional theory in various coordinate systems using fast Fourier and similar transforms, Fluid Phase Equilib. 504(2020)112306.
[184] R. Heide, The surface tension of HFC refrigerants and mixtures, Int. J. Refrig. 20(7)(1997)496-503.
[185] A. Heller, M. Rausch, F. Flohr, A. Leipertz, A. Fröoba, Thermophysical properties of the refrigerant mixtures R417a and R417b from dynamic light scattering(DLS), Int. J. Thermophys. 33(3)(2012)396-411.
[186] P. Fröoba, C. Botero, H. Kremer, A. Leipertz, Thermophysical properties of a quaternary refrigerant mixture: comparison of dynamic light scattering measurements with a simple prediction method, Int. J. Thermophys. 28(3)(2007)743-757.
[187] S. Tripathi, W. G. Chapman, Microstructure of inhomogeneous polyatomic mixtures from a density functional formalism for atomic mixtures, J. Chem. Phys. 122(9)(2005)094506.
[188] S. Jain, A. Dominik, W. G. Chapman, Modified interfacial statistical associating fluid theory: a perturbation density functional theory for inhomogeneous complex fluids, J. Chem. Phys. 127(24)(2007)244904.
[189] N. Haarmann, A. Reinhardt, A. Danzer, G. Sadowski, S. Enders, Modeling of interfacial tensions of long-chain molecules and related mixtures using perturbed chain-statistical associating fluid theory and the density gradient theory, J. Chem. Eng. Data 65(3)(2019)1005-1018.

第2章 求解！而非搜索——应用 IDAES 的过程优化建模

Lorenz T. Biegler[a]，David C. Miller[b]，Chinedu O. Okoli[b]

a 卡内基梅隆大学化学工程学院，匹兹堡市，宾夕法尼亚州，美国；
b 国家能源技术实验室，匹兹堡市，宾夕法尼亚州，美国

2.1 引言

当今的能源和化工过程正面临着激烈的市场竞争、严格的监管和运营限制，以及由于适应和整合替代能源所带来的外部压力和挑战。应对这些挑战需要未来的设计支持高度灵活的操作，以便充分利用动态需求响应。更广泛地说，这要求下一代化工和能源过程的设计更加注重环境的可持续性，具有更高的性能、更低的成本，更加容忍不确定性，以及具有动态交互的能力。特别地，过程强化、电气化和替代分离技术等科技进步迫切需要快速且严格的设计策略。现有技术通常依赖演化和启发式方法，而未来的设计策略将超越现有最先进的技术水平。它们必须融入基于严格的大规模优化工具的复杂决策策略，从而确保充分理解潜在新技术和新运行模式之间非直观的相互作用。

严格的优化策略已经广泛应用在化学工程，特别是过程系统工程中。这一领域的问题通常具有许多备选解决方案，这些方案之间存在复杂的经济和性能交互关系，很难通过直观决策确定最佳解决方案。系统经济学通常表明，找到最优解决方案可以带来大量经济效益，而坚持非最优解决方案可能面临巨大的经济损失。因此，优化已经成为一项关键技术，对新开发的项目保持竞争力至关重要。此外，大规模优化算法和建模策略的最新进展是应对稳态和动态系统挑战的关键推动因素。

表 2.1 列出了在过程系统工程中的数学规划。已经有大量文献(例如文献[1]的总结)针对这些领域的特定类型的优化问题进行了广泛研究。这些领域涵盖过程合成、设计操作和控制等方面，可以利用线性规划(LP)、二次规划(QP)、混合整数线性规划(MILP)、非线性规划(NLP)和混合整数非线性规划(MINLP)技术来解决对应问题。当优化模型以代数形式表达时，所有离散/连续优化问题都可以被表述为 MINLP 问题。在没有离散决策变量的情况下，MINLP 问题被简化为一个非线性规划问题。本研究侧重于 NLP 问题，并简要介绍了找到局部解的有效方法。尽管这种方法最初看起来可能是一种受限的优化形式，但非线性规划出现在许多大型工程模型中，并且它们构成了针对离散和连续决策的确定性优化策略的重要组成部分。

此外，为化工过程创建和部署非线性模型对于制定设计、运行和控制决策至关重要。大量严格的模拟模型支持着工程实践，为新工艺和新产品提供了可靠的设计预测和运行场

景预测。而且，决策的系统化方法需要精确的计算机模型和计算机辅助工程平台去驱动和证明其有效性。因此，这些决策的质量在很大程度上取决于优化策略的效率，以及它们与详细模拟模型结合形成集成优化模型的相互作用方式。

表 2.1　在过程系统工程中的数学规划

项目	线性规划（LP）	混合整数线性规划（MILP）	二次规划（QP）	非线性规划（NLP）	混合整数非线性规划（MINLP）
过程设计和合成					
热交换	×	×		×	×
质量交换	×	×		×	×
分离过程		×		×	×
反应器	×			×	×
流程模拟				×	×
过程运营					
调度/计划	×	×			×
供应链	×	×			×
实时优化	×		×	×	
过程控制					
模型预测控制	×		×		
非线性模型预测控制			×	×	

注：×表示这一领域中会出现的数学规划类型。

工程实践中通常将优化题目视为一种美化的案例研究，其中搜索策略围绕过程模型而展开，并直接提供过程模拟的解决方案，直到找到“最佳”答案为止。毫无疑问，一方面，这些方法是有效的，并且即使是经验不足的工程师使用这些方法，也能带来显著的和持续的改进。另一方面，这些方法在处理大型问题上的计算成本可能非常高昂，而且通常不清楚在已分配的计算预算中，这些方法是否已经探索了所有的选项。

图 2.1 展示了过程模型和非线性优化问题之间的相互作用，这些优化问题被表述成：

$$\min f(x)\text{，s. t. } c(x)=0\text{，} g(x)\leqslant 0 \tag{2.1}$$

它包含一个具有变量 x 的优化目标 $f(x)$。其中，变量 x 的值域为 X，由不等式约束 $g(x)\leqslant 0$ 和代数方程[或者微分-代数方程(DAE)] $c(z, z', u, p, t)=0$ 共同决定。变量 x 中包括了状态变量 z、决策变量 p 和随 t 变化的变量 $u(t)$（其中 t 表示某个独立变量、空间或者时间）。图 2.1 左图展示了一个典型的嵌套优化方案，其中模拟模型被搜索策略反复调用。嵌套策略的最新发展，包括无导数优化(DFO)，已经催生出了具有强大收敛性质的先进算法[2]。但是，搜索策略在处理超过数百个自由度的问题时仍然成本昂贵，经常无法进行实际应用。

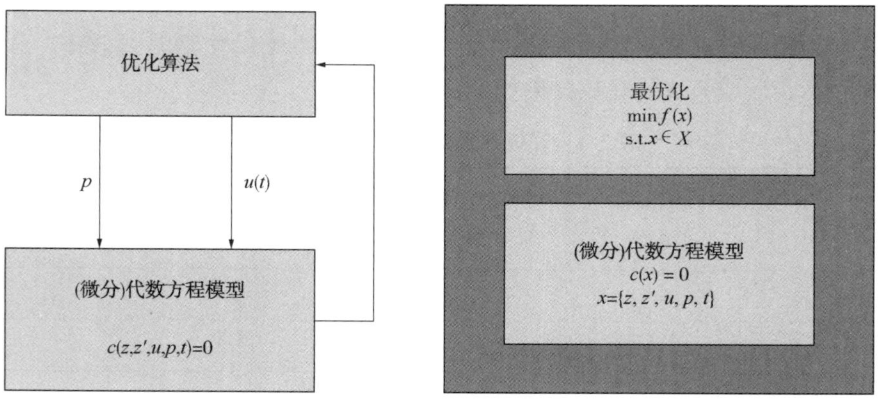

图 2.1　过程优化的嵌套和联立策略

优化研究必须突破通过重复、耗时的模拟来寻找改进方案的搜索理念。相反，直接求解最优解所满足的条件，其工作量仅仅相当于进行了一次模拟。对于非线性优化，这些最优性条件就是著名的 Karush-Kuhn-Tucker(KKT)条件，它们由以下等式和不等式构成：

$$\begin{gathered}\nabla f(x)+\nabla c(x)\lambda+\nabla g(x)v=0 \\ c(x)=0,\ 0\geqslant g(x)\perp v\geqslant 0\end{gathered} \tag{2.2}$$

式中包含 KKT 乘子(λ，v)和互补约束(即 $v_i=0$ 或者 $g_i=0$ 或者二者均为 0)。式(2.2)实现了模拟模型的直接扩展。现在可以利用高效且强大的大规模算法和软件迅速找到具有成千上万个变量和方程的过程系统的局部最优解。而且，这些优化策略可以确保已经找到最优解或者局部最优解，提供对邻近解决方案的有效估计，并且提供最优解对外部输入的敏感性分析。最后，优化策略需要得到优化模型平台的支持，以融入工作流程中，并能应对模型的变化和扩展。遗憾的是，这些能力在当前的工程实践中并不常见。

图 2.1 的右图表示同时计算模拟模型和最优性条件的求解策略。图 2.1 中显示的这些问题条件源于非线性规划的 KKT 条件[3,4]，由一组等式和不等式[式(2.2)]组成。求解这些最优性条件的复杂度与求解非线性方程相当，并且在有效的建模框架下，它可以有效地扩展到非常大的问题。此外，当二阶导数可用时，很容易在稳定点检测二阶条件，以此证明最优解的充分性和(局部)唯一性。最后，通过仔细构建优化问题的模型以及利用可靠的算法实现，可以使问题满足正则条件和约束规范性条件。

工程实践已经开始融合这些发展，预计将大大优化工作流程和提升工作成果。目前最有效的非线性规划工具可以在适中的计算成本下处理数百万个变量和约束。因此，复杂的非线性过程模型可以足够快地优化，以满足在线应用需求。而且，建模方法、算法、软件和硬件的进步实现了大规模优化模型的创建、实现和部署，这些表现超越了当前的搜索方法。下一节将讨论生成快速且健壮的非线性求解策略的关键概念。第 2.3 节将这些概念扩展到动态优化策略的制定和求解中。然后，第 2.4 节概述了先进能源系统设计研究所(IDAES)的集成平台，这是一个专门为过程工程定制的优化建模框架。第 2.5 节用一个新型碳捕集工艺的综合案例研究证明了该平台的能力。第 2.6 节则总结了本章内容，并概述了持续的发展趋势。

2.2 求解算法和优化模型

图 2.2 展示了用于非线性优化问题的优化算法族，以及优化模型的要求。非线性规划求解器可以按照以下方式分类。

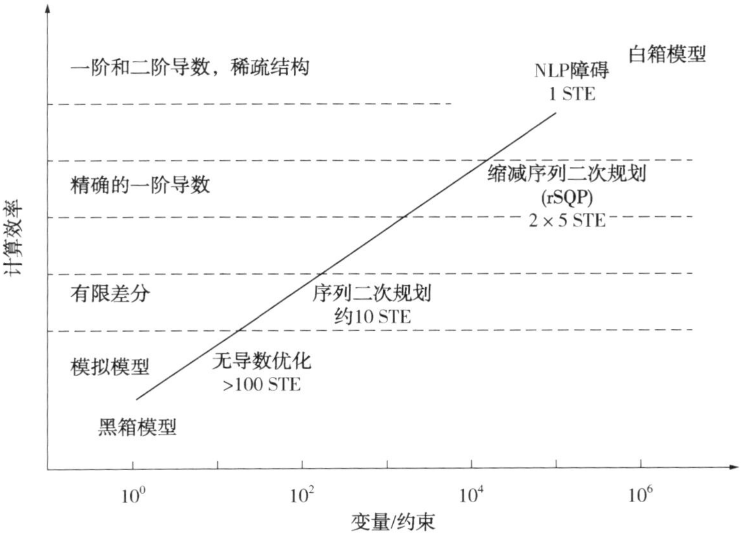

图 2.2 优化模型和求解器的层次结构

无导数优化算法(如遗传算法、模拟退火法、粒子群算法、禁忌搜索、模式搜索[2])不需要导数信息，主要用于解决无约束问题。尽管这些算法应用起来非常简单，特别是在序贯方法中，但对于超过 100 个变量的优化问题，它们的计算成本非常高昂，因此并不适合解决大规模非线性规划问题。对于仅提供输入–输出信息的黑箱模型，即使只有几个自由度，这些搜索方法也需要超过 100 个模拟时间当量(STE)的运算量。

有效集策略，如序列二次规划(SQP)和缩减梯度方法(例如 GRG 和 CONOPT[1])，允许同时进行最小化计算和约束满足判断。它们具有超线性收敛特性，擅长解决中等规模的非线性规划问题(>100 个决策变量)。

优化模型提供精确的一阶和二阶导数，以及向非线性规划求解器提供结构信息，确保非线性规划可以像单个模拟问题一样经济地解决。为了理解计算效率上的这一飞跃，我们考虑将基于牛顿法的求解器应用于 KKT 条件[式(2.2)]。首先，非线性规划[式(2.1)]可以被等价表示为一系列障碍问题：

$$\min f(x)-\mu_l \sum_i \ln(s_i), \quad \text{s.t. } c(x)=0, \; g(x)+s=0 \tag{2.3}$$

其中，障碍参数 $\mu_l>0$，$\lim_{l\to\infty}\mu_l\to 0$，并且由 KKT 条件得到：

$$\begin{aligned} r_1 &= \nabla f(x)+\nabla c(x)\lambda+\nabla g(x)v=0 \\ r_2 &= Sv-\mu_l e=0 \\ r_3 &= c(x)=0 \\ r_4 &= g(x)+s=0 \end{aligned} \tag{2.4}$$

其中，$e=[1, 1, \cdots, 1]^T$，$S=diag(s)$，$V=diag(v)$。通过一系列牛顿步骤求解式(2.4)的解，需要在每次迭代(k 表示迭代次数)时求解以下对称线性方程组：

$$\begin{bmatrix} \boldsymbol{W}(x^k, \boldsymbol{\lambda}^k, v^k) & & \nabla \boldsymbol{c}(x^k) & \nabla \boldsymbol{g}(x^k) \\ & (S^k)^{-1}V^k & & I \\ \nabla \boldsymbol{c}(x^k)^T & & & \\ \nabla \boldsymbol{g}(x^k)^T & I & & \end{bmatrix} \begin{bmatrix} \Delta x \\ \Delta s \\ \Delta \lambda \\ \Delta v \end{bmatrix} = - \begin{bmatrix} r_1(x^k, s^k, \boldsymbol{\lambda}^k, v^k) \\ (S^k)^{-1} r_2(s^k, v^k, \mu_l) \\ r_3(x^k) \\ r_4(x^k s^k) \end{bmatrix} \tag{2.5}$$

其中，$\nabla \boldsymbol{c}$、$\nabla \boldsymbol{g}$ 表示梯度矩阵，$\boldsymbol{W}$ 表示拉格朗日函数的海森矩阵。众所周知，这类基于导数的求解器具有快速收敛的特点，并且通过利用式(2.5)的稀疏性和结构，这些求解器可以处理大规模问题。实践中，人们对基于牛顿法的求解器在全局性上的改进不够重视，这些改进通过强大的下降性能以及线性搜索和信赖域方法[5,6]，允许从遥远的初始点开始实现收敛。它们已经在障碍非线性规划方法[5,7]的发展中得以实现。障碍非线性规划方法将带有不等式约束的优化问题转换为一系列方程组。此外，保持稀疏性且具有精确海森矩阵 $\boldsymbol{W}$ 的牛顿型方法(例如，IPOPT、KNITRO、LOQO[5,8])直接求解最优性条件，能够充分利用问题结构，具有二次收敛性，并且能够处理非常大规模的非线性规划问题(>1000000 个变量)。因此，这些非线性规划方法是推动 IDAES 等建模平台中大规模优化策略发展的引擎。

2.3 应用于微分代数的高级优化

我们现在考虑整合包含常微分方程(ODEs)和偏微分方程(PDEs)的过程模型，其中，面向方程的优化公式对于真实世界的过程系统至关重要。图 2.1 清楚地解释了用于微分方程系统优化的嵌套策略和联立策略。在图 2.2 中，因为整个过程模型与优化问题同时收敛，具有面向方程(或称为白箱)模型的联立方法会导致非线性规划问题规模增大。这些优化模型不再被嵌套，避免了重复求解，并且利用了与问题规模几乎成线性比例的稀疏算法。这也使得动态优化算法的计算复杂度大大降低。

随着微分方程模型的结合，为了保持对偏微分方程、微分代数方程(DAEs)和常微分方程稳定的、一致的和准确的公式描述，应该嵌入额外的特性[6,9]。这需要将这些方程在时间和/或空间上完全离散化，并将其添加到优化模型中。因此，如图 2.1 所示，与嵌套方法相比，联立方法将产生更大的非线性规划问题，但是如下所述，通常将带来更快的计算能力。

优化方法可以通过多种方式整合动态模型。为了构建这一系统，微分代数方程模型 $c(z, z', u, p, t)=0$，可写成半显式的形式：

$$z'_d = F(z, u, p, t), \ G(z, u, p, t)=0, \ z_d = z_{d,0} \tag{2.6}$$

其中，$z(t)=[z_d(t), z_a(t)]$是(微分和代数)状态变量。式(2.6)必须通过具有高精度(高阶)和数值稳定性的合适的离散化策略，以时间或者空间的连续演变(例如，从 t_k 到 t_k+1)来表示。一般 DAEs 求解器可分为两类[9]。

(1) 单步离散化方法[例如，龙格-库塔法(R-K)]。高阶隐式 R-K 方法被广泛使用，具有绝对稳定性的特征，该方法对处理刚性系统非常有用。而且，作为一种自启动方法，它们不需要反向插值，并且能够简单、准确地处理不连续的输入数据特征。

（2）线性多步离散化方法[例如，亚当姆斯(Adams)法和后向差分公式(BDF)法]。作为高阶的预测-校正方法，线性多步离散化方法(LMS)必须通过单步方法进行初始化，并且对于刚性系统来说，只有后向差分公式法是可靠的。为了解决初值问题(IVPs)，线性多步离散化方法通常比龙格-库塔法更快，但是由于它们需要后向插值，不连续的输入设置值将需要频繁重启计算。

离散化方法的选择对于式(2.6)的求解策略具有重大影响。带有嵌入式初值的 DAEs 求解器的序贯(或嵌套)方法很容易被实现，并且这些方法产生的优化问题规模较小。可是，当决策变量很多时，通过直接或伴随灵敏度方法计算梯度变得昂贵，初值求解器的收敛噪声也会传播到梯度上；由于计算成本的增加，二阶导数很少被计算。此外，具有开环不稳定性的动态系统可能导致初值求解器失效。

相比而言，对式(2.2)进行完整的龙格-库塔型离散化(例如，在有限元上的正交配点法)会产生一个 DAEs 的高阶表示，并导致一个大型的、稀疏的优化问题[式(2.1)]。使用这一方法，式(2.1)的一阶甚至二阶导数可以通过自动微分来评估，并且计算成本要低得多。非线性规划问题[式(2.1)]的完全离散化公式形成了一种同时求解动态系统和优化问题的联立策略。一方面，这种方法拥有与边界值求解法相同的二分性特性，能够可靠且高效地处理开环不稳定问题。另一方面，为了获得高效性能，联立(或完全离散化)方法需要一个高效、大规模的非线性规划求解器。

对于动态优化，我们比较了两种方法。一方面，序贯(或嵌套)方法将 DAEs 求解器嵌入优化策略中，并在整个时间(或空间)域内整合 DAEs。另一方面，联立方法在有限元上应用了配点离散化方法，并产生一个完全代数系统，该系统被直接合并到优化模型中。这种联立方法依赖于高效的非线性规划策略，该策略能够有效利用稀疏线性代数，并且在处理不等式约束时具有较低的复杂度。这些优势可以通过一个全空间非线性规划公式来实现，该公式具有精确的一阶和二阶导数，并采用障碍方法来处理不等式约束[1]。

在基于牛顿法的障碍求解器的帮助下，我们注意到，尽管联立配点方法会导致较大规模的非线性规划公式，但求解这一问题所需的努力仍然在一个相当合理的范围内。表 2.2 列出了使用序贯(或嵌套)和联立(配点)策略进行动态优化的主要算法步骤的复杂度(数量级)。虽然这些方法的详细比较通常取决于问题本身，但每种策略的独特特征可以让我们对其计算工作量有一些了解。表 2.2 考虑了嵌套和联立方法中的每个步骤，并利用离散化步骤的数量 N、状态变量的数量 n_z 以及控制变量的数量 n_u 来展现它们的计算复杂度。文献[1]展示了所有计算成本的详细推导。这些推导表明，嵌套方法需要 DAEs 积分器、灵敏度分析和矩阵分解，它的计算复杂度是 N 和 n_u 的 2 次方到 3 次方的倍数。此外，联立方法的复杂度由利用稀疏牛顿法求解非线性(KKT)方程来决定。因此，表 2.2 表明，随着自由度数量 n_uN 的增加，联立方法计算时间几乎呈线性增长，而嵌套方法的计算时间则呈现 n_uN 的 2 次方和 3 次方增长趋势。因此，随着问题规模的增大，更大规模的联立公式具有更低的计算成本。该方法的演示将在第 2.5 节中呈现。

表 2.2　每一次 NLP 迭代的计算复杂度

（具有 n_z 个状态变量，n_u 个控制变量，N 个时间步，$\alpha \in [2, 3]$，$\beta \in [1, 2]$）

算法步骤	序贯	联立
积分	$n_z^{\beta} N$	—
灵敏度分析	$n_z n_u N^2$	$(n_z+n_u)N$
海森矩阵评估	$n_z(n_u N)^2$	$(n_z+n_u)N$
分解	—	—
因式分解/回代	$(n_u N)^{\alpha}$	$[(n_z+n_u)N]^{\beta}$
总复杂度(不包括海森矩阵)	$(n_u N)^{\alpha}+n_z n_u N^2$	$[(n_z+n_u)N]^{\beta}$
总复杂度(包括海森矩阵)	$(n_u N)^{\alpha}+n_z(n_u N)^2 N$	$[(n_z+n_u)N]^{\beta}$

2.4　IDAES 优化建模软件平台

许多过程模拟工具是在现代优化算法发展之前设计的，距今已有数十年的历史。因此，它们采用嵌套方法进行优化，很少利用先进的基于牛顿法的求解器及其与优化模型的交互作用。此外，非光滑的、传统的模拟模型，具有不精确或近似导数，不适合基于梯度的优化，即使使用最新的非线性规划求解器也会出现较差的性能。这常常导致工作过程中的优化实践令人失望。

相比之下，人们通常在广泛使用的优化建模平台上构建和求解大规模非线性规划问题，包括 GAMS[10]、AMPL[11] 和 AIMMS[12]。这些工具提供了代数建模语言(AMLs)，并实现与大规模算法的无缝集成、自动微分等功能，专注于基于方程的适定优化模型的开发。不过，这些商业工具处理的是相对封闭的、声明式模型，通常不鼓励与外部模型集成，并且为表达优化问题定义了自己专有的语法。因此，它们在具体的过程模拟模型中的应用受到了限制。为了缩小这些平台之间的差距，最近已经开始在基于 Python 的平台例如 Pyomo(www.pyomo.org[13])上开发更详细的工程模型。这个开源优化建模平台经历了重大的重构和扩展，现在包括线性规划、混合整数线性规划、非线性规划和混合整数非线性规划求解器，以及自动微分功能。此外，Pyomo 不仅允许构建用于优化框架的元算法，还允许集成复杂的工程模型。

Pyomo 与 IDAES 项目(www. idaes. org[14])的当前研究和进展密切相关。IDAES 是一个由美国能源部赞助的项目，旨在开发用于过程工程应用的开源优化框架，被视为下一代过程工程工具。作为一个面向方程、基于优化的综合过程建模平台，IDAES 能够对多尺度、动态过程和操作场景作严格分析，以提高现有系统的效率，并开发下一代能源系统。IDAES 已有数千次下载量，并且拥有一个来自不同行业的活跃且不断增长的全球用户社区。自 2019 年 3 月发布以来，IDAES 通过其独特的能力展现了巨大的影响力。IDAES 是唯一完全面向方程的计算平台，能够为复杂能源和化工过程提供稳态设计、优化、动态操作、数据整定、参数估计和不确定性量化的一体化支持。IDAES 旨在整合最先进的过程模拟软件包和通用代数建模语言(AML)的能力，以应对能源和过程工业部门的新兴挑战和机遇，这些挑战和机遇无法用当前的工具来解决。其中包括需要设计并优化与外部系统耦合更紧密的过程，以及将新技术和固有的动态运行相结合。最后，由于 IDAES 是基于 Python 编程语言构建的，因此它可以通过复杂的方式进行集成和扩展，以支持新的和已有的用户应用程序。此外，它可充分利用现有的 Python 生态系统进行数据分析、可视化和应用程序开发。

目前，IDAES 包含多个组件，如图 2.3 所示。IDAES 平台的核心是一个构建在 Pyomo AML 上的开放且可定制的过程模型库。核心模型可以组合起来去捕捉子过程和复杂的多维单元模型的层次结构。这些单元模型可以包括质量平衡、能量平衡、热力学、流体流动、传热和传质、反应动力学以及其他物理和化学现象。这些核心能力包括基于方程的稳态和动态建模，以及支持为创新工艺开发定制单元模型的分层方法。此外，过程模型库可以用来支持借助超结构公式的概念设计、工艺设计、优化与集成，以及动态优化和控制。如图 2.3 所示，IDAES 充分利用了以下主要特征。

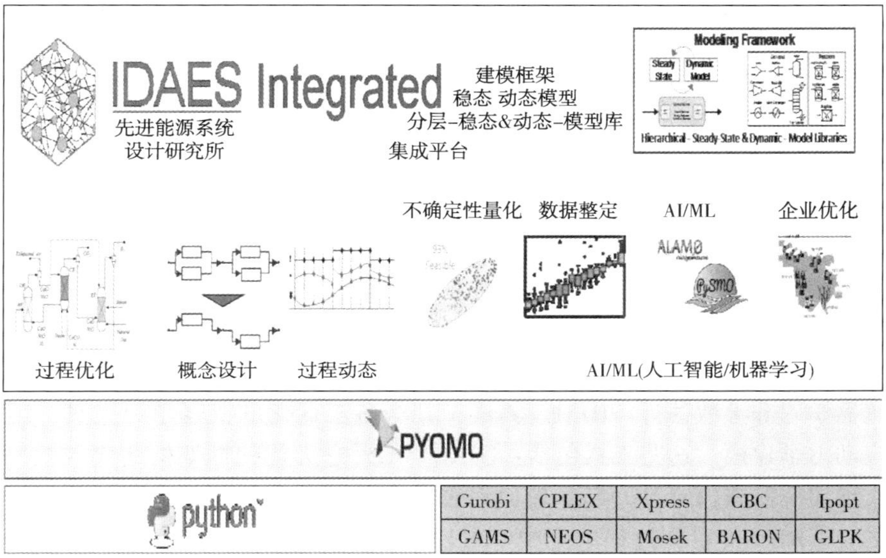

图 2.3　IDAES 的主要组件及其联系——支持概念设计、过程设计和优化、过程集成、动态优化和控制，同时融入多尺度代理模型

（1）Pyomo AML：对于 IDAES，它提供了一个可扩展的代数建模环境，该环境为数十个开源和商业优化求解器提供了接口，并支持在本地和分布式环境中运行求解器。此外，Pyomo 还有支持高级过程建模的扩展功能，包括模块化的建模、网络模型的显式表示、随机规划，包含（常微分和偏微分）代数方程的动态系统，以及广义析取规划（GDP）。这些特性允许按照非标准的形式灵活建模，其他建模框架不容易处理这些非标准形式。

（2）分层的面向方程的过程模型：虽然代数建模语言已经能够轻松支持大规模优化求解，但是仍然需要进行大量工作才能构建出过程模型，而且这些模型常常不易被重复使用。相比之下，IDAES 扩展了 Pyomo 的基于模块的分层建模结构，并建立了一个快速开发定制单元操作的框架。这个分层建模结构创建了一个用于常见过程单元操作的模型库，其中每个方程都是完全开放和可扩展的。模型库包含一套内部一致的可互相操作的模型，这些模型在不同的复杂性和准确性水平上进行稳态和动态分析。这一灵活性使得为新工艺和新配置创建和应用模型成为可能。

（3）过程设计和优化：IDAES 使用工艺设备和热物理性质的严格模型实现大规模的全

系统优化。在不作出会损害结果的简化假设的情况下，能够同时探索多个过程系统之间的复杂相互作用。IDAES 还开发了在广泛的操作范围内实现优化的方法。这些方法能够处理具有非光滑特征的问题，例如气相、液相变化或者亚临界相、超临界相的变化，以及消失相。IDAES 开发的过程设计和优化功能适用于广泛的应用领域，例如，能源、化工、石化、制药等需要紧密集成的领域。

（4）动态和控制：IDAES 的这一特征建立在 Pyomo 对常微分方程和偏微分方程的显式规范的原生支持，以及通过 PyomoDAE[15]将 DAE 模型自动转换成大规模代数系统的基础上。过程模型库包括常见单元模型的稳态和动态版本。这些模型版本可以在稳态分析和压力驱动的动态分析间切换，并且在过程中对流程实现所做的更改最小。此外，IDAES 包含用于状态估计和控制的高级功能，如滑动窗口估计和非线性模型预测控制[16]，这些功能可以直接部署在工艺流程图上。

（5）过程综合和概念设计：IDAES 集成了广义析取规划，这是一种将代数过程模型与析取和逻辑语句相结合的方法，从而产生专门的混合整数非线性规划模型。此外，Pyomo 对 GDP 的支持产生了直接在逻辑问题结构和对应固定流程结构的非线性规划子问题上操作的策略，从而提高了混合整数非线性规划优化的健壮性。

（6）多尺度代理建模和优化：IDAES 开发了快速代理模型，首先它们将粗略地预执行复杂模型，然后在优化过程中快速计算实际值的近似值。为了避免在粗粒度网格上错过最优解，IDAES 使用了一种“信任域”方法来保证找到复杂模型临界点的解[17]。这种代理建模方法以高得多的效率提供全模型的完全准确性，从而实现在多个尺度上运行的复杂模型的求解。

（7）机器学习和参数估计：IDAES 集成了几个基于优化的机器学习工具，用于热物理性质和反应动力学建模。这些工具包括：①ALAMO，它为优化框架构建代数模型；②基于 Python 的代理建模对象（PySMO）包，它具有最先进的采样、机器学习、参数估计和代理辅助优化方法；③RIPE，它从过程数据中学习反应网络；④HELMET，它从热力学数据中学习亥姆霍兹状态方程。此外，在 IDAES 中，所有模型和子模型都在一个公共平台上，该平台可以访问所有模型参数，以便于联立多尺度参数估计问题的建模与求解。

2.5 碳捕集优化案例研究

为了证明 IDAES 的独特能力，我们展示一项用于 CO_2 捕集的新型化学链燃烧（CLC）过程的优化研究。化学链燃烧是化石燃料燃烧的一个变革性过程，会产生易于封存的、富含 CO_2 的废气[18]。当前有关化学链燃烧的研究涵盖领域广泛，包括反应器选择和设计、氧载体（OCs）的开发和测试、不同类型燃料的利用，以及可操作性和工艺改进[19,20]。化学链燃烧系统的性能取决于氧载体的氧化还原反应以及氧载体与燃料之间的接触。对使用移动床（MB）反应器作为化学链燃烧应用的燃料反应器的调查研究，已经强调了在逆流移动床模式下操作的优势[21]。由于气、固两相的逆流流动，燃料近乎被完全转化，加上氧载体非常高的转化率，这使得固体循环率很低。移动床过程[22]被建模为一个严格的稳态、基于第一性原理的模型。该模型捕捉到了反应器中存在的微观和宏观现象。在这里，我们通过最小化移动床过程的总年化成本（TAC）来证明 IDAES 的优化能力。

如图 2.4 所示，IDAES 采用模块化结构，允许将可替换的“物性包”连接到反应器模型中[23]。首先，创建流程图以描述工艺过程，如图 2.5 所示。其次，添加物性包模型，以提供动力学和热物理性质。将单个单元操作模型，包括来自标准模型库的压缩机和换热器，添加到流程图中，并将它们连接起来以表示工艺过程。最后，制定合适的目标函数、流程约束和优化变量，并求解模型。求解过程包括模型离散化和初始化的子步骤。此外，利用 Pyomo 和 Python 的灵活性，可以将自定义模型的初始化例程集成到求解步骤中[23]。

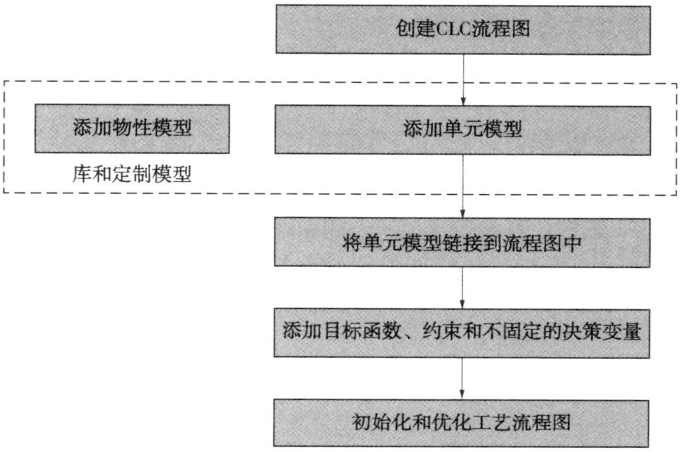

图 2.4　IDAES 中 CLC 过程的流程优化设置的工作流程

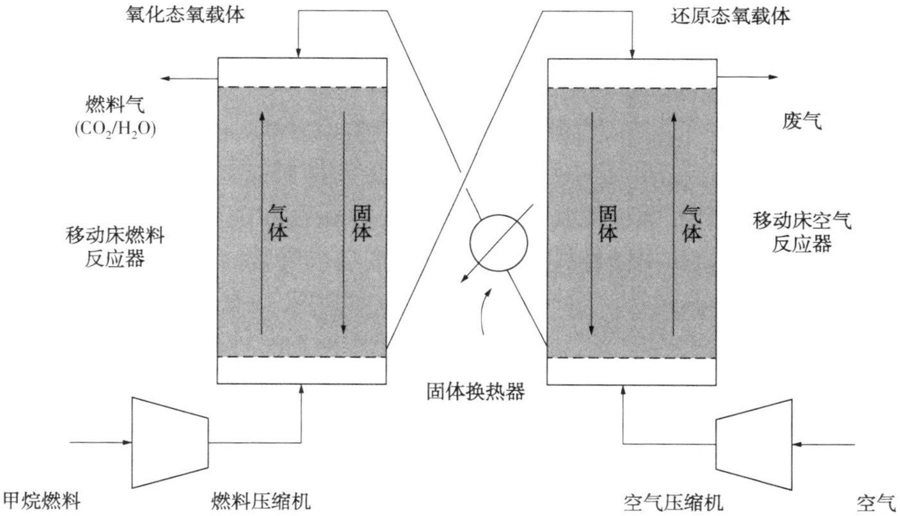

图 2.5　移动床 CLC 系统的工艺流程

如图 2.5 所示，燃料反应器（FR）和空气反应器（AR）采用气、固两相的逆流接触。在这里，甲烷燃料（128.3mol/s，甲烷含量 97.5%，二氧化碳含量 2.5%）与 Al_2O_3 负载的铁基（Fe_2O_3/Fe_3O_4）氧载体反应，生成 CO_2、H_2O 以及氧载体的还原形式，如下所示[24]。

燃料反应器（氧载体还原）：$CH_4+12Fe_2O_3 \longrightarrow 8Fe_3O_4+CO_2+2H_2O$

随后，来自燃料反应器的还原态氧载体被空气反应器中的空气再生，如下所示。

空气反应器（氧载体氧化）：$4Fe_3O_4+O_2 \longrightarrow 6Fe_2O_3$

然后再循环回燃料反应器以完成闭环。从 Abad 等人[24]的研究中可以获得铁基氧载体的氧化和还原反应的动力学参数。如图 2.5 所示，在过程中考虑的辅助设备包括压缩机和固体换热器，其中，燃料和空气进料经压缩机压缩后进入对应反应器，从空气反应器出来的氧载体经固体换热器冷却后再循环回燃料反应器中。

为了表示气相流体和固相流体的逆流流动，移动床反应器的模型包括两组表示质量、能量和动量平衡的微分方程。假设轴向扩散、热传导、径向浓度和温度梯度可以忽略不计，构建两个质量平衡方程：一个针对气相，另一个针对固相。类似地，对于绝热操作，为两个相态分别考虑能量平衡方程。当以相反方向移动时，固相和气相之间(通过反应)进行着能量和质量交换。假设固相以恒定速度移动，而通过反应器床层的气相速度则利用 Ergun 方程计算得到。在两个反应器中，气相速度被限制在最小流化速度以下，以确保颗粒流动处于移动床传输状态。这里的最小流化速度通过设置 Ergun 方程中的阻力等于颗粒床上的重力来计算。利用无量纲群[如努塞尔(Nusselt)数、雷诺(Reynolds)数和普朗特(Prandtl)数]之间的附加相关性计算传热系数。其他假设包括床层孔隙率恒定、忽略固体颗粒的夹带和磨损，以及颗粒内部温度均一。Ostace 等人[22]和 Okoli 等人[25]提供了模型的完整细节。

2.5.1 优化问题的公式描述

使用上述过程模型，对优化问题进行如下公式描述。本研究的目标函数是在实现甲烷燃料 99.9%燃烧的同时，最小化总年化成本。总年化成本有效地把握了由设备能力决定的投资成本项和包括压缩机电能使用的运行成本项之间的权衡，这对化学链燃烧流程设计起着关键作用。更具体地说，总年化成本是总设备成本(*TEC*)、总运行成本(*TOC*)、总装机系数 f 以及年化系数 ϕ 的函数。总年化成本的表达式为：

$$TAC = \phi \cdot f \cdot TEC + TOC \tag{2.7}$$

总设备成本[式(2.8)]是一个由化学链燃烧反应器的设备成本($Cost_{\text{react}}$)、压缩机的设备成本($Cost_{\text{compr}}$)、氧载体存量的设备成本($Cost_{\text{inv}}$)(假设为 1300 美元/t)和固体换热器的设备成本($Cost_{\text{HX}}$)组成的函数。其他投资成本与设备安装、间接成本和营运资金有关，Okoli 等人[25]对此进行了详细描述。

$$TEC = \left[\sum_i \left(Cost^i_{\text{react}} + Cost^i_{\text{compr}} + Cost^i_{\text{inv}}\right) + Cost_{\text{HX}}\right],\ i \in \{AR,\ FR\} \tag{2.8}$$

式(2.9)表示的总运行成本是过程中压缩机所需的总电能的函数。

$$TOC = CU_{\text{elect}} \cdot \sum_i W^i,\ i \in \{AR,\ FR\} \tag{2.9}$$

Okoli 等人[25]列出了所有的成本参数。优化问题的约束条件包括不低于 99.9%的甲烷燃料燃烧率、表观速度限制以及决策变量的边界。表 2.3 给出了移动床化学链燃烧工艺设计和运行操作的决策变量。

表 2.3 案例研究中考虑的所有决策变量

决策变量(*AR*，*FR*)		下限	上限
设计	反应器床层直径 D^i_b/m	0.1	25
	反应器床层高度 L^i_b/m	0.1	25

续表

决策变量(AR, FR)		下限	上限
操作	OC 流速 $M^{FR}_{OC\_in}$/(kg/s)	0	10000
	气体流速 $F^{AR}_{gas\_in}$/(mol/s)	0	10000
	气体入口压力 $P^{i}_{gas\_in}$/kPa	100	2000
	气体入口温度 $T^{i}_{gas\_in}$/K	298.15	1000

2.5.2 问题初始化和实现

为了找到优化的可行起始点，使用了以下启发式方法来确保维持表观速度(v_g)约束，保持氧载体的循环速率以传递足够的氧载体来实现高燃料转化率(并维持热平衡)，并确保反应器中的氧载体存量足以提供反应气体的适当的良好转化率[24]。基于启发式的设计通过以下步骤完成：

(1) 为空气反应器和燃料反应器选择气体进料压力($P^{i}_{gas\_in}$)和温度($T^{i}_{gas\_in}$)。在本工作的案例研究中，假设这些值接近大气条件下的值。

(2) 调整反应器面积，维持移动床反应器的 $v_g<v_{mf}$(最小流化速度)。

(3) 根据燃料反应器中燃料进料完全转化(100%利用率)所需的化学计量来调整进入反应器的氧载体流量。

(4) 假设进入空气反应器的气体流速($F^{AR}_{gas\_in}$)比燃料进料中甲烷完全燃烧所需的化学计量过量 20%。

(5) 估算反应器高度，使得燃料在燃料反应器床层中有足够的停留时间以便完全转化，并使得氧载体在空气反应器中得到充分再生[26]。

基于移动床的化学链燃烧流程模型在 IDAES 中实现[14,23]。流程模型既可以作为模拟问题(方形系统)求解，也可以作为优化问题求解。在解决流程问题(无论是用于模拟还是优化)之前，移动床模型方程会使用 Pyomo. DAE 的正交配点法自动离散化[15]。移动床模型的离散化包含 40 个有限元，每个设置 3 个配点。有限元的数量是通过网格独立性研究来确定和验证的，而配点的数量则使用了 Pyomo. DAE 的默认值。在优化研究中，得到的移动床化学链燃烧离散化系统包含 20789 个变量和 20781 个方程。利用 Ipopt[8]求解模拟和优化问题。

考虑到化学链燃烧流程模型中的非线性和复杂性，需要进行系统性的初始化，具体步骤如下：

第 1 步，使用自动分层方法初始化并求解燃料反应器模型，其中按照复杂度依次求解燃料反应器的子模型，即先求解热物理和动力学的子模型，然后求解流体力学关联式和方程，接着求解质量平衡方程，最后求解能量平衡方程。

第 2 步，设置空气反应器固体物流的入口条件等于燃料反应器固体物流的出口条件，并使用第 1 步的方法单独求解空气反应器。

第 3 步，通过连接燃料反应器固体物流的入口和空气反应器的固体物流出口实现闭环，完成化学链燃烧闭环求解。

表 2.4 展示了启发式设计的结果。两个反应器中的表观流速均远低于最小流化极限，操作条件也在决策变量的边界范围内。虽然这构成了一个可行的设计，但我们注意到，由

于气体入口压力和流量很高，压缩成本相当昂贵。此外，为了保证甲烷燃料完全转化，以及氧载体在空气反应器中完全再生，反应器中氧载体存量很大。这些经步骤 1~3 初始化后的基于启发式的结果被用作优化移动床工艺的起始点。再增加一个步骤用于初始化优化问题。

第 4 步，激活目标函数和过程约束，释放决策变量，以稳态模拟结果作为起点来求解流程优化模型。

表 2.4　移动床化学链燃烧过程中启发式设计和最优设计的成本分析

项目		启发式设计			最优设计		
		燃料反应器	空气反应器		燃料反应器	空气反应器	
变量	气体入口流速/(mol/s)	128	1587		128	1199	
	气体入口压力/kPa	156	156		250	102	
	气体入口温度/K	298.15	298.15		293	293	
	氧载体循环速率/(kg/s)	591	583.4		549	540	
	反应器高度/m	5	5		4.6	2.39	
	反应器直径/m	8	12		4.58	13	
	压缩机功率/kW	449	5926		390	56	
成本				总计			总计
反应器成本/(千美元/MW_{th})		5.73	9.30	15.03	3.14	10.62	13.76
存量成本/(千美元/MW_{th})		11.77	17.21	28.98	1.90	13.67	15.58
压缩机成本/(千美元/MW_{th})		1.60	5.23	6.82	1.51	0.61	2.12
固体换热器成本/(千美元/MW_{th})		—	18.20	18.20	—	—	17.07
TEC/(千美元/MW_{th})		—	—	69.03	—	—	48.53
TOC/[千美元/(MW_{th}·a)]		2.43	32.00	34.43	2.23	0.32	2.55
TAC/[千美元/(MW_{th}·a)]				83.86			37.29

IDAES 能够以高效的计算方式优化移动床化学链燃烧系统，求解时间为 3~4min(CPU 时间)。此外，可以利用这些模型和优化方法来快速筛选具有不同燃料和氧载体的多种方案。正如表 2.4 所示，最优设计展示了与启发式设计的显著差异。特别是，燃料反应器和空气反应器的容量都有所下降，同时两者之间的氧载体循环量也有所减少。注意，一方面，降低空气流速，并将空气压力降低到接近环境压力会大大降低空气压缩机的投资成本和运行成本。另一方面，燃料反应器中的优化压力明显高于空气反应器。此外，固体换热器是总设备成本的最大贡献者，占比 35%，而存量和反应器分别贡献了 32%和 28%。总运行成本只占到了总年化成本的 7%，而燃料压缩机所需的电力是总运行成本的主要贡献者。这是由燃料反应器中更高的操作压力所致。最优设计方案的总年化成本仅仅为启发式设计方案的 44%。特别是，最优化的压缩机成本和总设备成本显著低于启发式设计方案。这清楚地证明了 IDAES 中基于方程优化策略的有效性。

2.6　结论与未来展望

非线性优化对于建模和分析、工艺设计和运营中的决策任务至关重要。这些任务可以通过非线性规划算法、优化建模平台和大规模运算的软硬件的重大进步得到显著提升。随着详细过程模型的发展，工程师必须通过精通大规模算法、利用定制的工程模型重新审视优化框架，并将这些改进融入他们的工作流程，以此来掌握非线性优化。正如近期的研究成果所证明的那样，这些进展为过程工业带来了重大的机遇。

为了应对这些进步，IDAES 代表了一种范式的转变，用于改进复杂的交互的技术和系统的设计和运行。IDAES 是一个独特的完全面向方程的平台，能够为复杂能源和化工过程提供稳态设计、优化、动态运行、数据整定、参数估计和不确定性量化的一体化支持。此外，它为过程建模的全生命周期提供支持，涵盖从概念设计到动态优化和控制的各个环节。IDAES 能够让用户高效地探索复杂的设计空间，以找到成本最低和最环保的解决方案。这一可扩展的开放式平台能够让用户为新过程创建模型，并快速开发自定义分析、工作流程和终端用户应用程序。

IDAES 已被应用于众多能源相关的优化案例研究中。特别是，IDAES 已经通过具体案例展示了对新的和已有的过程的显著影响，包括提升发电厂运营灵活度(44%)[27]，降低二氧化碳捕集系统的运营成本(15%~18%)[28]。因此，IDAES 拥有一个活跃且不断增长的来自多个行业的用户社区，包括发电和配电、石化制造、制药和消费品行业。

非线性优化的未来工作将利用包括线性代数在内的不同层次的问题结构来探索并行分解方法，这将产生更快的求解策略。例如，可以通过将线性系统[式(2.5)]重新排序为图 2.6 所示的有边界块对角(BBD)或近似块对角(ABD)结构的方式，以利用多场景和动态优化问题的内在问题结构。这些问题可以通过并行 Schur 分解[29,30]或循环缩减策略[31]来解决。此外，这些策略也得益于强大的软件框架，例如，基于 Pyomo/Python 的 PyNumero[32]和基于 JuMP/Julia 的 Plasmo. jl[33]。

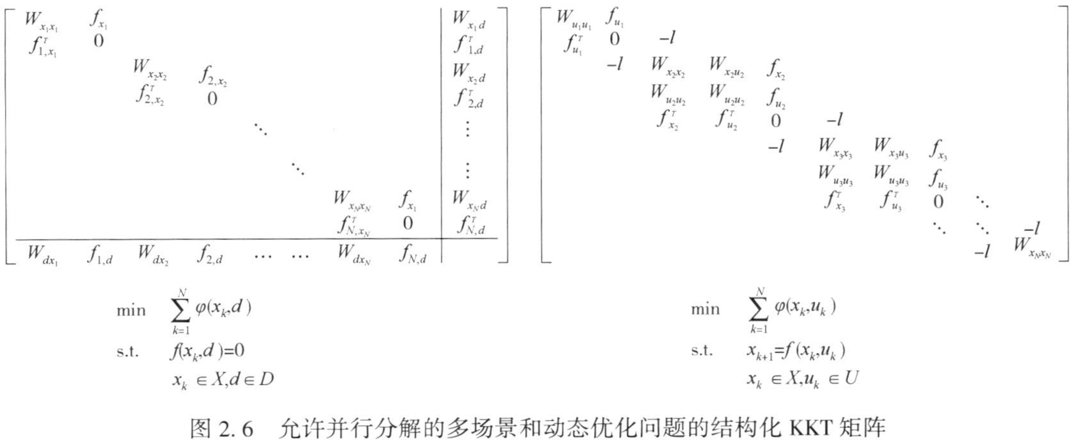

图 2.6　允许并行分解的多场景和动态优化问题的结构化 KKT 矩阵

通过开发强大的元算法，IDAES 等优化平台将在多个时间和长度尺度上处理更大规模的过程系统模型[17]。此外，这个优化框架目前支持扩展到令人兴奋的新能源应用中，包括：

(1) 对整合化石能源、核能和可再生能源技术的紧密耦合的能源系统的设计和优化；

(2) 对基于天然气的固体氧化物燃料电池系统的设计和优化；

(3) 开发高度动态、灵活的碳捕集系统；

(4) 提高发电厂的效率和可靠性；

(5) 对水处理和海水淡化系统的建模和优化。

这些行动和应用将过程工程中最优决策的范围扩展到了广泛的时间和空间尺度上，从材料设计的分子合成，一直到整合的、分布式的国家能源网络。这些先进、全面的决策能力代表了计算机辅助过程工程的下一代技术。

致　谢

这项工作是先进能源系统设计研究所(IDAES)的一部分，得到了由美国能源部化石能源和碳管理办公室主持的基于模拟的工程、跨学科研究计划的支持。

免 责 声 明

该项目由美国能源部、国家能源技术实验室以场地支持合同的方式提供部分资助。美国政府或任何下属机构、任何他们的雇员、支持承包商或任何他们的雇员，都不对任何披露的信息、仪器、产品或过程的准确性、完整性或实用性做出任何明示或暗示的保证，也不承担任何法律责任，同时也不代表其使用不会侵犯私有权利。本文以商品名称、商标、制造商或其他方式提及的任何特定商业产品、工艺或服务，并不构成或暗示美国政府或其任何机构对其的认可、推荐或者偏好。作者在此表达的观点和意见并不代表或反映美国政府或其任何机构的观点和意见。

参 考 文 献

[1] L. T. Biegler, Nonlinear Programming: Concepts, Algorithms and Applications to Chemical Processes, SIAM, Philadelphia, PA, 2010.

[2] A. Conn, K. Scheinberg, L. Vicente, Introduction to Derivative Free Optimization, SIAM, Philadelphia, 2009.

[3] R. Fletcher, Practical Methods of Optimization, Wiley, Chichester, 1987.

[4] J. Nocedal, S. Wright, Numerical Optimization, second ed., Springer, New York, NY, 2006.

[5] A. Conn, N. Gould, P. Toint, Trust-Region Methods, MPS-SIAM Series on Optimization, SIAM(Society for Industrial and Applied Mathematics), 2000. Philadelphia, PA.

[6] L. T. Biegler, O. Ghattas, M. Heinkenschloss, B. van Bloemen Waanders(Eds.), Large-Scale PDE-Constrained Optimization, Lecture Notes in Computational Science and Engineering, No. 30, Springer Verlag, Berlin, 2003.

[7] R. Byrd, J. Nocedal, R. Waltz, Knitro: an integrated package for nonlinear optimization, in: G. Di Pillo, M. Roma(Eds.), Large-Scale Nonlinear Optimization, Springer, 2006, pp. 35-60.

[8] A. Wáchter, L. T. Biegler, On the implementation of an interior-point filter line-search algorithm for large-scale nonlinear programming, Math. Program. 106(2006)25-57.

[9] U. M. Ascher, L. R. Petzold, Computer Methods for Ordinary Differential Equations and Differential-Algebraic Equations, SIAM, Philadelphia, PA, 1998.

[10] A. Brooke, D. Kendrick, A. Meeraus, R. Raman, GAMS—A User's Guide, 1998. http://www.gams.com.

[11] R. Fourer, D. M. Gay, B. W. Kernighan, AMPL: A Modeling Language for Mathematical Programming, Duxbury Press/Brooks/Cole Publishing Company, 2002.

[12] AIMMS, Advanced Interactive Multidimensional Modeling System, http://aimms.com/; https://en.wikipedia.org/wiki/AIMMS, 2014.

[13] W. E. Hart, C. D. Laird, J. -P. Watson, D. L. Woodruff, G. A. Hackebeil, B. L. Nicholson, J. D. Siirola, Pyomo—Optimization Modeling in Python, second ed., Springer Science & Business Media, 2017.

[14] D. C. Miller, J. D. Siirola, D. A. Agarwal, A. P. Burgard, A. Lee, J. C. Eslick, B. Nicholson, C. Laird, L. T. Biegler, D. Bhattacharyya, N. V. Sahinidis, I. E. Grossmann, C. E. Gounaris, D. Gunter, Next generation multi-scale process systems engineering framework, in: M. R. Eden, M.

Ierapetritou, G. P. Towler (Eds.), 13th International Symposium on Process Systems Engineering (PSE 2018), San Diego, CA, 2018, pp. 2209–2214.
[15] B. Nicholson, J. D. Siirola, J. –P. Watson, V. M. Zavala, L. T. Biegler, pyomo. dae: a modeling and automatic discretization framework for optimization with differential and algebraic equations, Math. Program. Comput. 10(2018)187–223.
[16] D. M. Thierry, L. T. Biegler, Dynamic real–time optimization for a CO_2 capture process, AIChE J. 65(7)(2019)1–11.
[17] J. P. Eason, L. T. Biegler, A trust region filter method for glass box/black box optimization, AIChE J. 62(2016)3124–3136.
[18] L. –S. Fan, Chemical Looping Partial Oxidation: Gasification, Reforming, and Chemical Syntheses, Cambridge University Press, 2017.
[19] J. Adánez, A. Abad, T. Mendiara, P. Gayán, L. F. de Diego, F. García–Labiano, Chemical looping combustion of solid fuels, Prog. Energy Combust. Sci. 65(2018)6–66.
[20] J. Li, H. Zhang, Z. Gao, J. Fu, W. Ao, J. Dai, CO_2 capture with chemical looping combustion of gaseous fuels: an overview, Energy Fuel 31(2017)3475–3524.
[21] L. Zeng, A. Tong, M. Kathe, S. Bayham, L. –S. Fan, Iron oxide looping for natural gas conversion in a countercurrent moving bed reactor, Appl. Energy 157(2015)338–347.
[22] A. Ostace, A. Lee, C. O. Okoli, A. P. Burgard, D. C. Miller, D. Bhattacharyya, Mathematical modeling of a moving–bed reactor for chemical looping combustion of methane, in: M. R. Eden, M. Ierapetritou, G. P. Towler(Eds.), 13th International Symposium on Process Systems Engineering(PSE 2018), Computer–Aided Chemical Engineering, San Diego, CA, 2018, pp. 325–330.
[23] A. Lee, J. H. Ghouse, J. C. Eslick, C. D. Laird, J. D. Siirola, M. A. Zamarripa, D. Gunter, J. H. Shinn, A. W. Dowling, D. Bhattacharyya, L. T. Biegler, A. P. Burgard, D. C. Miller, The IDAES process modeling framework and model library—flexibility for process simulation, optimization and control, J. Adv. Manuf. Process. (2021)e10095.
[24] A. Abad, J. Adánez, F. García–Labiano, L. F. de Diego, P. Gayán, J. Celaya, Mapping of the range of operational conditions for Cu–, Fe–, and Ni–based oxygen carriers in chemical–looping combustion, Chem. Eng. Sci. 62(2007)533–549.
[25] C. O. Okoli, A. Ostace, S. Nadgouda, A. Lee, A. Tong, A. P. Burgard, D. Bhattacharyya, D. C. Miller, A framework for the optimization of chemical looping combustion processes, Powder Technol. (2020), https://doi.org/10.1016/j.powtec.2019.04.035.
[26] D. Sridhar, A. Tong, H. Kim, L. Zeng, F. Li, L. –S. Fan, Syngas chemical looping process: design and construction of a 25 kW subpilot unit, Energy Fuel 26(2012)2292–2302.
[27] J. C. Eslick, M. A. Zamarripa, J. Ma, M. Wang, I. Bhattacharya, B. Rychener, P. Pinkston, D. Bhattacharyya, S. E. Zitney, A. P. Burgard, D. C. Miller, Predictive modeling of a subcritical pulverized–coal power plant for optimization: parameter estimation, validation, and application, Appl. Energy(2021)(submitted).
[28] P. Akula, J. Eslick, D. Bhattacharyya, D. C. Miller, Model development, validation, and optimization of an MEA–based post–combustion CO_2 capture process under part–load and variable capture operations, Ind. Eng. Chem. Res. 60(14)(2021)5176–5193.
[29] V. M. Zavala, C. D. Laird, L. T. Biegler, Interior–point decomposition approaches for parallel solution of large–scale nonlinear parameter estimation problems, Chem. Eng. Sci. 63(2008)4834–4845.
[30] N. Chiang, C. G. Petra, V. M. Zavala, Structured nonconvex optimization of large–scale energy systems using PIPS–NLP, in: 2014 Power Systems Computation Conference, 2014, pp. 1–7.
[31] W. Wan, J. P. Eason, B. Nicholson, L. T. Biegler, Parallel cyclic reduction decomposition for dynamic optimization problems, Comput. Chem. Eng. 120(2019)54–69.
[32] C. D. Laird, B. L. Nicholson, J. S. Rodriguez, Parallel Numerical Algorithms for Structured Problems With PyNumero and Pyomo, 2019. Tech. Rep. Sandia National Lab. (SNL–NM), Albuquerque, NM (United States).
[33] J. Jalving, Y. Cao, V. M. Zavala, Graph–based modeling and simulation of complex systems, Comput. Chem. Eng. 125(2019)134–154.

第3章 多准则思考——优化方面的万用工具

Norbert Asprion[a]，Michael Bortz[b]

a 巴斯夫股份有限公司，德国路德维希港；
b 弗劳恩霍夫工业数学研究所(ITWM)，德国凯泽斯劳滕

3.1 引言

在化学工程中，基于模型的优化有望带来比以往通过经验驱动改进所获得的设计更出色的工艺设计。然而，由于目标之间存在冲突，“更好”这个概念绝非毫无歧义：通常情况下，必须在质量和成本函数之间做出折中。在这方面，最优解决方案是指，在给定愿意支出的费用阈值的情况下，解决方案可实现最高质量。因此，我们并不寻求单一的最优解决方案，而是寻求所有此类最佳折中方案的集合，即帕累托集合。

在简要介绍了根据文献[1]进行的多准则优化(MCO)之后，本章重点介绍了它在工业相关应用中的优势，特别是与自适应标量化方案一起进行优化时，其中包括过程设计、模型调整和实验设计。本章最后讨论了帕累托导航，一个强有力的概念，可以让用户交互式地探索帕累托集合。

多准则优化问题由以下公式给出：

$$\min_{x \in X}[f_1(x);\ f_2(x);\ \cdots;\ f_k(x)] \tag{3.1}$$

其中 X 是可行集。一般来说，不存在能同时满足所有目标的最优解。取而代之的是引入占优的概念：如果对于所有项目 i，都有 $f_i(x) \leqslant f_i(y)$，并且至少存在一个项目 j 使得 $f_j(x)<f_j(y)$，则解 x 占优解 y，如图 3.1 所示。

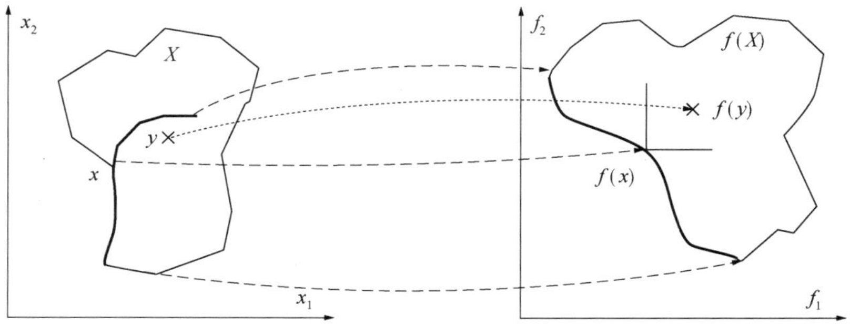

图 3.1 帕累托集合，举例说明了一个解 $f(x)$ 及其占优点，相对于解 $f(y)$

我们感兴趣的是那些没有被任何其他解所占优的解。这些解的集合被称为帕累托集合。我们可以将这些解视为最佳折中方案：给定一个帕累托最优解，不可能在改善一个目标的

同时不恶化另一个目标或离开可行集 X。

在实践中，计算完整的帕累托集合通常既不可能也不可取。相反，人们寻找的是有限数量的帕累托点，作为整个帕累托集合的近似值。这些解是通过标量化方案获得的，这意味着多准则问题[式(3.1)]通过定义一个实值目标函数来重新表述为一个标准的优化问题，该函数使用原始目标函数 $f_{1,\cdots,k}$。最常见的标量化方法是加权求和，即 $g_{ws}(x)=\sum_{i=1}^{k} w_i f_i(x)$。可以证明，如果原始多准则优化问题是凸的，那么对于适当选择的权重，任何帕累托最优点都是如下加权求和问题的一个解。

$$\min_{x\in X} g_{ws}(x) \tag{3.2}$$

然而，对于非凸多准则优化问题，则并非如此，参见下文。

另一种方法是 ε-约束法。这一新的优化问题具有以下形式：

$$\min_{x\in X} f_i(x)\ \mathrm{s.\,t.}\ f_j(x)\leqslant \varepsilon_j,\ j\neq i \tag{3.3}$$

为了获得帕累托前沿上的多个点，我们为每个目标 f_j 使用多个 ε_j 值。通过这种方式，无论优化问题的凸性假设如何，我们都可以获得所有帕累托最优解。

我们提出第三种标量化方案，即所谓的 Pascoletti-Serafini 标量化。对于参考点 $r\in\mathbb{R}^k$ 和方向 $d\in\mathbb{R}^k$，要解决的问题表述为：

$$\min_{x\in X;\lambda} \lambda\ \mathrm{s.\,t.}\ r_i+\lambda d_i-f_i(x)\geqslant 0 \tag{3.4}$$

即使是非凸帕累托前沿上的每个点，也可以通过适当选择方向和参考点来获得。还有许多其他的标量化方案，例如文献[2，3]中提到的那些。在以下部分，仅使用式(3.2)~式(3.4)。求解每个标量化问题式(3.2)~式(3.4)都会获得一个帕累托点，如图 3.2 所示。

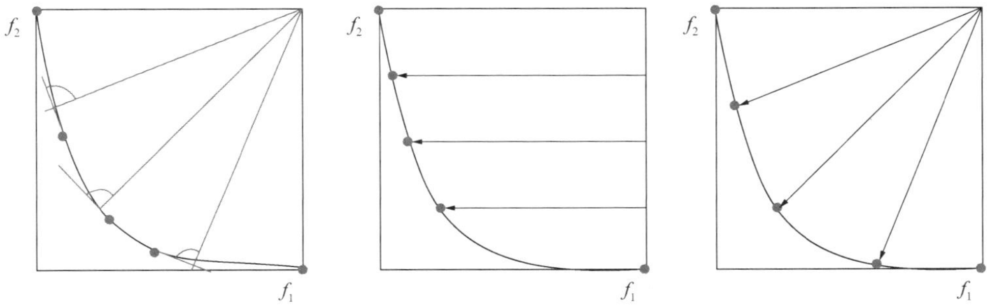

图 3.2　标量化方案：加权求和、ε-约束、Pascoletti-Serafini

通过改变相应的标量化参数，可以获得任意数量的帕累托点。除均匀改变标量化参数外，还可以使用自适应标量化方案，参见文献[4]。需要注意的是，如文献[5]所示，权重的均匀分布并不一定导致帕累托点的均匀分布。

为了得到加权求和的自适应标量化，我们可以利用这样一个事实：在每个帕累托最优点上，都存在一个切向超平面，使得所有其他帕累托最优点都位于同一个半空间上[6]。如果已经计算出一组帕累托最优点，那么所有对应半空间的交集是包含所有帕累托最优点的帕累托集合的一个近似。帕累托最优点的凸组合是一个内插近似。两个近似之间最大距离的位置产生了一个权重，用于获得下一个帕累托最优解以改进两个近似。这被称为夹逼过程[6-8]。最大距离的值被设置为终止准则，并构成对完整帕累托集合的近似质量的度量。

如果多准则优化问题是非凸的，帕累托最优解可以通过超立方体方法[4,9]来近似，并且将超立方体方法大小的最大允许值作为终止准则。这种方法的一个缺点是，如果目标数量增加，它的速度会变得非常慢。

一般来说，优化问题的结构是事先未知的。人们可以开始使用夹逼过程，直到满足终止条件。对确定的帕累托最优解进行三角剖分，会产生切面。接下来对每个面进行凸性检查。对于凸性检查失败的面，则采用计算成本更高的超立方体方法[4,9]。

如果多准则优化问题是一个可以被分解为连续部分和离散变量的混合整数问题，则可以为枚举变量的每个值近似连续部分，最终得到一系列近似值，即帕累托补丁。

在巴斯夫公司内部流程模拟软件 Chemasim(用于稳态操作)及其动态版本 Chemadis 中，已经实现了如式(3.1)所定义的多准则优化问题的设置，包括定义目标、优化变量以及它们的下限和上限，同时还实现了上述自适应标量化方案和枚举选项，以便根据需要生成帕累托补丁。得到的优化问题通过混合整数序列二次规划方法进行求解[10]。这样就得到了一个帕累托点数据库，其中包括每个点的完整过程变量集。通过包括投影、限制器和选择器在内的交互式控件，用户可以导航由帕累托点和线性插值构成的帕累托集合近似值[4,11]。因此，可以区分出帕累托集合的平坦区域(即速胜区域)，这些区域几乎与坐标轴平行，其中一个目标可以大幅度提升，同时其他目标的交换代价很小，而被区分出的其他区域则需要更高的交换代价。

下文中将回顾在 Chemasim 中应用多准则优化方法的结果，源于工艺设计和模型改进的应用案例。

3.2 过程设计

过程设计是一个多准则优化问题：设计目标是既能够产生高质量的产品，同时又要节约资源、能源和成本。技术挑战在于模拟本身：它包含一组关于过程变量 x_p 的非线性方程，对于稳态过程，我们将其总结为 $F(x_p)=0$。由于 $\dim F<\dim x_p$，因此该系统是欠定的。处理这个问题的一种方法是将完整的方程组包含在多准则优化问题[式(3.1)]中，得到：

$$\min_{x_p}[f_1(x_p);\ \cdots,\ f_k(x_p)]\ \text{s. t.}\ F(x_p)=0,\ g(x_p)\leqslant 0,\ x_{p,l}\leqslant x_p\leqslant x_{p,u} \tag{3.5}$$

其中，$x_{p,l}$ 和 $x_{p,u}$ 是过程变量的下限和上限，并引入了额外的不等式约束 $g(x_p)\leqslant 0$。这种同时处理的方法已经被成功应用，如 Biegler 的团队通过使用他们的大规模优化求解器 IpOpt[12-15]而实现。

然而，典型的流程模拟器的工作方式有所不同：首先，系统 $F(x_p)=0$ 通过额外的等式进行补充，这些等式被称为规范，即 $h(x_p)=x_s$，使得 $\dim h+\dim F=\dim x_p$。这个等式和规范系统构成了模拟模型。然后多准则优化问题可表述为：

$$\begin{gathered}\min_{x_s}[f_1(x_p);\ \cdots,\ f_k(x_p)]\ \text{s. t.}\ F(x_p)=0,\ h(x_p)=x_s,\ g(x_p x_s)\leqslant 0\\ x_{p,l}\leqslant x_p\leqslant x_{p,u},\ x_{s,l}\leqslant x_s\leqslant x_{s,u}\end{gathered} \tag{3.6}$$

形式上，这个问题可以被解耦，对一个优化求解器给予以下问题：

$$\min_{x_s}(f_1;\ \cdots;\ f_k)\ \text{s.t.}\ g(x_p x_s)\leqslant 0,\ x_{s,l}\leqslant x_s\leqslant x_{s,u} \tag{3.7}$$

而方程求解器则负责处理 $F(x_p)=0$，$h(x_p)=0$，$x_{p,l}\leqslant x_p\leqslant x_{p,u}$。这意味着在第 ν 次迭代中，对于给定的规范值 $x_s^{(\nu)}$ 集合，牛顿求解器为模拟模型 $F(x_p^{(\nu)})=0$ 搜寻解 $x_p^{(\nu)}(x_{p,l}\leqslant x_p^{(\nu)}\leqslant x_{p,u})$，并将目标函数和不等式约束函数及其相对于 x_s 的导数的值传递给优化求解器。这个优化求解器(通常是 SQP 方法)确定搜索方向，并执行线搜索。在线搜索的每一步中，都会生成一组新的值，并传回给牛顿求解器，牛顿求解器会寻找新的解。这个过程会重复进行，直到线搜索收敛到新的规范值 $x_s^{(\nu+1)}$，从而由牛顿求解器确定新的过程变量值 $x_p^{(\nu+1)}$。

这种顺序方法的优点在于，优化问题的规模远小于同时处理的方法。其缺点在于，通常不清楚系统 $F(x_p^{(\nu)})=0$，$h(x_p^{(\nu)})=x_s^{(\nu)}$，$g(x_p^{(\nu)},\ x_s^{(\nu)})\leqslant 0$ 是否可解。可能会发生的情况是，由于等式约束没有传递给优化器，根本不存在解。因此，顺序方法需要仔细选择规范函数及其值。在此背景下，我们提示最近有人提出了使用机器学习技术来探索不同 g 函数选择下的可行集的想法，以便为 g 和界限 $x_{s,l}$、$x_{s,u}$ 的适当选择提供一些见解和辅助[16]。

接下来，我们将展示在 Chemasim/Chemadis 中实现多准则优化方法时，按照这种顺序方法获得的结果应用于过程设计相关的多个案例。

3.2.1 连续设计变量

第一个例子包括给定流程图下连续设计变量的不同过程设计的多准则比较。作为一个说明性的例子，考虑使用变压蒸馏来分离氯仿和丙酮的二元混合物，如图 3.3 所示，该图最初在参考文献[4]中讨论过。这种混合物表现出压力依赖性的共沸物，是该系统的重沸物。任务是最大化氯仿和丙酮在各自的产品流 *Cf*、*Ac* 中的质量分数 x_{Cf}^{Cf} 和 x_{Ac}^{Ac}，并最小化总热负荷。表 3.1 显示了此多准则优化问题中选定的规范及其界限，遵循式(3.6)中的记法。

表 3.1 变压蒸馏中的规范及其界限

项目	下限 $x_{s,l}$	上限 $x_{s,u}$
第一塔回流比 $R_{V,1}$	1	60
第二塔回流比 $R_{V,2}$	1	60
第一塔分流比例 S_1	0.01	0.99
第二塔分流比例 S_2	0.01	0.99

得到的帕累托表面如图 3.3 所示。

可以清楚地区分帕累托表面的凸部分和非凸部分，这已通过本章引言中描述的混合自适应标量化方案解决。由于三个目标相互冲突，可以明显地比较利弊。具有保证帕累托最优性的备选方案的明显可比性可以揭示出过程优化的巨大潜力[11,17]。只要配备了适当的混合整数优化求解器，这种方法也可以扩展到像平衡级数或进料级数这样的离散设计变量。现在我们将注意力转向比较备选的流程图方案。

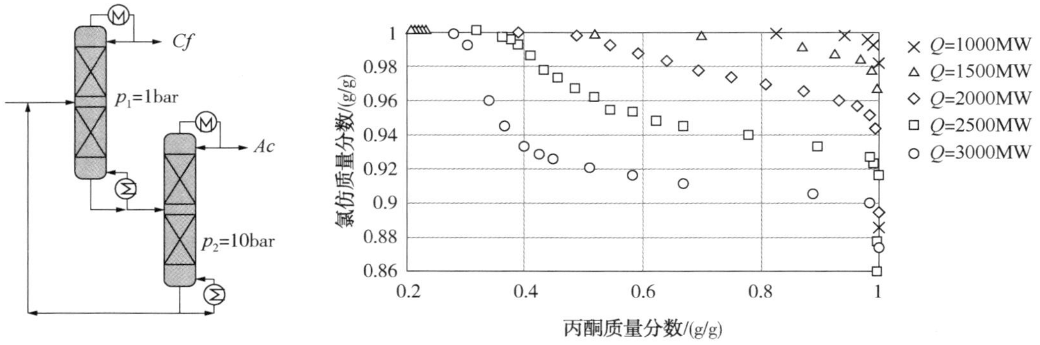

图 3.3　流程图(左)和帕累托表面(右)：通过等高线上的点来可视化用于变压蒸馏的加热负荷 Q

3.2.2　离散的方案选择

在过程设计的前期阶段，为了确定最适合的可选方案，需要比较不同的流程方案来解决已有的合成和分离任务。例如，最初在参考文献[18]中介绍的，考虑分离由正己烷、正庚烷和正辛烷组成的等物质的量混合物，分离量为600kmol/h。比较了四种不同的方案，分别是直接序列、间接序列、侧线抽出塔、分隔壁塔。这四个可选方案的优化变量及其范围列于表3.2中。

表 3.2　优化变量的范围用于设计分离正己烷、正庚烷和正辛烷的塔配置

项目	N_1	$N_{f,1}$	RR_1	N_2	$N_{f,2}$	RR_2	n/(kmol/h)	n/(kmol/h)
直接序列	20~50	5~45	1~5	20~50	5~45	1~5	C_8：160~260	C_7：160~260
间接序列	20~50	5~45	1~5	20~50	5~45	1~5	C_6：160~260	C_7：160~260

项目	N_1	$N_{f,1}$	RR_1	N_{sd}	n/(kmol/h)	n/(kmol/h)	约束
侧线抽出塔	20~50	5~45	1~20	10~40	C_8：160~260	C_7：160~260	$N_{sd}>N_{f,1}$

项目	N_{pf}	$N_{f,1}$	RR_1	N_1	N_{sd}	N_{ldw}	N_{hdw}	s_{ldw}	s_{hdw}	n/(kmol/h)	n/(kmol/h)
分隔壁塔	5~41	5~45	1~20	20~50	10~40	1~40	10~50	0.2~0.9	0.1~0.9	C_8：160~260	C_7：160~260

注：f，进料；ldw，hdw，分隔壁塔的下端和上端；N，级数；pf，预分馏器；RR，回流比；s，分流；sd，侧线抽出。

三个目标函数分别是：最小化总成本，最大化 C_7 流中正庚烷的摩尔分数和 C_7 的摩尔流量。这三个目标函数的帕累托集合可视化结果如图3.4所示。在所有情况下，C_7 的目标摩尔流量最大变化仅为2.5%，并且可被预测。

这四个属于四种不同流程可选方案的帕累托集合使得比较更为显而易见：只关注凸包的下半部分(忽略 C_7 摩尔流量的影响)，分隔壁塔将成为比所有其他方案都占优的工艺设计。在不占优的解决方案中，结果表明，对于不太高的纯度要求，侧线抽出塔具有几乎同样的吸引力。

3.2.3　不确定性的影响

每个过程模型都依赖于参数 ξ，在上述的过程优化中，这些参数已经被固定，例如描述相平衡的热力学参数、化学反应参数，以及与过程本身相关的参数，如进料速率或进料组成。在实践中，这些模型参数并不是精确可知的。例如，它们可能源于相平衡模型对适当的实验室数据的回归。或者，对于进料组成，它们可能会在一个平均值附近上下波动。在这两种情况下，都有可能对置信区间进行定量估计。在其他情况下，实践者通过经验知道某些参数只具有某种程度的准确性。在以下讨论中，我们假设 ξ 属于给定的集合 Ξ。

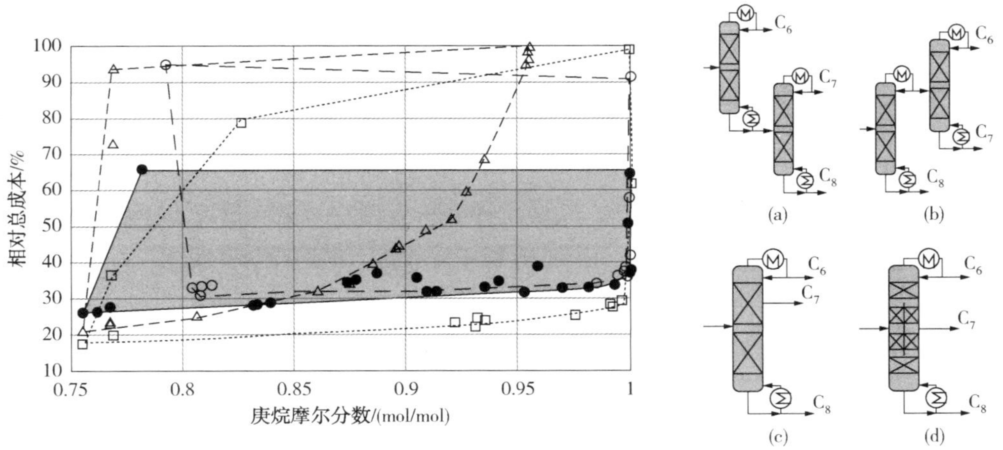

图 3.4 用于分离正己烷、正庚烷和正辛烷的等物质的量混合物的四种不同选择的流程图及其帕累托集合：(a)●两个塔的直接序列；(b)○两个塔的间接序列；(c)△侧线抽出塔；(d)□分隔壁塔。线条和灰色区域仅用于更好地区分凸包络线

不确定性会影响多准则优化公式[式(3.5)~式(3.7)]中的约束和目标。处理这些调整的各种策略是已知的，感兴趣的读者可查阅文献[19-22]及其中的参考文献。接下来，对于约束条件，我们采取安全且保守的观点，即这些约束条件必须对所有 $\xi \in \Xi$ 都成立，即 $F(x_p, \xi)=0$，$g(x_p, \xi) \leqslant 0\ \forall \xi \in \Xi$。至于目标函数，我们仍然保持这种保守立场，从而得到多准则优化问题[式(3.5)]的健壮性的重构，即

$$\min_{x_{p,l} \leqslant x_p \leqslant x_{p,u}} \max_{\xi \in \Xi} [f_1(x_p \xi); \cdots; f_k(x_p \xi)] \quad \text{s.t.}\ F(x_p, \xi)=0,\ g(x_p, \xi) \leqslant 0\ \forall \xi \qquad (3.8)$$

如果 Ξ 是一个无限基数集合，那么式(3.8)将产生一个半无限优化问题[23]，并需要先进的求解技术。为了保持问题的实际可操作性，并使现有求解器能够处理该问题，我们进行了两次近似处理：第一次近似处理是选择 Ξ 作为由有限数量的代表不确定性的典型场景组成的集合，即 $\Xi=\{\xi_1, \cdots, \xi_u\}$。第二次近似处理是，通过枚举每个 ξ_i 的帕累托补丁，同时遵守所有约束条件，然后寻找最坏情况的帕累托点来替换健壮多准则优化问题[式(3.8)]。第二次近似处理意味着，一旦观察到不确定性，每个决策变量都被视为可调整的，即属于“等等看”的类型。如果决策变量是“立即决策”类型，即必须在不知道不确定变量实际取值的情况下进行固定，那么第二次近似处理将无效，并且必须逐个分量计算健壮的帕累托点；关于处理“等等看”与“立即决策”变量的技术的讨论，请参见文献[24]。这里采用的方法的优势在于，所表达的模拟和优化求解器的设置可以在帕累托补丁的概念内直接转换，参见式(3.6)、式(3.7)。

用有限数量的场景 $\xi_{1,\cdots,u}$ 来表示参数 ξ 的置信域(通常是一个无限基数集)所面临的挑战在于，所选择的 ξ_i 必须使转换后的场景 $f_l(x, \xi_i)$ 忠实地表示转换后的映射 $f_l(x, \Xi) := \{f_l(x, \xi) \mid \xi \in \Xi\}$。不同的场景生成技术已经被研究过，参见文献[25]及其中的引用。针对我们的

目的，特别有意义的是筛选方法，其中点的数量不会随着 ξ 的维度呈指数增长。这些方法包括西格玛点法[26]和缩减因子设计法[27]。西格玛点可以被视为逐个设计的一个特殊案例；它们有利于计算映射 $f_l(x, \Xi)$ 的协方差矩阵的准确估计。后文我们使用缩减因子设计法，因为它们允许比一次一个的设计更可靠地估计主要效应。

变压蒸馏的实际收益如图 3.3 所示。在原料组成和气-液平衡模型中应该会存在不确定性，参见表 3.3。原料组成的不确定性由原料中氯仿的浓度 x_F^{Cf} 描述；气-液平衡的不确定性则通过不确定的极限活度系数 $\gamma_{Ac,Cf}^{\infty}$ 来考虑[28]。为了描述这些不确定性，选择了一组离散场景，即立方体的四个角点，这些角点是通过二维因子设计得到的，其中最小值和最大值如表 3.3 所示。

为了说明健壮优化方案的有效性，从敏感性分析中确定了最坏情况点。即对于第 i 个名义上的帕累托点的每个设计 $x_s^{(i)}$，针对场景 $\xi_{j=1,\cdots,4}$，计算点 $P_{ij} := [f_1(x_s^{(i)}, \xi_j), \cdots, f_k(x_s^{(i)}, \xi_j)]$。从这些点中，保留了最坏情况的备选方案。

表 3.3　氯仿和丙酮的变压分离过程中的不确定性来源

项目	值	项目	值
x_F^{Cf}	0.86±0.6	$\gamma_{Ac,Cf}^{\infty}$	1±0.2

结果如图 3.5 所示，为了不使该图过于复杂，我们将图 3.3 中的总热负荷限制为一条等值线。也就是说，多准则优化问题表述为 $\min\limits_{R_{V,1},R_{V,2},S_1,S_2} \max\limits_{\xi_{1,\cdots,4}} (-x_{Ac}^{Ac}, -x_{Cf}^{Cf})$ s. t. $\dot{Q} \leqslant 3000\text{MW}$。

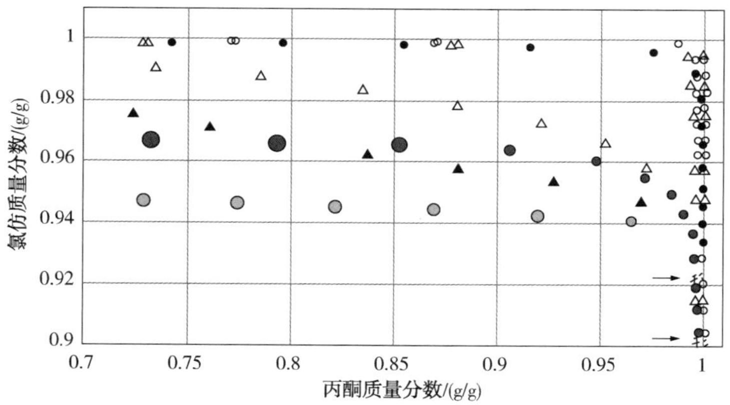

图 3.5　名义帕累托边界(黑色实心圆)与健壮帕累托边界(黑色实心三角形)的比较。敏感性分析中的各自场景以空心圆和空心三角形表示。对于两个场景($x_F^{Cf}=0.8$、$\gamma_{Ac,Cf}^{\infty}=0.8$、1.2)，违反热负荷约束的情况以灰色气泡表示(最大的气泡对应于超出约束 5%)。健壮帕累托点是在 $x_F^{Cf}=0.8$、$\gamma_{Ac,Cf}^{\infty}=0.8$ 的条件下获得的，除了高丙酮纯度的情况，此时在 $x_F^{Cf}=0.8$、$\gamma_{Ac,Cf}^{\infty}=1.2$ 条件下产生健壮帕累托点(以箭头标出的凹形三角形，在图中右下角)

图 3.5 展示了不确定情况下多准则优化的基本结果。结果表明，在计算帕累托点时就考虑不确定性要比事后考虑更好：由 P_{ij} 产生的基准的最坏情况，可以被视为对名义帕累托点的敏感性分析，对比寻求每个场景对应帕累托补丁的最坏情况下的最佳场景要更差一些。对于产品纯度和热负荷的影响，后者的影响通过约束违反程度来衡量，可以达到 5%。这是由于与标称的情况相比，设计的选择略有不同。同时，在多准则优化问题中要求健壮性，

会导致氯仿纯度降低多达 5%，并且热负荷固定在上限值。

这些结果表明，在优化过程中考虑不确定性可以得到受不确定性影响较小的设计方案。除寻找上述所提到的最坏情况下的最佳方案外，从多准则优化中获取的有价值信息还包括深入了解健壮性与其他目标之间的权衡取舍。量化这些权衡的一种方法是，将每个目标函数替换为它在场景中的平均值，即 $E_{\Xi}f_l(x, \Xi)$，并进一步添加需要最小化的方差 $\mathrm{var}_{\Xi}f_l(x, \Xi)$。这种思想起源于投资组合优化[29]，也已成功应用于化学工程领域[30]。进一步的想法指向在可用的情况下使用关于 ξ 的概率分布的信息，参见文献[21]及其中的参考文献。在不确定性下不同类型的多准则优化概念在文献[31]中进行了讨论。尽管如此，不确定性下多准则优化的决策支持仍然是一个活跃的研究领域。例如，在实践中，通常只有集合 Ξ 的模糊信息，而更清楚的是在目标空间中可以接受的波动大小。

3.2.4 扩展至最优控制

上述介绍的针对稳态过程的多准则优化的概念可以很容易地扩展到确定如间歇反应和间歇精馏等动态过程的最优控制轨迹和方案。相应最优控制问题的求解被归结为求解一个非线性问题。在这种情况下，优化变量就是那些用来参数化控制轨迹的变量。式(3.6)、式(3.7)的一般设置保持不变。这使得自适应标量化方案也可用于解决动态多准则优化问题。它已经在巴斯夫公司内部的动态流程模拟器 Chemadis 中实现；以下总结了针对简单示例过程的结果。

在这个例子中，使用了半间歇式 Williams-Otto 反应器的模型[32,33]，并考虑了以下化学反应：

$$A+B \longrightarrow C$$
$$C+B \longrightarrow P+E$$
$$P+C \longrightarrow G$$

其中，C 是中间产物，P 和 E 是目标产物。最后一个反应是产物 P 的后续反应，会产生副产物 G。模型方程组和以下结果的完整细节可参见文献[34]。图 3.6 为半间歇式 Williams-Otto 反应器的示意图。

多准则优化的目标是找到最优控制策略，以最大化过程结束时 P 和 E 的量。为此，可以调整纯 B 的进料速率 F_B 和壁温 T_W。在这里，变量在 1000s 的时间范围内被离散化为 40 个等距时间段，控制变量在段中取恒定值。因此，总共有 80 个优化变量，总结在表 3.4 中。

此外，增加了三个路径约束，分别为反应温度 60℃ ≤ T_R ≤ 90℃ 和反应体积 $V_R \leq 5m^3$。初始条件选择为 $T_R(t=0)=65$℃，$x_A(t=0)=1$，$V_R(t=0)=2m^3$。

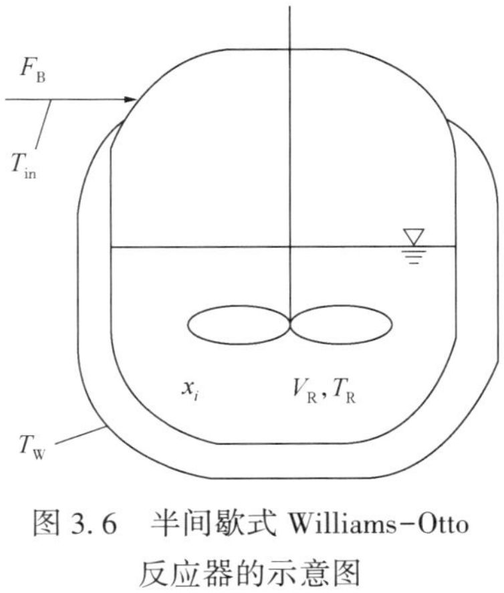

图 3.6 半间歇式 Williams-Otto 反应器的示意图

表 3.4 Williams-Otto 过程的优化变量

项目	$x_{s,l}$	$x_{s,u}$
$F_{B,1}$，…，$F_{B,40}$/(L/s)	0	5.874
$T_{W,1}$，…，$T_{W,40}$/℃	20	100

在图 3.7 中，给出了多准则优化的结果。就控制变量而言，这个视图仅显示了在函数已求值的时间步上或者对应于定义的打印时间的值。底层函数仍然是阶跃函数。

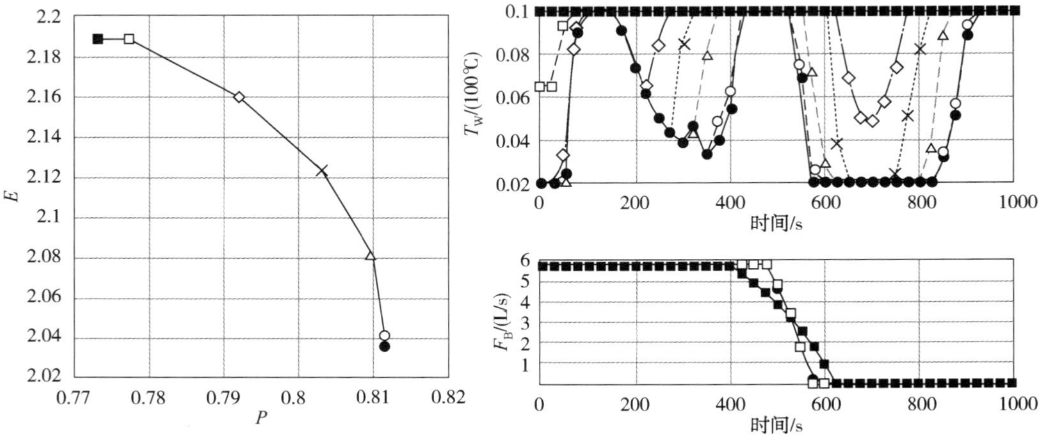

图 3.7 帕累托最优解(左图)和对应的进料速率 F_B(右下角)及壁温 T_W(右上角)的最优控制轨迹

3.3 模型调整、模型比较和基于模型的实验设计

到目前为止，我们假设模型是给定的。在本节中，重点是在模型调整、模型比较和基于模型的实验设计的背景下应用多准则优化，这些都有助于提高模型质量和对模型的适当选择。

考虑一组 N 个实验，每个实验由其 D 维设计 $\boldsymbol{x}_i(i=1,\ \cdots,\ N)$ 表征，这些设计集中在一个 $N\times D$ 的设计矩阵 $\boldsymbol{X}$ 中。从所考虑的系统中，测量得到 R 个响应 $\boldsymbol{y}_{i,j}(j=1,\ \cdots,\ R)$，每个响应都对应于模型预测 $f_j(\boldsymbol{x}_i,\ \boldsymbol{\xi})$。这些响应可以是单次测量或随时间变化的轨迹。为了简化符号，我们在这里仅使用单次测量值；将其推广到时间相关的轨迹是很简单的[34]。为了估计模型参数 $\boldsymbol{\xi}$，求解以下多变量非线性回归模型[35]：

$$\hat{\boldsymbol{\xi}}=\arg\min_{\xi}\sum_{i=1}^{N}(f(\boldsymbol{x}_i,\ \boldsymbol{\xi})-\boldsymbol{y}_i)^T\boldsymbol{\sigma}_y^{-1}(f(\boldsymbol{x}_i,\ \boldsymbol{\xi})-\boldsymbol{y}_i)\tag{3.9}$$

其中，$\boldsymbol{\sigma}_y$ 是模型响应的协方差矩阵；$\hat{\boldsymbol{\xi}}$ 是求出的估计值。通常，$\boldsymbol{\sigma}_y$ 是未知的。根据极大似然论证，从 $\hat{\boldsymbol{\sigma}}_y=\dfrac{1}{N-D}\sum_{i=1}^{N}(f(\boldsymbol{x}_i,\ \hat{\boldsymbol{\xi}})-\boldsymbol{y}_i)(f(\boldsymbol{x}_i,\ \hat{\boldsymbol{\xi}})-\boldsymbol{y}_i)^T$ 可以得到估计 $\hat{\boldsymbol{\sigma}}_y$。然后，将式(3.9)中的 $\boldsymbol{\sigma}_y$ 替换为 $\hat{\boldsymbol{\sigma}}_y$，可得到关于 $\hat{\boldsymbol{\xi}}$ 的非线性系统。

在这里，我们采取稍微不同的方法：假设测量值之间的相关性可以忽略不计，那么 $\boldsymbol{\sigma}_y$ 可以被认为是对角矩阵，因此式(3.9)中的和可以解释为带权重的目标函数之和，即 $\sum_{i=1}^{N}(f_j(\boldsymbol{x}_i,\ \boldsymbol{\xi})-\boldsymbol{y}_{ij})^2$，其中权重为 $\sigma_{y,jj}^{-1}$。最小化这个总和是一个多准则优化问题，它揭示了这些不同的目标是否相互冲突——也就是说，是否能够找到一个 $\hat{\boldsymbol{\xi}}$ 来同时最小化所有这些残差。如果出现这种情况，从应用的角度来看，考虑相应的帕累托集合作为可能的模型选择是有意义的，这取决于工程师的偏好，他们希望相比其他响应能更准确地预测某些响应。此外，通过使用帕累托补丁的概念，可以直观地比较在结构上可能有所不同的模型。这种观点已被成功应用于比较水分子模型的质量，参见文献[36]，以及文献[37]中关于过量焓模型参数化的讨论。此外，数据整定任务也可以受益于多准则优化方法，以支持在残差平方和中识别粗差[38]。

提高模型可靠性的一个步骤是将尽可能多信息量的测量数据包含在式(3.9)的残差和中。这是实验优化设计(ODE)的领域，其中要确定设计 $\boldsymbol{x}_i$ 的数量和值，以使由估计值 $\hat{\boldsymbol{\xi}}$ 的不确定性引起的函数 $f_j(\boldsymbol{x},\hat{\boldsymbol{\xi}})$ 的预测误差的最大值尽可能小。可以证明，这种关于实验优化设计的观点等价于 D 准则[39]，即最小化 $\hat{\boldsymbol{\xi}}$ 的协方差矩阵的行列式。然而，在实践中，实验设计是一个多准则优化问题：不仅进行的实验应尽可能减小模型误差条，而且实验还应满足过程相关目标的设计，例如最大化反应收率或产品流的浓度。由于 D 准则倾向于分散实验设计点，因此这些目标与 D 准则之间可能会存在冲突。可以通过式(3.3)中的 ε-约束标量化方法直接考虑这些目标。如何将自适应标量化方案扩展到这一例子是当前研究的课题。

3.4 决策支持

帕累托点作为完整帕累托集合的可靠近似值的可用性，是探索权衡取舍的先决条件。然而，对于超过三个的目标，几乎无法可视化。在这种情况下，已经设计了一种导航方案，用户可以通过滑块等交互式控件连续改变一个目标的值，使其接近理想值，同时平等地调整其余目标的值，使得到的点位于由相邻帕累托点构成的插值面上。因此，在导航过程中，用户有探索连续体的感觉。插值面逼近真实帕累托边界的精度可以通过逼近精度来估计，即规定的夹层厚度和超立方体的大小。

插值面的导航是通过反复求解线性问题来实时完成的，这既适用于帕累托集合的凸区域[4,6]，也适用于非凸区域[40]，在后一种情况下使用了光线追踪技术。典型的控件，例如蜘蛛图和带有限制器和选择器的滑块，如图 3.8 所示。

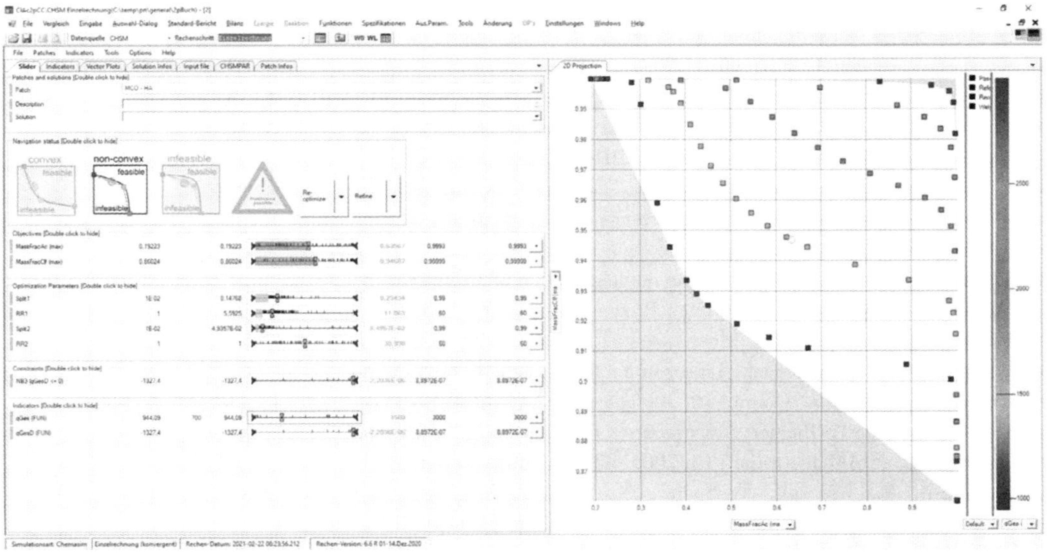

图 3.8　带有投影的滑块，可交互式地探索由帕累托点编码的权衡取舍。这里展示了一个非凸导航的情况

综上所述，我们概述了在化工过程工程中多准则优化的示例应用。本章中呈现的所有结果都是通过在流程模拟器中实现多准则优化算法获得的，该模拟器每天可供数百名过程工程师使用，支持他们比较并改进工艺设计。

致　谢

感谢 Roger Böttcher、Oliver Hirth、Johannes Höller、Karl－Heinz Küfer、Volker Maag、Dimitri Nowak、Jan Schwientek、Phil Süss 和 Katrin Teichert 的有益讨论和不懈的编码工作。

参　考　文　献

[1] B. A. Finlayson, L. T. Biegler, I. E. Grossmann, K. －H. Küfer, M. Bortz, Multicriteria optimization, Mathematics in Chemical Engineering, Wiley Online Library, 2015.

[2] I. Hashem, D. Telen, P. Nimmegeers, F. Logist, J. Van Impe, A novel algorithm for fast representation of a Pareto front with adaptive resolution: application to multi－objective optimization of a chemical reactors, Comput. Chem. Eng. 106(2017)544－558.

[3] B. Schandl, K. Klamroth, M. M. Wiecek, Norm－based approximation in bicriteria programming, Comput. Optim. Appl. 20(1)(2001)23－42.

[4] M. Bortz, J. Burger, N. Asprion, S. Blagov, R. Böttcher, U. Nowak, A. Scheithauer, R. Welke, K. －H. Küfer, H. Hasse, Multi－criteria optimization in chemical process design and decision support by navigation on Pareto sets, Comput. Chem. Eng. 60(01)(2014)354－363.

[5] I. Das, J. E. Dennis, A closer look at drawbacks of minimizing weighted sums of objectives for pareto set generation in multicriteria optimization problems, Struct. Multidiscip. Optim. 14(1)(1997)63－69.

[6] K. H. Küfer, M. Monz, A. Scherrer, P. Süß, F. Alonso, A. S. A. Sultan, T. Bortfeld, C. Thieke, Multicriteria optimization in intensity modulated radiotherapy planning, in: P. M. Pardalos, H. E. Romeijn (Eds.), Handbook of Optimization in Medicine, Springer, 2009, pp. 123－168(Chapter 5).

[7] K. Klamroth, J. Tind, M. M. Wiecek, Unbiased approximation in multicriteria optimization, Math. Meth. Oper. Res. 56(2002)413－437.

[8] J. I. S. Hernández, Multi－Objective Optimization in Mixed Integer Problems: With Application to the Beam Selection Optimization Problem in IMRT, TU Kaiserslautern, 2012(Ph. D. thesis).

[9] K. Teichert, A Hyperboxing Pareto Approximation Method Applied to Radiofrequency Ablation Treatment Planning, TU Kaiserslautern, 2013(Ph. D. thesis).

[10] K. Schittkowski, NLPQLP: A Fortran Implementation of a Sequential Quadratic Programming Algorithm With Distributed and Non－Monotone Line Search—User's Guide, Version 4. 2, Report, Department of Computer Science, University of Bayreuth, 2009.

[11] J. Burger, N. Asprion, S. Blagov, R. Böttcher, U. Nowak, M. Bortz, R. Welke, K. －H. Küfer, H. Hasse, Multi－objective optimization and decision support in process engineering—implementation and application, Chem. Ing. Tech. 86(7)(2014)1065－1072.

[12] L. T. Biegler, Nonlinear Programming. Concepts, Algorithms, and Applications to Chemical Processes, MOS－SIAM Series on Optimization, Society for Industrial and Applied Mathematics and the Mathematical Optimization Society, 2010.

[13] A. Wächter, L. T. Biegler, On the implementation of an interior－point filter line－search algorithm for large-scale nonlinear programming, Math. Program. 106(2006)25－57, https://doi.org/10.1007/s10107－004－0559－y.

[14] A. Wächter, L. T. Biegler, Line search filter methods for nonlinear programming: motivation and global convergence, SIAM J. Optim. 16(2005)1－31, https://doi.org/10.1137/S1052623403426556.

[15] A. Wächter, L. T. Biegler, Line search filter methods for nonlinear programming: motivation and global convergence, SIAM J. Optim. 16(2005)32－48, https://doi.org/10.1137/S1052623403426556.

[16] R. Heese, M. Walczak, T. Seidel, N. Asprion, M. Bortz, Optimized data exploration applied to the simulation of a chemical process, Comput. Chem. Eng. 124(2019)326－342.

[17] M. von Kurnatowski, M. Bortz, A. Scherrer, A. Hoffmann, H. M. Lorenz, M. Caraucan, T. Grützner, N. Künzle, K. －H. Küfer, Multi－criteria optimization of an industrial world－scale process, Chem. Ing.

Tech. 89(2017)1471–1478, https://doi.org/10.1002/cite.201700016.
[18] N. Asprion, Modeling, simulation, and optimization 4.0 for a distillation column, Chem. Ing. Tech. 92(7)(2020)879–889.
[19] D. Bertsimas, D. B. Brown, C. Caramanis, Theory and applications of robust optimization, SIAM Rev. 53(3)(2011)464–501.
[20] A. Ben–Tal, L. El Ghaoui, A. Nemirovski, Robust Optimization, Princeton University Press, 2009.
[21] J. R. Birge, F. Louveaux, Introduction to Stochastic Programming, second ed., Springer, 2011.
[22] A. Ben–Tal, A. Nemirovski, Robust optimization—methodology and applications, Math. Program. 92(3)(2002)453–480.
[23] R. Hettich, K. O. Kortanek, Semi–infinite programming—theory, methods, and applications, SIAM Rev. 35(1993)380–429.
[24] I. Yanıkoglu, D. den Hertog, A survey of adjustable robust optimization, Eur. J. Oper. Res. 277(2019)799–813.
[25] A. Saltelli, K. Chan, E. Scott, Sensitivity Analysis, Wiley, 2009.
[26] S. Recker, P. Kühl, M. Diehl, H. –G. Bock, Sigmapoint approach for robust optimization of nonlinear dynamic systems, in: Proceedings of the 2nd International Conference on Simulation and Modeling Methodologies, Technologies and Applications, 2012, pp. 199–207.
[27] C. Douglas, Montgomery; Design and Analysis of Experiments, eigth ed., John Wiley & Sons Inc., 2012.
[28] M. Bortz, V. Maag, J. Schwientek, R. Benfer, R. Böttcher, J. Burger, E. von Harbou, N. Asprion, K. –H. Küfer, H. Hasse, Decision support by multicriteria optimization in process development: an integrated approach for robust planning and design of plant experiments, Comput. Aided Chem. Eng. 37(2015)2063–2068.
[29] S. Zenios, A. Consiglio, S. S. Nielsen, Mean–variance portfolio optimization, in: S. Zenios, A. Consiglio, S. S. Nielsen(Eds.), Practical Financial Optimization—A Library of GAMS Models, Wiley, 2009(Chapter 3).
[30] M. Bortz, J. Burger, E. von Harbou, M. Klein, J. Schwientek, N. Asprion, R. Böttcher, K. –H. Köfer, H. Hasse, Efficient approach for calculating pareto boundaries under uncertainties in chemical process design, Ind. Eng. Chem. Res. 56(2017)12672–12681.
[31] K. Klamroth, E. Köbis, A. Schöbel, C. Tammer, A unified approach to uncertain optimization, Eur. J. Oper. Res. 260(2017)403–420.
[32] R. Hanneman–Tamás, W. Marquardt, How to verify optimal controls computed by direct shooting methods?—a tutorial, J. Process Control 22(2012)494–507.
[33] F. Logist, M. Vallerio, B. Houska, M. Diehl, J. Van Impe, Multi–objective optimal control of chemical processes using ACADO toolkit, Comput. Chem. Eng. 37(2012)191–199.
[34] N. Asprion, R. Böttcher, J. Schwientek, J. Höller, P. Schwartz, C. Vanaret, M. Bortz, Decision support for the development, simulation and optimization of dynamic process models, Front. Chem. Sci. Eng. 16(2)(2022)210–220, https://doi.org/10.1007/s11705-021-2046-x.
[35] D. M. Bates, D. G. Watts, Nonlinear Regression Analysis and Its Applications, John Wiley & Sons, Inc., 1988.
[36] A. Kulkarni, M. Bortz, K. –H. Küfer, M. Kohns, H. Hasse, Multicriteria optimization of molecular models of water using a reduced units approach, J. Chem. Theory Comput. 16(2020)5127–5138.
[37] E. Forte, A. Kulkarni, J. Burger, M. Bortz, K. –H. Küfer, H. Hasse, Multi–criteria optimization for parametrizing excess Gibbs energy models, Fluid Phase Equilib. 522(2020)112676.
[38] J. Höller, P. Bickert, P. Schwartz, M. von Kurnatowski, J. Kerber, N. Künzle, H. –M. Lorenz, N. Asprion, S. Blagov, M. Bortz, Parameter estimation strategies in thermodynamics, ChemEngineering 3(2019)56.
[39] V. V. Fedorov, Theory of Optimal Experiments, Elsevier, 2013.
[40] D. Nowak, K. –H. Küfer, A Ray–Tracing Technique for the Navigation on a Non–Convex Pareto Front, arXiv: 2001. 03634, 2020.

第4章 电弧炉炼钢过程的集成建模及能量优化：工业应用实例

Jesús D. Hernández[a,b]，Luca Onofri[b]，Sebastian Engell[a]

a 过程动力学与运行课题组，多特蒙德工业大学生物化学与化学工程学院，德国多特蒙德；

b 特尔尼不锈钢厂(AST)，意大利特尔尼

4.1 引言

电弧炉(EAFs)炼钢是一种高能耗的工艺，占全球粗钢能量的28%，尤其是不锈钢类[1]。电弧炉炼钢是生产钢材最环保的方法[2,3]，但由于需要消耗大量电能，其对环境的影响依然较大。因此，对该工艺的进一步研究着眼于实现灵活、节能和环保的操作。

在钢厂的运行过程中，需要在不同的时间尺度上进行决策。因此，在对运行过程进行优化时，提出了一种分层结构，以计算各个层次的最优生产决策，如图4.1所示。

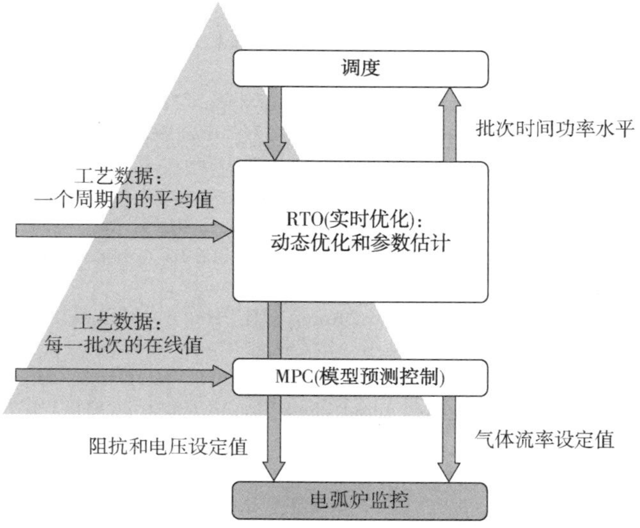

图4.1 炼钢熔化车间优化运行的决策架构

图4.1中从上到下每一层的决策如下：在第一层，根据经济指标确定生产计划，将熔炼车间每天的生产活动划分为多组分批次进行，其中考虑了随时间变化和与产量相关的电力成本[4]及设备维护如电极更换[5]等的时间需求；在第二层，利用之前批次收集到的可用工艺数据，同时考虑调度层的时间约束，计算每组批次运行的操作设定值；在第三层，采

用模型预测控制的结构，考虑终端约束，比如需要达到的最终温度以及熔融金属的化学组成[6-8]，以达到优化工艺气体(如甲烷和氧气)的瞬时消耗量的目的；最后，计算得到的工艺参数由监控层执行。

当前炼钢厂最先进的调度方案是根据给定的电弧功率水平下批次时间的编列值来生成最优生产计划。在确保满足每日或每周需求的前提下，依据每小时电力成本的变化，利用批次时间的灵活性，即延长或缩短批次时间来灵活调整生产运行。

本文从环境和经济的角度深入讨论了如何利用动态优化技术来计算电弧炉炼钢过程批次的最优操作设定点，以及如何通过图 4.1 所示决策架构中的调度层和 MPC 层之间的 RTO 层来实现这些设定点。通过一个工业应用实例验证了该框架的有效性，在意大利 Acciai Speciali Terni 公司的一台电弧炉中，计算并应用了一组最优操作设定点(即熔融设置条件)。实际应用结果表明，在分为 19 个批次的电弧炉炼钢过程中，所提出的动态优化方法计算出的操作设定点能够使生产一种钢材的能源需求平均减少 4.5%，而生产另一种钢材的能源需求也略有减少。

4.2 混合电弧炉过程模型

现代电弧炉可以被看作一个间歇式反应器，在其中金属废料被熔化，其成分被部分或全部精炼。金属相变所需的潜热和显热主要由电能提供，化学能也提供一部分能量。电弧炉是一种多相反应器，通常会建模为 3~6 相的系统[9-11]。目前最先进的电弧炉模型是通过为每个建模的相推导出质量和能量平衡，并使用代数关系来描述换热过程而建立的。

电弧炉模型的准确度主要取决于对传热过程的假设。例如，将对流传热考虑为电弧向其他相传热的主要形式的模型[9,10]，往往比辐射占主导地位的模型[11,12]准确度要低。某些模型在一个批次过程中，在特定点处预测的熔化速率和固态金属残留量可能会高估或低估多达 50%[12]。

过程模型与实际不匹配的主要原因是缺乏电弧与炉内其他表面之间辐射传热的精确模型。辐射传热过程建模是一项复杂的任务，因为在电弧炉炼钢过程中，传热发生在复杂的几何结构中，存在视线的遮挡和阻塞。在这样的情况下，无法用简单的代数关系来进行描述。因此改进辐射传热的预测方法之一是利用蒙特卡洛算法来计算复杂几何形状中的所谓视角系数[13]。

假设电弧炉是一个圆柱形反应容器，其中包含固态金属废料、熔融金属和气体环境三个不同的相态。液相包括熔融金属和液态炉渣。假定气体环境是透明的，并且仅由来自富氧燃料燃烧嘴和氧枪的燃烧气体组成，如图 4.2 所示。

过程中状态变量的变化轨迹主要取决于从输入的能量中转移到固相和液相的净能量。在电弧炉模型中考虑的能量输入包括：①电弧辐射的热能；②富氧燃料火焰的热能；③炭燃烧和固态金属及熔融金属氧化释放的热能；④熔融金属溅落在固态金属表面上释放的热能。

在批次开始之前，电弧炉由固态金属废料完全填满。开始运行时，电极插入废料中，形成一个高度发生变化但保持恒定直径的空腔。随着批次过程的进行，电极到达电弧炉底部的熔融金属池，锁定在对应位置，固态金属呈现出如图 4.2 所示的中空圆柱几何形状。随着熔炼过程的深入，金属废料环的内半径逐渐增加，其高度逐渐减少。

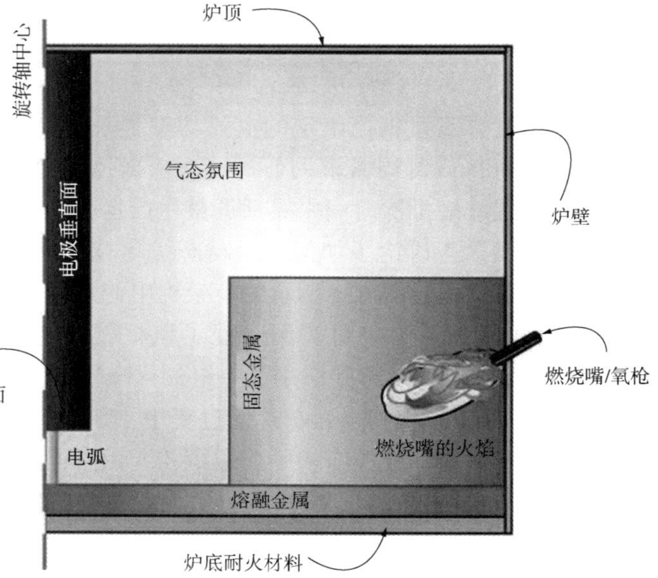

图 4.2　电弧炉圆柱几何结构的径向剖面图，显示了建模的相和辐射传热需考虑的表面

4.2.1　模型动力学

根据最重要的状态变量，包括固态金属质量(m_{sm})和熔融金属质量(m_{mm})及其温度T_{sm}和T_{mm}，对熔融过程的动力学进行了估算。根据固态金属(下标 sm)和熔融金属(下标 mm)的能量平衡和质量平衡方程[式(4.1)~式(4.4)]可以计算得到以上的状态变量值。

$$\frac{\mathrm{d}m_{sm}}{\mathrm{d}t}=\dot{R}_B\zeta_{sm}-\frac{\dot{Q}_{in\_sm_m}}{(c_{p\_sm}(T_f-T_{sm})+\Delta H_f)k_{m_{sm1,2,3}}} \tag{4.1}$$

$$\frac{\mathrm{d}T_{sm}}{\mathrm{d}t}=\frac{\dot{Q}_{in\_sm_h}}{c_{p_{sm}}m_{sm}} \tag{4.2}$$

$$\frac{\mathrm{d}m_{mm}}{\mathrm{d}t}=\frac{\dot{Q}_{in\_sm_m}}{(c_{p\_sm}(T_f-T_{sm})+\Delta H_f)k_{m_{sm1,2,3}}}-\dot{R}_B(\zeta_{sm}+\zeta_{w/r}) \tag{4.3}$$

$$\frac{\mathrm{d}T_{mm}}{\mathrm{d}t}=\frac{\dot{Q}_{in\_mm_h}-\left(\frac{\mathrm{d}m_{mm}}{\mathrm{d}t}c_{p_{mm}}(T_{mm}-T_f)\right)}{c_{p_{mm}}m_{mm}} \tag{4.4}$$

在式(4.1)中，利用调节参数$k_{m_{smi}}$来考虑物料热物理性质的变化，其中下标 i 表示该批次处理中的第一次、第二次或第三次装料。它们可以根据过程数据以批次为单位进行独立估算，估算过程将与模型验证一起在第 4.4.3 节中讨论。假定固态金属的比热容(c_{p_sm})、熔化焓(ΔH_f)和金属的熔融温度(T_f)为 AISI 304 不锈钢的相应值。$\dot{R}_B$ 代表由于氧气喷吹作用喷溅出的熔融金属总量，ξ_{sm}和$\xi_{w/r}$分别代表溅落在固态金属(sm)、炉壁和炉顶(w/r)上的金属占总量的比例。

该过程是由固态金属吸收的热量驱动的，包括熔化的热量($\dot{Q}_{in\_sm_m}$)、加热的热量

($\dot{Q}_{in\_sm_h}$)，以及被熔融金属池吸收的热量($\dot{Q}_{in\_mm_h}$)。

4.2.2 电弧模型

电弧与其他表面之间的传热强烈地依赖于电弧的几何形状。大功率炼钢电弧主要通过辐射形式释放热量。它们的长度(l_a)可以根据其电压(V_a)和阻抗(Z_a)的设定值确定[14]。

$$l_a = \frac{V_a + 57Z_a}{27} \tag{4.5}$$

电弧的有功功率可以按式(4.6)计算：

$$P_a = \frac{{V_a}^2}{Z_a}\cos\theta \tag{4.6}$$

功率因数($\cos\theta$)是一个可测量的参数，可以由电压、电流和有功功率的瞬时值得到。

4.2.3 电弧辐射传热

电弧和电弧炉炉膛中其他相之间的热交换可以用直流电路类比建模。两个灰表面之间的辐射传热可以被表示为由两个电压源[式(4.7)]、两个表面辐射热阻[式(4.8)]和一个视角系数热阻[式(4.9)]组成的串联电路。如图4.3所示，在该电路中，电流通量代表两个表面之间的传热总量[15]。由此得出如下方程：

$$V_{T_i} = \sigma_b T_i^4 \tag{4.7}$$

$$R_{rad_i} = \frac{1-\varepsilon_i}{\varepsilon_i A_i} \tag{4.8}$$

$$R_{VF_{i-j}} - \frac{1}{VF_{i-j} A_i} \tag{4.9}$$

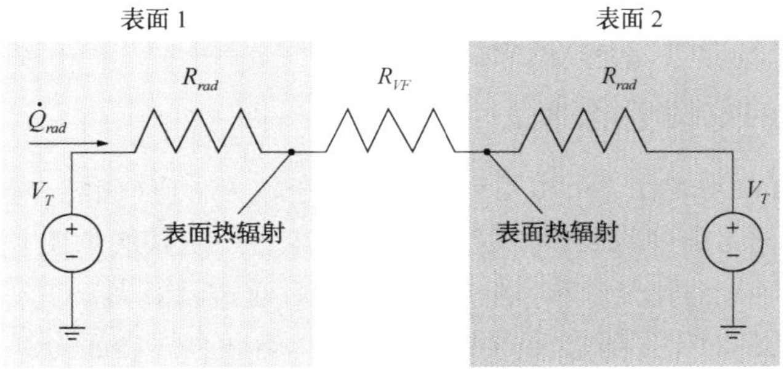

图 4.3 两个灰表面热交换的等效电路

在式(4.7)~式(4.9)中，两个电压源(V_{T_i})表示表面传热的位势，其值由表面温度的四次方(T_i^4)和 Stefan−Boltzmann 常数 $\sigma_b = 5.670367 \times 10^{-8}$ W/(m^2 · K^4)决定。两个辐射热阻(R_{rad_i})描述了给定表面吸收辐射能量的阻力，该值取决于表面的辐射系数(ε_i)和表面面积(A_i)。视角系数热阻($R_{VF_{i-j}}$)表示从发射面到达接收面的辐射能量的比例。

对于由许多表面组成的电弧炉炉膛，总能量交换可以建模为一个由电压源和电阻组成的网络，其中连接的支路数量与涉及的表面数量相同[12]。

在这个辐射电路中，唯一值未知的电阻与电弧表面的辐射率相关。对于运行在数十兆瓦范围内的炼钢电弧，在稳态下的电能输入等于辐射形式的热量损失。因此，就可以用一个等值于电弧输入功率的电流源来替代由电压源和未知电弧表面电阻组成的支路，如图 4.4 所示。通过这种简化，等效直流电路可以用线性电路的节点电压策略求解[16]，得到了如下形式的线性方程组：

$$J=\boldsymbol{A}^{-1}\boldsymbol{b} \tag{4.10}$$

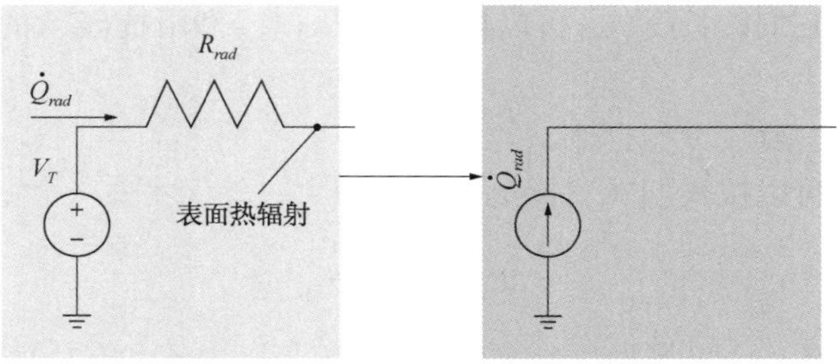

图 4.4　电弧电路的电压-电流等效电路

其中矩阵 $\boldsymbol{A}$ 中的每个元素都是相对应视角系数热阻($R_{VF_{i-j}}$)的函数，向量 $\boldsymbol{b}$ 由电压源(V_{T_i})和表面辐射热阻(R_{rad_i})组成。通过式(4.10)可以计算每个换热表面的辐射强度(J_i)。进入或离开辐射电路中每个表面的净功率可以计算为

$$\dot{Q}_{\mathrm{in\_}i}=\frac{J_i-V_{T_i}}{R_{\mathrm{rad}_i}} \tag{4.11}$$

电功率增益 $\dot{Q}_{\mathrm{gain}}$ 和功率损耗 $\dot{Q}_{\mathrm{loss}}$ 可以由以下方程得到：

$$\dot{Q}_{\mathrm{gain}}=\dot{Q}_{\mathrm{in\_sm}}+\dot{Q}_{\mathrm{in\_mm}} \tag{4.12}$$

$$\dot{Q}_{\mathrm{loss}}=\dot{Q}_{\mathrm{in\_roof}}+\dot{Q}_{\mathrm{in\_wall}}+\dot{Q}_{\mathrm{in\_elev}}+\dot{Q}_{\mathrm{in\_eleh}} \tag{4.13}$$

在式(4.12)和式(4.13)中，$\dot{Q}_{\mathrm{in\_sm}}$、$\dot{Q}_{\mathrm{in\_mm}}$、$\dot{Q}_{\mathrm{in\_roof}}$、$\dot{Q}_{\mathrm{in\_wall}}$、$\dot{Q}_{\mathrm{in\_elev}}$、$\dot{Q}_{\mathrm{in\_eleh}}$ 分别表示固态金属、熔融金属、电弧炉壁、电弧炉顶以及电极的垂直面和水平面吸收的能量通量。

4.2.4　视角系数的蒙特卡洛计算

蒙特卡洛算法可以被看作一个黑箱模型，即对于输入 x 值(固态金属堆和电弧炉的几何结构)，计算得到输出 y 值(辐射视角系数)。简而言之，该算法的工作原理是从炉膛的一个给定表面向随机方向发射大量束(能量包)，然后通过计算落在其他参与表面上的束的数量，可以计算得到相对于发射表面的视角系数。以熔融金属表面为例，算法流程如图 4.5 所示。

4.2.5　富氧燃烧嘴

利用富氧燃烧火焰的第一性原理动力学模型对富氧燃烧嘴提供的能量输入进行了估算。该模型在宏观层面上描述了可燃气体在金属废料间隙流动时所经历的主要物理现象。首先假设气体在圆柱形空间流动，其次对其进行离散化处理。对于每个离散化的空间，利用辐射和传导热交换的基本关系计算气体的温度分布以及与固态金属的净换热量[17]。通过将每个空间的能量贡献相加，可以估算得到从火焰到金属的总能量($\dot{Q}_{\mathrm{burn}}$)。该模型给出了从火焰到固态金属热交换的动态效率曲线，该曲线取决于可燃气体的流率，如图 4.6 所示。

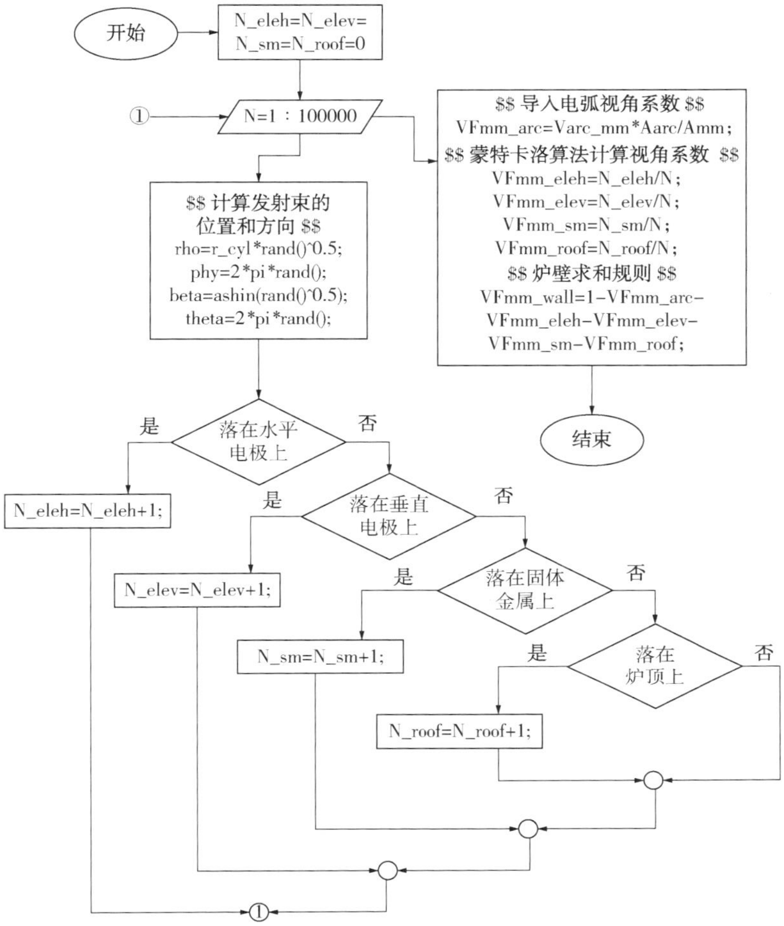

图 4.5 以熔融金属为发射面计算视角系数的蒙特卡洛算法

（资料来源：T. Hay，J. Hernandez，S. Roberts，T. Echterhof，Calculation of view factors in electric arc furnace process modeling，Steel Res. Int.，92，p. 2000341，2020.）

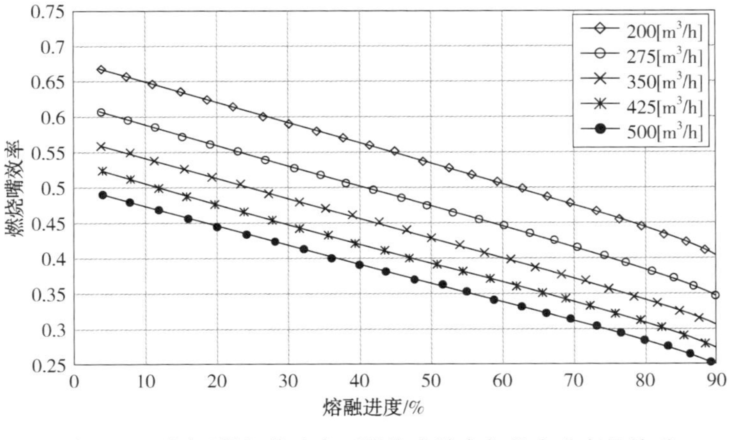

图 4.6 不同可燃气体流率下燃烧嘴效率与批次进度的关系

［© 2020 经国际自动控制联合会许可从原始出版物中转载：J. D. Hernández，L. Onofri，S. Engell，Optimization of the electric efficiency of the electric steel making process，IFAC-PapersOnLine 53(2)(2020)11895-11900.］

4.2.6 炭燃烧

假设炭燃烧的效率与富氧燃烧嘴相同，其能量贡献值可以计算为：

$$\dot{Q}_{\text{coal}}=\eta_{\text{burn}}\times(\dot{m}_{\text{coal}}\times 0.85)\times LHV_{\text{coal}} \tag{4.14}$$

其中，LHV_{coal}表示炭的低位热值。

4.2.7 金属氧化

金属氧化可以在液相和固相中同时发生。液相中的金属氧化发生在氧气直接喷入熔融金属池时，已知其反应焓($\Delta H_{O_2\_m}$)[18]，它对炼钢过程的净能量贡献值可以计算为：

$$\dot{Q}_{L_M}=\dot{F}_{O_2}\eta_{O_2}x_{O_2\_m}\Delta H_{O_2\_m} \tag{4.15}$$

在式(4.15)中，$\dot{F}_{O_2}$、η_{O_2}和$x_{O_2_m}$分别表示喷吹氧气的流率、注氧效率和熔融金属氧化反应所消耗的注入氧气的比例。氧气的剩余部分($1-x_{O_2\_m}$)在与熔融金属池中溶解的碳的氧化反应中消耗掉，这项能量贡献值也可由式(4.15)计算得到，但其反应焓($\Delta H_{O_2\_c}$)远低于熔融金属氧化的反应焓[18]。η_{O_2}和$x_{O_2_m}$是未知参数，可以从工艺数据中估算得出，详细描述可参考第4.4.3节。

固态金属的氧化是由腐蚀作用发生的。在电弧炉中，固态金属与大气中的游离氧反应生成三氧化二铁，可用以下二次腐蚀公式确定氧化物生成的速率[19]。

$$\frac{\Delta\dot{M}}{A_{\text{sc}}\times 0.8}=\sqrt{k_p\times t} \tag{4.16}$$

其中，$\Delta\dot{M}$为氧化物质增加的质量，mg；$k_p=2.6\times10^{-12}\text{mg}^2/(\text{cm}^4\cdot\text{s})$(实验常数)；$t$为时间；$A_{\text{sc}}$为废料与氧化气体接触的总面积[20]。系数0.8由以下事实得到：注入的氧气会膨胀并占据废料中80%的空间。固态金属氧化反应对炼钢过程的能量贡献值可以近似为根据式(4.16)计算的氧化释放的总能量。

4.2.8 熔融金属飞溅

当氧气进入熔融金属的液池时，会产生大量的金属液滴。它们从撞击点飞离，其中很多落到固态金属表面并凝固。通过式(4.17)可以估算出熔融金属液滴在固态金属表面释放的能量值($\dot{Q}_{\text{sp}_{\text{sm}}}$)，该值取决于飞溅的金属液滴总量$R_B$和落在固体上的金属液滴比例($\xi_{\text{sm}}$)。

$$\dot{Q}_{\text{sp}_{\text{sm}}}=\dot{R}_{\text{B}}\zeta_{\text{sm}}\left(\int_{T_{\text{ref}}}^{T_{\text{f}}}Cp_{\text{sm}}\cdot \mathrm{d}T+\Delta H_{\text{f}}+\int_{T_{\text{f}}}^{T_{\text{mm}}}Cp_{\text{mm}}\cdot \mathrm{d}T\right) \tag{4.17}$$

$$\frac{\dot{R}_{\text{B}}}{\dot{F}_{O_2}}=\frac{{N_{\text{B}}}^{3.2}}{(2.6\times10^6+2\times10^{-4}\times {N_{\text{B}}}^{12})^{0.2}} \tag{4.18}$$

式(4.18)中，吹气强度N_{B}的值为5[21]。此外，飞溅金属的比例(ζ_{sm})可以根据固态金属废料和电弧炉的几何结构计算得到[22]。在这里它可根据α_{sp}参数，即炉膛直径与金属空心圆柱体直径之间的动态比计算得到。

$$\zeta_{\text{sm}}=0.9(1-\alpha_{\text{sp}}) \tag{4.19}$$

熔融金属飞溅发生在炉顶和炉壁构成的热力学边界内，而能量传递发生在熔融金属和固态金属之间。

4.3 熔融曲线的动态优化

4.3.1 问题描述

图 4.1 中的动态优化层需要完成两项任务：一是计算不同电弧功率水平下的批次时间，上层的调度算法使用这些时间信息生成每日的生产计划；二是计算批次组的最优操作设定点集合。

在给定的电弧功率水平下，只有将生产成本考虑到批次时间计算过程中，才能得到最优运行模式。电弧炉在给定批次时间内的运行应具有经济和环境优势，这意味着要最大限度地提高工艺过程的能源利用效率。由于在电弧炉工艺中，95%的运行成本与电能输入有关，因此经济优化时可以仅考虑电能消耗。

以提高电弧炉电能效率为目标、计算一组最优操作点的问题，可以表示为在炉功率限制的约束下、使批次时间内的辐射损失最小化的问题。由于无法在操作过程中直接测量批次的辐射损失，因此必须使用电弧炉过程模型来估算。

4.3.2 动态优化问题的通用公式

动态优化问题包括以下内容：

① 成本函数取决于整个批次过程的状态积分；

② 与混合模型(DAE+黑箱模型)相关的约束条件；

③ 终端约束；

④ 不考虑优化路径约束；

⑤ 仅存在与控制变量相关的不等式约束。

动态优化问题的形式如下：

$$\min \int_{t=0}^{t_f} f(\boldsymbol{x}_d(t), \boldsymbol{x}_s(t), \boldsymbol{x}_{sb}(t), \boldsymbol{u}(t), \boldsymbol{p})\mathrm{d}t \tag{4.20}$$

$$\begin{aligned} \text{s.t.} \quad & \dot{\boldsymbol{x}}_d - g_d(\boldsymbol{x}_d(t), \boldsymbol{x}_s(t), \boldsymbol{x}_{sb}(t), \boldsymbol{u}(t), \boldsymbol{p}) = 0 \\ & \boldsymbol{x}_{sa} - g_{sa}(\boldsymbol{x}_d(t), \boldsymbol{x}_s(t), \boldsymbol{x}_{sb}(t), \boldsymbol{u}(t), \boldsymbol{p}) = 0 \\ & \boldsymbol{x}_{sb} - g_{sb}(\boldsymbol{x}_d(t), \boldsymbol{x}_s(t), \boldsymbol{x}_{sb}(t), \boldsymbol{u}(t), \boldsymbol{p}) = 0 \\ & \boldsymbol{x}_d(\boldsymbol{t}_f) - \boldsymbol{w} = 0 \\ & \boldsymbol{u}_{low} \leqslant \boldsymbol{u}(t) \leqslant \boldsymbol{u}_{up} \end{aligned}$$

其中，f 表示需要最小化的成本函数，g_d 表示微分方程组，g_{sa} 表示代数方程组，g_{sb} 表示黑箱模型。$\boldsymbol{x}_d(t)$、$\boldsymbol{x}_s(t)$、$\boldsymbol{x}_{sb}(t)$、$\boldsymbol{p}$ 分别表示动态状态、代数静态状态、黑箱状态和参数向量。动态状态的子集 $\boldsymbol{x}_d(t_f)$ 的终值由向量 $\boldsymbol{w}$ 确定。求解动态优化问题所得的控制变量 $\boldsymbol{u}(t)$，其定义域为$[\boldsymbol{u}_{low}, \boldsymbol{u}_{up}]$。

4.3.3 电弧炉过程动态优化问题的公式

式(4.20)可用于表达如下问题：在混合模型中计算的预测值和熔融金属最终温度需达

到的确定值的约束条件下，如何最大化电弧炉过程的能量效率。在各种动态优化问题的求解方法中，采用控制向量参数化(CVP)方法，因为它可以直观地处理电弧炉的混合模型。有关 CVP 策略的详细阐述请参考文献[23，24]。

在 CVP 中，控制变量 $\boldsymbol{u}(t)$ 在仿真时间轴上被离散化为 N 个控制区间，离散化将原始的连续控制变量转换为由 N 个分量组成的控制向量。然后，CVP 利用模拟器对模型进行计算以得到目标函数的值。这些值被传递给数值求解器，迭代计算控制向量的每个分量的最优值，每次迭代都会调用模拟器计算的值。

由于蒙特卡洛算法(黑箱模型)是一种数值算法，它依赖于计算循环、生成随机数的算法和逻辑条件来确定每个发射束的接收表面(见图 4.5)，因此完整的电弧炉模型无法显式地求导。尽管如此，如果满足以下条件，仍然可以使用基于梯度的高效数值求解器来求解该模型[式(4.20)]：①目标函数是连续的且足够平滑；②求解器不需要直接处理模型；③梯度使用有限差分逼近来计算。

因此，电弧炉的能量效率最大化问题可以转换为一个批次钢材生产过程中的能量损耗最小化问题。用离散化控制向量 $\boldsymbol{u}(n)$ 来表示，简洁形式如下：

$$\begin{aligned} &\min \quad J(\boldsymbol{u}(n),\ \boldsymbol{p}) \\ &\text{s.t.} \quad \boldsymbol{u}_{\text{low}} \leqslant \boldsymbol{u} \leqslant \boldsymbol{u}_{\text{up}} \end{aligned} \tag{4.21}$$

在式(4.21)中，目标函数包含过程模拟器中执行的所有计算。它封装了式(4.20)中的所有等式约束：动态方程和代数方程组，电弧炉模型的黑箱模型关系，以及过程所需的终端状态的等式约束。图 4.7 展示了电弧炉中一个批次钢材熔融过程的目标函数(电损耗)估算的流程。

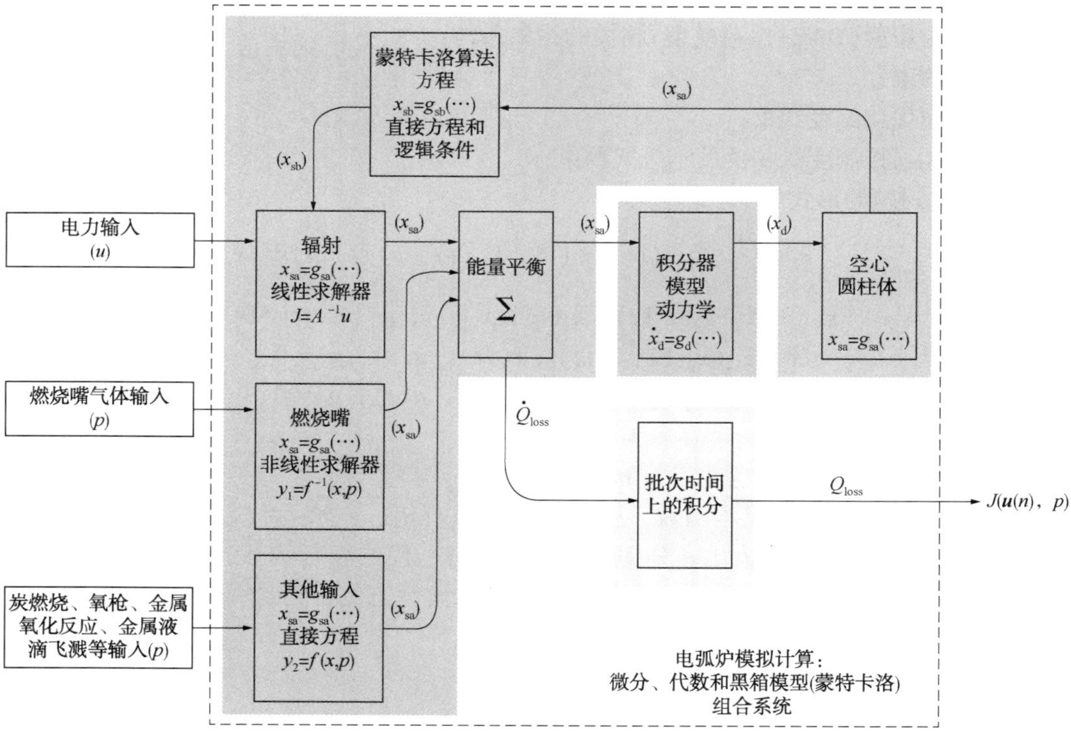

图 4.7　电弧炉模拟计算

4.4 应用控制向量参数化求解

4.4.1 模型的数值解

使用双网格仿真时间轴，在 MATLAB 中实现并求解了混合型电弧炉模型。在由 1min 间隔组成的粗网格上，通过线性和非线性求解器计算每种能量输入的贡献值。使用内置的随机数生成函数和逻辑运算符运行蒙特卡洛算法。在细网格上，采用常微分方程求解器 ODE45 对动态系统进行求解，将每种能量输入的计算贡献值作为输入。动态系统的求解在粗网格上以 1min 为间隔进行，积分器会自动选择离散化方式。模拟过程中的大部分计算负荷来自视角系数的蒙特卡洛计算，每个点约需 200ms。平均而言，在一台配置为 Intel® CoreTM i7-8750H 处理器、16GB 内存的计算机上运行时，模拟一个分两次装填物料、总质量超过 100t 的批次过程，约需 7 CPU 秒。

4.4.2 终止条件

对于分两次装填的批次，各自的终止条件如下：

① 对于第一次装填：如果过程已消耗给定数量的电能，则过程停止。

② 对于第二次装填：如果没有固态金属残余，并且熔融金属的最终温度达到了期望值，则批次结束。

$$if(m_{sm}==0)\wedge(T_{mm}>T_{final})\rightarrow \text{结束批次} \tag{4.22}$$

以上两个终止条件已嵌入模拟器。如果在控制向量的离散化点或模拟器的粗网格上评估终止条件，将导致生成的目标函数呈现为不平滑的曲线，使优化器在虚假的局部最小值处终止。因此，终止条件需要在常微分方程求解器的细网格上进行评估。离散化的影响如图 4.8 所示。

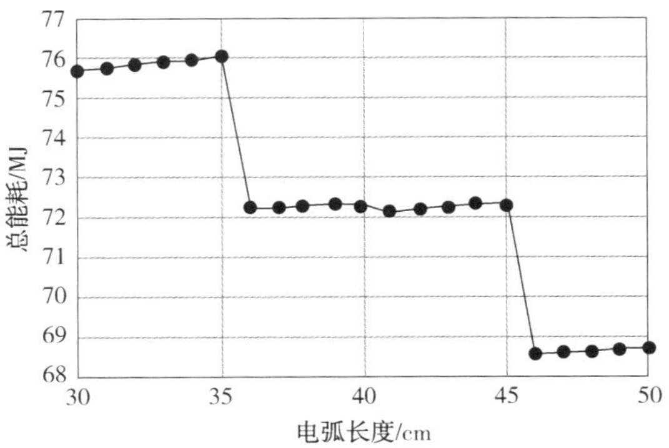

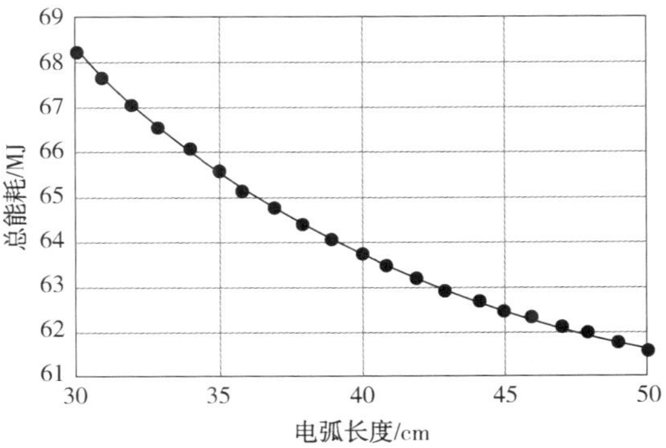

图 4.8 在粗网格(左)和细网格(右)上评估终止条件时，各种电弧长度(在整个批次中恒定)下的成本函数值

4.4.3 模型验证和参数估计

虽然无法直接测量批次生产过程中大部分的重要状态变量，但可以通过间接方式获得与这些变量在特定时刻的值相关的信息。可用于验证模型的过程数据包括：第一阶段

(t_{b1})和第二阶段(t_{b2})熔炼期间的电极下降时间、批次时间(t_b)、熔融金属的最终温度($T_{mm}|_{t=t_b}$)以及第一阶段($m_{mm}|_{t=t_{m1}}$)和第二阶段($m_{mm}|_{t=t_{m2}}$)熔炼期间的熔融金属量。

通过调整式(4.1)中的熔融速率参数$k_{m_{sm1,2,3}}$以及式(4.15)中的氧气注入效率(η_{O_2})和各氧化反应间的氧气分布($x_{O_2\_m}$)等模型参数，可以使模型很好地预测这些可测值。

通过求解最小化问题进行估算：

$$\min_x \quad f(x) = \sqrt{\sum_{k=1}^{K} \delta_k \left(\frac{p_{k,\ d} - p_{k,\ st}(x)}{p_{k,\ d}}\right)^2} \tag{4.23}$$

$$\text{约束条件：} \begin{matrix} \text{EAF 过程模型} \\ x_l < x < x_u \end{matrix}$$

式(4.23)中，$p_{k,d}$代表实测数据，$p_{k,st}$为模型计算得到的对实测数据的近似值，δ_k为各近似值参数的权重，而K则是估计参数$k=\{1, 2, \cdots, n\}$的集合。

由于氧气喷吹只发生在熔炼阶段末期和精炼阶段，因此对熔融过程的影响很小，可以忽略不计。通过这种简化，原来包含四个变量的估算问题可以被拆分为三个更简单的问题。在前两个问题中，分别估计第一次($k_{m_{sm1}}$)和第二次($k_{m_{sm2}}$)填料的熔融速率参数。在最后一个问题中，同时计算氧气注入效率(η_{O_2})和氧气分布($x_{O_2\_m}$)。由于这些都是一维和二维问题，因此可以用直接算法有效地解决。在这里，成本函数是根据分析参数的一系列值来计算的，因为这些参数的变化覆盖解空间的下界到上界。

表4.1列出了估算问题中需要调整的参数及其最优值。表4.2列出了使用表4.1中的最优值时，所选的过程数据与模拟数据之间的归一化误差。

表4.1　参数估计表

估算问题	估计参数 x	在估计中使用的过程数据 $p_{k,d}$	权重	计算的最优值
第一次熔融速率参数	$k_{m_{sm1}}$	t_{b1} $m_{mm}\|_{t=t_{m1}}$	$\delta_{t_{b1}}=0.4$ $\delta_{m_{mm,1}}=0.6$	0.92
第二次熔融速率参数	$k_{m_{sm2}}$	t_{b2} $m_{mm}\|_{t=t_{m2}}$	$\delta_{t_{b2}}=0.4$ $\delta_{m_{mm,2}}=0.6$	0.9
氧枪效率	η_{O_2} $x_{O_2\_m}$	t_b t_{sm_c}	$\delta_{t_{sm\_c}}=0.3$ $\delta_{t_b}=0.7$	0.72 0.32

表4.2　模型的预测误差

过程参数	归一化误差/%	过程参数	归一化误差/%
t_{b1}	6.4	$m_{mm,2}$	8.1
$m_{mm,1}$	2.7	t_{b_d}	0.5
t_{b2}	9.9		

表4.2中的结果表明，该模型能够很好地预测批次时间。从能源的角度来看，这是最重要的工艺参数，因为过程的能源需求由已知的电力输入乘以批次时间给出。尽管电极下降时间的预测存在误差，但该模型仍可认为是足够准确的，因为相较于通常为50~60min的批次时间，电极下降段仅持续2~4min。虽然在精炼阶段之前预测的熔融金属量误差较大，

但由于其对辐射能量流的影响很小，因此就本研究而言，该误差是可以接受的。

4.4.4 优化问题的数值解

优化问题是针对批次时间内的时变功率水平进行求解的，该时间最初被参数化为 12 个固定长度的时间区间。离散化时间相当于电弧阻抗控制的闭环时间响应的稳定时间的 10 倍。在实践中，电弧的阻抗是通过改变电弧的长度，即上下移动电极来控制的，直到达到设定点。

优化问题使用 MATLAB 的 SQP 求解器求解，并使用有限差分法估算梯度。

CVP 的传统求解方法是固定批次时间，并允许求解器迭代，直至满足终止条件。在本方法中，由于终止条件已嵌入模拟器中，批次时间是可变的，因此批次时间将延长直至满足终止条件。这种方法可以应用于电弧炉的案例研究，因为模拟器的终止条件即熔融金属的最终温度，是一个随着处理时间的延长、相对于电能输入单调增长的函数。

一个可变的批次时间需要一个可变长度的控制向量。这是通过在原始控制向量上增加自由度来实现的。围绕实际操作点的灵敏度分析表明，在控制向量的所有分量都在解空间的下界取值的情况下，需要四个额外的分量来达到所需的最终温度。因此，采用一个包含 16 个元素的控制向量可解决问题。

4.4.5 批次时间约束

如式(4.21)所示，动态优化框架将基于给定的废料量和给定的最终温度找到最优的功率输入轨迹。在计算过程中，批次时间是一个自由参数。为了按照调度算法的要求获得一组最优设定点，使特定批次时间内的过程损耗最小，在原始目标函数中加入了二次惩罚项。在电弧炉工艺中，批次时间和能源需求呈负相关。运行功率越高，批次时间越短。

修改后的目标函数为：

$$J(\boldsymbol{u}(n), \boldsymbol{p})+\gamma(t_f-t_{esp})^2 \tag{4.24}$$

在式(4.24)中，$J(\boldsymbol{u}(n), \boldsymbol{p})$为式(4.21)中的原始目标函数。$t_f$、$t_{esp}$和 γ 分别为模拟的最终时间、指定的最终批次时间和惩罚项权重。其中，后一个时间设定依据为电弧炉运行电功率的最高值。

4.5 结果与讨论

4.5.1 数值案例分析

4.5.1.1 批次的模拟

图 4.9 显示了式(4.12)和式(4.13)中定义的批次过程中流向金属的能量通量和能量损失的动态变化。批次操作遵循标准工业做法，在恒定的电功率水平下运行整个批次。其中，两次装填期间装入电弧炉的固体金属质量相同。

模型中的主要不连续性源于第二次装料，这一过程在模拟器中得到了处理。当第一次装填的处理过程结束时，应用控制向量的下一个分量重新进行模拟，并将第一阶段熔融后的剩余固体质量加上新增固体质量作为初始条件求解微分方程。

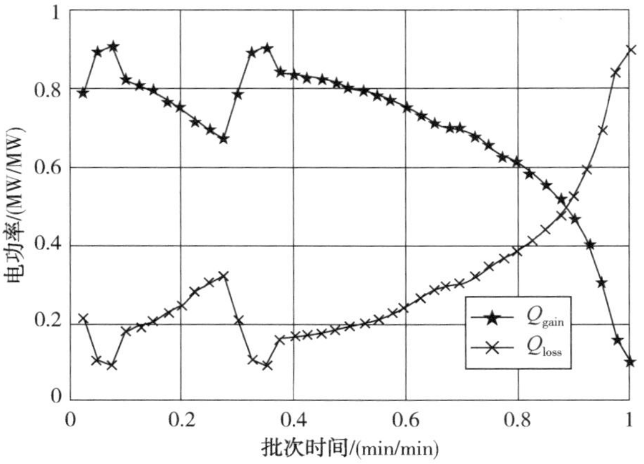

图 4.9　电弧炉过程在恒定功率水平下运行时的电能增益(Q_{gain})和损耗(Q_{loss})

[© 2020 经国际自动控制联合会许可从原始出版物中转载：J. D. Hernández，L. Onofri，S. Engell，Optimization of the electric efficiency of the electric steel making process，IFAC-PapersOnLine 53(2)(2020)11895-11900.]

考虑到能量通量是根据电弧的输入功率进行归一化处理得到的，图 4.9 也可以理解为过程的动态效率曲线。结果表明，过程的电效率在每个填充阶段开始时都很高(超过 80%)，但随着批次的进行，电效率会下降。在批次接近结束时，过程的效率非常低，因为电弧的大部分辐射能照射到炉壁上，只有不到 20%的一小部分被固态金属和熔融金属吸收。

4.5.1.2　批次的优化

在指定的批次时间和熔融金属温度下，使用修改后的目标函数[式(4.24)]对动态优化方程[式(4.21)]求解 10 次，每次都从随机生成的不同初始值开始。从所有初始点开始，求解器都收敛到唯一的最优点。在每次运行中，求解器都要经过约 30 次迭代和 600 次函数求解，通常需要 30~90min。图 4.10 显示了给定的最终温度下对不同批次时间的优化结果。

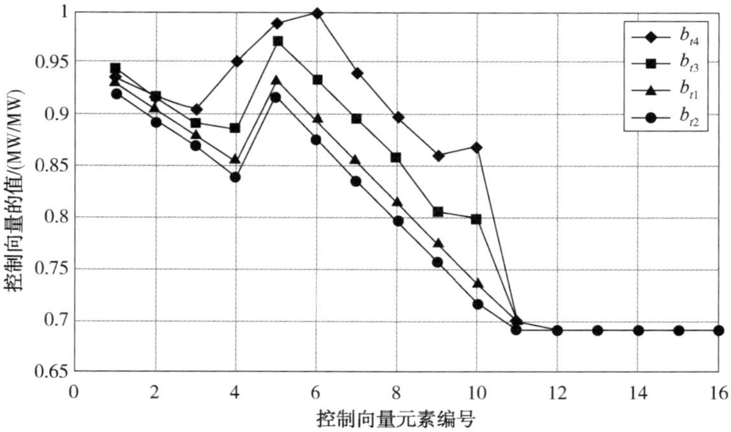

图 4.10　不同批次时间下的最优控制向量值

(b_{t1} 为基础批次时间，$b_{t2}=b_{t1}+2$min，$b_{t3}=b_{t1}+4$min，$b_{t4}=b_{t1}+6$min)

图 4.10 中的优化结果表明，应在装填阶段初期以较高的功率水平运行，而在批次的熔融阶段末期以较低的功率水平运行。在所有情况下，优化结果都在批次的熔融阶段末期降

低运行功率水平。

4.5.2 实际工业过程的应用结果

该优化框架用于计算两种不同牌号不锈钢的电弧炼钢过程的最优控制向量。在实际操作中，装料方法(装填次数、每次装料的质量等)和金属废料的物理性质(密度、热容量、熔融潜热)与上述数值模拟不同。对于每种钢材，批次时间约束被设定为 300 批次以上的平均批次时间。最终温度约束根据工艺要求设定。

计算得到的每种钢材的最优操作点应用于 AST 的一台工业超高功率电弧炉(UHP-EAF)中，并运行了 19 个测试批次。将这些批次的平均能源需求和批次时间与生产一年的平均数据进行了比较。图 4.11 和图 4.12 以归一化方式展示了这些结果。

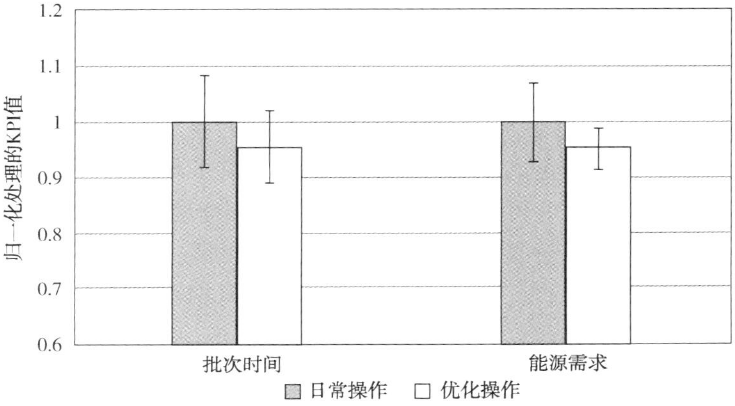

图 4.11 牌号 A 钢材的批次时间和能源需求的改进结果

[© 2020 经国际自动控制联合会许可从原始出版物中转载：J. D. Hernández, L. Onofri, S. Engell, Optimization of the electric efficiency of the electric steel making process, IFAC-PapersOnLine 53(2)(2020) 11895-11900.]

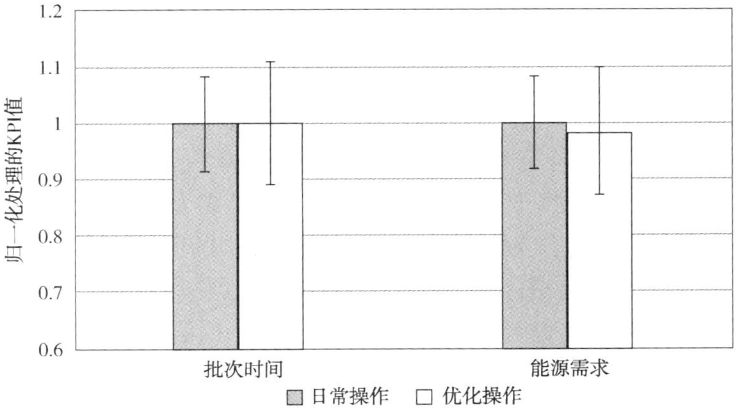

图 4.12 牌号 B 钢材的批次时间和能源需求的改进结果

[© 2020 经国际自动控制联合会许可从原始出版物中转载：J. D. Hernández, L. Onofri, S. Engell, Optimization of the electric efficiency of the electric steel making process, IFAC-PapersOnLine 53(2)(2020) 11895-11900.]

平均来说，计算的最优操作条件使 A 钢材的能源需求减少了 4.6%，B 钢材减少了 1.7%。在批次时间方面，A 钢材减少了 4.5%，而 B 钢材没有改善。A 钢材的改善更为显著的原因是，用于生产 A 钢材的原材料比 B 钢材的更均匀。B 钢材的原材料变化很大，导致很难在大量批次中获得一致的改善。

4.6 结论

本研究提出了一个动态模型和优化框架，用于计算电弧炉的运行方案，以改善这一钢材生产过程的能源效率。该优化基于电弧炉的混合模型，其中包括基于第一性原理的模型和利用蒙特卡洛算法对视角系数的实时计算。其结果可用于先进的调度算法，在电力成本随时间变化的情况下优化熔炼车间的运行。优化问题采用了控制向量参数法的技术完成求解。

研究发现，尽管过程模型是非连续的，并且模型内使用了包含随机数的数值算法，但基于梯度的优化方法仍然可以成功地在近乎连续且平滑的成本曲面上找到描述能量损失的最小值。通过将公式扩展到指定的批次时间，优化器提供了与批次时间和熔融金属的最终温度相关的功率输入轨迹，这些可以提供给熔炼车间的调度层作为依据。

动态优化的结果提供了支持直觉的数值证据：为了提高过程的整体能源效率，应在能源效率较低时以低功率水平运行，在能源效率较高时以高功率水平运行，即装填后立即高功率运行。

利用优化公式计算了当前最先进的工业规模电弧炉炼钢过程的最优运行模式。在工厂实施该解决方案后，运行了 19 个测试批次，对两种不同牌号的钢材分别实现了 4.6%和 1.7%的节能。

在过去的三十年中，通过在熔炉中安装新设备(如富氧燃烧嘴)或实施废气热量回收方案，实现了电弧炉过程能源需求的降低。炼钢厂还利用内部工艺模型及操作工和工程师团队的运行经验来计算设定值。然而，这些努力迄今为止并不成功，因为它们所实现的边际改进不够大，不足以验证在运行实践中的改变是有效的。基于模型的优化所带来的边际改进可通过以下事实验证：到目前为止，电弧炉模型都基于许多假设，这些假设导致了过程模型与实际情况的严重不匹配。复杂的电弧炉模型能够提供更精准的状态预测(如本文所示)，但它的计算成本更高，且更难与传统的数值求解器集成。近年来，随着计算能力的增强和建模技术的进步，在优化框架内采用这种详细模型已成为可能[14]。

为了解决如何最优地运行作为电网平衡元素的电弧炉的问题，在今后的工作中还将考虑电弧炉的其他能源输入(燃烧嘴和氧枪)，并增加对能源输入的额外约束。在这样一个统一的优化框架中，电能输入的变化可以通过化学能输入来抵消。

参 考 文 献

[1] T. Hay, V. V. Visuri, M. Aula, T. Echterhof, A review of mathematical process models for the electric arc furnace process, Steel Res. Int. (2020)2000395.

[2] R. Jing, J. Cheng, V. Gan, K. Woon, I. Lo, Comparison of greenhouse gas emission accounting methods for steel production in China, J. Clean. Prod. 83(2014)165-172.

[3] A. Toktarova, I. Karlsson, J. Rootzen, L. Göransson, M. Odenberger, F. Johnsson, Pathways for low-

carbon transition of the steel industry—a Swedish case study, Energies 13(2020)3840.
[4] G. Dalle Ave, I. Harjunkoski, S. Engell, A non-uniform grid approach for scheduling considering electricity load tracking and futureload prediction, Comput. Chem. Eng. 129(2019)106506.
[5] P. Castro, G. Dalle Ave, S. Engell, I. Grossmann, I. Harjunkoski, Industrial demand side management of a steel plant considering alternative power modes and electrode replacement, Ind. Eng. Chem. Res. 59(30)(2020)13642-13656.
[6] D. J. Oosthuize, I. K. Craig, P. C. Pistorius, Economic evaluation and design of an electric arc furnace controller based on economic objectives, Control. Eng. Pract. 12(2004)253-265.
[7] M. M. Rashid, P. Mhaskar, C. L. Swartz, Multi-rate modeling and economic model predictive control of theelectric arc furnace, J. Process Control 40(2016)50-61.
[8] D. Wei, I. K. Craig, M. Bauer, Multivariate economic performance assessment of an MPC controlled electric arc furnace, ISA Trans. 46(2007)429-436.
[9] J. G. Bekker, I. K. Craig, P. C. Pistorious, Modeling and simulation of an electric arc furnace. process, ISIJ Int. 39(1999)23-32.
[10] R. D. MacRosty, C. L. Swartz, Dynamic modeling of an industrial electric arc furnace, Ind. Eng. Chem. Res. 44(2005)8067-8083.
[11] V. Logar, D. Dovzan, I. Skrjanc, Modeling and validation of an electric arc furnace: part 1, heat and mass transfer, ISIJ Int. 3(2012)402-412.
[12] J. Hernandez, L. Onofri, S. Engell, Detailed modelling of radiative heat transfer in electric arc furnaces using Monte Carlo techniques, in: 8th International SteelSim Conference, Toronto, Canada, 2019.
[13] T. Hay, J. Hernandez, S. Roberts, T. Echterhof, Calculation of view factors in electric arc furnace process modeling, Steel Res. Int. 92(2)(2020)2000341.
[14] J. Hernandez, L. Onofri, S. Engell, Numerical estimation of the geometry and temperature of an alternating current steelmaking electric arc, Steel Res. Int. 92(3)(2020)2000386.
[15] J. Lienhard IV, J. Lienhard V, A Heat Transfer Text Book, Phlogiston Press, Cambridge, MA, 2008.
[16] J. Nilsson, S. Riedel, Electric Circuits, nineth ed., Pearson, 2010.
[17] J. Hernandez, L. Onofri, S. Engell, Model of an electric arc furnace oxy-fuel burner for dynamic simulations and optimization purposes, in: The 18th IFAC Symposium on Control, Optimization and Automation in Mining, Mineral and Metal Processing, Stellenboch, South Africa, 2019.
[18] H. Pfeifer, M. Kirschen, Thermodynamic analysis of EAF energy efficiency and comparison with a statistical model of electricenergy demand, in: 7th European Electric Steelmaking Conference, Venice, 2002.
[19] A. Movahedi Rad, S. S. Pelaseyed, M. Attarian, R. Shokrallahzadeh, Oxydation behaviour of AISI 321, AISI 316, AISI 409 stainless steels: kinetic, thermodynamic and diffusion studies, J. Mater. Res. 31(14)(2016)2088-2096.
[20] A. C. Sabioni, A. M. Huntz, E. C. da Luz, M. Mantel, C. Haut, Comparative study of high temperature oxidation behaviour in AISI 304 and AISI 439 stainless steels, Mater. Res. 6(2)(2003)179-185.
[21] M. Alam, J. Nasser, G. Brooks, Computational fluid dynamics simulation of supersonic oxygen jet behavior at steelmaking temperature, Metall. Mater. Trans. B Process Metall. Mater. Process. Sci. 41B(2010)636-645.
[22] B. Bowman, K. Kruger, Arc Furnace Physics, Stahleisen, Dusseldorf, 2009.
[23] L. T. Biegler, Nonlinear Programing. Concepts, Algorithms and Application to Chemical Processes, Society for Industrial and Applied Mathematics, Pittsburgh, PA, USA, 2010.
[24] V. S. Vassiliadis, R. W. H. Sargent, Solution of a class of multistage dynamic optimizationproblems. 1. Problems without path constraints, 2. Problems with path constraints, Ind. Eng. Chem. Res. (1994)2111-2122.

第5章 间歇精馏溶剂回收——多元灵敏度分析在高维多目标优化问题中的应用

Jan C. Schöneberger[a], Daniel Staak[b], Jürgen Rarey[c]

a 欧洲化学有限公司，柏林，德国；

b 龙沙股份有限公司，维斯普，瑞士；

c Rareytec 有限责任公司，呵叻，泰国

5.1 引言

溶剂在工业中被广泛使用，主要用作原料(生产涂料、黏合剂和塑料)、清洁和脱脂以及作为载体或分散介质[1]，用作这些用途时溶剂无法回收。然而，溶剂也可用于萃取精馏或共沸精馏、萃取、重结晶以及作为反应介质，这些溶剂是可以回收的。后面这些过程常见于化工和制药行业。溶剂废料主要来自连续生产过程中的吹扫物料或间歇生产过程中的残留物。仅在德国，每年焚烧或处理的未回收溶剂就产生 75.7×10^4t 的危险废料[2]。溶剂的回收利用可将溶剂的碳足迹减少一个数量级以上[3]。这种生态优势很少能转化为经济收益，因为大多数溶剂是市场价格低廉的商品化学品。因此，通常不能专门建造用于溶剂回收的装置，而主要利用已有的多用途间歇精馏装置来进行回收。在这种严格的限制条件下，需要对溶剂回收过程的运行时间和潜在的额外成本进行优化。为此，必须制订合理的工艺调度计划和批次运行方案。龙沙(Lonza)股份有限公司(以下简称龙沙公司)一直在加大溶剂回收的力度。龙沙公司的客户们对减少产品生态足迹的兴趣与日俱增，溶剂回收是实现目标最有效的方法之一。龙沙公司发现，与许多其他领域不同的是，降低生态足迹并不一定与增加经济效益相矛盾，好的工艺设计反而会带来经济效益的提升。龙沙公司的经验表明，间歇工艺过程中的溶剂回收往往具有经济优势。

5.1.1 丙酮和甲醇的分离

在本研究中，我们着重于从丙酮和甲醇的混合物中分离回收丙酮和甲醇，例如从碳氢化合物的氧化[1]、一氧化碳与氢气的催化反应[4]、木材的干馏[5]以及涉及溶剂极性变化的分离过程中回收丙酮和甲醇。与大多数沸点相近但极性不同的组分混合物一样，丙酮和甲醇会形成压力最高共沸物[6]，这种混合物无法用普通精馏进行分离，结晶过程中使用的大多数溶剂-反溶剂混合物都属于这一类。

5.1.2 连续分离工艺

在连续分离工艺中，通常通过萃取精馏或共沸精馏来分离共沸混合物[7]。在萃取精馏

过程中，主要通过在近塔顶处的塔板上加入更高沸点的溶剂（萃取剂），由于它与较高沸点组分具有更强的亲和力，因此可以达到降低混合物中较高沸点组分的挥发性、增加较低沸点组分的挥发性的目的。对于丙酮和甲醇的混合物，甲醇沸点较高，与甲醇有较高亲和力的高沸点溶剂是其他氢键物质如乙二醇或甘油。在萃取塔的底部产物是甲醇与高沸点溶剂的混合物，需要在溶剂回收塔中进行分离。

共沸精馏则使用挥发性溶剂。这种挥发性溶剂通常会增加混合物中沸点较低的组分的挥发性，与其形成新的共沸物。新共沸物的沸点温度必须低于原二元共沸物的沸点温度，这样它就会变成三元混合物的中间沸点。

新的共沸物通常是异质共沸的，以便于在分馏塔中容易从顶部产品中分离出夹带剂，然后将其返回塔中。共沸精馏最常用于干燥非极性溶剂或者从水中去除非极性溶剂[7]。对于甲醇，即使是饱和烃类也不能形成足够宽的混溶间隙，而且只能在低温下形成混溶间隙[8]。因此，一般不采用该方法。

5.1.3 间歇分离工艺

在间歇分离工艺中，间歇精馏是一种高效的单元操作，因为它可以在一个塔中将非共沸的多组分混合物分离成各个纯组分，从而节省了成本投资[9]。与连续精馏相比，特定产品的单位能量输入通常更高，能量集成也更困难。对于共沸混合物，添加夹带剂可使共沸精馏或萃取精馏都可行。共沸精馏的优点是夹带剂会随着馏分不断移除，相反，萃取精馏中的夹带剂会在再沸器中积聚。水是常见的极性夹带剂，本工作对其进行了研究。

5.2 问题定义

回收总体积为 $3m^3$ 的丙酮（1545kg）和甲醇（853kg）等物质的量混合物。选择的工艺是以水为夹带剂的间歇萃取精馏。Brüggemann 和 Marquardt[10] 发现，从分离该混合物的能量需求来说，水是最佳的无毒夹带剂。此外，水在化工生产现场容易获取且方便处理，因此，使用水作为夹带剂能最大限度地降低新增原材料的成本。

利用在瑞士 Visp 的龙沙公司现有的一套多用途间歇精馏装置对混合物进行分离，该装置由一个蒸汽加热锅炉，一个带有用于加入夹带剂的中间进料塔板、水和盐水冷却的冷凝器的填料塔，以及几个接收罐组成。

5.2.1 产品规格和约束

回收溶剂的纯度是本研究的主题。首先，必须确定现有装置可以使产物达到的纯度，其次将该纯度作为多目标优化和多元灵敏度分析的目标。市售产品的纯度为：丙酮 99.50%（质），甲醇 99.85%（质）。实际工厂的限制产生了进一步的约束条件，如最大加热速率、冷凝器热负荷、储罐容积和精馏塔蒸汽负荷。

5.2.2 装置介绍

图 5.1 是该装置的简化工艺流程，图 5.2 则是其现场照片。表 5.1 总结了工艺装置的设计条件和设备参数。

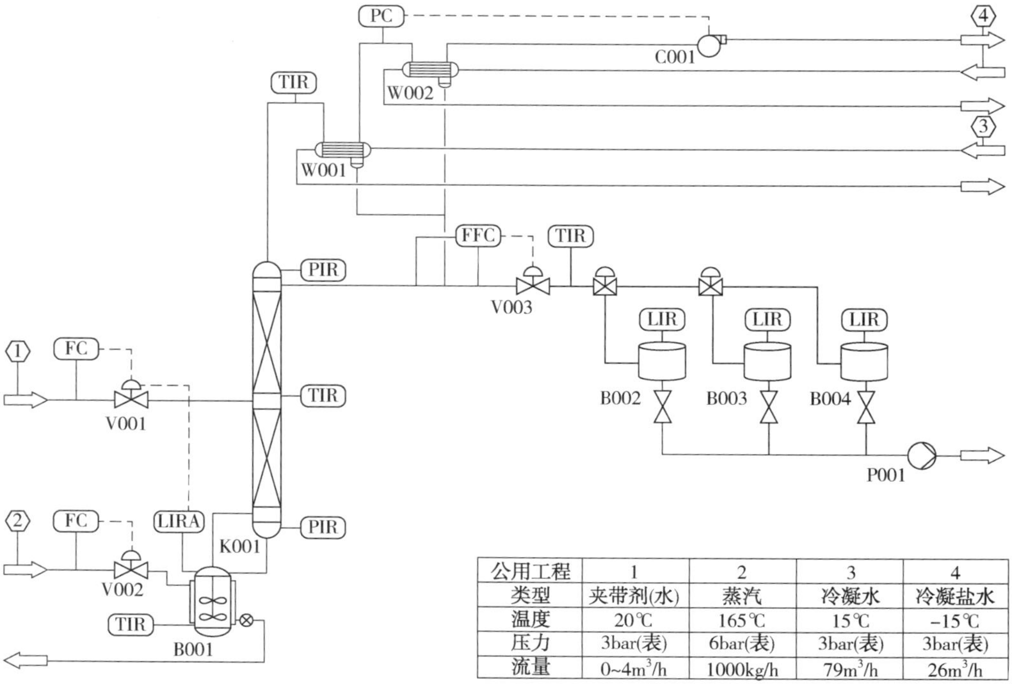

公用工程	1	2	3	4
类型	夹带剂(水)	蒸汽	冷凝水	冷凝盐水
温度	20℃	165℃	15℃	-15℃
压力	3bar(表)	6bar(表)	3bar(表)	3bar(表)
流量	0~4m^3/h	1000kg/h	79m^3/h	26m^3/h

图 5.1　多用途间歇精馏装置工艺流程

图 5.2　选用的瑞士 Visp 龙沙公司多用途间歇精馏装置(由龙沙公司提供)

分离过程在 K001 填料塔中进行，塔中填充了 CERADUR 450Y 规整填料。塔分为上下两段，每段填料高度为 4m。夹带剂在这两段之间进入填料塔。进料混合物在带有蒸汽夹套的容器 B001 中被加热。塔顶蒸气在水冷式换热器 W001 中进行冷凝，从 W001 中逸出的蒸气被送入保护换热器 W002 中使用-15℃的冷凝盐水进行完全冷凝。冷凝液一部分作为回流液直接返回填料塔，另一部分作为馏分产品，经由阀门 V003 控制流量进入接收罐 B002 至 B004 的其中一个。表 5.2 列出了换热器的设备参数及其换热介质。

表 5.1　工艺装置的设计条件和设备参数

编号	K001	B001	B002	B003	B004
类型	填料塔	搅拌罐	接收罐	接收罐	接收罐
描述	带有夹带剂进料的精馏塔	进料罐	接收产品 1	接收产品 2	接收产品 3
设计压力/bar(表)	-1	-1	-1	-1	-1
	6	6	6	6	6
设计温度/℃	-25	-25	-25	-25	-25
	200	200	200	200	200
体积/m^3	5.4	7.1	4.0	4.0	4.0
直径	*DN*800	2.0m	1.6m	1.6m	1.6m

表 5.2　换热器的设备参数及其换热介质

编号	B001	W001	W002
类型	蒸汽夹套	管壳式	管壳式
换热面积/m^2	8~14	19.6	11.8
传热系数/[W/(m^2·K)]	500	900	600
换热介质	蒸汽	水	盐水
进口压力/bar(表)	6	3	3
进口温度/℃	165(饱和)	15	-15

5.3　文献综述

Rodríguez-Donis、Gerbaud 和 Joulia 发表了四篇关于间歇均相萃取精馏可行性的系列文章[11-14]。他们的分析基于残余曲线的拓扑结构，Serafimov 为其定义了 26 个类别，Kiva 等[15]对其进行了很好的总结和解释。丙酮-甲醇-水三元体系属于 1.0-1.a 类(根据相互溶解性的分类，下同)。正如 Hilmen 等人[16]所认为的，这类体系是自然界中最常出现的。图 5.3 展示了丙酮-甲醇-水混合物的三元图，其中两条残余曲线具有 1.0-1.a 类的特征。用于计算曲线和共沸物的热力学模型，详见第 5.4.1 节。

Lelkes 等人[17]对这一体系进行了详细的可行性分析，指出混合物只有通过持续加入夹带剂水才能实现分离。作者推导出，要达到一定的丙酮纯度，体系中需要保证一定量的夹带剂，同时，精馏段(夹带剂进料板之上的部分塔板)的塔板数也有一个最小和最大值的限制。所得结果除说明这种分离是普遍可行的之外，对实际工艺过程设计并无意义，这是因为在分析过程中假设了无限多的塔板数和/或全回流。文中甚至提到，即使夹带剂的进料流量低于指定的最小值，共沸现象也可以被克服。利用式(5.1)，可以根据从加热锅炉流出的蒸汽流量 V 计算出这个最小流量。对于无丙酮夹带剂($z=0$)，它是等挥发线与二元轴交会点的丙酮摩尔分数 xp(见图 5.3)和该点的丙酮蒸汽摩尔分数 $y(xp)$的函数。

$$\left(\frac{FE_{\min}}{V}\right)=\frac{y(xp)-xp}{xp-z} \tag{5.1}$$

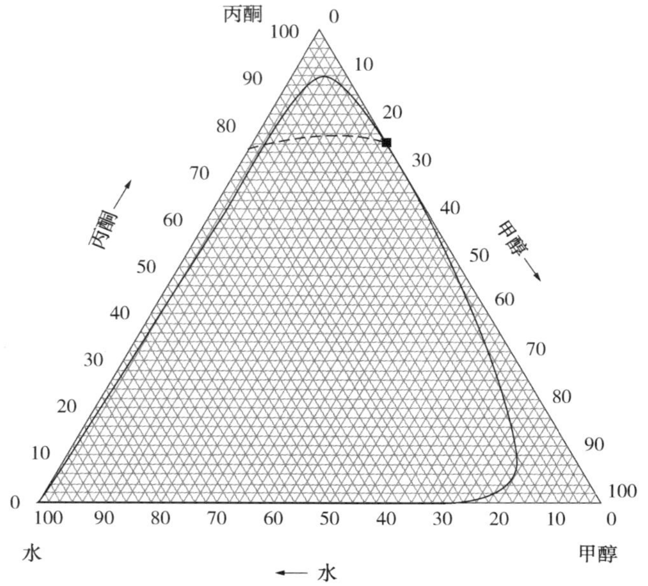

图 5.3　在 1bar 压力下丙酮-甲醇-水混合物的三元图[单位为%(摩)]，
包括共沸点、特征残余曲线和以 $xp=75\%$(摩)为终点的等挥发度曲线

由图 5.3 可知，最小比值为 0.18。然而，实际工厂所需的夹带剂进料流量要比该最小值大约高出一个数量级。

其他研究人员利用商业流程模拟软件对连续萃取精馏工艺(采用两塔精馏)进行了研究[4,18,19]。算得的精馏塔尺寸非常大或理论塔板数非常多，因为他们将丙酮的最低纯度设定为 99.5%(摩)，高于商业上 99.5%(质)[98.4%(摩)]的纯度要求。在如此高的纯度要求下，丙酮和水的相对挥发性接近于 1。如图 5.4 所示，在采用全回流时，从 99.5%(质)提高到 99.5%(摩)需要 10 个以上的理论板数。

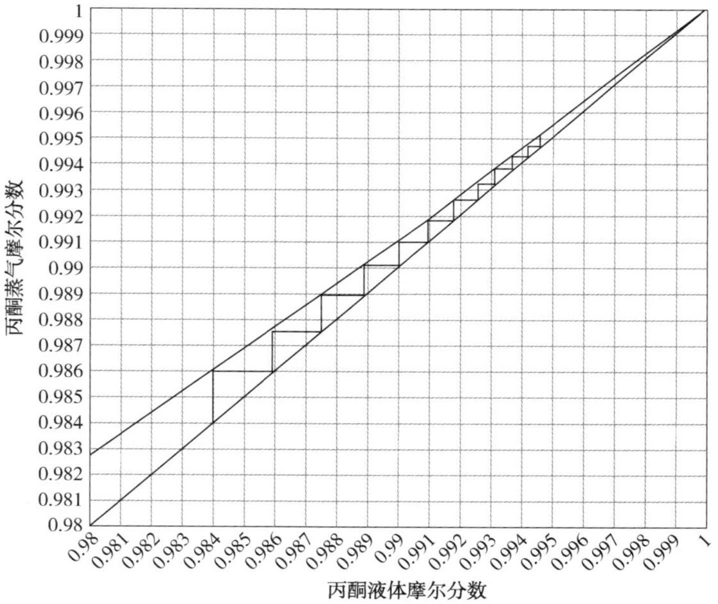

图 5.4　在 1bar 和全回流条件下，丙酮和水分离的 McCabe-Thile 图

用现有的设备不可能得到这种纯度，因此本研究将纯度作为一个额外的自由度。由于丙酮在高浓度和高环境温度下的相对挥发性较低，所以商业级丙酮是通过减压精馏生产的。本研究也采用该方式，同时也考虑了现有设备的局限性。

5.4 研究方法

为解决给定的分离问题，需要选择适当的装置并确定可行且理想的最优运行方案。这一过程包括四个步骤，利用启发式方法和三种不同的模拟模型完成。

首先，需确定用于溶剂回收的装置。在多用途装置上通常采用间歇精馏技术。如果有足够的原料支持全时间运行间歇精馏，那么切换到连续工艺往往在经济上更有吸引力。一旦确定了装置，就需编制进行流程模拟所需的参数。为避免重复工作，装置选择过程通过启发式规则完成。

其次，基于全流程模拟对工艺过程进行广泛的灵敏度分析和优化研究。研究结果汇总在交互式图表报告中，用户可根据需要灵活选择约束条件，并合理决定应用的操作参数。利用数字孪生技术对真实装置进行高保真过程模拟，以验证这些操作参数。

5.4.1 选择合适多用途装置的启发式规则

以下总结了几点为给定的溶剂回收任务选择合适装置的最优实践启发式规则：

① 批次运行时间需要最小化，因此，任何装置都应在最大热负荷或最大蒸汽负荷其一情况下运行。

② 精馏塔必须具备足够的塔板数或填料，以实现所需的分离效果。

③ 使用真空或高于常压来增强分离效果。

④ 真空会增加体积蒸汽负荷，因此可能与规则①相冲突，应尽量避免。

⑤ 可行的再沸器热负荷是根据现有的换热器面积、可用的公用工程(通常是一定压力下的蒸汽)以及混合物的沸点温度来估算的。

⑥ 蒸汽负荷和 F 因子是根据可实现的热负荷来估算的。

⑦ 加热锅炉中的最终温度必须低于可用的热公用工程温度，以确保再沸器中有足够大的换热温差进行热量传递。必须考虑到由液位下降而导致的可用传热面积减少。

⑧ 冷凝器温度应高于 30℃，以便冷凝水可用于冷却。

⑨ 如果无法满足⑦或⑧，则必须在考虑装置的设计压力限制和④中提到问题的情况下，调整压力。

5.4.2 流程模拟工具

流程模拟软件是一种专业工具，用于求解受热力学平衡条件约束的耦合单元操作的质量与能量平衡问题。所谓闪蒸算法是每个流程模拟软件的核心，该算法用于求解在给定边界条件(如等压、绝热等)下，基于平衡级分离过程，将进料流股分离为两相或多相的独立流股的问题。根据 MESH 方程(包括物料平衡方程、相平衡方程、汇总方程和热平衡方程)中的相平衡方程(“E”)，采用特定的闪蒸计算方法来求解液相流股的泡点以及各组分的相平衡参数(K 系数)。已经开发了不同的求解策略以安全、快速地求解 MESH 方程，例如各种内-外法[20]和同步求解法[21]。

MESH 方程通常用于稳态模型，但可通过增加物料平衡和能量平衡的停留项来扩展至动态模型。这一修改使得方程组从纯代数方程组（AE）转变为微分-代数方程组（DAE）。精馏塔可被视为一系列具有特定条件的耦合闪蒸单元，涉及再沸器或塔釜、冷凝器和进料板。所得 DAE 方程组由于其极强的刚性[22]和大于 1 的微分指数[23]，无法使用常规求解器进行求解。为了解决这些数值问题，Galindez 和 Fredenslund[24]开发了一种拟稳态方法，并已在流程模拟软件 CHEMCAD Ⅲ[22]中实现。此后，该方法得到了进一步改进，并应用于精馏塔及更多单元操作，实现了全面的动态流程模拟。本研究采用 CHEMCAD Ⅲ的后续版本，即流程模拟软件 CHEMCAD NXT 的 1.0.1 版[25]，来评估多用途装置的三个不同模型。第一个模型是包含间歇精馏单元操作的筛选模型（SCM），该模型的建立和求解速度非常快。低保真模型（LFM）和高保真模型（HFM）也在动态模式下模拟了更多单元操作，如阀门、储罐和换热器。

5.4.3 流程模拟优化算法

大多数流程模拟软件集成了优化功能。其中的优化算法通过调整流程模拟中的设计变量，以最大化或最小化一个特定的目标函数。该函数由满足特定约束的过程变量构成，这些约束同样基于过程变量。常见的优化算法包括序列二次规划法（SQP）[26]、广义减缩梯度法（GRG）[27]、遗传算法（GA）[28]以及单纯形下降搜索算法[29]。序列二次规划法和广义减缩梯度法需要导数信息，至少在 CHEMCAD 中只能通过有限差分法获得。这种方法非常不准确，特别是在与拟稳态方法结合使用时（见第 5.4.2 节），因为差分步长与积分步长的选取存在矛盾。本研究采用了流程模拟软件中的复合形算法，因为它无须梯度信息。不过它仍然比遗传算法快得多。Box[30]开发的复合形方法是一种改进的 Nelder-Mead 单纯形算法，能够有效处理大多数类型的约束问题[31]。为了解决目标函数的局部最小值问题，本研究采用了完全并行化的多初始点策略。

多目标优化是通过选用流程模拟软件中内置的专有算法来实现的。Rangaiah 和 Bonilla-Petriciolet[32]对化学工程领域中常用的多种方法进行了全面的综述。

5.4.4 多变量灵敏度分析工具

在进行流程模拟软件内部的灵敏度分析时，最多可以改变两个过程变量。对于更多的变量，则需要采用外部并行化策略。通过 Fricke 和 Schöneberger[33]提出的软件架构，将带有特定设置的模拟文件分配至计算机集群中各台机器的所谓代理上。

多变量灵敏度分析（MSS）的结果将被存储于数据库中，并可导出为输入和输出变量的数据表。在数据分析和可视化方面，本研究采用了多个 R 语言实现的软件包[34-38]。

5.5 流程模拟的建立

建立流程模拟时，热力学模型选择、参数化设置和验证是第一步也是最重要的一步。本研究采用了三种流程模型：筛选模型、低保真模型和高保真模型。

5.5.1 热力学模型

准确表示三元混合物的纯组分和混合行为对于过程的数值模拟至关重要。纯组分的性质，如液体的蒸气压、汽化热以及液态和蒸气的比热容等参数通常可由流程模拟软件提供令人满意的数据[39]。在精馏过程中，各组分间的相对挥发性是最关键的混合物性质，它会随温度、压力和混合物组成的变化而变化。对于极性不同的非电解质混合物，常常采用 Wilson、NRTL 和 UNIQUAC 等超额吉布斯自由能(G^E)模型。这些模型基于局部组成的概念，能够从二元数据预测复杂的多组分混合行为。为了拓宽模型的应用温度范围，通常会引入与温度相关的二元交互参数(BIPs)，以修正模型方程中隐含的温度依赖性。本研究中，我们选择 NRTL 模型。

丙酮-水、丙酮-甲醇体系的可靠二元交互参数来自 Gmehling 等人[6]的研究。对于甲醇-水体系，对 Dortmund 数据库[40]中存储的 VLE、h^E、c_P^E、SLE 和 γ^∞ 的文献数据使用 RecPar 软件[8]进行了同步回归。所有的参数值都汇总在表 5.3 中。采用式(5.2)中指定的随温度变化的 BIP 表达式。

$$\Delta g_{ij}(T)=a_{ij}+b_{ij}T+c_{ij}T^2 \tag{5.2}$$

表 5.3 丙酮-甲醇-水二元混合物的二元交互参数

a_{12}/(cal/mol)	a_{21}/(cal/mol)	b_{12}/[cal/(mol·K)]	b_{21}/[cal/(mol·K)]	c_{12}/[cal/(mol·K^2)]	c_{21}/[cal/(mol·K^2)]	α_{12}
丙酮-水						
833.97	-3146.5	0.83106	17.457	-0.0037816	-0.013622	0.5466
丙酮-甲醇						
477.04	327.46	0.03815	-0.73193	-0.002931	0.0018051	0.7
甲醇-水						
687.62	-3281.75	-5.90134	21.28030	0.01204927	-0.02986956	0.6

NRTL 模型的结果和来自 Dortmund 数据库的实验数据见图 5.5。

5.5.2 筛选模型

筛选模型(SCM)的目的是快速分析不同设计变量对精馏过程的影响。该模型由预定义的间歇精馏单元操作和三个接收罐组成，并在 CHEMCAD 7 中实现。所采用的假设如下：

① 平衡级塔板；

② 理想控制；

③ 塔板上、冷凝器和管道中没有液体持留；

④ 无压降；

⑤ 热负荷恒定；

⑥ 完全冷凝器，没有过冷现象。

5.5.2.1 平衡级塔板数

本研究中精馏塔直径为 800mm，由上下两段组成，每段填充了 4m 的 CERADUR 450Y 填料。填装的供应商假定每米填料相当于 4 块理论塔板[41]。在处理有机物时，这个值通常会更低，因此我们采用更为实际的值 3。这样，夹带剂进料上下各有 12 块平衡塔板。此外，冷凝器和塔釜被计为额外的塔板。

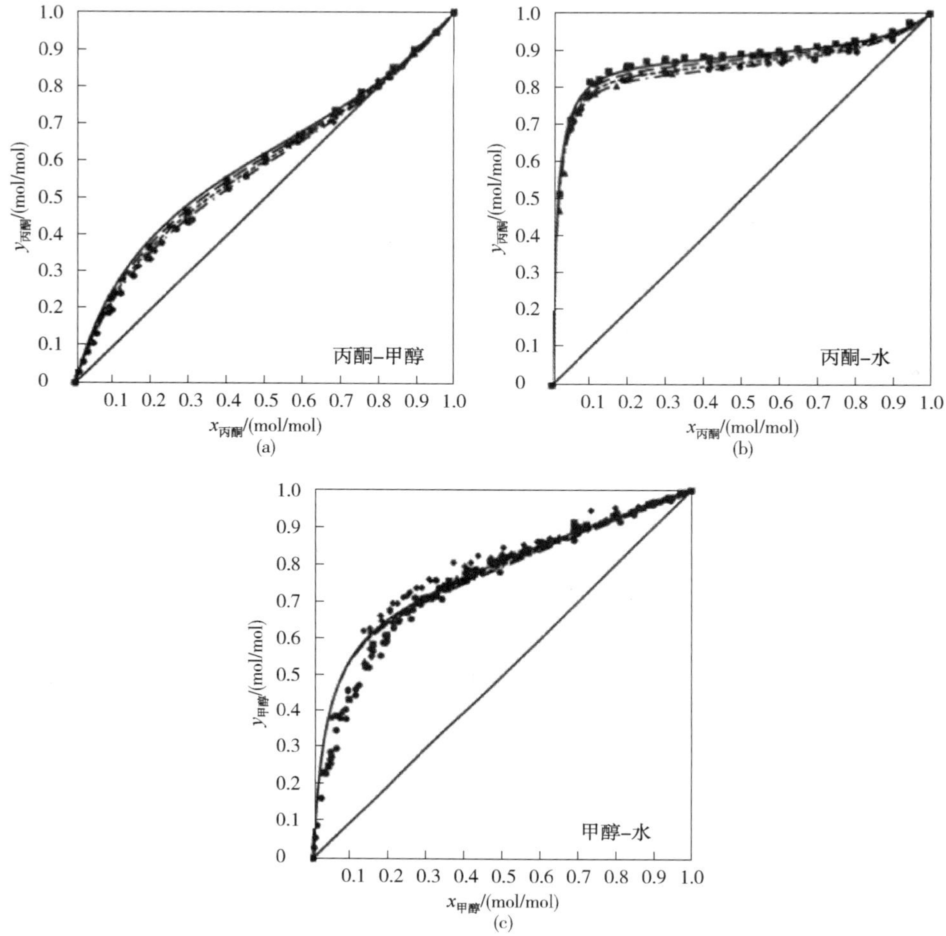

图 5.5 在 308~323K 温度范围内，由 NRTL 方程和表 5.3 给出的二元交互参数计算的等温 x-y 图，数据取自 Dortmund 数据库[40]

5.5.2.2 热负荷和摩尔蒸气流量

塔釜热负荷受到两个因素的限制：热传递和精馏塔水力学。塔釜的热负荷 Q 由式(5.3)确定：

$$Q = U \cdot A \cdot \mathrm{d}T \tag{5.3}$$

塔釜配备有蒸汽夹套，这意味着换热面积 A 会随着塔釜内液体高度的变化而变化。假设热传递系数 U 为常数。根据表 5.2 中的设备规格，乘数 UA 范围为 4000~7000W/K。蒸汽温度保持恒定，但塔釜内的液体温度从 39℃[初始二元混合物在 0.5bar(绝)压力下]变化到 100℃[纯水在 1bar(绝)压力下]。假设平均温差 dT 恒定为 100K，且平均 UA 恒定为 5000W/K，则可以得到一个恒定的热负荷即 500kW。

在相关压力范围内，丙酮和甲醇的汽化热分别约为 31MJ/kmol 和 37MJ/kmol，这使得在精馏初期，蒸气流量约为 53kmol/h，随着丙酮的移除，蒸气流量逐渐降低。假设气体为理想气体，平均蒸气流量为 50kmol/h，则在 0.5bar(绝)压力和 40℃条件下的体积流量为 $0.73m^3/s$。初始混合物上方的蒸气密度为 $0.87kg/m^3$。基于这些数据和塔径，可以使用式(5.4)来估算气相负荷因子(*F* 因子)，即 $F=1.34\sqrt{P_a}$。这个值随着压力的增加而减小。然而，它很好地处于一个常见填料的等效理论板高度(HETP)几乎不受 *F* 因子影响[42]的范围内。

$$F=w\sqrt{\rho v} \tag{5.4}$$

5.5.2.3 设计变量

筛选模型包含三个基本操作步骤。如前所述，精馏塔的尺寸和加入塔釜的热负荷是固定的。筛选模型允许指定冷凝器压力、夹带剂进料流量的逐步恒定值以及回流比。步骤一会在开始精馏到塔釜内液体体积达到 $7m^3$ 时终止；步骤二会在馏出物中甲醇浓度超过特定限值时停止；步骤三则会在指定时间后结束。因此，筛选模型有七个输入参数：冷凝器压力、三个夹带剂进料流量的逐步恒定值、回流比，以及两个结束条件，即步骤二结束时的甲醇质量和步骤三中经过的时间。

5.5.3 低保真模型

筛选模型易于建立且可以非常快速地进行评估，然而它相当不灵活，无法设定动态变化的夹带剂进料流量或使用更复杂的启停条件。因此，构建了一个基于动态模式的低保真模型。在动态模式下，可使用控制器单元操作以固定简单的设计规范，使用斜坡单元操作来设定过程变量的变化轨迹，以及使用 VBA 脚本单元操作来加入复杂的运行方案。低保真模型的假设与筛选模型相同，由于模型的灵活性更高，因此拥有更多的自由度，可以使用更多类型的过程变量来调整。

5.5.4 高保真模型

开发高保真模型是为了验证低保真模型得出的结果，以便将其应用到实际工厂中。因此，可以将其视为通过工厂的动态行为构建数字孪生的一种方法。该模型仅保留了第 5.5.2 节中的假设①(平衡级塔板)，假设②则简化为理想的流量和压力控制系统。

5.5.4.1 换热器模型

流程模拟软件通过严格的热传递方法来计算塔釜的热负荷，包括过程侧传热、热传导和夹套侧传热。塔釜及其无折流板的蒸汽夹套的几何参数汇总在表 5.4 中。

表 5.4 换热器设备参数

塔釜及蒸汽夹套	B001	管壳式换热器	W001	W002
总体积/m^3	0.725	TEMA 类别	R	R
高度/m	1.85	TEMA 名称	AEL	AEL
壁厚/mm	20	壳体内径/mm	660	550
壁密度/(kg/m^3)	8000	换热管数量	195	180
壁比热容/[$kJ/(kg\cdot m^3)$]	0.4	管长/m	2.0	1.3

续表

塔釜及蒸汽夹套	B001	管壳式换热器	W001	W002
壁热导率/[W/(m·K)]	11	管内径/mm	14	14
容器直径/m	2.15	管外径/mm	16	16
叶轮直径/m	1.90	有效换热面积/m^2	19.04	11.33
叶轮转速/(r/min)	60	布管方式	TRI60	TRI60
热传递方法		管间距/mm	20	20
过程侧	Sider-Tate 法[45]	管程数	2	4
夹套侧	Lehrer 法[46]	折流板数量	4	2
		折流板切割率/%	39	39

塔顶蒸气被送入水冷凝器，水冷凝器以 79m^3/h 的恒定冷却水流量运行。从水冷凝器逸出的气体进入保护用的盐水冷凝器，它以-15℃、流量为 26m^3/h 的冷凝盐水作为冷却介质运行。这两个冷凝器均采用流程模拟软件的换热器模拟包中实现的严格两相传热法进行建模[43,44]。表 5.4 显示了两个冷凝器与模拟相关的几何细节。

5.5.4.2 填料塔水力学模型

采用了最新版的 Billet 和 Schultes[47] 的水力学模型来计算填料层的压降。由于无法获得 CERADUR 450Y 填料的具体参数，因此使用 Raschig Pak 350Y 填料参数作为替代。模拟结果表明，在整个运行期间，各种操作条件下压降始终稳定保持在 5mbar 左右。因此，在模拟中将塔釜压力固定为比冷凝器高出 5mbar 的压力值。压降对整个过程的影响非常小，并且我们认为不同填料类型对这一压降值的影响有限。

5.5.4.3 液体持留量模型

采用 Engel[48] 提出的方法来估算塔内的液体持留量。通过采用时间平均的物性参数，计算得出持留率为 5.3%(体)，从而得到每个平衡级塔板的液体持留量约为 9L。

连接冷凝器和填料塔之间的管道系统中的液体持留量设定为 10L。这相当于 5m 长的 *DN*50 管道完全充满液体。在整个模拟过程中，这些几何参数保持不变。

5.5.4.4 流量控制模型

为了实现理想的流量控制，被控制的质量流量应处于控制阀调节范围之内。通常情况下比例大约是 10，这意味着最小可控流量是最大流量的 10%。这一限制适用于控制馏出液流量的控制阀(图 5.1 中的 V003 单元)，该阀门用于调节回流比。控制阀能够调节的最大和最小质量流量分别是 800kg/h 和 80kg/h。超出这一范围的流量值(可能由回流比的规定造成)将被排除。为了实现全回流，需要完全关闭阀门 V003。

5.6 结果

本研究按照模型复杂度由低到高的顺序展示了研究结果。每一步骤的结果都用于确定下一步骤的参数设置。

5.6.1 筛选模型

我们利用筛选模型进行多目标优化和多变量灵敏度分析。基于研究结果，最终确定了冷凝器的压力值，同时确定了合理的变量范围，例如丙酮和甲醇的产品质量。

5.6.1.1 馏出液中丙酮的最高浓度

丙酮是回收的主要产品，因此，在使用筛选模型进行的初次分析中，重点关注在现有设备条件下，馏出液中可以达到的丙酮纯度。该模型用于找出并存目标，即最大化冷凝器温度与最大化丙酮浓度的帕累托前沿。随时间推移，仅执行集成过程的第一步，并在此时测量馏出液的浓度。当夹带剂流量和回流比的设定值组合不是最优时，测得的浓度可能不是在长时间的间歇精馏过程中能够达到的最高浓度。然而，对于初次分析，可以将其视为帕累托最优的一个指标。在本案例中，设计变量是冷凝器压力和回流比。图 5.6 展示了在指定夹带剂流量下复合形优化器找到的帕累托最优点。

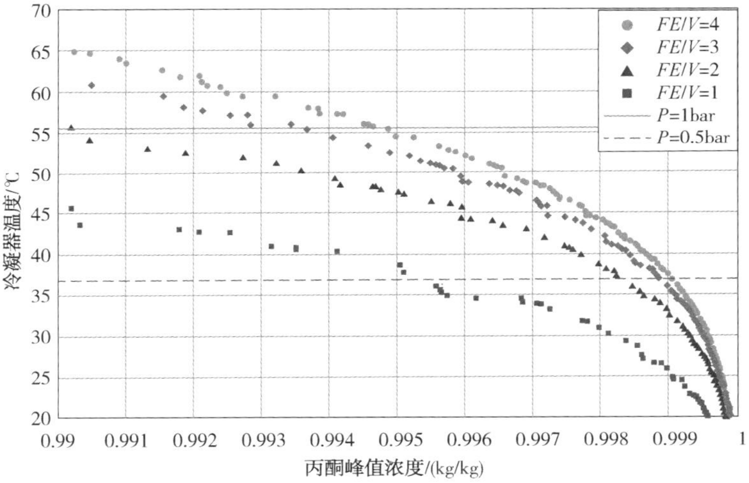

图 5.6　蒸汽流量 V=50kmol/h 时，夹带剂不同进料流量下丙酮峰值浓度与冷凝器温度的帕累托最优点

在常压下(图 5.6 中实线)运行的填料塔难以得到工业级浓度 99.5%(质)的丙酮。提高夹带剂流量对提高丙酮浓度的积极影响会迅速降低，当夹带剂进料与蒸汽流量比例(FE/V)达到 3 时，提高效果几乎完全消失。

为了进一步分析，选择冷凝器压力设定为 0.5bar(图 5.6 中虚线)。此时馏出液温度为 37℃，相较于可用的冷却水温度高出 20K 以上，符合第 5.4.1 节给出的启发式规则。基于以上设定，在筛选模型的理想条件下，丙酮峰值浓度最高可达到 99.9%(质)。

丙酮产品浓度与可得到的产品量也存在竞争关系。因此，帕累托前沿从热力学限制区域的凸形变为质量平衡限制区域的凹形，见图 5.7(a)。本研究模拟了第一个操作步骤，决策变量是恒定的夹带剂进料流量(FE)和恒定的回流比(RD_1)。

基于以上条件，当馏出物中的丙酮浓度超过 99.6%(质)时，帕累托前沿就会远离质量平衡限制，见图 5.7(b)。要达到更高的浓度，只能以大量损失丙酮或减少产品量为代价。

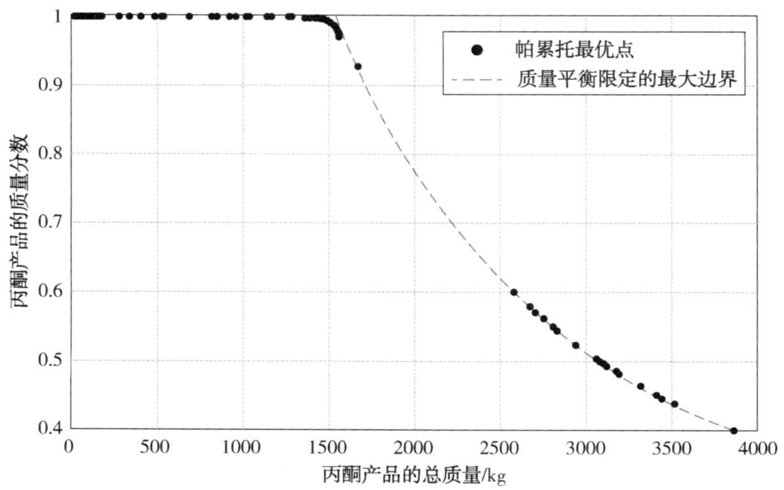

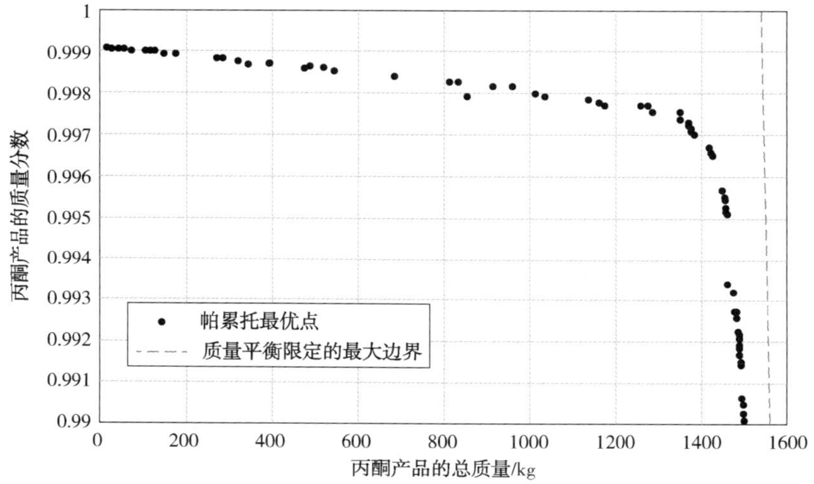

图 5.7　丙酮浓度与丙酮产物质量的帕累托最优点：(a)全图；(b)局部放大图

5.6.1.2　设计变量的影响

在冷凝器压力固定的情况下，还有 6 个设计变量需要考虑。包括步骤一的夹带剂进料流量(FE)、步骤一至三的回流比(RD_1-RD_3)、步骤二结束时的甲醇质量(zM)以及步骤三所需时间(t_3)，这些变量在多变量灵敏度分析(MSS)中均可变。采用了包含 5 个中间点的析因设计方法(其中对 FE 设置了 3 个中间点)，总共生成了 84035 个流程模拟方案。

在图 5.8 中展示的相关性矩阵中，分别用实线框和虚线框标记两个关键的结果。增加夹带剂进料流量(FE)可以提高 B002 罐内丙酮的质量，但同时也会减少罐中收集的产品量。步骤一的回流比(RD_1)的影响是同样的。这就是我们在之前讨论过的步骤一中相互竞争的目标。虚线框显示 B002 罐内丙酮质量与 B003 罐中收集的产品量和罐内的甲醇质量呈正相关。这表明，回收高浓度丙酮与回收甲醇产品并不冲突。

此外，多变量敏感度分析还确定了设计变量的合理范围。图 5.9 展示了由输入变量所覆盖的丙酮和甲醇产品的结果空间。

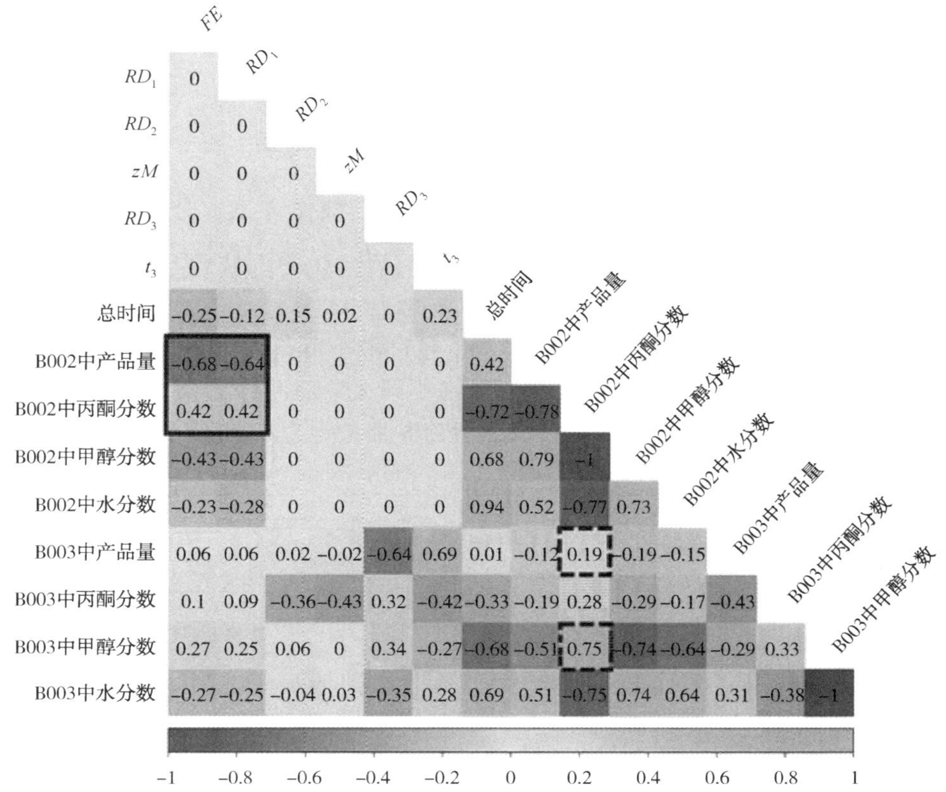

图 5.8　基于析因设计的 84035 个点的输入与输出变量相关矩阵

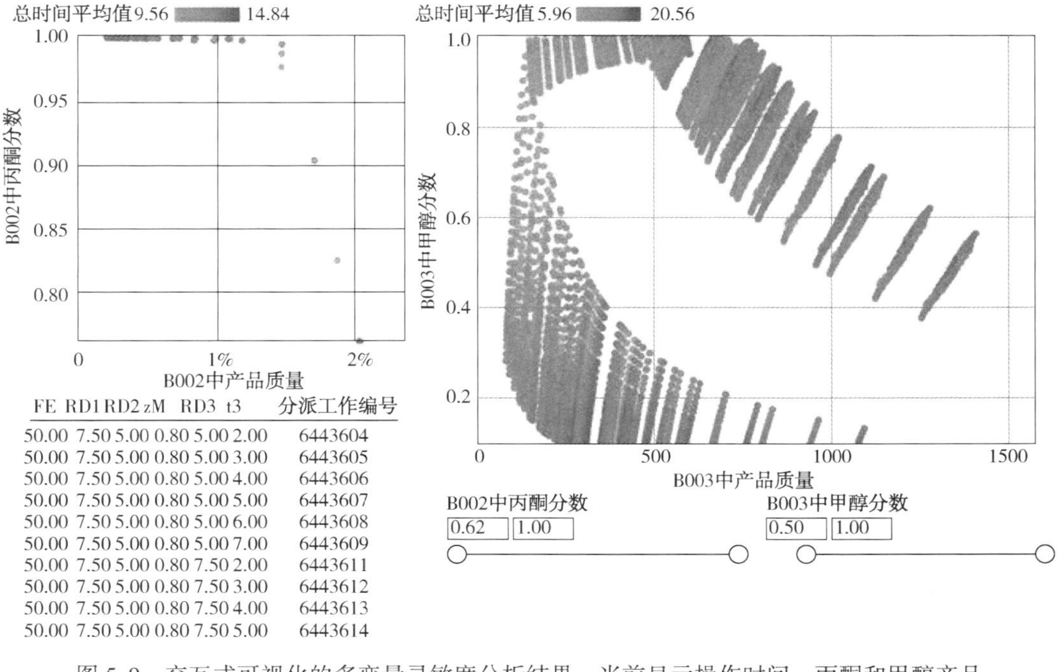

图 5.9　交互式可视化的多变量灵敏度分析结果，当前显示操作时间、丙酮和甲醇产品

交互式报告的视频可参看本书在线版本的视频 5.1，链接为 https：//doi. org/10. 1016/B978-0-323-85043-8. 00003-9，视频中通过移动滑块和选择点来创建结果空间的各个截面。

5.6.2 低保真模型

利用低保真模型，为多用途间歇装置制定了运行操作方案，分别对四个操作步骤(表 5.5 中)进行了分析和优化。最后，执行了整个运行方案，并对模拟结果进行了详细讨论。

5.6.2.1 丙酮回收

首要目标就是回收丙酮。当夹带剂进料流量超过最小可行值时，固定馏出液中丙酮的浓度，回流比最多存在两个解。图 5.10 显示了在不同夹带剂进料流量下丙酮浓度随回流比的变化。在该图中，仅计算了一个时间步长，且冷凝器设定为 0.5bar(绝)。

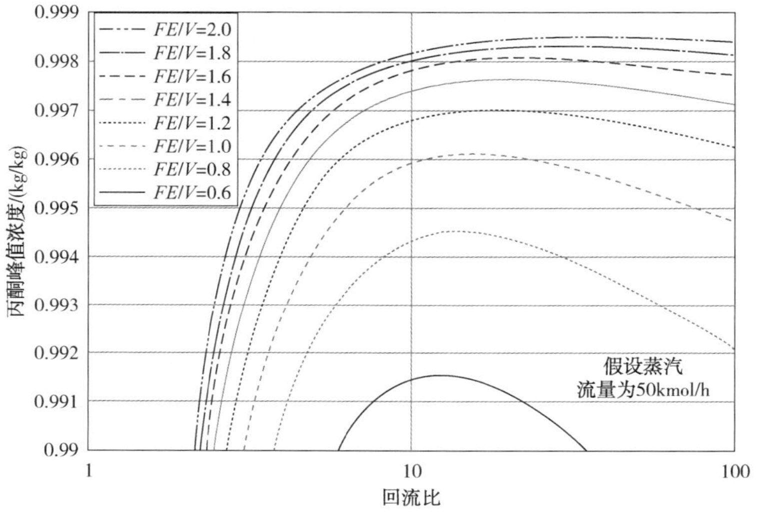

图 5.10 丙酮峰值浓度随回流比和夹带剂进料流量的变化规律

当馏出液浓度和夹带剂进料流量固定时，回流比存在无解、一个解或两个解的不同情况。在最后一种情况下，两个解之一是高回流比，从经济角度来看并不可行。然而，无解或两个解的存在，使得在固定馏出液中丙酮浓度的情况下求解方程组时，收敛变得极其困难甚至不可能。如果初始值位于最大值右侧，求解器将收敛到非常高的回流比。如果初始值位于最大值左侧过远，则根本不存在解。更糟的是，由于塔釜中的丙酮浓度降低，水分浓度增加，图 5.10 中曲线的最大值随时间而变化。

在本操作步骤中的两个设计变量是夹带剂进料流量和回流比。一方面，增加夹带剂进料流量会扩大回流比在最大值左侧的操作窗口，这意味着可以使用较低的回流比。另一方面，高夹带剂进料流量意味着塔釜更快地被水填满，当达到塔釜最高液位时，必须关闭水进料以避免溢出，步骤一操作结束，此后就再也无法回收高纯度丙酮了。

对丙酮回收率最大化来说，一个有吸引力的操作点位于图 5.10 中曲线最大值达到所需丙酮浓度处。在这一操作点上，最小回流比与最小夹带剂进料流量相匹配。但由于上述数值问题，并非每个时间步长都能找到这个点。

下一步，利用低保真模型分析不同塔釜组成下的各个稳定状态。图 5.11 展示了当丙酮浓度固定为 99.5%(质)时，不同夹带剂进料流量下所对应的回流比。标记的曲线参数是夹带剂进料流量固定为 50kmol/h 时所经过的操作时间。170min 后，夹带剂进料流量最小可行值接近此值，导致回流比迅速增加。

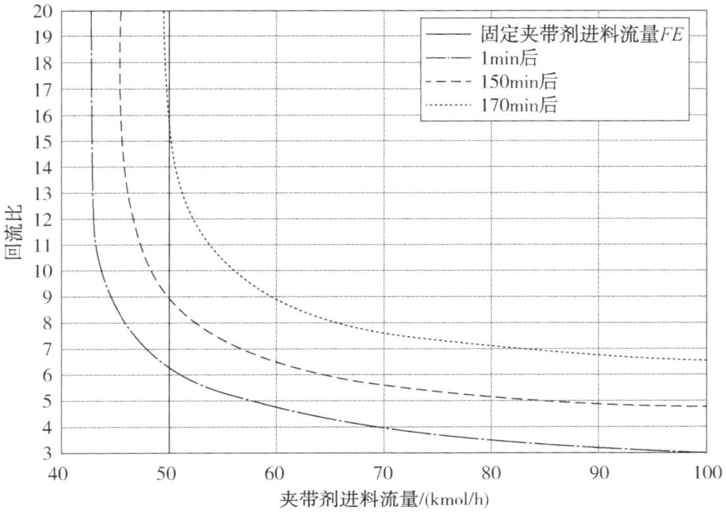

图 5.11 恒定进料流量为 50kmol/h 时，为获得 99.5%(质)丙酮浓度所需的回流比 R_D，作为夹带剂进料流量 *FE* 和步骤一操作时间的函数

通过线性调节夹带剂进料流量，可以从夹带剂混合物中回收 99%以上的丙酮，浓度达到 99.5%(质)。图 5.12 显示了剩余丙酮质量的轨迹，以及相应的回流比、夹带剂进料流量和塔釜液体体积。

该图表明，在约 150min 后，为维持合理的回流比或塔顶馏出量，夹带剂进料流量需要远高于比例地增加。此时已经回收了超过 90%的丙酮。

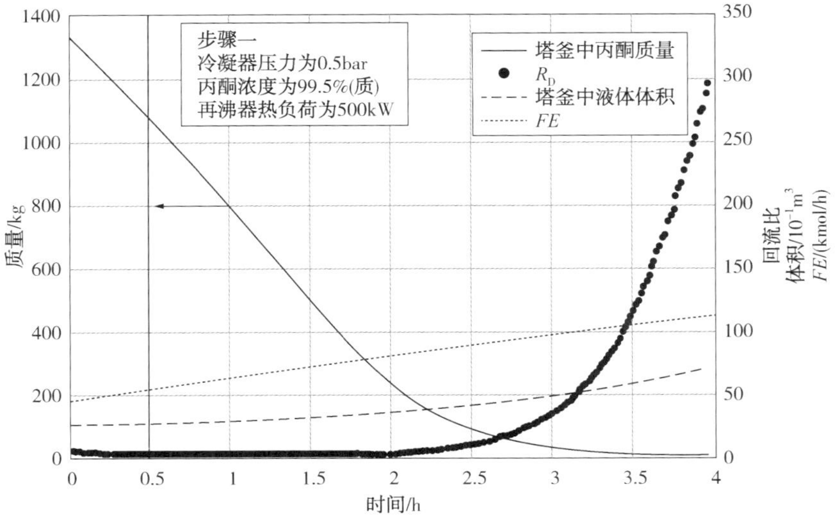

图 5.12 在步骤一操作中，夹带剂进料流量呈线性变化时，塔釜中丙酮质量、回流比(R_D)、夹带剂进料流量(*FE*)和塔釜中液体体积的变化轨迹

图 5.13 展示了使用筛选模型计算出的另一种运行方案，即逐步提高夹带剂进料流量。每当回流比达到某个界限时，进料流量会自动增加。我们将这些界限值设定为 15、25、60 和 100，同时将夹带剂进料流量比例先增加两次 0.5 然后增加 1。

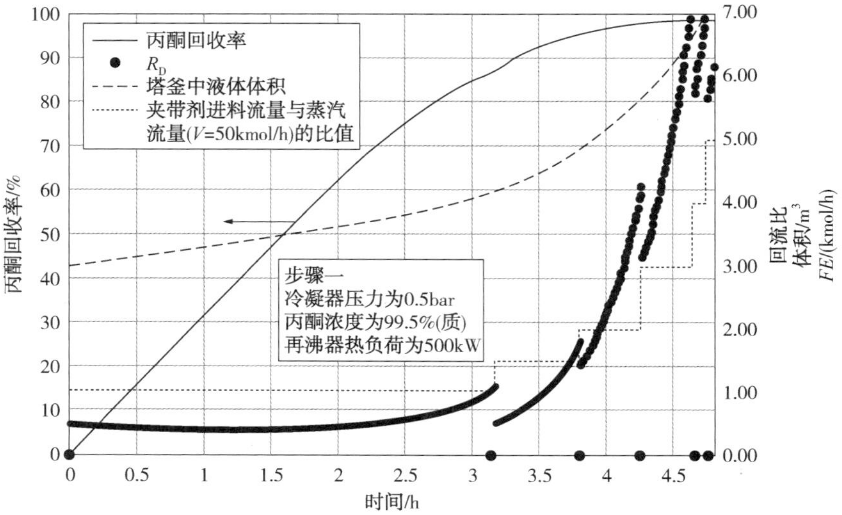

图 5.13　在步骤一操作中，夹带剂进料流量逐步增加时，丙酮回收率、回流比(R_D)、夹带剂进料流量(FE)和塔釜中液体体积的变化轨迹

以上两种方案均未进行优化，但基于所应用的参数设定，后一种方案需要更高的回流比和更长的操作时间，才能达到与前者相同的丙酮回收率。因此，我们倾向于渐变的夹带剂进料流量，这也减少了设计变量的数量。

这两种情况都表明，为了从塔釜中回收最后 10%的丙酮，时间和能耗的成本会不成比例地增加。事实上，剩余的丙酮严重影响了甲醇回收的效率。

5.6.2.2　甲醇回收

当塔釜液位达到其最大值时关闭水进料，步骤一操作(丙酮移除)结束。在没有夹带剂进料的情况下，馏出液中丙酮的最大浓度受丙酮和甲醇的二元共沸物限制。在 0.5bar 的冷凝器压力下，丙酮浓度为 90%(质)。丙酮作为三元混合物中的轻馏分，必须在回收高纯度甲醇之前被移除。步骤一中剩余的丙酮必须全部移除，否则最终会进入甲醇产品。因此，最大化丙酮产品和最大化甲醇产品并不是相互竞争的。然而，即使在高回流条件下(导致馏出液浓度为共沸浓度)，每移除 1kg 的丙酮，至少会有 0.1kg 的甲醇损失。当塔釜中的丙酮浓度降低时，这一问题会更严重，无法通过合理的回流维持共沸浓度。此时甲醇的损失和塔釜中丙酮含量降低到预定值所需的时间是互斥的。

图 5.14 展示了这些目标的帕累托前沿，其初始点为塔釜中有 18kg 的丙酮(剩余 1%)、846kg 的甲醇(剩余 99%)和 5764kg 的水。这是基于图 5.12 完成步骤一后的塔釜液组成。曲线参数是步骤二结束时塔釜中的丙酮质量。

步骤二操作时间相对较长表明，只有很小的馏出液流量被抽取。作为后续分析的起点，设定回流比为 100，直到塔釜中的丙酮质量减少到 0.1kg。这一事件在 142min 后发生，造成 5%的甲醇损失，即图 5.14 靠上的曲线斜率发生显著变化的点。

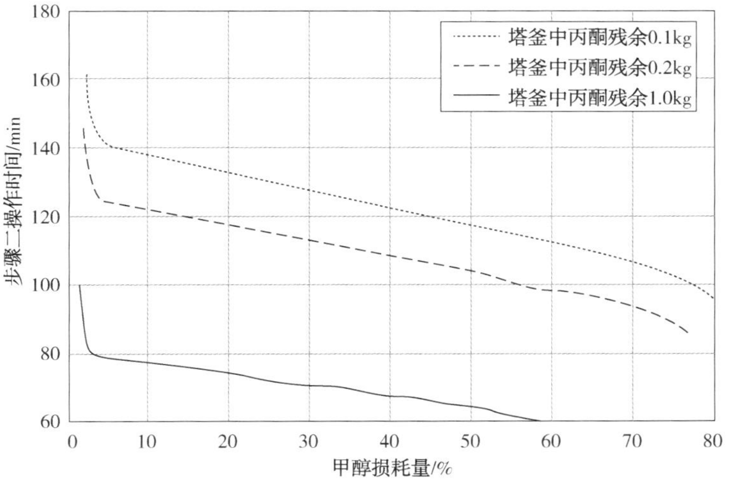

图 5.14　塔釜中丙酮残余量不同的情况下，步骤二操作时间与甲醇损耗量竞争的帕累托最优值

步骤三(甲醇回收)操作很简单。它是二元非共沸混合物的间歇精馏。这一步骤的设计变量是回流比和精馏终点。需要同时实现的目标是最大化回收的甲醇质量、甲醇纯度以及最小化耗时。

图 5.15 展示了回收甲醇质量与耗时之间的帕累托前沿，以甲醇产品纯度为曲线参数。区分不同产品纯度的曲线几乎是不可能的，因为步骤二只有很少的会污染产品的丙酮残留。更值得注意的是所需回流比的差异。

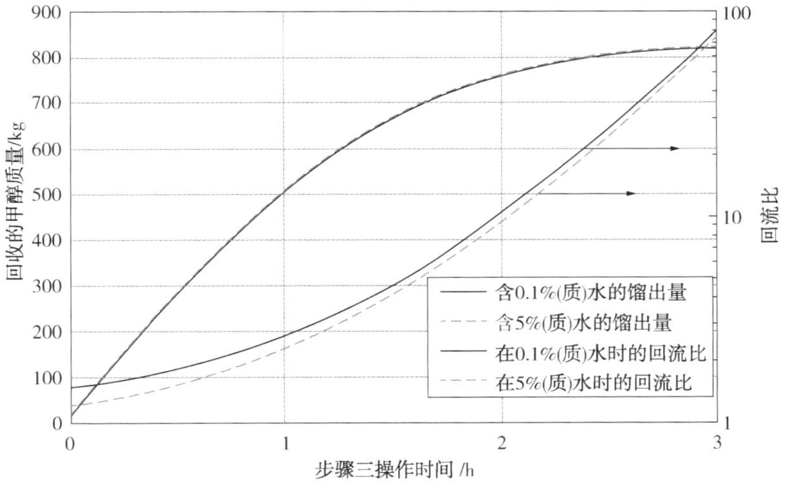

图 5.15　甲醇产品总质量随步骤三操作时间和甲醇纯度的变化

为了达到 90%(765kg)的回收率，大约需要运行 2h。之后，为了进一步回收甲醇，精馏时间将大幅增加。因此，不回收所有甲醇更具经济优势。在这种理想情况下，我们在步骤三中运行 180min，并回收了 95%的初始可用甲醇。

5.6.2.3　水的提纯

在步骤三操作结束后，塔釜中还剩下含有甲醇的水。对于这部分残余物，我们有三个选项：一是将其提纯后用于下一批处理，二是送往废水处理厂，三是收集起来加入下一批次的塔釜中。废水处理方案很有吸引力，因为剩余的甲醇可以被生物处理厂的细菌利用。这意味着可减少必须额外添加的甲醇。

不过这里我们关注第一个选项，即尽可能地闭环进行物料循环。

步骤四开始时，塔釜中的甲醇浓度为 0.15%(质)。步骤四的运行时间与产生的废料量之间几乎呈线性关系，直到曲线接近表示现有废料量的垂直线，见图 5.16。我们将回流比从 1 改变到 100 以进行分析，结果表明它对达到一定水纯度所需运行时间的影响不大。这里我们决定采用 100 的回流比，直到塔釜中甲醇残余物达到 10μg/g，耗时 2.1h。

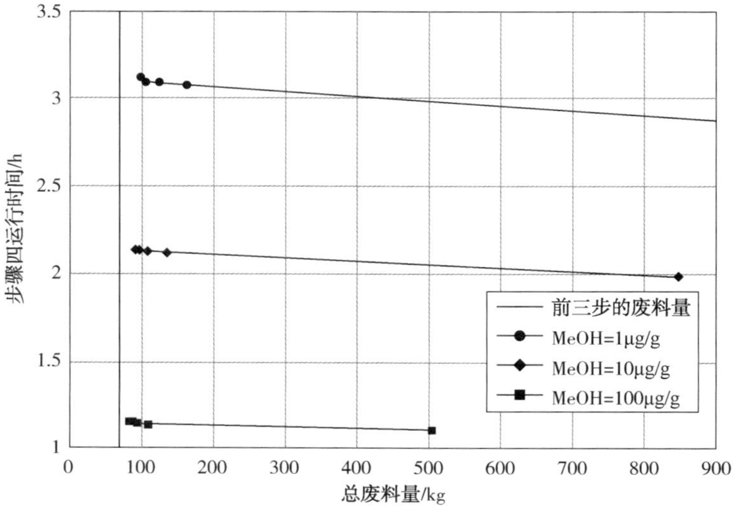

图 5.16　塔釜中不同最终甲醇浓度下，运行时间随整体工艺过程中总废料量的变化关系

5.6.2.4　所有步骤的连续模拟

表 5.5 汇总了一次间歇精馏过程的所有操作步骤，选择了设计变量以实现以下目标：丙酮回收率 99%、质量分数 99.5%，甲醇回收率 95%、质量分数 99.85%，水回收率 97%、污染物浓度 10μg/g。低保真模型从塔处于全回流状态开始，为了反映在实际工厂中达到这种状态需要一些时间，增加了操作步骤零。

表 5.5　理想条件下回收丙酮、甲醇和水的运行方案

步骤	任务	设计变量	终止条件
零	建立全回流分布	$R_D=\infty$	操作时间为 1h
一	回收丙酮	$Z_{D,丙酮}=99.5\%$(质) $FE=50kmol/h+20kmol/h^2\times t_E$	塔釜液体体积大于 $7m^3$
二	丙酮净化	$R_D=100$	塔釜液体中丙酮质量小于 0.1kg
三	回收甲醇	$Z_{D,水}=0.1\%$(质)	回收 95%的甲醇
四	水的提纯	$R_D=100$	残留甲醇 10μg/g

总运行时间略超过 12h(733min)，其中步骤一 221min、步骤二 139min、步骤三 180min、步骤四 133min。需要 6108kW·h 的电能消耗，或 10.7t 的蒸汽消耗。通过将步骤零和步骤一的能源消耗分配给丙酮回收，步骤二和步骤三分配给甲醇回收，步骤四分配给水回收，可以计算出每种产品的单位能耗。结果汇总在表 5.6 中。

表 5.6　按表 5.5 所示的运行方案，产品、装置时间和能源使用情况

产品	总量	所需装置时间占总时间的比例/%	能量输入	蒸汽输入/t
99.5%(质)丙酮	1550kg	38	5.44MJ/kg	4.1
	27kmol		314MJ/kmol	
99.85%(质)甲醇	821kg	44	11.66MJ/kg	4.6
	26kmol		373MJ/kmol	
水(甲醇浓度<10μg/g)	5745kg	18	0.69MJ/kg	1.9
	319kmol		13MJ/kmol	
废料(42/45/13)%(质)	91kg			
总计		100		10.6

在图 5.17 中，绘制了表 5.5 确定的间歇精馏过程的一些运行轨迹。

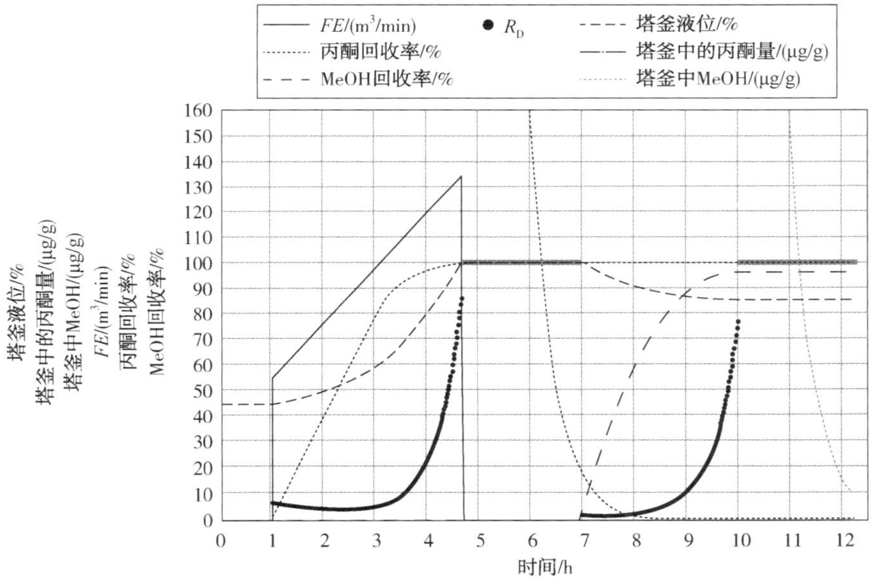

图 5.17　按表 5.5 所示的运行方案，决策变量和状态变量的变化轨迹

在步骤一和步骤三中，指定一个恒定的馏出液质量。这导致可变的回流比，会在步骤结束阶段由于设定的结束条件而变得非常高。步骤三展示了典型的回流比随时间的延长而增加的现象。在步骤一中，回流比在开始呈指数增长之前一直在降低。这种与直觉不符的现象是由于存在最大可行回流比，如第 5.6.2.1 节所述：更高的回流比不一定产生更高的馏出液质量。在图 5.18 中，绘制了步骤零结束时(a)、步骤一开始时(b)和步骤一结束时(c)的精馏塔组分分布。在溶剂进料开始或停止后，分布立即发生跳跃，因为低保真模型忽略了塔板和冷凝器的持液。

5.6.3　高保真模型

在步骤一中，我们将低保真模型计算出的轨迹和切换时间点直接应用于高保真模型。这会导致产品产量和产品质量的下降，原因是塔釜和冷凝器中的液体持留以及热负荷不稳定。基于这些结果，我们讨论了轨迹和切换时间点的调整策略。

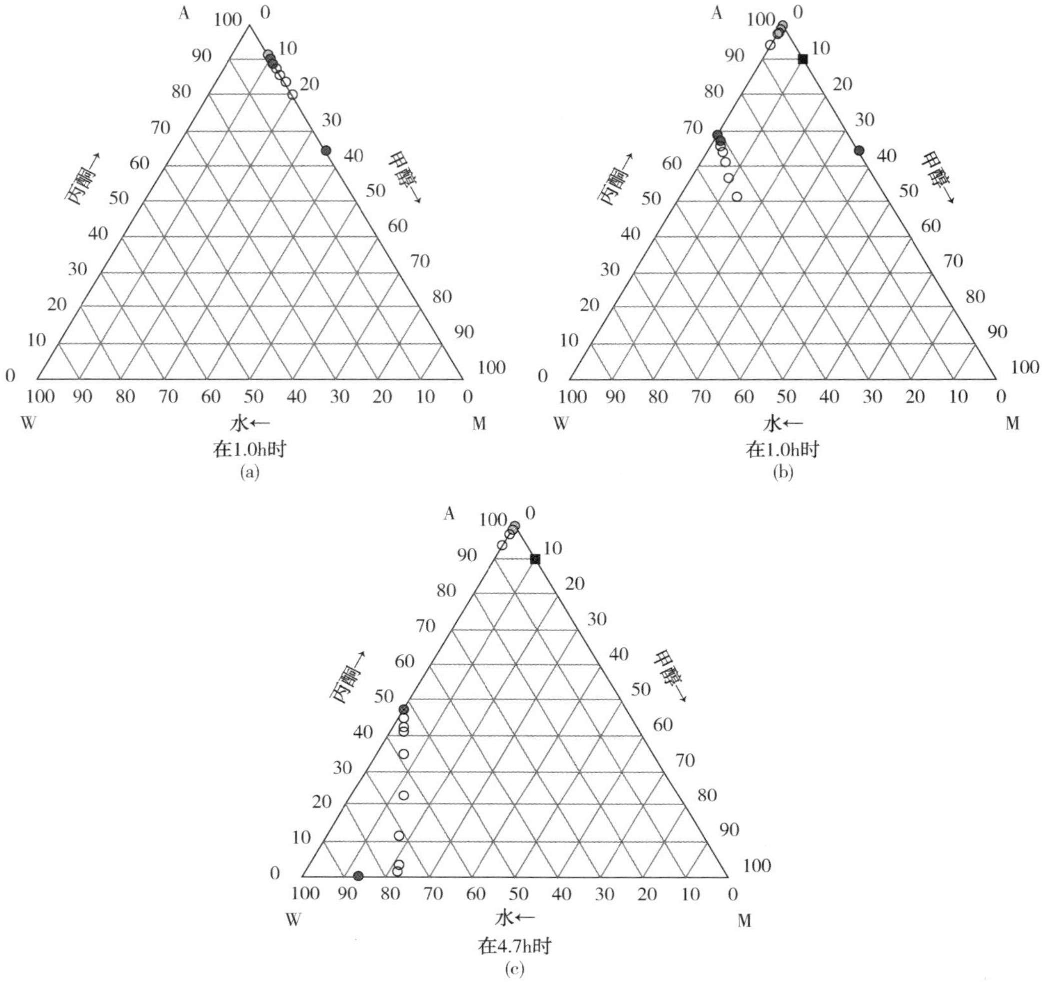

图 5.18　基于低保真模型和表 5.5 所示方案，在步骤一中特定时间点的塔内组成质量分数的分布。实心圈表示馏出液和塔釜液的组成

5.6.3.1　应用低保真模型的结果

在实际生产中，保持固定的馏出液浓度几乎不可能，通常会采用温度控制来替代。然而，从夹带剂进料板到馏出液的温度范围只有 1K，已经超出了工业温度测量的精度范围。如图 5.19 所示，该图展示了在冷凝器压力和不同的塔内组成时，丙酮和水的沸腾曲线。第 12 块塔板指的是夹带剂进料上方的部分。

由于冷凝器及其管道中存在液体持留，不可能像低保真模型那样直接突变为新的馏出液浓度。因此，我们使用计算出的回流比和切换时间来建立高保真模型。在图 5.20 中，将高保真模型计算出的馏出液组成与低保真模型的结果进行了比较。液体持留导致浓度曲线出现延迟，并且需要更长时间才能达到所需的浓度。然后，步骤一设定的回流比变得过高，导致馏出液中的甲醇浓度增加；步骤一的丙酮回收率低影响了甲醇回收和水提纯，导致丙酮和甲醇的质量下降，但使水的提纯更容易。在表 5.7 中，将低保真模型和高保真模型预测的产品进行了比较。

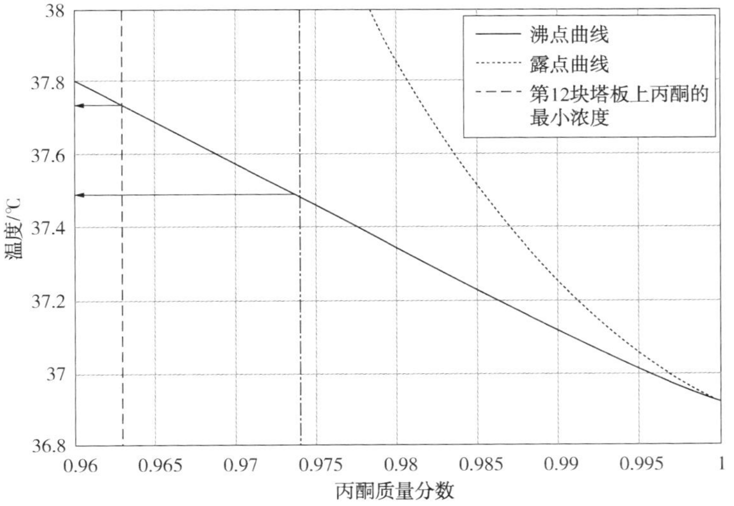

图 5.19　丙酮-水二元混合物在冷凝器压力下的露点曲线和沸点曲线

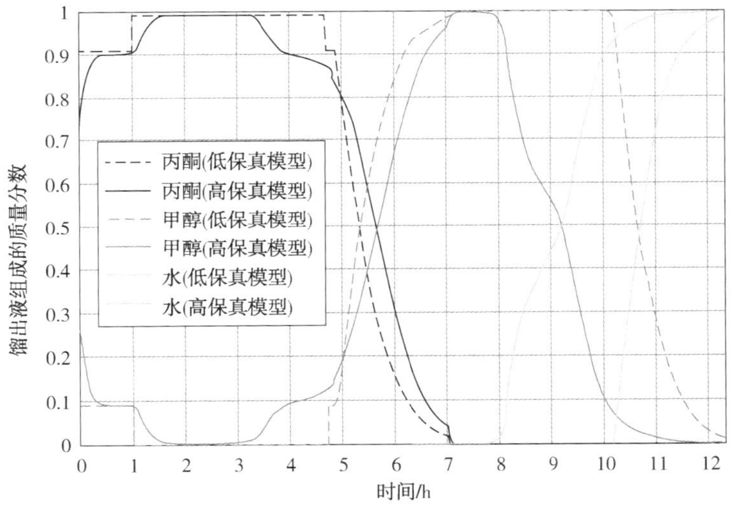

图 5.20　按表 5.5 所示的方案，分别采用低保真模型和高保真模型计算的馏出液组成的质量分数随时间变化的对比

表 5.7　按表 5.5 所示的方案，分别采用低保真模型和高保真模型计算的产品总量和质量的对比

项目		低保真模型	高保真模型
丙酮产品	总量/kg	1550	1538
	丙酮/%(质)	99.5	97.9
	甲醇/%(质)	0.3	1.9
	水/%(质)	0.2	0.2
甲醇产品	总量/kg	821	829
	丙酮	137μg/g	0.2%(质)
	甲醇/%(质)	99.9	87.8
	水/%(质)	0.1	12.0

续表

项目		低保真模型	高保真模型
水产品	总量/kg	5745	5527
	丙酮	微量	微量
	甲醇/(μg/g)	10	2
	水/%(质)	100	100

模型预测的偏差主要取决于冷凝器和从冷凝器回到精馏塔的管道中的液体持留量，其体积必须尽可能保持最小。使用在本案例研究(第 5.5.4.3 节)中假设的体积，实际产品的质量可能对公司内部使用来说是可接受的。不过在下一节中，我们将讨论使它们恢复到原始规格的方法。

另外的偏差是换热器和控制阀详细建模的结果。塔釜中的热负荷随塔釜温度(驱动温差的改变)和液位(可用传热面积的变化)而变化。冷凝器的严格建模导致馏出液的过冷度增加。在图 5.21 中，将用于低保真模型的理想值与严格计算的值进行了比较。

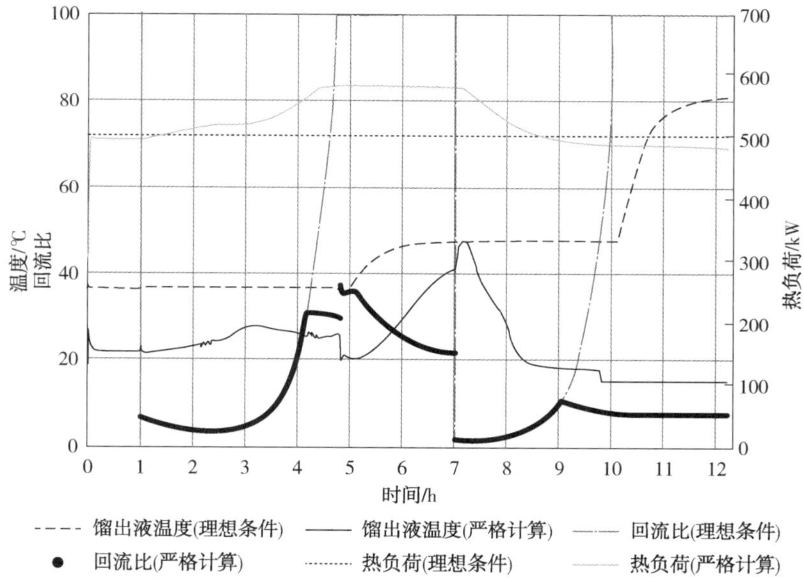

图 5.21 馏出液温度、回流比和热负荷在理想条件和严格计算之间的对比

在实际装置中，由于馏出液流量的最小可控值为 80kg/h，因此无法采用已找到的适合回收过程的高回流比。

在图 5.22 中，展示了步骤一开始后几分钟(a)、中途(b)以及结束时(c)的精馏塔组成分布。与图 5.18 的情况不同，这里的组成分布并没有立即发生突变。因此，它需要一段时间才能接触到二元轴。同时，它也因为采用了过高的回流比而提前脱离了该轴。

5.6.3.2 轨迹和切换时间点的调整

以图 5.20 中的曲线为基础，对轨迹和切换时间点进行调整。步骤零预留的时间充足，可以得到全回流组成分布。

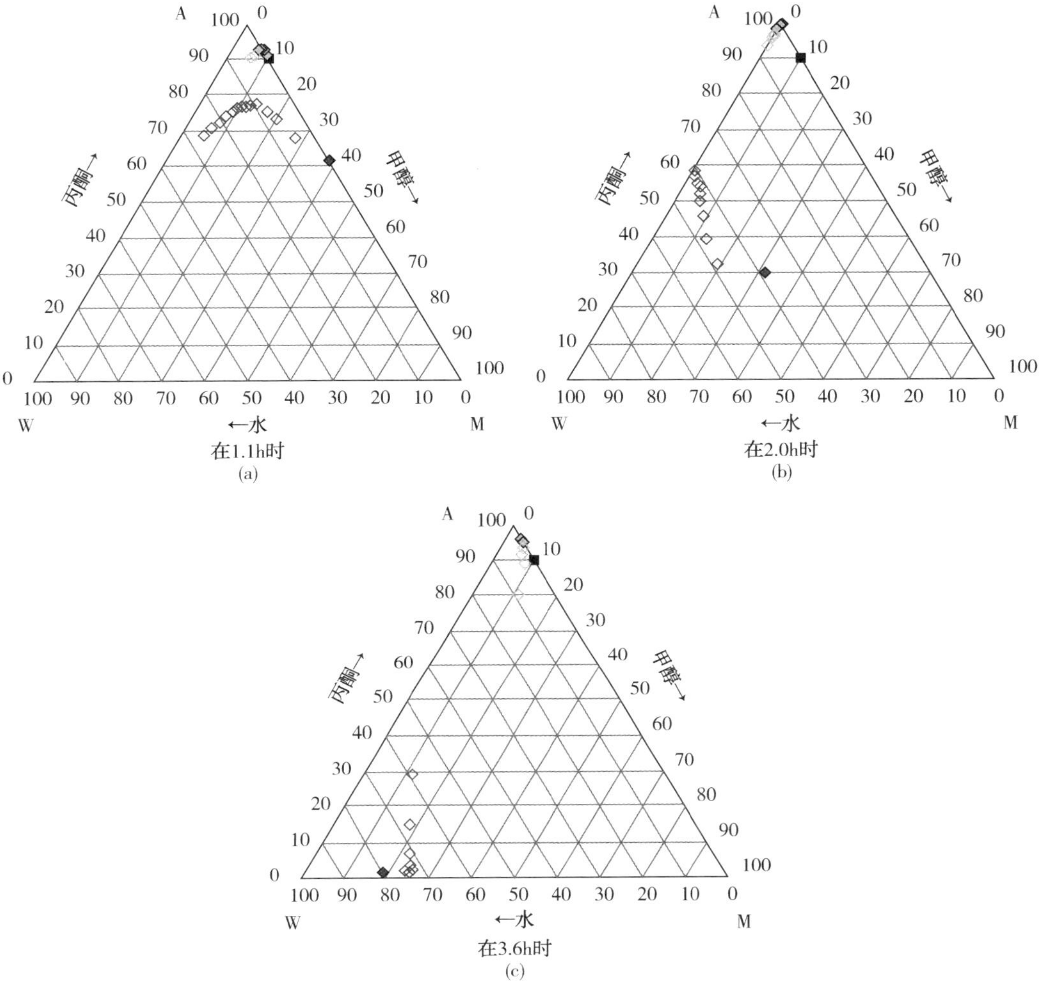

图 5.22　基于高保真模型和表 5.5 所示方案，在步骤一中特定时间点处的塔内组成质量分数的分布。实心正方形表示馏出液和塔釜液的组成

在夹带剂进料后大约需要 30min 才能达到所需的馏出液浓度。一种策略是推迟产品抽取时间，将这一时间段的馏出液送入废料罐。由于某些点上应用的回流比过高，且馏出液被甲醇污染，丙酮的馏出液浓度也比理想情况下降得更早。然而，正如之前讨论的那样，馏出液浓度或与之相关的塔内温度是不可控的，因此，必须指定回流比的轨迹。在步骤一中，过高和过低的回流比都会导致馏出液中丙酮浓度的降低，而增加夹带剂进料流量总是会增加丙酮浓度。

接下来，保持回流比轨迹不变，只调整夹带剂进料流量。在进一步优化中，例如通过解决步骤一的最小时间问题[49]，可能会找到更好的轨迹。但是，使用高保真模型进行这类优化计算成本高昂，并且只能得到局限于特定装置的结果。因此，在高保真模型已经过真实装置数据验证，且持留量、传热和传质参数已经过调整之前，不应进行此优化。

用于调整操作步骤一的调节参数，我们选择了初始夹带剂进料流量(FE_0)、其斜率(FE_{inc})以及产品抽取前的延迟时间(t_D)。通过三维灵敏度分析以找到较好的参数设置。固定将丙酮产品罐质量调整到99.5%(质)所需的延迟时间，从而将需绘图的设计变量减少到两个。图5.23展示了利用二次插值法绘制的丙酮产品量。获得最大产品量(1266kg)的参数是 $FE_0=50\text{kmol/h}$、$FE_{\text{inc}}=50\text{kmol/h}^2$ 以及 $t_D=17\text{min}$。

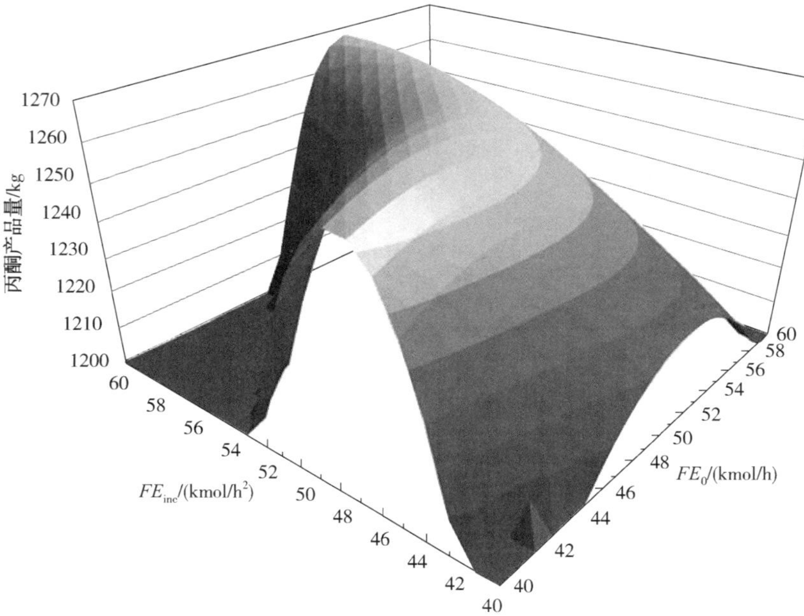

图5.23　保证99.5%(质)浓度时，丙酮产品量随 FE_0 和 FE_{inc} 在步骤一中的变化曲线

由于提高了夹带剂的进料流量，操作步骤一比理想情况下提前结束。这有积极的影响，即回流比不会像以前那么高。高回流比往往是理想条件下数学优化的结果，然而在实际操作中，很少应用高于20的回流比。在高保真模型中，回流比受到抽取馏出液最小流量的间接约束。这导致当塔顶蒸气流量高时，回流比约为40；当流量低时，回流比为20，见图5.21。

在步骤二中，丙酮净化的时间和回流比应保持不变。然而，它们无法按上述方式实现，而是采用了最小可控馏出液流量。甲醇回收的回流比轨迹也保持不变，但产品抽取是根据馏出液温度而启停的。开始温度为47.4℃，结束温度为49℃。这两个温度与操作步骤三开始时丙酮污染1%(质)、结束时水污染6%(质)是相关的，再次避免了高回流比。

由于步骤一和步骤三的操作时间减少，所有步骤的总操作时间减少到8h。由于步骤三之后残留在塔釜中的甲醇量有所增加，因此步骤四额外增加了一个小时，以便回收更多的甲醇。表5.8中展示了新的运行方案，图5.24中显示了决策变量以及一些状态变量的轨迹。

甲醇回收的新的终止条件使得在步骤四中可获得大量的产品，同时产品的质量也足够高，并且精馏塔、冷凝器和管道中存留的甲醇也被回收。

通过应用表5.8中的方案，可以回收80%的丙酮和甲醇，并达到工业级质量。

图5.25展示了步骤一开始后几分钟(a)、中途(b)以及结束时(c)的精馏塔组成分布。与旧方案相比，由于夹带剂进料流量增加，组成分布线一直与二元轴相连，直到步骤一结束。

表 5.8 高保真模型得到的方案

步骤	任务	设计变量	终止条件
零	建立全回流分布	$R_D=1000000$	操作时间为 1h
一	回收丙酮	R_D 值如图 5.17 所示 $FE=50\text{kmol/h}+50\text{kmol/h}^2\times t_E$	塔釜液体体积大于 $7m^3$
二	丙酮净化	$R_D=100$	操作时间为 2.3h
三	回收甲醇	R_D 值如图 5.17 所示	47.4℃<T<49℃
四	水的提纯	$R_D=100$	操作时间为 3h

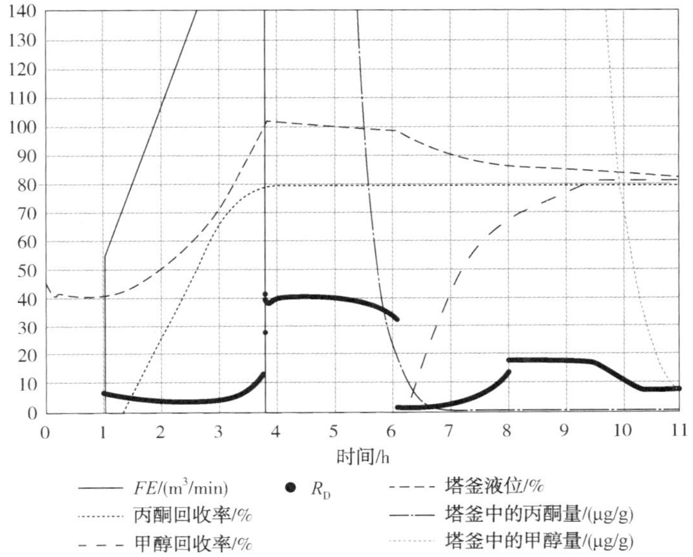

图 5.24 按表 5.8 所示的运行方案，决策变量和状态变量的变化轨迹

本书在线版本的四个视频（视频 5.2 至视频 5.5），链接为 https：//doi.org/10.1016/B978-0-323-85043-8.00003-9，展示了低保真模型、高保真模型以及不同方案的动态精馏塔组成分布的差异。

5.6.4 经济评价

根据上一节的结果，我们对溶剂回收过程进行了简要的经济评价。按照每吨 4 €（欧元，下同）的价格来估算蒸汽成本，这与美国能源部推荐的通过严格计算得出的低压蒸汽价格一致[50]。每吨产品的市场价格分别设定为丙酮 900 €[51]和甲醇 400 €[52]。由此得到的蒸汽成本和产品收入汇总在表 5.9 中。

通过产品销售或节省采购成本，可以获得 1416 € 的收入。这需要与 41 € 的蒸汽成本、占用和运行多用途装置的 11h 加上设置和清洁所需时间的内部成本相平衡。丙酮产品的收益最高，而回收水则没有经济上的好处。然而，从废溶剂混合物中回收丙酮和甲醇的整体过程可以被视为经济可行且对生态友好的。新鲜丙酮的碳足迹为 1.45kg/kg[53]，新鲜甲醇为 0.76kg/kg[54]，低压蒸汽为 0.17kg/kg。由于初始溶剂混合物没有被焚烧或送往废水处理厂，因此避免了 2.27kg/kg 丙酮和 1.37kg/kg 甲醇的二氧化碳排放。根据这些数值，我们可以计算出每批次避免的二氧化碳排放量为 4457kg。

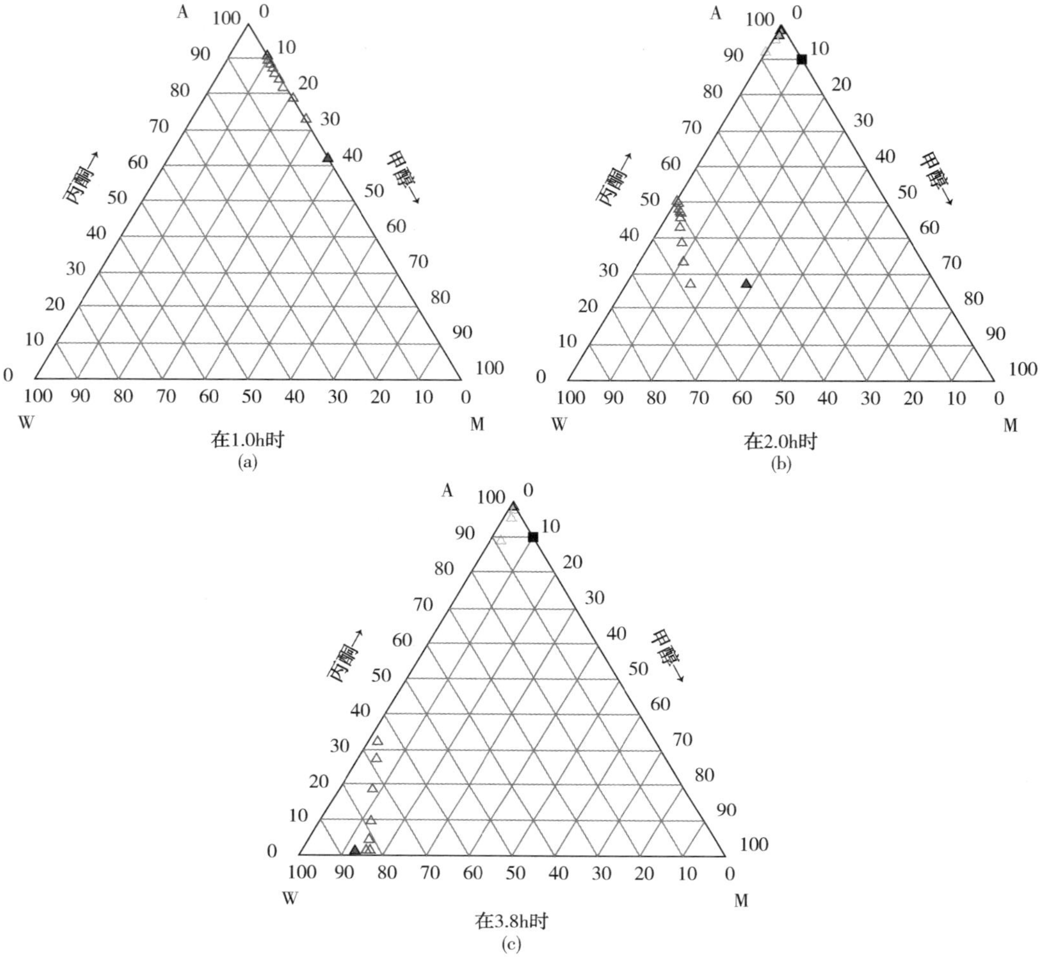

图 5.25　基于高保真模型和表 5.8 所示方案，在步骤一中特定时间点处的塔内组成质量分数的分布。实心三角形表示馏出液和塔釜液的组成

表 5.9　按表 5.8 中的方案，使用高保真模型计算的一个运行批次的蒸汽成本和产品收入

产品	总量	装置用时占总时间的比例/%	能量输入	蒸汽输入/t	蒸汽成本/€	收入/€
丙酮 99.5%(质)	1266kg	34	5.64MJ/kg	3.5	14	1139
	22kmol		325MJ/kmol			
甲醇 99.90%(质)	692kg	52	15.76MJ/kg	5.3	21	277
	22kmol		505MJ/kmol			
水，甲醇<10μg/g	5596kg	14	0.52MJ/kg	1.4	6	0
	311kmol		9MJ/kmol			
废料(57%/31%/12%，质量分数)	605kg					
总计		100		10.2	41	1416

每摩尔产品的单位能耗与连续精馏装置中等效回流比 9.5 的丙酮回收(汽化热为 31MJ/kmol，馏出液被汽化 10.5 次)及等效回流比 12.7 的甲醇回收(汽化热为 37MJ/kmol)相关。You 等

人[4]发现，对于类似的分离问题，在具有 57 个平衡级的丙酮回收塔中最优回流比为 2.48，在具有 26 个平衡级的甲醇回收塔中最优回流比为 1.14。

假定液体输送时间为 1h，且没有清洗时间，该装置能处理的最大进料流量是 12h 内 $3m^3$($0.25m^3/h$)。如果产生的废料混合物更多，则必须将该过程转移到连续精馏装置，或者省去甲醇回收和/或水的回收。

每年进行 730 次周期为 12h 的循环(间歇精馏装置以最大进料流量循环连续运行)，蒸汽成本大约是 3 万美元。结论是，投资建设一个带有两个大型精馏塔的装置是不划算的，无论通过这种措施能节省多少能源。

5.7 总结

从明确的问题定义出发，本研究推导了一个实际存在的多用途间歇精馏装置的运行方案。通过对混合物行为的热力学分析，找到并分析了不同的运行策略。这些方案通过复杂程度逐渐增加的模型进行测试，以反映实际装置的不同方面。筛选模型用于确定基本的操作条件、设计参数范围和可实现的产品质量。利用该模型创建了一个交互式分析工具，允许分析间歇精馏变量之间的相关性。低保真模型用于更加详细地研究设计变量的影响，特别是时间相关设计变量的应用。然后将基于低保真模型结果建立的方案应用到高保真模型中。建立高保真模型是为了反映实际装置的动态行为，并考虑了液体持留、压力降和传热限制等影响。根据实际装置的要求调整方案后，计算了实际所用时间和能源消耗，并对溶剂回收过程进行了经济评价。结果表明，当在现有装置中采用所开发的方案时，从 $3m^3$ 的等物质的量二元混合物中回收丙酮和甲醇在经济上是可行的。在持续 11h 的批次运行中，两种溶剂的大约 80%均可被回收，并达到工业级质量要求。每运行一个批次，或者每回收 $3m^3$ 的溶剂废料，大约可以避免 4.5t 的二氧化碳排放。图 5.26 展示了整个回收过程。

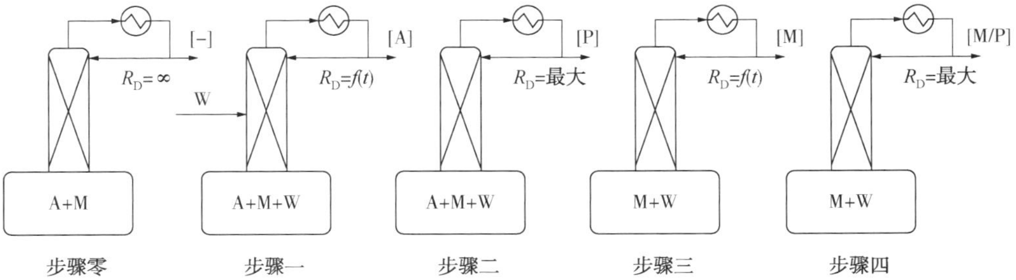

图 5.26 以水(W)作为夹带剂，回收丙酮(A)和甲醇(M)的间歇精馏方案。R_D 表示回流比，括号内显示的是连接的产品储罐。[P]指的是清洗罐 B004

参 考 文 献

[1] Ullmann's Encyclopedia of Industrial Chemistry, Wiley, Chichester, 2010.

[2] Statistisches Bundesamt (Destatis), Abfallbilanz (Abfallaufkommen/-verbleib, Abfallintensität, Abfallaufkommen nach Wirtschaftszweigen), Statistisches Bundesamt, 2018. www. destatis. de.

[3] A. Azapagic, D. Amienyo, R. M. Cuellar Franca, H. K. Jeswani, Carbon Footprints of Recycled Solvents, European Solven Recycler Group, 2013. www. esrg-online. e.

[4] X. You, I. Rodriguez-Donis, V. Gerbaud, Improved design and efficiency of the extractive distillation process for acetone-methanol with water, Ind. Eng. Chem. Res. 54(2015)491-501, https://doi.org/10.1021/ie503973a.

[5] M. Lewandowski, E. Milchert, Modern technology of dry distillation of wood, CHEMIK 65(2011)1301-1306.

[6] J. Gmehling, M. Kleiber, B. Kolbe, J. Rarey, Chemical Thermodynamics for Process Simulation, Wiley, 2019.

[7] E. -K. Hilmen, Separation of Azeotropic mixtures: Tools for Analysis and Studies on Batch Distillation Operation(PhD thesis), Norwegian University of Science and Technology(NTNU), 2000.

[8] Dortmund Data Bank Software & Separation Technology GmbH, DDB Software Package.

[9] M. W. R. Düssel, Batch-Rektifikation azeotroper Gemische in Verstärkungs-und Abtriebskolonnen, Chem. Ing. Tech. 72(2000)675-682.

[10] S. Brüggemann, W. Marquardt, Shortcut methods for nonideal multicomponent distillation: 3. Extractive distillation columns, AIChE J. 50(2004)1129-1149, https://doi.org/10.1002/aic.10108.

[11] I. Rodríguez Donis, V. Gerbaud, X. Joulia, Thermodynamic insights on the feasibility of homogeneous batch extractive distillation, 1. Azeotropic mixtures with a heavy entrainer, Ind. Eng. Chem. Res. 48(2009)3544-3559, https://doi.org/10.1021/ie801060n.

[12] I. Rodríguez Donis, V. Gerbaud, X. Joulia, Thermodynamic insights on the feasibility of homogeneous batch extractive distillation, 2. Low-relative-volatility binary mixtures with a heavy entrainer, Ind. Eng. Chem. Res. 48(2009)3560-3572, https://doi.org/10.1021/ie801061y.

[13] I. Rodríguez Donis, V. Gerbaud, X. Joulia, Thermodynamic insights on the feasibility of homogeneous batch extractive distillation. 3. Azeotropic mixtures with light entrainer, Ind. Eng. Chem. Res. 51(2012)4643-4660, https://doi.org/10.1021/ie201942b.

[14] I. Rodríguez Donis, V. Gerbaud, X. Joulia, Thermodynamic insights on the feasibility of homogeneous batch extractive distillation. 4. Azeotropic mixtures with intermediate boiling entrainer, Ind. Eng. Chem. Res. 51(2012)6489-6501, https://doi.org/10.1021/ie2019432.

[15] V. N. Kiva, E. K. Hilmen, S. Skogestad, Azeotropic phase equilibrium diagrams: a survey, Chem. Eng. Sci. 58(2003)1903-1953, https://doi.org/10.1016/S0009-2509(03)00018-6.

[16] E. K. Hilmen, V. N. Kiva, S. Skogestad, Topology of ternary VLE diagrams: elementary cells, AIChE J. 48(2002)752-759, https://doi.org/10.1002/aic.690480410.

[17] Z. Lelkes, P. Lang, B. Benadda, P. Moszkowicz, Feasibility of extractive distillation in a batchrectifier, AIChE J. 44(1998)810-822.

[18] W. L. Luyben, Comparison of extractive distillation and pressure-swing distillation for acetonemethanol separation, Ind. Eng. Chem. Res. 47(2008)2696-2707, https://doi.org/10.1021/ie701695u.

[19] I. D. Gil, D. C. Botía, P. Ortiz, O. F. Sánchez, Extractive distillation of acetone/methanol mixture using water as entrainer, Ind. Eng. Chem. Res. 48(2009)4858-4865, https://doi.org/10.1021/ie801637h.

[20] J. F. Boston, Inside-out algorithms for multicomponent separation process calculations, in: R. G. Squires, G. V. Reklaitis(Eds.), Computer Applications to Chemical Engineering: Process Design and Simulation Based on a Symposium Sponsored by the Division of Industrial and Engineering Chemistry at the 178th Meeting of the American Chemical Society, Washington, D. C., September 11-13, 1979, American Chemical Society, Washington, DC, 1980, pp. 135-151.

[21] L. J. Christiansen, M. L. Michelsen, A. Fredenslund, Naphtali-Sandholm distillation calculations for NGL mixtures near the critical region, Comput. Chem. Eng. 3(1979)535-542, https://doi.org/10.1016/

0098-1354(79)80090-3.

[22] R. H. Perry, D. W. Green, J. O. Maloney, Perry's Chemical Engineers' Handbook, seventh ed., McGraw-Hill, New York, 1997.

[23] K. E. Brenan, S. L. Campbell, L. R. Petzold(Eds.), Theory of DAE's, in: Numerical Solution of Initial-Value Problems in Differential-Algebraic Equations, Society for Industrial and Applied Mathematics (SIAM, 3600 Market Street, Floor 6, Philadelphia, PA 19104), Philadelphia, PA, 1996, pp. 15-39 (Chapter 2).

[24] H. Galindez, A. Fredenslund, Simulation of multicomponent batch distillation processes, Comput. Chem. Eng. 12(1988)281-288, https://doi.org/10.1016/0098-1354(88)85039-7.

[25] Chemstations, CHEMCAD NXT, 2021.

[26] T. F. Edgar, D. M. Himmelblau, L. S. Lasdon, Optimization of Chemical Processes, second ed., McGraw-Hill, Boston, 2001.

[27] R. Fletcher, Optimization, Academic Press, London, 1969.

[28] J. H. Holland, The Adaptation in Natural and Artificial Systems: An Introductory Analysis With Applications to Biology, Control, and Artificial Intelligence, The MIT Press, 1992. https://mitpress.mit.edu/books/adaptation-natural-and-artificial-systems.

[29] J. A. Nelder, R. Mead, A simplex method for function minimization, Comput. J. 7(1965)308-313.

[30] M. J. Box, A new method of constrained optimization and a comparison with other methods, Comput. J. 8 (1965)42-52, https://doi.org/10.1093/comjnl/8.1.42.

[31] V. K. Mehta, B. Dasgupta, A constrained optimization algorithm based on the simplex search method, Eng. Optim. 44(2012)537-550, https://doi.org/10.1080/0305215X.2011.598520.

[32] G. P. Rangaiah, A. Bonilla-Petriciolet, Multi-Objective Optimization in Chemical Engineering: Developments and Applications, Wiley A John Wiley & Sons Ltd. Publication, Chichester, West Sussex, 2013.

[33] A. Fricke, J. C. Schöneberger, A blueprint for software architectures in process optimization, Chem. Ing. Tech. 89(2017)515-526, https://doi.org/10.1002/cite.201600130.

[34] R Core Team, R: A Language and Environment for Statistical Computing, 2020, Vienna https://www.R-project.org/.

[35] T. Wei, V. Simko, R Package "corrplot": Visualization of a Correlation Matrix, 2017. https://github.com/taiyun/corrplot.

[36] H. Wickham, J. Bryan, readxl: Read Excel Files, 2019. https://CRAN.R-project.org/package=readxl.

[37] M. R. Smith, Ternary: An R Package for Creating Ternary Plots, Zenodo, 2017.

[38] J. Ooms, av: Working with Audio and Video in R, 2020. https://CRAN.R-project.org/package=av.

[39] Design Institute for Physical Property Data (U. S.), DIPPR 801, Design Institute for Physical Property Research/AIChE, Houghton, MI, 2011.

[40] Dortmun Data Bank Software & Separation Technology GmbH, Dortmund Data Bank.

[41] A. W. T. Hunan Liling, Separation Technology, CERADUR—Ceramic Structured Packing. http: //www.awt-septec. com/CERADUR. asp. (Accessed 3 March 2021).

[42] SulzerChemtech, Structured Packings for Distillation, Absorption and Reactive Distillation.

[43] VDI-Wärmeatlas, Springer Berlin Heidelberg, Berlin, Heidelberg, 2013.

[44] D. Q. Kern, Process Heat Transfer, Mac Graw Hill, Auckland, Paris(etc.), 1983.

[45] E. N. Sieder, G. E. Tate, Heat transfer and pressure drop of liquids in tubes, Ind. Eng. Chem. 28 (1936)1429-1435, https://doi.org/10.1021/ie50324a027.

[46] I. H. Lehrer, Jacket-side Nusselt number, Ind. Eng. Chem. Process. Des. Dev. 9(1970)553-558,

https://doi.org/10.1021/i260036a010.

[47] R. Billet, M. Schultes, Modelling of pressure drop in packed columns, Chem. Eng. Technol. 14(1991) 89-95, https://doi.org/10.1002/ceat.270140203.

[48] V. Engel, Fluiddynamik in füllkörper-und packungskolonnen für gas/flüssig-systeme, Chem. Ing. Tech. 72(2000)700-703, https://doi.org/10.1002/1522-2640.

[49] U. M. Diwekar, Batch Distillation: Simulation, Optimal Design, and Control, second ed., CRC Press, Boca Raton, FL, 2012.

[50] US Department of Energy, How to Calculate the True Cost of Steam, 2003.

[51] Echemi Group, Acetone Price Analysis, https://www.echemi.com/productsInformation/pid_Rock3929-acetone.html, [Accessed 16 February 2021].

[52] M. Pérez-Fortes, J. C. Schöneberger, A. Boulamanti, E. Tzimas, Methanol synthesis using captured CO2 as raw material: techno-economic and environmental assessment, Appl. Energy 161(2016)718-732, https://doi.org/10.1016/j.apenergy.2015.07.067.

[53] sphera, GaBi LCA Datenbanken.

[54] M. Pérez-Fortes, E. Tzimas, Techno-Economic and Environmental Evaluation of CO_2 Utilisation for Fuel Production: Synthesis of Methanol and Formic Acid, Publications Office, Luxembourg, 2016.

第6章 动态网络建模与优化：在过程工程和能源供应中的应用

Jan Mohring[a]，Jochen Schmid[a]，Jarosław Wlazło[a]，Raoul Heese[a]，
Thomas Gerlach[b]，Thomas Kochenburger[b]，Michael Bortz[a]

a 弗劳恩霍夫工业数学研究所(ITWM)，凯泽斯劳滕，德国；
b 拜耳公司，E41 大楼，勒沃库森，德国

6.1 引言

在工程师与数学家之间的探讨中，人们经常能观察到他们对技术问题截然不同的处理方法。工程师通常更倾向于关注手头的应用问题，而数学家则倾向于聚焦问题背后的结构。在许多情况下，将这两种思维方式结合起来能够产生创新性的解决方案。特别是，结构化方法可将解决策略从一个应用领域转移到另一个领域。在本章中，我们想要讲述这样一个成功案例。

这个案例围绕通用动态网络的建模、仿真和优化展开，动态网络由诸如物质通量或电流等流股所连接的组件和节点组成，出现在许多应用领域，例如：

① 能源供应(以电网或区域供暖网络的形式)；

② 化学工程(以精馏塔中交替的平衡级的形式，或整个化工过程流程图的形式)。

特别是，当来自不同技术或物理领域的组件相互耦合时(产生所谓的多物理场系统)，就会形成这种网络。虽然在某些应用中，对所考虑的技术网络采用静态描述已足够，但在许多应用中，瞬态效应是必不可少的，这时就需要动态数学模型。为了获得这样的模型，描述网络中各组件的动力学的微分方程必须根据描述组件间连接的代数或微分关系进行耦合。通过这种方式，就得到了一个通常是非线性的微分代数方程组(DAE)系统。

我们使用自定义软件 AD-Net，从单个组件模型开始，以便捷、模块化的方式构建和求解微分代数网络方程。原则上，组件可以来自任意应用领域，可根据任意网络拓扑结构进行互联，AD-Net 目前版本的唯一限制是不支持含有偏导数的微分代数方程(PDAE)。顾名思义，AD-Net 以自动微分(AD)为基本方法，即 AD-Net 中计算的所有量都对用户指定的输入参数进行自动微分。特别是，还可以通过多种基于梯度的外部优化器轻松求解动态网络优化问题。

2015 年，AD-Net 在弗劳恩霍夫工业数学研究所作为一款通用 C++模板库被开发出来，专用于动态技术网络的建模、仿真和优化。最初，AD-Net 专门用于解决区域供暖(AD-Net District Heating)或电力网络(AD-Net Power)的最优控制问题。然而，由于采用了结构化方法，AD-Net 很快应用于间歇精馏过程，从而产生了 AD-Net Distillation。我们展示了所有这些应用领域的成果，并重点关注与拜耳公司合作在间歇精馏中取得的成果。

6.2 AD-Net

AD-Net 是一款专用于技术网络的建模、仿真和优化的动态网络通用软件。它以 C++模板库形式实现，描述了技术网络的典型结构，即由组件相连的节点，但不涉及实际应用的概念。通过添加特定组件随环境动态变化的关联关系，AD-Net 将所有方程组合成一个大型非线性微分代数方程系统。

为了求解给定技术网络的微分代数系统方程，AD-Net 采用了配点法、自适应步长控制和事件检测。此外还采用了自动微分(正向 AD)[1,2]，并且实际上有双重用途。一方面，通过对不同网络组件的状态 x 与时间步长之间的非线性关系进行符号线性化，以获得隐式时间步进方案的精确导数；另一方面，利用先前状态的线性化和隐函数定理，将新时间步的状态在控制参数 $p \in \mathbb{R}^{n_p}$ 的条件下线性化。通常，这些参数是控制输入信号 $t \mapsto u_p(t)$ 在某些插值点上的值，如控制间歇精馏过程的回流比。

在单次正向模拟中，我们会收集可测变量 $\boldsymbol{y}_p$，这些变量是关键状态变量的特定(显式或隐式)函数，如状态轨迹的点估值、积分或零点。每次正向模拟后，这些可测变量可以组合成一个成本函数 $J(\boldsymbol{p})$ 和约束条件 $c(\boldsymbol{p})$，用以解决相应的动态优化问题。

在 AD-Net 中，这些优化任务是通过动态优化的顺序方法来解决的(参见文献[3]的 8.6 节)。其中，微分代数系统的优化和解在很大程度上是分离的，因此可以使用任何基于梯度的外部优化器，例如 Ipopt[4]、Knitro[5]，scipy. optimize 模块中的 SQP 或信赖域求解器。在每次迭代中，优化器提供新的控制参数，这些参数被转换成随时间变化的输入信号。然后 AD-Net 对给定的参数 $\boldsymbol{p}$ 执行单次正向模拟，并返回成本函数和约束的值 $J(\boldsymbol{p})$ 和 $c(\boldsymbol{p})$ 及对应导数 $DJ(\boldsymbol{p})$ 和 $Dc(\boldsymbol{p})$，图 6.1 是这种顺序方法的示意图。虽然这种方法可能不适用于开环不稳定系统，但在稳态系统中具有一定优势。与动态优化的同步方法相比，离散系统动力学相关的等式约束在优化器中不会出现。相反，约束在正向模拟计算中被消除，只在内存中保留后续时间步的状态变量。这对于大型动态系统或长时段模拟尤其有利。此外，内部状态的数量可能会随着不同的控制参数和自适应时间步长而变化。

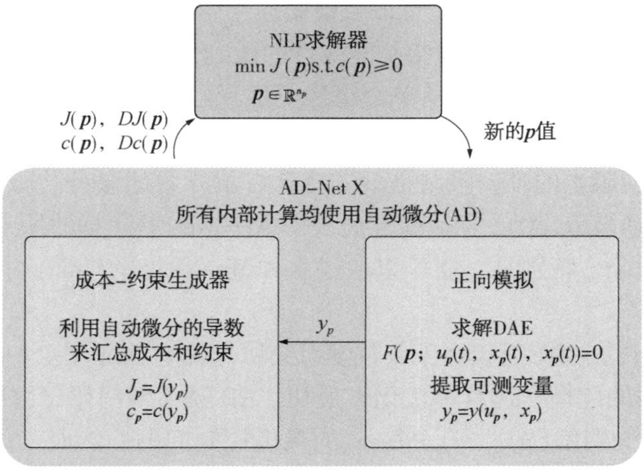

图 6.1 使用 AD-Net 和外部 NLP 求解器的优化过程

6.3 在能源供应中的应用

能源通过电力、天然气和区域供暖运输网络供应。在能源转型时期，仅模拟单一网络的行为以达到监控目的是不够的。特别是，对电网的分散式、不稳定的电力输入导致运营管理中的优化问题变得更加苛刻，甚至需要跨越部门界限。开发 AD-Net 的目的是应对这些新挑战，即提供一个软件框架，可以直接将优化问题理解为模型的一部分，并以统一的方式对来自不同部门的网络进行建模和耦合。

6.3.1 电力传输

AD-Net Power 软件允许进行稳态和动态的电力系统分析。常见的基准网络，如 Cigre Nordic 32 grid[6]，与商业软件 DiGSILENT PowerFactory[7]具有同样的细节处理水平，可导入 DiGSILENT 格式的模型。除通常的发电机、变压器、线路等组件模型外，AD-Net Power 还准备了标准控制器。在一个小示例中，我们来展示 AD-Net Power 的两个特有优势：可以在同一框架内模拟其他能源网络，并且直接集成梯度优化。如图 6.2 所示，通过燃气轮机和电解槽，电网连接至燃气管网。燃气发电厂补偿风力发电场的输入波动。目标是只在燃气轮机有离开其最优运行范围的风险时(风力发电场的特定功率峰值期间)，才启动相对效率较低的电解槽。

图 6.2 展示了在优化前后燃气轮机和电解槽的功率分配情况。请注意，在硕士学位论文的水平范围内，很容易添加额外的燃气管网和电解槽模型[8]。

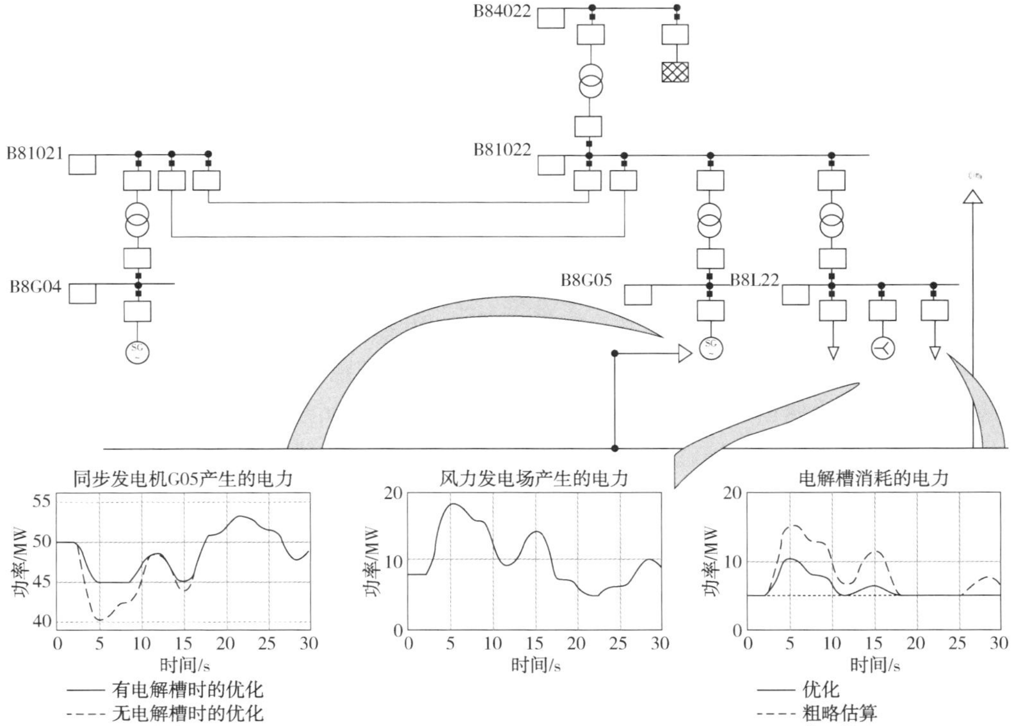

图 6.2 电网和燃气管网的最优耦合

6.3.2 区域供暖

AD-Net District Heating 软件[9]是与能源供应商 Technische Werke Ludwigshafen(TWL)和工程公司 GEF Ingenieur AG 共同开发的。通常情况下，TWL 通过垃圾焚烧厂满足客户的供暖需求。但在天气寒冷时，需要使用燃油或天然气补充燃烧以满足高峰时段的需求。使用区域供暖网络作为储存设施，可以减少这些额外燃烧：通过巧妙的预热手段，在供热需求较低的时段已经储存了能量，在需求高峰时可供客户额外调用。这种时间延迟效应是传统准稳态模拟器无法捕捉到的。而采用 AD-Net District Heating 则能够确定最佳的预热方案。

图 6.3 展示了 TWL 市内管网在高需求时段的模拟温度分布。该网络包括约 1000 个客户和 6000 根管道。当预测时长为 3 天、时间分辨率为 15min 时，需求解的优化问题包含约 1900 万个自由度。

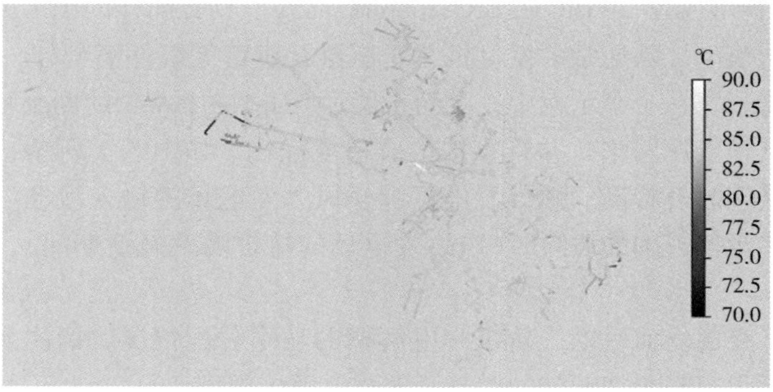

图 6.3 TWL 区域供暖网络的温度分布

6.4 在间歇精馏中的应用

间歇精馏是利用不同组分沸点差异来分离化学混合物的典型过程[3,10-15]。与连续精馏相比，间歇精馏用于生产季节性或高纯度化学品。典型间歇精馏塔示意如图 6.4 所示。

原料被送入塔釜进行加热，上升蒸气流经塔身至塔顶的冷凝器中被液化。根据给定的回流比，部分液相会被送回塔内，其余部分被抽出和收集为馏分，以后成为产品。塔身由多个理论塔板组成，这些塔板或者是由带孔板分隔的物理隔间，或者只是均匀填充了填料的计算用单元。塔板的作用是使上升蒸气和下降液相之间实现更高效的热量和质量交换。存留在塔板中的液相量称为液存量，它可以分成两个相[12,16]，通常是一个有机相和一个无机相。这两个相可以按不同的回流比返回塔内。

在 AD-Net Distillation 中，间歇式过程被模拟为一个由交替组件和节点组成的简单线性网络。塔板边界处的压力和通过边界的流量存储在节点中，其余状态变量被分配到塔底、塔顶和任意数量的内部塔板。图 6.4 为内部塔板及其周围节点的状态的示例，T 和 p 分别表示塔板的平均温度和压力，n_L和 H_L分别是液存量的总物质的量和焓。$\boldsymbol{x}_V$ 和 $\boldsymbol{x}_L$分别表示混合物在气相和液相中的摩尔分数的向量，两个向量都是归一化的，即它们的分量加和为 1。此外，$\boldsymbol{x}_{L1}$ 和 $\boldsymbol{x}_{L2}$表示两个液相各自的分数，且 $\boldsymbol{x}_{L1}+\boldsymbol{x}_{L2}=\boldsymbol{x}_L$。如果只有一个液相，则 $\boldsymbol{x}_{L2}=0$。最后，$\boldsymbol{q}$ 表示各组分的摩尔流量的矢量，Q 代表焓流量。下划线和上横线表示当前塔板下方和上方的相邻节点，而 V 和 L 分别表示气相和液相。塔釜、内部塔板和塔顶的动力学由质量守恒、能量守恒和热力学(气-液-液)平衡方程[12,16]与液存量和压降关系相结合来描述。具体来说，一个内部塔板的方程如下所示，塔底和塔顶的方程也类似，这里不再赘述。

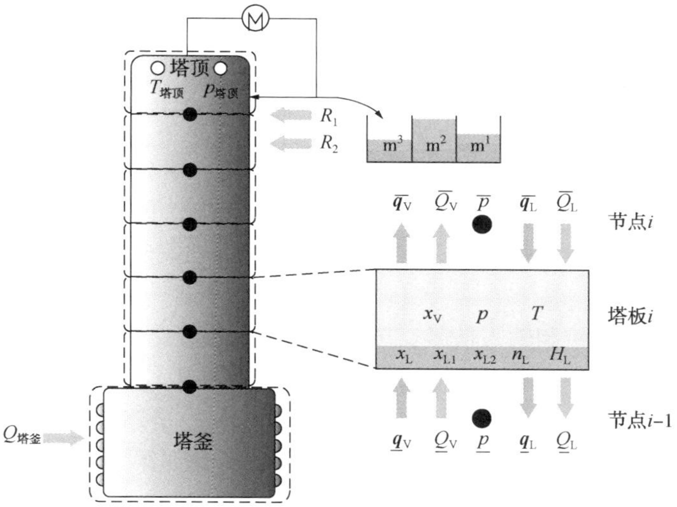

图 6.4　典型间歇精馏塔示意

$$
\begin{gathered}
\frac{\mathrm{d}}{\mathrm{d}t}(n_L x_L)=\bar{\boldsymbol{q}}_L+\underline{\boldsymbol{q}}_V-\boldsymbol{q}_L-\bar{\boldsymbol{q}}_V \\
\underline{\boldsymbol{q}}_L=sum(\underline{\boldsymbol{q}}_L)\boldsymbol{x}_L,\ \bar{\boldsymbol{q}}_V=sum(\bar{\boldsymbol{q}}_V)\boldsymbol{x}_V \\
(\boldsymbol{x}_{L1},\ \boldsymbol{x}_{L2},\ \boldsymbol{x}_V,\ T)=f_{VLLE}(p,\ \boldsymbol{x}_L) \\
n_L=f_{holdup}(\underline{\boldsymbol{q}}_L),\ (p,\ \underline{p})=f_{\Delta p}(\bar{p},\ T,\ \underline{\boldsymbol{q}}_L,\ \bar{\boldsymbol{q}}_V) \\
\frac{\mathrm{d}}{\mathrm{d}t}H_L=\bar{Q}_L+Q_V-\underline{Q}_L-\bar{Q}_V \\
H_L=n_L\boldsymbol{x}_L\cdot h_L(p,\ T,\ \boldsymbol{x}_L),\ \underline{Q}_L=\underline{\boldsymbol{q}}_L\cdot h_L(p,\ T,\ \boldsymbol{x}_L),\ \underline{Q}_V=\bar{\boldsymbol{q}}_V\cdot h_V(p,\ T,\ \boldsymbol{x}_V)
\end{gathered}
\tag{6.1}
$$

除标准的质量和能量守恒定律之外，过程动力学由几个代数函数描述，即 f_{VLLE}、f_{LLE}、f_{holdup}、$f_{\Delta p}$、h_L 和 h_V。具体来说，f_{VLLE} 提供了混合物的气-液-液相处于热力学平衡时的温度和偏组成。类似的函数 f_{LLE} 描述了冷凝器中的相平衡。这两个平衡函数将内含的等活度方程[17,18]和偏压力及偏摩尔平衡方程添加到全局微分代数方程系统中。通过一种定制化机制来检测液-液分离，该机制不需要吉布斯自由能的全局最小化[19-21]或具有互补约束的松弛平衡条件的解[3,22]。此外，f_{holdup} 将塔板液存量与液相流动建立联系，$f_{\Delta p}$ 描述了塔板梯度压降。最后，h_L 和 h_V 分别表示液相和气相的摩尔焓。除了状态变量，这些代数函数还依赖于 Antoine 和 NRTL 参数等物性参数[12,23]，或塔横截面等几何参数。

总的来说，我们允许设六个输入信号：两个液相的回流比 R_1、R_2，塔顶压力 p_{head} 和塔顶温度 T_{head}，从塔釜到塔顶的压降 Δp，热负荷 Q_{pot}。用户可以自由指定以下三个输入值中的两个：p_{head}、Δp 和 Q_{pot}，第三个则由 AD-Net Distillation 的正向模拟器完全确定和计算。请注意，这种方法以一种简单方式模拟了一个完美的控制器。所有输入信号都被表示为时间或总馏分量的分段多项式样条。除正向模拟功能外，AD-Net Distillation 还特有两个针对间歇蒸馏过程的优化模块：一个用于估计未知的模型属性，如 Antoine 或 NRTL 参数；另一个用于优化设计回流比曲线和馏分。由于我们采用顺序方法进行动态优化，相应的优化问题具有非线性规划的简单形式。

$$\min J(\boldsymbol{p}) \text{约束条件为} c_i(\boldsymbol{p}) \leqslant 0 \quad (i \in I) \tag{6.2}$$

参数 $\boldsymbol{p}$ 优化的详细情况将在第 6.4.2 节和第 6.4.3 节中解释。在这些章节中，还将解释如何从测量值构建目标函数 J 和约束条件 c_i。

6.4.1 正向模拟

在模拟精馏过程时，我们面临三大挑战：突发变化、组分消失以及液相分离。因此需要采用自适应时间步长，并且由于组分可能陡坡式地消失，还需要进行零检测。特别是当液相开始分离或结束分离成两个相时，组成会突然变化，这就需要巧妙地将气-液-液平衡求解器重新初始化。

图 6.5 展示了示例的控制输入信号，图 6.6 展示了直径为 5cm、高 1m、塔板数为 11 的间歇精馏塔对应的模拟结果。初始状态，塔釜装有丁醇 650g、甲基异丁基酮(MIBK)100g、甲醇 80g、水 50g、丙酮 30g、甲苯 10g 和高沸点组分 80g。精馏进度以总馏出物的相对质量来衡量，而组成则以物质的量比(mol/mol)来表示。两个液相仅当总馏出物在 12%~26%时存在，在这些值附近，我们观察到陡峭的梯度和瞬时相分离，读者可能会估计到需要克服的数值计算方面的挑战。

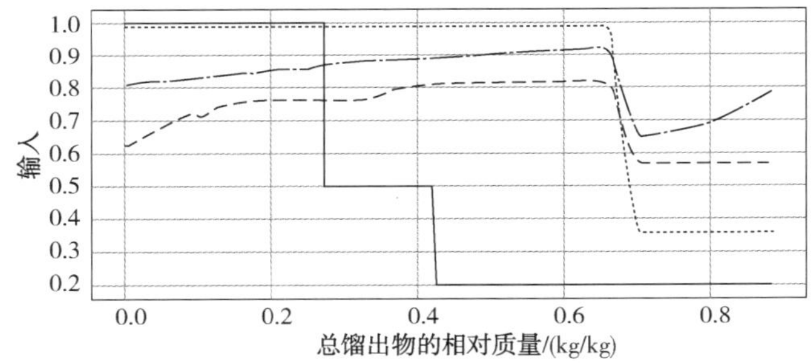

—— 控制输入$R/10$ ······ 控制输入$p^{head}/1bar$ - - - 控制输入$T^{head}/100℃$ —·— 控制输入$T^{pot}/100℃$

图 6.5 示例的控制输入信号(已归一化)

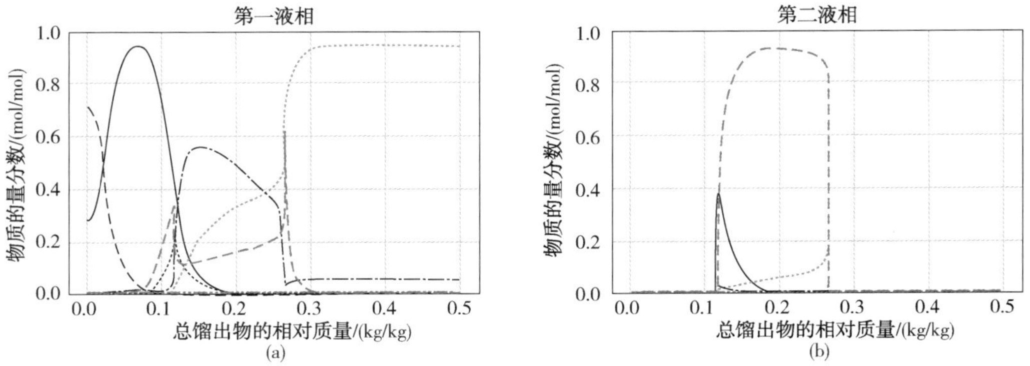

—— 甲醇 - - - 丙酮 ······ 甲苯 —·— 高沸点组分 ······ 丁醇 —·— 甲基异丁基酮 - - - H_2O

图 6.6 总馏出液中第一液相(a)和第二液相(b)的组成

由于 AD-Net 始终使用自动微分，因此灵敏度也随之可得。在确定 NRTL 参数时，这一特点可被用来找出实验中的某些时段，此时详细测量可提供最大信息量。例如，从图 6.7(b)可以看出，在甲醇含量快速变化的时期，甲苯-水体系的 NRTL-B 参数可被最准确地识别。因此，实验者应注意到，可提供关键信息的测量段大约在总馏出物质量为 10%处停止。在这里，某些摩尔分数相对于所选 NRTL 参数的导数会改变符号。

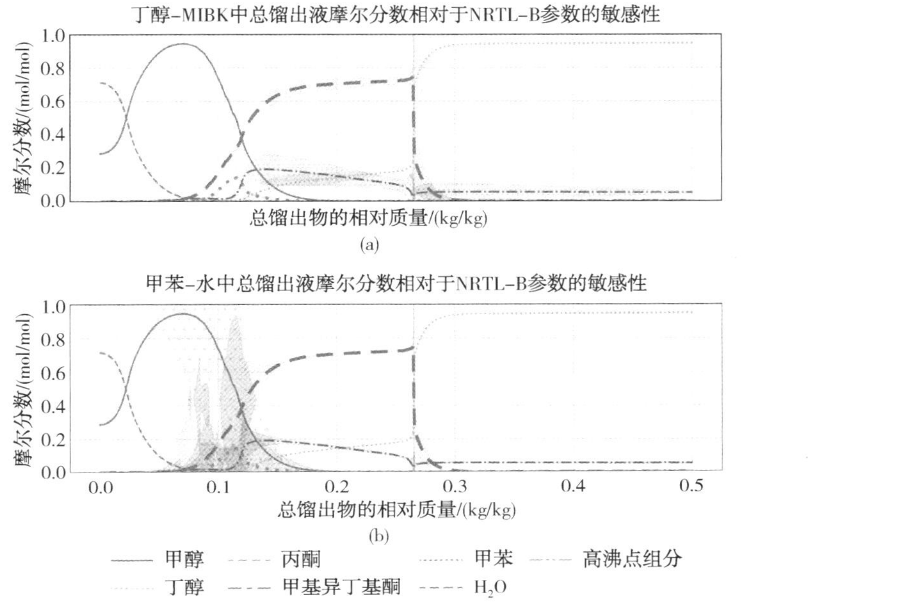

图 6.7　总馏出液中的摩尔分数相对于特定 NRTL 参数的敏感性。敏感性由围绕预测摩尔分数曲线的阴影区域表示，即上下边界曲线为 $t \mapsto x(t, p_0) \pm \partial/\partial p x(t, p_0) \cdot \Delta p$，其中 $t \mapsto x(t, p_0)$ 是任一物质对于所考虑参数的标准值 p_0(上部图线 $p_0 = 244.61$，下部图线 $p_0 = 14759.76$)的摩尔分数曲线，Δp 是增量($\Delta p = 1$)

6.4.2　参数估算

AD-Net Distillation 的一个重要特征是参数估算模块，它允许用户从实验分馏数据中确定出单组分或双组分的未知参数[24]。举例说明，我们考虑一个由一组已知组分和一个新组分构成的多元系统，新组分的性质尚未被估算过。参数估算也可转化为一个符合模型框架的优化问题，形式如式(6.2)。未知性质参数为向量 $\boldsymbol{p}$，而所考虑馏分的质量组成构成了可测向量 $\boldsymbol{y} = (\xi^{1,1}, \cdots, \xi^{1,n_C}, \cdots, \xi^{n_F,1}, \cdots, \xi^{n_F,n_C})$，其中 n_C 是组分数，n_F 是馏分数，而 $n_p = n_C n_F$ 是可测变量的总数。目标函数是模拟组成与实测组成之间的偏差：

$$J(\boldsymbol{p}) = \sum_{i=1}^{n_p} \frac{(y_{p,i} - \hat{y}_i)^2}{\sigma_i^2} \tag{6.3}$$

式中，$\boldsymbol{y}_p$ 是针对参数 $\boldsymbol{p}$ 模拟计算出的组成，$\hat{\boldsymbol{y}}$ 是实际测量组成，而 $\boldsymbol{\sigma}$ 是相关测量误差。在没有添加任何约束的情况下，式(6.2)是无约束非线性回归问题。除质量组成外，可测值还可能包括馏分结束点对应的塔釜和塔顶温度[25]。

我们现在展示的是实际参数估算应用于六组分体系的结果。已知其中五种组分：丙酮、甲醇、甲苯、乙二醇和水，第六组分为未知组分，需进一步确定。由于结构公式已知，一些 NRTL 参数可以通过预测方法较为精确地确定。不过，水-未知组分的 NRTL 参数尚不确定，须通过实验标定，相关测定实验在拜耳公司进行。在这里，除水-未知组分以外的子体系中，所有单组分和双组分的参数都来自文献或使用其他预测方法确定。在实际精馏过程中，我们测量了 46 个馏分质量分数、塔顶压力、塔釜和冷凝器的温度，使用后三个测量值及给定的回流比作为模型的输入信号，控制精馏过程、速度及能量的分布。

为了达到预期分离程度，在模型中配置了 10 个塔板。由于在实验中观察到多个液相，所以启用了液-液分离检查器。使用 scipy. optimize 的 SQP 求解器，设置初始猜测值 $p_{\text{init}}=0$，通常在 25 次迭代内便可获得优化的物性参数 p_{opt}。图 6.8 分别显示了馏分实测组成，以及用优化前后的物性参数 p_{init} 和 p_{opt} 得到的馏分预测组成。可见，优化后馏分组成的预测值与测量值匹配度明显好于优化前。此外，与初值相比，优化后物性参数 p_{opt} 使所研究的水-未知组分的子体系特性完全不同，参见图 6.9：在取值 p_{init} 时子体系表现为非共沸混合物，而取值 p_{opt} 时检测到了真正的共沸行为。这体现了我们方法的健壮性。

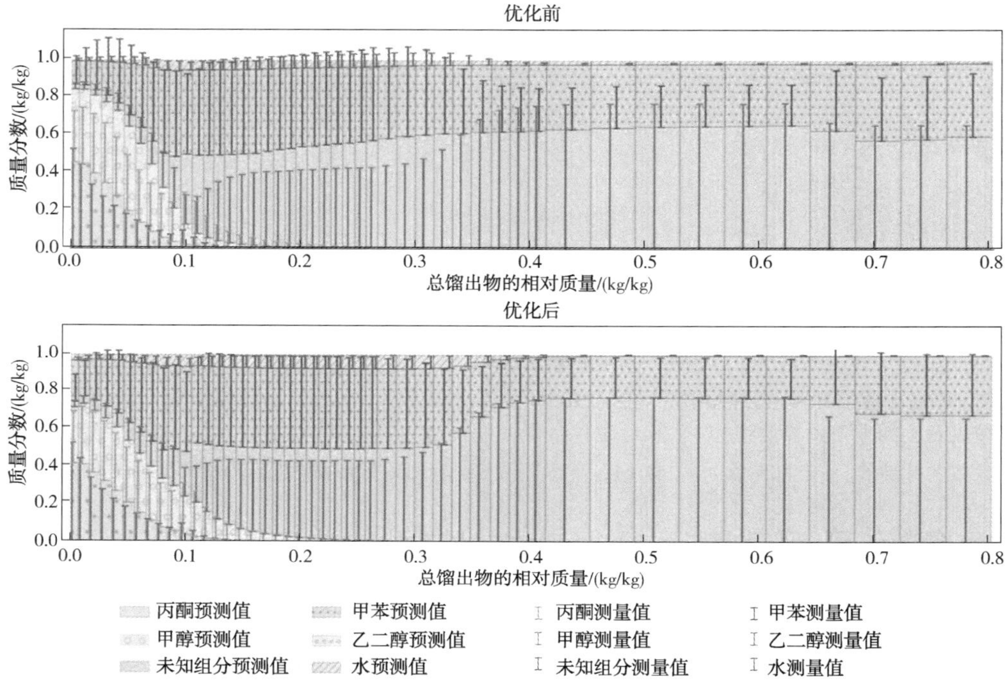

图 6.8 预测和实测的质量组成对比。各馏分预测质量分数由柱状图叠加表示。指定组分质量分数测量值通过垂直线表示，该垂直线锚定在与表示相应预测质量分数的柱状图相同的起点高度

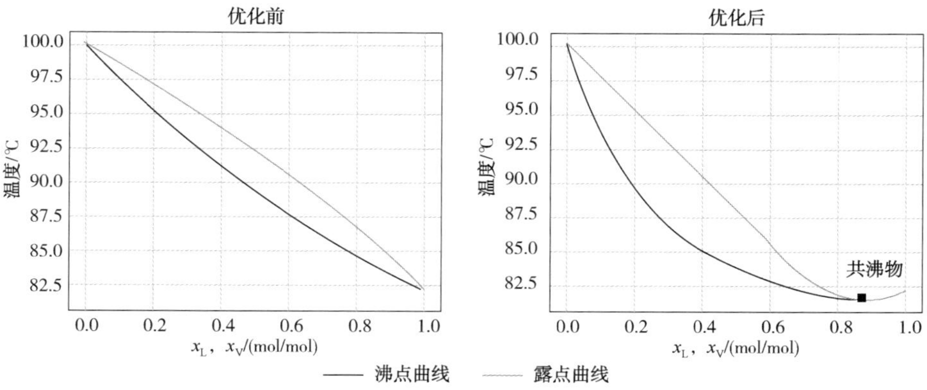

图 6.9 对于水-未知组分 NRTL 参数的初值和优化值的 McCabe-Thiele 图(T-x-y 图)

6.4.3 优化控制

AD-Net Distillation 的另一个重要特征是优化控制模块。利用这个模块，可以设计回流比曲线和馏分切割方案，一方面优化地实现用户设定的目标，另一方面满足给定约束条件。典型设定目标有某馏分的总质量、总蒸馏时间或蒸馏过程中所需总热量，约束条件通常为某些馏分中指定组分的纯度。将回流比曲线离散化为具有 n_R 个内部节点的分段常数信号后，上述最优控制问题的形式为式(6.2)，各优化参数为：

$$\boldsymbol{p}=(m^{R,1},\ \cdots,\ m^{R,n_R},\ R_0,\ \cdots,\ R_{n_R},\ m^{F,1},\ \cdots,\ m^{F,n_F})$$

其中 $m^{R,1}$，…，m^{R,n_R} 和 R_0，…，R_{n_R} 分别是分段常数回流比信号的内部节点和值，$m^{F,1}$，…，m^{F,n_F} 是第 n_F 个馏分的结束点。我们用总蒸馏量为单位来表示 $m^{R,k}$ 和 $m^{F,k}$ 的值，因为与物理上的时间单位不同，这些单位在设备运行干涸的瞬间(在此之后正向模拟没有意义)与优化参数 $\boldsymbol{p}$ 无关，并且是事先已知的(即 $m^{\text{head}}:=m_{\text{init}}$，送入设备的初始质量)。需要指出的是，尽管回流比节点数 n_R 和馏分数 n_F 可以由用户任意选择，但它们是固定值，不是优化变量。同时，目标函数 J 为加权和：

$$J(\boldsymbol{p})=w_1J_1(\boldsymbol{p})+\cdots+w_mJ_m(\boldsymbol{p}) \tag{6.4}$$

其中的贡献项 J_1，…，J_m 由用户从下述可能的目标列表中指定：

① 一个或几个馏分 k 的总质量 $m^{F,k}-m^{F,k-1}$；

② 总蒸馏时间 t^{dist}，可被定义为最后馏分的结束时间 t^{F,n_F}；

③ 蒸馏结束时塔釜中总质量 $m^{\text{pot}}(t^{\text{dist}}_{t^{\text{dist}}})$；

④ 总热量 $\int_0 Q^{\text{pot}}(\tau)\,\mathrm{d}\tau$。

除目标外，用户还需设定权重 w_1，…，w_m 以表示每个目标的重要性，还需设定每个目标应最小化还是最大化(这意味着相应的权重必须分别选择为正或负)。最后，式(6.2)中的约束函数 c_i 从下述可能的约束列表中选择：

① 组分 i 在馏分 k 中的纯度 $\xi_i^{F,k}$ 高于(或低于)某个阈值 τ；

② 在蒸馏结束时，组分 i 在塔釜中的纯度 $\xi_i^{\text{pot}}(t^{\text{dist}})$ 高于(或低于)某个阈值 τ；

③ 某些馏分的结束点与某些回流比节点相耦合，例如：

$$m^{R,1}=m^{F,1},\ m^{R,2}=m^{F,2} \tag{6.5}$$

如第 6.4.2 节所述，向量 $\xi^{F,k}$ 表示馏分 k 的质量组成，而 $\xi^{\text{pot}}(t)$ 表示在时刻 t 塔釜中的质量组成。需指出的是，原则上用户可以从上述列表中选择任意数量的目标和约束。

作为上述总体框架的简单示例，我们现在展示一个非常简单的混合物(丙酮、丁醇、甲醇)在 6 个塔板的塔中精馏的优化结果。在这个例子中，我们选择分段常数回流比，只有 $n_R:=2$ 个内部节点(相应地，$n_R+1=3$ 个可能值)。还选择分馏为 $n_F:=3$ 个馏分，只允许在馏分 1 和 2 的结束点 $m^{F,1}$、$m^{F,2}$ 处切换回流比的值，即施加了式(6.5)的耦合约束。作为目标，我们选择馏分 2 质量最大化，总蒸馏时间、蒸馏结束时的塔釜液质量以及总热能最小化。最后，作为纯度约束，要求馏分 2 中的甲醇纯度至少为 95%，精馏结束时塔釜中甲醇纯度最多为 1%。从 AD-Net Distillation 调用 scipy. optimize，初始化信赖域优化器，输入某些初始猜测值 $\boldsymbol{p}_{\text{init}}$[图 6.10(a)]，我们得到如图 6.10(b)所示的回流比曲线和馏分结束点最优化结果。使用 SQP 优化器，可得出同样的优化结果。

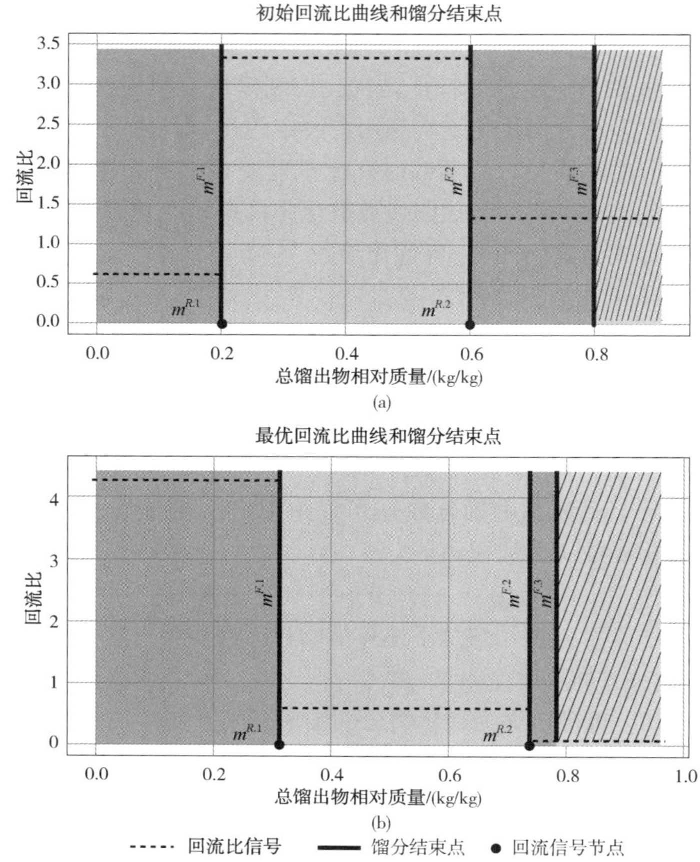

图 6.10　初始和最优的回流比曲线及馏分结束点。最后一个馏分之后的时间段即蒸馏结束时间之后，用斜线区域表示

图 6.11 展示了在优化参数的初始值 p_{init} 和最优值 p_{opt} 下[图 6.11(a)、(b)]，塔釜和总馏出物随时间变化的质量组成。值得注意的是，尽管所使用的信赖域求解器是一种内点法，但不需要考虑初值可行性，即初始猜测值不要求满足纯度约束。

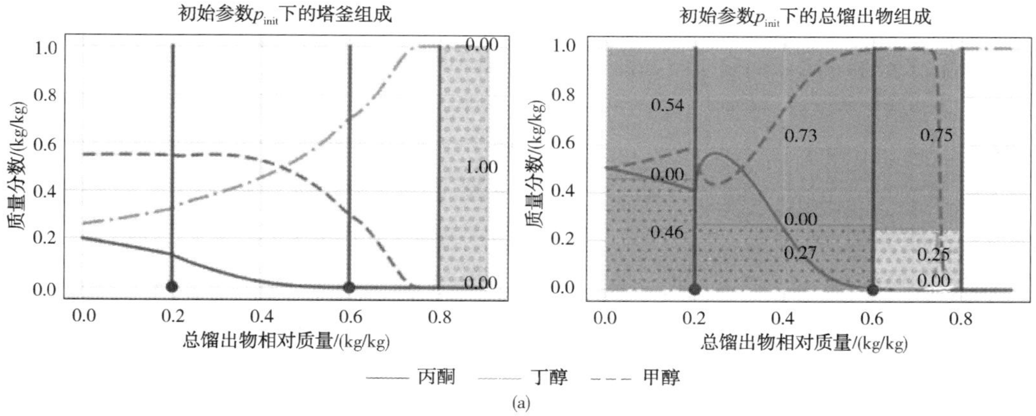

图 6.11　优化参数在初始值(a)和最优值(b)时的塔釜和总馏出物组成。与图 6.10 相同，馏分结束点由垂直黑线表示，各馏分组成由堆叠柱状图表示

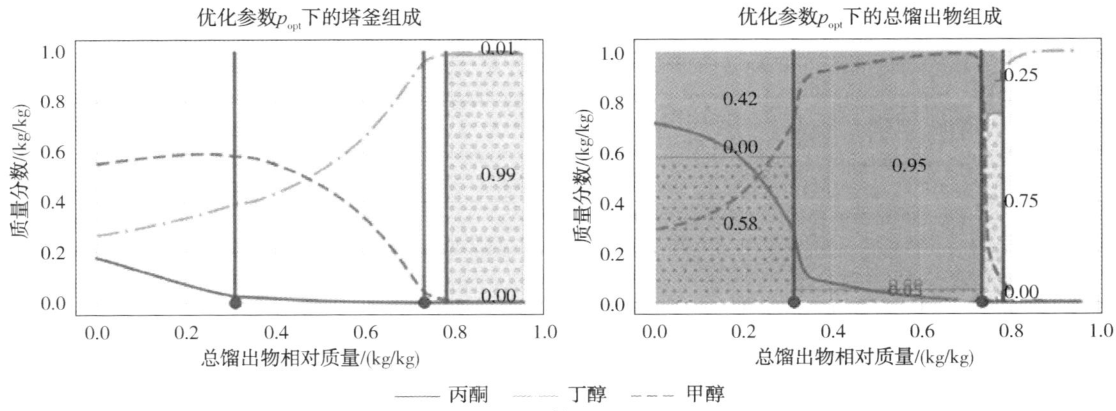

(b)

图 6. 11　优化参数在初始值(a)和最优值(b)时的塔釜和总馏出物组成。与图 6. 10 相同，馏分结束点由垂直黑线表示，各馏分组成由堆叠柱状图表示(续)

6. 5　结论

在本章中，我们展示了将工程师深厚的技术专长与技术网络重复结构的数学视角相结合的力量。模板库 AD-Net 提供了一个用于模拟、仿真和优化动态技术网络的通用框架。通过将参数、状态和可测值之间的特定应用关系填充到框架中，并制定成本函数和约束条件，AD-Net 可容易地扩展到新的技术领域。给出了在电力传输和区域供暖中的案例，然后重点介绍了间歇蒸馏。我们完成了两个典型的任务：估算新物质对的 NRTL 参数和最大化规定纯度的蒸馏组分。

致　谢

AD-Net-Power 是在德国联邦经济事务和能源部支持的 MathEnergy 项目(资助代码 0324019A)中开发的。感谢拜耳公司发布的测量数据。

参　考　文　献

[1] M. B€ucker，G. Corliss，P. Hovland，U. Naumann，B. Norris（Eds.），Automatic Differentiation. Applications，Theory，and Implementations，Springer，2006.

[2] A. Griewank，A. Walther，Evaluating Derivatives. Principles and Techniques of Algorithmic Differentiation，second ed.，Society for Industrial and Applied Mathematics，2008.

[3] L. T. Biegler，Nonlinear Programming. Concepts，Algorithms，and Applications to Chemical Processes，Society for Industrial and Applied Mathematics，2010.

[4] A. W€achter，L. T. Biegler，On the implementation of a primal-dual interior point filter line search algorithm for large-scale nonlinear programming，Math. Program. 106（2006）25-57. FIG. 6. 11 Composition in the pot and the total distillate for the initial value of the optimization parameter（A）and the optimal value of the optimization parameter（B）. As in Fig. 6. 10，the fraction endpoints are indicated by vertical red lines（gray in print version），while the composition of the fractions is indicated by colored slices（gray in print version）stacked on top of each other. Modeling and optimizing dynamic networks Chapter 6 159.

[5] R. H. Byrd，J. Nocedal，R. A. Wright，Knitro：An Integrated Package for Nonlinear Optimization，Available at https：//web. archive. org/web/20161012043221/https：//www. artelys. com/downloads/pdf/composants-numeriques/knitro/papers/integratedpackage. pdf.

[6] S. Peyghami, P. Davari, M. Fotuhi-Firuzabad, F. Blaabjerg, Standard test systems for modern power system analysis: an overview, IEEE Ind. Electron. Mag. 13 (2019) 86-105.
[7] https://www.digsilent.de/de/powerfactory.html.
[8] M. Aehle, Simulation of Gas Pipelines via Asymptotic Expansions (Master's thesis), University of Kaiserslautern, 2020.
[9] J. Mohring, D. Linn, M. Eimer, M. Rein, N. Siedow, District heating networks—dynamic simulation and optimal operation, in: Mathematical Modeling, Simulation and Optimization for Power Engineering and Management, Springer, Cham, 2021, pp. 303-325.
[10] L. T. Biegler, I. E. Grossmann, A. W. Westerberg, Systematic Methods of Chemical Process Design, Prentice Hall, 1997.
[11] U. Diwekar, Batch Distillation. Simulation, Optimal Design, and Control, CRC Press, 2012.
[12] J. Gmehling, B. Kolbe, M. Kleiber, J. Rarey, Chemical Thermodynamics for Process Simulation, Wiley, 2012.
[13] S. Skogestad, Chemical and Energy Process Engineering, CRC Press, 2008.
[14] M. F. Doherty, J. D. Perkins, On the dynamics of distillation processes—Ⅰ. The simple distillation of multicomponent non-reacting, homogeneous liquid mixtures, Chem. Eng. Sci. 33 (1978) 281-301.
[15] D. B. van Dongen, M. F. Doherty, On the dynamics of distillation processes—Ⅵ. Batch distillation, Chem. Eng. Sci. 40 (1985) 2087-2093.
[16] M. L. Michelsen, J. M. Mollerup, Thermodynamic Models. Fundamentals and Computational Aspects, second ed., Tie-Line Publications, 2007.
[17] J.-S. Wu, P. R. Bishnoi, An algorithm for three-phase equilibrium calculations, Comput. Chem. Eng. 10 (1986) 269-276.
[18] Z. Li, K. A. Mumford, K. H. Smith, J. Chen, Y. Wang, G. W. Stevens, Solution structure of isoactivity equations for liquid-liquid equilibrium calculations using the nonrandom two-liquid model, Ind. Eng. Chem. Res. 55 (2016) 2852-2859.
[19] L. E. Baker, A. C. Pierce, K. D. Luks, Gibbs energy analysis of phase equilibria, Soc. Pet. Eng. J. 22 (1982) 731-742.
[20] D. V. Nichita, S. Gomez, E. Luna, Multiphase equilibria calculation by direct minimization of Gibbs free energy with a global optimization method, Comput. Chem. Eng. 26 (2002) 1703-1724.
[21] G. A. Iglesias-Silva, A. Bonilla-Petriciolet, P. T. Eubank, J. C. Holste, K. R. Hall, An algebraic method that includes Gibbs minimization for performing phase equilibrium calculations for any number of components or phases, Fluid Phase Equilib. 210 (2003) 229-245.
[22] V. Gopal, L. T. Biegler, Smoothing methods for complementarity problems in process engineering, AICHE J. 45 (1999) 1535-1547.
[23] H. Renon, J. M. Prausnitz, Local compositions in thermodynamic excess functions for liquid mixtures, AICHE J. 14 (1986) 135-144.
[24] C.-Y. Gau, J. F. Brennecke, M. A. Stadtherr, Reliable nonlinear parameter estimation in VLE modeling, Fluid Phase Equilib. 168 (2000) 1-18.
[25] M. Bortz, R. Heese, A. Scherrer, T. Gerlach, T. Runowski, Estimating mixture properties from batch distillation using semi-rigorous and rigorous models, in: A. A. Kiss, E. Zondervan, R. Lakerveld, L. Ozkan (Eds.), Proceedings of the 29th European Symposium on Computer Aided Process Engineering, 2019.

第7章 使用数字孪生克服过程数据整定中的低冗余问题

FilippoBisotti[a]，Andrea Galeazzi[a]，Francesco Gallo[b]，Flavio Manenti[a]

a 米兰理工大学，CMIC 系“Giulio Natta”，可持续过程工程研究中心(SuPER)，米兰，意大利；

b Itelyum Regeneration 有限责任公司，洛迪，意大利

7.1 引言

化工厂包含许多通过复杂流股所构成的网络相互连接的单元装置。对质量流量、温度和其他变量的测量会持续进行[1]，因为过程数据是过程控制、生产核算目标以及供应链和在线优化的基础[2,3]。所有的测量都受到误差的影响，其影响反映在物料平衡和能量平衡的差异中。这些误差通常预期为具有零期望值的正态分布的随机误差，但偶尔也会发现具有非零期望值的系统误差。这些也被称为偏差，可能是由于仪器故障、校准不当或采样不良等原因造成的[4]。

为了获得准确的数据或至少减少误导性观测的影响，需要进行数据整定(DR)。数据整定是对过程测量的调整或协调，以获得更准确的流量、温度等估算值，与物料平衡和能量平衡相一致[5]。

与使用原始数据相比，使用整定值可更准确地评估过程产率，还有助于通过评估不同过程单元的公用工程消耗来更好地识别过程和设备的能量低效使用。

在线优化被用于向过程的分布式控制系统(DCS)提供设定值，以使过程保持在其最佳操作条件附近[6]。这种优化方式需要准确的过程模型，其中通常包含一些必须通过装置数据进行估算的参数[7]。这一过程亦被称为模型调整，需要准确的数据。实际上，在模型调整的过程中使用错误的测量值可能会导致模型参数识别结果的不准确性上升，并抵消优化的效果[6]。

需强调的是，在当今竞争激烈的全球市场中，即使对很小的误差的消弭亦可显著提高生产过程的性能和经济性[5]。

数据整定在维护方案排期中也非常有用，事实上，它可用于准确预测过程设备的关键性能参数[8,9]，如换热器的热传递系数[10-12]或反应器中催化剂的活性水平等[6]。

不幸的是，如果在存在偏差的情况下根据守恒定律对测量值进行调整，那么所有调整结果会被偏差极大地影响，通常无法作为过程状态的可靠指标。这个偏差，或曰粗差(GE)，必须尽可能在进行数据整定之前识别出来并进行校正或排除测量值[4]。粗差检测不仅可以提高数据整定流程的预测结果精度，亦可在识别需要特别维护和校正的仪表问题时

发挥作用。对粗差的早期识别可以降低维护成本并使装置运行更平稳[6]。

本章将证明我们在 Matlab 中实现的内部研发的稳态数据整定模型是有效的，因为它使我们能够调整工业观测值以减少整体实验数据集的方差。所开发的框架也适用于低冗余系统，正如实际工业装置的情况。此外，我们的数值工具能够识别异常值以及哪些数据流受到误导性观测的影响。因此，应用于工业规模的数据整定有利于可控性和数据解释，实际上，它能够改进测量的分布，并且在不影响现有控制系统的情况下，向企业建议仪表在现场的最佳部署位置以降低投资成本。此外，数字孪生在工业中的应用将与动态数据整定(DDR)相关联，以解决可测变量数量受限及其对数据分析的影响。尽管对低冗余度系统的数据整定已有可靠方案见诸文献并强调了模型的作用[13]，但在此方向上更多的改进仍有待实现，一些挑战需要被克服。

7.2 数据整定

7.2.1 变量分类

在化工厂中由于过程仪表及相关的维护、数据采集与存储支出费用高昂，仪表配备通常并不完备，因此并非所有未测量变量都可以直接预测。即，过程变量可分为直接测量变量和未测量变量。

未测量变量(以向量 $\boldsymbol{u}$ 表示)可进一步分为两组：确定的或可预测的，不确定的或不可预测的[5]。

① 如果一个未测量变量可以基于其他直接测量变量、使用平衡方程通过推理估算，则称其为确定或可预测变量。

② 如果一个未测量变量无法基于其他直接测量变量、使用平衡方程估算，则称其为不确定或不可预测变量。

相似地，直接测量变量(以向量 $\boldsymbol{x}$ 表示)亦可分为两组：冗余和非冗余。

③ 如果一个直接测量变量也可使用其他直接测量变量、通过平衡方程计算得到，则称其为冗余或过度确定的。这些测量值可被数据整定校正。

④ 如果一个直接测量变量不能使用其余的直接测量变量、通过平衡方程计算，则称其为非冗余或恰好确定的。这些测量值不会被数据整定校正，而仅用于通过推理估算未测量变量值。

7.2.2 稳态数据整定

每个测量值都表示为两个不同项的组合，即平均值($\boldsymbol{x}$)和残差($\boldsymbol{\varepsilon}$)。若可忽略粗差并考虑变量是直接测量的，测量值向量可写为：

$$\boldsymbol{y}=\boldsymbol{x}+\boldsymbol{\varepsilon},\ \boldsymbol{y}\in\Re^{l},\ \boldsymbol{x}\in\Re^{g} \tag{7.1}$$

通常作如下假设：

① 残差 $\boldsymbol{\varepsilon}$ 的期望值是零向量，即 $E(\boldsymbol{\varepsilon})=\boldsymbol{0}$；

② 连续的测量向量是独立的，即对于 $i\neq j$，$E(\varepsilon_i\varepsilon_j^T)=0$；

③ 测量误差的协方差矩阵是已知且正定的，即 $\mathrm{Cov}(\boldsymbol{\varepsilon})=\boldsymbol{\Psi}=E(\varepsilon_i\varepsilon_i^T)$；

④ 随机误差 $\boldsymbol{\varepsilon}$ 为正态分布，即 $\boldsymbol{\varepsilon} \sim N(\mathbf{0},\ \boldsymbol{\Psi})$[5,14,15]。

根据假设②和假设③，矩阵 $\boldsymbol{\Psi}$ 的对角元素 $\boldsymbol{\sigma}_{ii}^2$ 是测量值 i 的方差，而非对角元素 $\boldsymbol{\sigma}_{ij}^2$ 是测量值 i 和测量值 j 的协方差。通常的做法是认为所有的协方差均为零[6]。

基于这一假设，矩阵 $\boldsymbol{\Psi}$ 的形式如式(7.2)所示：

$$\boldsymbol{\Psi}=\begin{bmatrix} \boldsymbol{\varepsilon}_{11}^2 & 0 & 0 \\ 0 & \ddots & 0 \\ 0 & 0 & \boldsymbol{\varepsilon}_{ll}^2 \end{bmatrix} \tag{7.2}$$

过程变量的绝大部分必须符合由守恒定律产生的某些物理关系。一般来说，这是一组涉及测量变量和未测量变量的非线性代数方程。

数据整定问题通常可以表述为一个受约束的加权最小二乘预测问题[16]：

$$\begin{aligned} &\min_{x,u}(\boldsymbol{y}-x)^T\boldsymbol{\Psi}^{-1}(\boldsymbol{y}-\boldsymbol{x}) \\ &\text{s. t.} \\ &\varphi(\boldsymbol{x},\ \boldsymbol{u})=0 \\ &\boldsymbol{x}^L \leqslant \boldsymbol{x} \leqslant \boldsymbol{x}^U \\ &\boldsymbol{u}^L \leqslant \boldsymbol{u} \leqslant \boldsymbol{u}^U \end{aligned} \tag{7.3}$$

约束函数 φ 通常被定义为约束矩阵 $\boldsymbol{A}$ 和测量变量 $\boldsymbol{x}$ 的乘积。由于目标函数根据各个测量值的精确度对其修正进行加权，因此最精确数据的整定值更接近于实际测量值，而精度最低的数据则会通过数据整定过程进行大幅度的修正，以满足约束条件。

求解式(7.3)所需方法不同，取决于约束是一组线性还是非线性的代数方程组。

当约束条件是一组线性方程时，数据整定问题是线性的。这是流量测量数据整定的典型特征，其中的约束条件是物质守恒定律。

在数据整定的背景下，可以区分两种情况：

① 过程模型中包含的所有变量都被测量。

② 过程模型中包含的某些变量未被测量。

后一种情况在工业实践中更为常见，原因在于仪表的成本和维护需求。在稳态数据整定中的关键参数是冗余度或称为冗余度的度量(Degree of Redundancy，简称 DOR)，它被定义为可以通过剩余变量独立确定的过程变量的最小数量[5,13]。因此，冗余度可估算为：

$$DOR=(\text{测量变量数目}+\text{约束数目})-\text{整定变量数目}$$

仅当存在正冗余度时，即当系统包含额外(冗余)信息时，式(7.3)中提出的问题才可解。

7.2.3 粗差检测

在实践中，过程数据还可能包含其他类型的错误，称为粗差。粗差是由非随机事件引起的，因此它们是系统性的。通常，它们被分为两类。

1) 仪器故障：错误与测量仪器有关。它们可能由校准错误、传感器磨损或腐蚀以及固体沉积物[6]等原因引起。根据 Martini 等人的分类，它们可以进一步细分为[17]：

① 偏差：当传感器有偏移或偏差时发生。

② 完全故障：当传感器的输出提供完全异常且恒定的结果时发生。

③ 漂移：当传感器的输出无论被测数值的实际情况如何均缓慢变化时发生。

④ 精度退化：当仪器的精度随时间降低时发生。

2）单元泄漏：它们会导致过程模型方程的不准确性，即模型与实际情况有显著差异。

这些非随机误差的存在使得数据整定程序的统计基础失效。诸如，基于错误的测量数据获取适当的过程模型，或正确评估生产核算都是不可能的[5]。因此，为了避免上述缺陷，过程工厂中数据整定领域的主要问题和最大研究主题之一就是粗差检测。

7.2.4 粗差影响和解决方法

直观可知，在执行数据整定之前检测粗差是至关重要的，因为它们会影响目标函数和约束条件。未移除粗差而直接进行的数据整定会带来关于被监测过程的真实性能和状态的误导性信息。许多专家提出了数种数值技术来识别和消除观测数据中的粗差。一旦粗差都被检测出来，有两种可能的举措[5,19]：

① 丢弃受粗差影响的测量值，并在执行数据整定时将这些被排除的数据视为未测量变量。

② 修正受粗差影响的测量值，估计它们的幅度并执行数据整定（见图 7.1）。

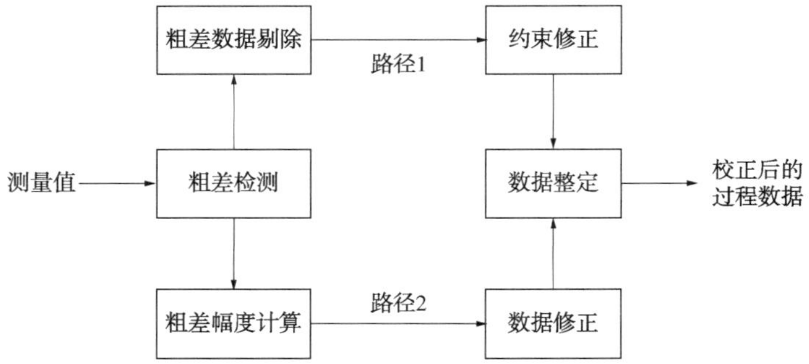

图 7.1　数据整定中粗差处理的可能路径

7.2.5 粗差检测：统计学方法

任何全面的粗差检测策略都应具备以下能力[6]：

① 检测数据中是否存在一个或多个粗差（检测问题）；

② 识别粗差的类型和位置（识别问题）；

③ 定位和识别数据中可能同时存在的多个粗差（多重粗差识别问题）；

④ 估计粗差的幅度（估计问题）。

粗差检测的基本原理源于统计应用中的离群点检测[6]。用于检测粗差的最常用统计技术基于假设检验。在文献中提出了更先进[20]和较不复杂的统计方法[21]，最常见的如下：

① 全局检验（Global Test，GT）；

② 测量检验（Measurement Test，MT）；

③ 约束检验（Constrained Test，CT）。

这些统计检验的基本概念是，随机误差通常围绕零值呈正态分布。在受影响的观测值和粗差的情况下，这一特性不再成立。因此，通过统计检验（即确定一个置信区间），可以检测到粗差的存在。上述统计检验根据所采用的统计量和置信区间的不同而有所区别。

7.2.6 粗差统计学检测算法

为了正确识别受粗差影响的测量值，已经开发了一些基于上述统计检验应用的策略。粗差检测算法分为串行算法或同步算法[6]。

串行算法利用不同种类的统计检验，逐个串行地识别粗差。与串行算法不同，同步算法不采用迭代方法，而是同时识别数据中存在的所有粗差。这种技术可以避免所谓涂抹效应，该效应会导致许多误判[17]。涂抹效应也被称为污染效应，发生在使用最小二乘目标函数进行数据整定时，测量数据中存在粗差的情况下。在此状况下，数据整定会将解决方案推向含有粗差的测量值，过度校正“健康测量值”。由于这种效应，一方面，良好测量值的测试统计量可能会超过测试标准，被识别为受粗差影响的测量值。另一方面，真正含有粗差的测量值的测试统计量可能会低于测试标准，因此它们会被视为良好测量值。

当存在多个粗差时，涂抹效应更为明显。在这种情况下，同步算法比串行算法表现得更好。实际上，同步算法在单次迭代中检测所有的粗差，与每次迭代仅识别一个粗差的串行算法不同。因此，在串行算法中，在每次迭代中至少会存在一个粗差，导致涂抹效应的概率更高。Romagnoli 和 Sánchez 提出的粗差同步估算法[5]是这一类算法的优秀原型。在算法的第一阶段，使用全局测试构建一个被怀疑受到粗差影响的测量值集合。然后，考虑在怀疑集中存在的所有可能的测量值组合。对每个组合同步估计粗差的幅度[22]。

7.2.7 用于低冗余度系统的数值算法

这些方法不基于经典的统计检验，而是利用一些抗差估计(或称为稳健估计)算法，如巧均值(clever mean)、巧方差(clever variance)、中位数和中位数绝对偏差(MAD)[23,24]。与基于统计检验的算法不同，这些粗差检测既不利用所有流股的测量数据也不利用装置的特征数据。这些方法仅利用单个流股的数据(历史数据和实时数据)来检测离群点(或更准确地说是造成影响的观测点)。因此，从理论上讲，冗余度不是应用方法的必要条件。

如果一个数据点与抗差估计算法估算的真实值的距离大于设置的适当阈值，则此点会被识别并分类为离群点。对每个数据流重复进行此过程。这种粗差检测技术的主要缺点是使用装置的历史数据，这些数据通常存储在分布式控制系统(DCS)上，这可能会在数据处理和分析中引起一些计算效率上的问题[25]。

值得一提的是，历史数据必须指的是相同的稳定状态。如果来自装置的测量数据和历史数据不是基于相同的稳态，那么所有新的测量数据都会被分类为粗差。需注意，这些方法不会受到涂抹效应的影响，因为数据流是逐一分析的。

传统上，检测一组 n 个数据中离群点的过程如下[25]。

① 计算算术平均值 $\bar{y}$：

$$\bar{y} = \frac{\sum_{i=1}^{n} y_i}{n} \tag{7.4}$$

② 计算方差 s^2：

$$s^2 = \frac{\sum_{i=1}^{n} (y_i - \bar{y})^2}{n-1} \tag{7.5}$$

③ 计算标准化残差 r_i：

$$r_i = \frac{y_i - \bar{y}}{s} \tag{7.6}$$

④ 如果 $r_i \geqslant \delta$，则数据 y_i 是一个离群点。δ 是一个阈值，通常 $\delta = 2.5$。

由于算术平均值和标准差都是非抗差估计，因此即使只有一个离群点，它们也是有偏的[23]。因此，使用这些估计量来检测可能的离群点是错误的，这就凸显了抗差指标的重要性[24]。

正确的方法应该是使用抗差估计。这些方法并不忽略离群点，而只是不受其影响，因此应该始终使用抗差估计来检查坏数据的存在。

7.3 巧均值和巧方差（*cm* 和 *cv*）

检测数据集中的离群点的新抗差准则，是基于两个抗差估计量：巧均值（cm）和巧方差（cv）[25]。考虑一个从具有单峰对称分布的总体 Y 中提取的包含 n 个数据的集合（n 非常大），使用 cm 和 cv 检测离群点的过程如下：

① 在数据中选取出预定数量的最大值和最小值；

② 计算零阶巧均值（cm_0）和零阶巧方差（cv_0）；

$$cm_0 = \frac{\sum_{i=1}^{n} y_i}{n} = \bar{y} \tag{7.7}$$

$$cv_0 = \frac{\sum_{i=1}^{n} (y_i - cm_0)^2}{n - 1} = s^2 \tag{7.8}$$

③ 假设 y_1^* 是在步骤①中选取的数据中第一个可能的离群点，移除其数值并计算一阶巧均值（cm_1）和一阶巧方差（cv_1）；

$$cm_1 = \frac{\sum_{i=1}^{n} y_i - y_1^*}{n - 1} \tag{7.9}$$

$$cv_1 = \frac{\sum_{i=1}^{n} (y_i - cm_1)^2 - (y_1^* - cm_1)^2}{n - 2} \tag{7.10}$$

④ 如果满足以下条件，则该测量值被归类为可疑的有影响的观测值：

$$|cm_1 - y_1^*| > \delta \sqrt{cv_1} \tag{7.11}$$

其中 δ 是一个阈值（即 2.5），数据 y_1^* 被视为离群值，并且对每个元素 y 重复该过程（图 7.2）。

以下几点值得强调[25]：

① 在逐渐移除离群值时，巧均值的值可能保持不变，主要有两个原因。在处理大数据集时，即使去掉离群值，算术平均值可能也只会略微变化。此外，如果两个离群值相对于

均值对称，则两者移除不会影响巧均值。总之，仅通过观察巧均值的值就把一个点分类为离群值是错误的。

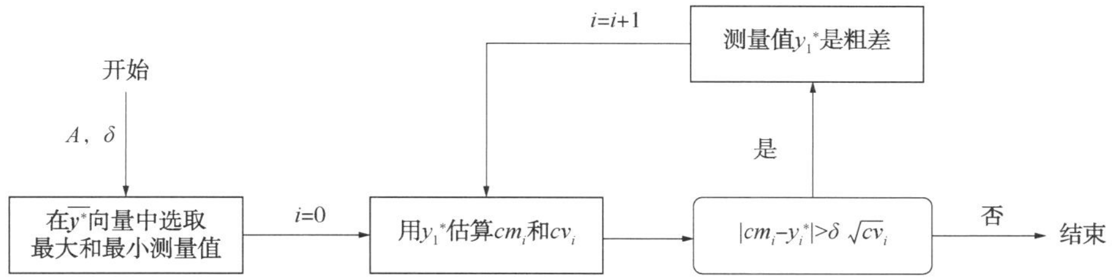

图 7.2　巧均值和巧方差的算法方案

② 在逐渐移除离群值时，巧方差呈单调递减趋势，而当被移除的点不是离群值时，巧方差保持不变或略微增加。

7.4　中位数和中位数绝对偏差

识别离群值的另一种方法涉及另外两个抗差估计量：中位数和中位数绝对偏差[25]。对于连续分布、中位数 m_y是随机变量的一个值，使得该分布的观测值小于或等于中位数的概率为 0.5，大于或等于中位数的概率也为 0.5。

如果样本的概率分布是对称的，那么中位数是对变量真实值的一致估计量。此外，中位数非常稳健，即使几乎一半的实验数据是离群值，其对真实值的估计也是很好的。

如果样本是正态分布的，中位数绝对偏差是标准差 σ 的一致且非常稳健的估计量[23]。它可以通过式(7.12)由中位数计算得到。

$$mad=1.253313 \cdot m_y\,|y_i-m_y| \tag{7.12}$$

检测离群值的流程如下所示：

① 计算中位数 m_y；

② 根据式(7.12)定义求值中位数绝对偏差；

③ 根据式(7.13)计算标准化残差 r_i；

$$r_i=\frac{y_i-m_y}{mad} \tag{7.13}$$

④ 如果 $r_i \geqslant \delta$，数据点 y_i是一个离群值。δ 是一个阈值，通常设定为 $\delta=2.5$。

整体流程如图 7.3 所示。

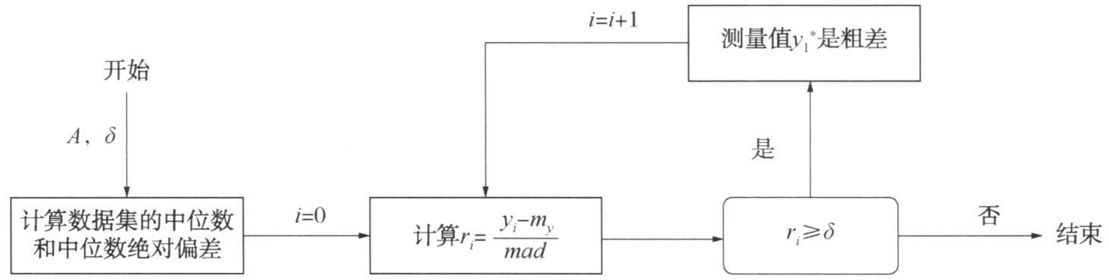

图 7.3　中位数和中位数绝对偏差的算法方案

7.4.1 动态数据整定

和稳态数据整定一样，动态数据整定(DDR)在形式上也是一个约束最小化问题。约束由系统的动态模型表示。DDR 问题的一般形式如式(7.14)所示。

$$\begin{aligned}&\min_{\hat{y}}\boldsymbol{\Phi}[\boldsymbol{y},\ \hat{\boldsymbol{y}},\ \boldsymbol{\sigma}]\\&\text{s.t.}\\&f\left[\frac{\mathrm{d}\hat{y}}{\mathrm{d}t},\ \hat{\boldsymbol{y}}(t)\right]=0\\&\boldsymbol{\eta}[\hat{\boldsymbol{y}}(t)]=0\\&\boldsymbol{\omega}[\hat{\boldsymbol{y}}(t)]\geqslant 0\end{aligned}\tag{7.14}$$

其中，Φ 为目标函数；y 为不同时间点的测量值集合(输入变量和状态变量)；$\hat{y}(t)$ 为估计函数；$\boldsymbol{\sigma}$ 为测量的标准差向量；f 为微分方程约束的集合；$\boldsymbol{\eta}$ 为代数等式约束的集合；ω 为代数不等式约束的集合。

最常用的目标函数定义如下：

$$\boldsymbol{\Phi}[y,\ \hat{y},\ \sigma]=\sum_{k=0}^{c}\frac{1}{2}[\hat{\boldsymbol{y}}(t_k)-\boldsymbol{y}_k]^T\boldsymbol{\Psi}^{-1}[\hat{\boldsymbol{y}}(t_k)-\boldsymbol{y}_k]\tag{7.15}$$

其中，$\hat{\boldsymbol{y}}(t_k)$ 为 t_k 时刻的估计函数值向量；$\boldsymbol{y}_k$ 为 t_k 时刻的测量值向量；$\boldsymbol{\Psi}$ 为测量值的协方差矩阵；t_0 为初始整定时间；t_c 为当前时间。

目标函数是从 t_0 到 t_c 的所有采样时刻的加权最小二乘和，定义与稳态数据整定完全相同。

7.4.2 移动时间窗口方法

理想的数据整定方案会使用从过程启动到当前时刻的所有信息(过程测量值)。不幸的是，这样的方案必然会产生维数持续增加的优化问题。

对于实际的应用，可以使用移动时间窗口来将优化问题降到可行的维度[5,6,26]。

在这项技术中，从$(t_c-H\Delta t)$到 t_c 定义了一个历史视界 $H\Delta t$，其中 Δt 是采样时间，t_c 是最近获得测量值的时刻。在动态数据整定运行期间，只有视界内的数据测量值才会被整定。一旦完成了一次整定运行，时间窗口将向前移动 Δt，这样新时刻 t_c 的测量值就包括在内，如图 7.4 所示。

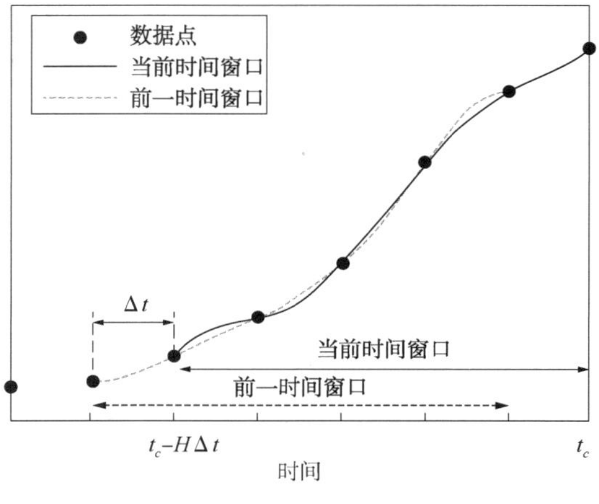

图 7.4 移动时间视界的概念

值得注意的是，使用这种方法，特定时刻 t^* 的一组测量值出现在时间窗口中的次数，与单个历史视界中需考虑的点数是相同的，因此每个数据集经历的整定次数也等于单个历史视界中需考虑的点数。每次一组测量值被整定，在下一次整定运行中它们的测量值被最后的估计值替换。

当一组测量值从它出现的最后一个时间窗

口退出，也就是已经被多次整定后，它被认为是已完全整定的。这种方法允许对某一特定时刻 t^* 的单组数据进行整定时，可利用所有包含 t^* 的时间窗口中的数据所提供的信息，即，所有从($t^*-H\Delta t$)时刻到($t^*+H\Delta t$)时刻的测量值。

7.4.3 正交矩阵法求解动态数据整定

在式(7.14)中展示的动态数据整定是一个微分-代数优化问题，其中微分-代数求解器和优化算法被同时应用。正交配置矩阵可以部分简化问题，因为微分方程可被近似为一组代数方程[27]。

因此，借助于正交矩阵($\boldsymbol{M}_C$)，原始问题转化为一个非线性代数优化问题，重写如下：

$$\begin{aligned}&\min_{\hat{y}}\Phi[\boldsymbol{y},\ \hat{\boldsymbol{y}},\ \boldsymbol{\sigma}]\\&\text{s.t.}\\&\boldsymbol{M}_C\hat{\boldsymbol{y}}-f(\hat{\boldsymbol{y}})=\boldsymbol{0}\\&\boldsymbol{\eta}[\hat{\boldsymbol{y}}(t)]=0\\&\boldsymbol{\omega}[\hat{\boldsymbol{y}}(t)]\geqslant 0\end{aligned}\tag{7.16}$$

微分方程在离散时间点的解可以通过拉格朗日插值多项式来近似。例如，考虑四个离散点，多项式可写为：

$$y(t)=A+Bt+Ct^2+Dt^3\tag{7.17}$$

在这个推导中，一个三阶多项式用于近似视界上四个点处的解。增加配点数会增加相应的多项式阶数。

下面的讨论证明了满足式(7.18)中所述关系的矩阵 $\boldsymbol{M}_C$ 的存在性。

$$\begin{bmatrix}\dot{y}_1\\\dot{y}_2\\\dot{y}_3\end{bmatrix}=\boldsymbol{M}_C\left(\begin{bmatrix}y_1\\y_2\\y_3\end{bmatrix}-\begin{bmatrix}y_0\\y_0\\y_0\end{bmatrix}\right)\tag{7.18}$$

其中，点号表示导数项，y_0是一个固定的初始条件，或者等于前一个区间的最终点。

对于初值问题，当初始时间被任意定义为 0 时，式(7.17)中的系数 A 等于 y_0。为了确定矩阵 $\boldsymbol{M}_C$，式(7.17)被求导并代入式(7.18)中，可得：

$$\begin{bmatrix}B+2Ct_1+3Dt_1^2\\B+2Ct_2+3Dt_2^2\\B+2Ct_3+3Dt_3^2\end{bmatrix}=\boldsymbol{M}_C\begin{bmatrix}Bt_1+2Ct_1^2+3Dt_1^3\\Bt_1+2Ct_2^2+3Dt_2^3\\Bt_1+2Ct_3^2+3Dt_3^3\end{bmatrix}\tag{7.19}$$

注意，式(7.19)的右边项中，系数 A 被 y_0约掉了。

式(7.19)可重排为：

$$\begin{bmatrix}1&2t_1&3t_1^2\\1&2t_2&3t_2^2\\1&2t_3&3t_3^2\end{bmatrix}\begin{bmatrix}B\\C\\D\end{bmatrix}=\boldsymbol{M}_C\begin{bmatrix}t_1&t_1^2&t_1^3\\t_2&t_2^2&t_2^3\\t_3&t_3^2&t_3^3\end{bmatrix}\begin{bmatrix}B\\C\\D\end{bmatrix}\tag{7.20}$$

最后，对 $\boldsymbol{M}_C$ 重排方程(7.20)并求解，可得加权正交配置矩阵：

$$M_C = \begin{bmatrix} 1 & 2t_1 & 3t_1^2 \\ 1 & 2t_2 & 3t_2^2 \\ 1 & 2t_3 & 3t_3^2 \end{bmatrix} \begin{bmatrix} t_1 & t_1^2 & t_1^3 \\ t_2 & t_2^2 & t_2^3 \\ t_3 & t_3^2 & t_3^3 \end{bmatrix}^{-1} \tag{7.21}$$

该矩阵将被用于近似微分方程中的导数，利用式(7.18)中展示的关系生成一组代数方程。

为了更好地理解近似导数，图7.5展示了一个数据插值，使用多项式来拟合当前时间窗口的五个点，并将最后一个已整定点作为初始点。最后，值得注意的是，时间窗口的长度对于动态数据整定来说是一个关键因素：一个短的时间移动窗口(即，在时间离散化中取较少点)原则上能够捕捉过程变量的主要动态变化，而一个长的时间窗口有助于获得对系统总体趋势的全面了解，但是，由于移动窗口方法的内部工作机制，会引入一个滞后。对于较大的时间窗口，时间滞后更为明显。

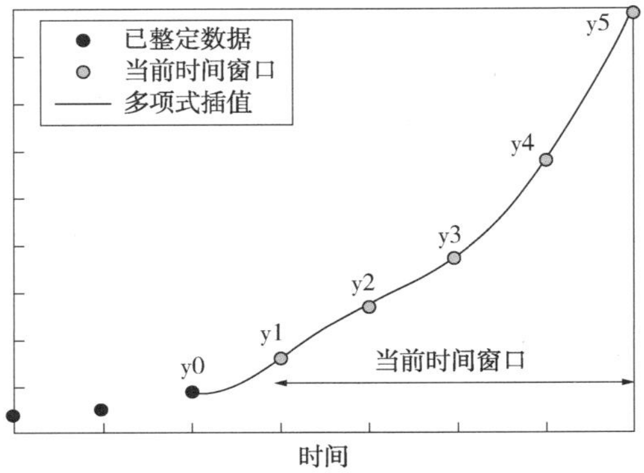

图7.5　移动时间视界的机制

7.4.4　数字孪生的实施和作用

在我们的观点中，数据整定和动态数据整定与粗差检测相结合，在过程系统工程中扮演中心角色，正如计算机辅助过程工程(Computer-Aided Process Engineering，CAPE)工作组的程序化清单[28]以及化学工程领域的其他杰出研究者[3,29]强调的那样。数据整定和动态数据整定是图7.6中描绘的一些子层。根据这种在数字时代的过程工程视角，过程数据以循环运动的形式从过程中产生并返回到过程本身。过程变量被收集并记录在DCS(底层)中，这意味着原始数据是工业数字化的基础。没有数据分析过程的原始数据是无用的，就像未经化学转化的原料在经济上不具有吸引力一样。在更上层，数字孪生和流程模拟扮演着主要角色：它们提供了真实过程行为和过程变量趋势的可靠的简化图像。数字孪生可以是基于商业模拟软件开发的，也可以不是。例如，在后续的章节中，将展示在没有过程模拟软件的情况下，仅使用物料平衡方程和适当的约束就可以对胺洗过程和简单的装置进行建模。数据分析和优化占据了所提出的层级结构的顶端。数据分析能够分类、加工和处理/操作来自DCS的原始数据。数字孪生作为主要支持工具参与这一阶段；实际上，它可以解释数据是否与被监测的过程一致且连贯。在数据分析之后，可靠的数据被送入健壮的过程优化步骤，该步骤仅在提供了一致的数据时才能正常工作。反向流(即，数据的自上而下移动)意味着可靠的数据和优化方案被发送回来以提升过程性能和/或过程概念设计等。

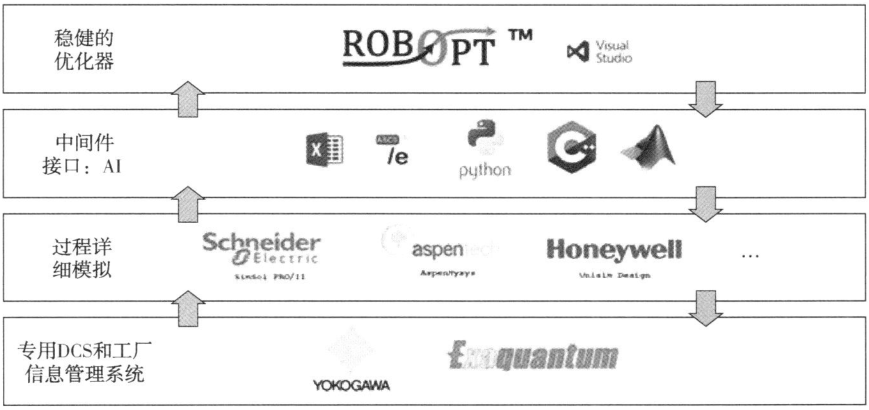

图 7.6　过程工业中数据流的层级结构

在这个层级结构中，数据整定、动态数据整定和粗差检测的框架是中间件接口层中涉及的主要步骤之一。实际上，稳态数据整定框架的一般结构可见图 7.7。只有两个输入：来自 DCS 的原始数据(或人工生成数据)和过程的数字孪生(模型)。这两个输入对应于图 7.6 中的两个底层。如前所述，数字孪生可以源于流程模拟软件或一组能够描述过程主要特征的方程。数字孪生是真实单元装置或(部分)工厂的简化模型，因此，简化和假设是在不影响准确性的情况下减少复杂性程度的决定因素，正如下文案例研究中展示的那样。数据整定框架被细分为若干子层，每层都有特定的角色。内部数据流是严格有序的，不能跳过或改变子层的顺序。

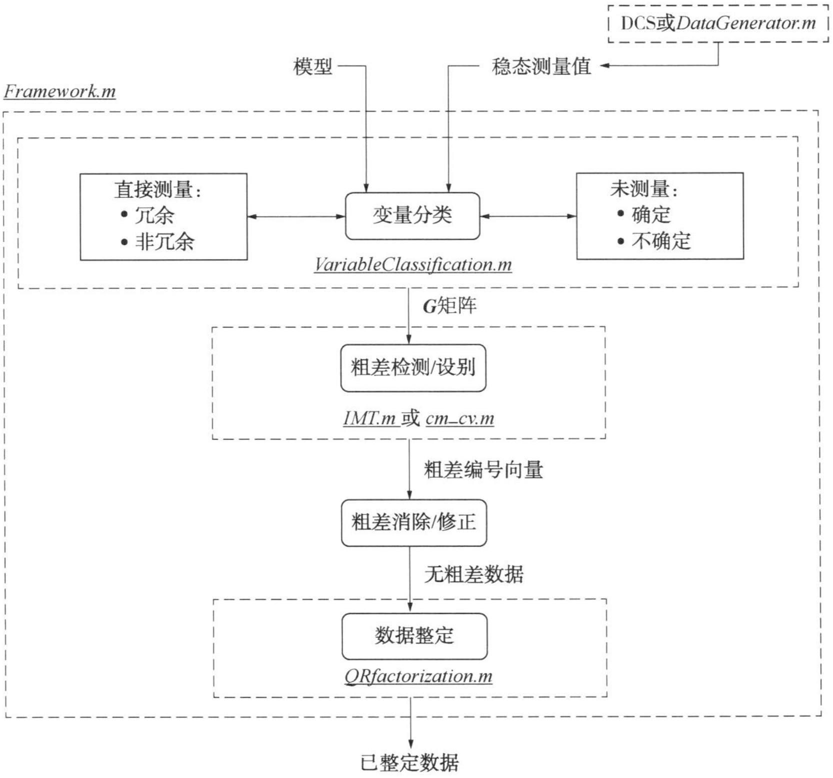

图 7.7　稳态数据整定的框架结构

① 数据分类。数据被分门别类，并根据数字孪生和数据源，在此步骤确定哪些变量(或流股)将在数据整定阶段被修正。

② 根据统计或数值算法进行粗差检测。这一层作为信息过滤器：无论粗差是否存在，都需要合适的算法以完成识别。

③ 粗差消除或修正。可以修正或删除受观测值影响的数据集。正确的决策需通过查看移除数据集对系统冗余的影响而做出。

④ 数据整定。动态数据整定框架的概念结构与稳态数据整定的相同。唯一的区别在于该结构处理的原始数据是动态数据而不是稳态测量值。

7.5 案例研究：Itelyum 再生胺洗涤装置

已实现的上述稳态数据整定框架最终得到工业规模应用。选择气体脱硫(胺洗涤)作为案例研究以验证其性能和健壮性。在这个 Itelyum Regeneration 企业的案例中，从位于 Pieve Fissiraga(Lodi)的生产装置的 DCS 中提取数据。

7.5.1 流程描述

气体脱硫过程如图 7.8 所示。

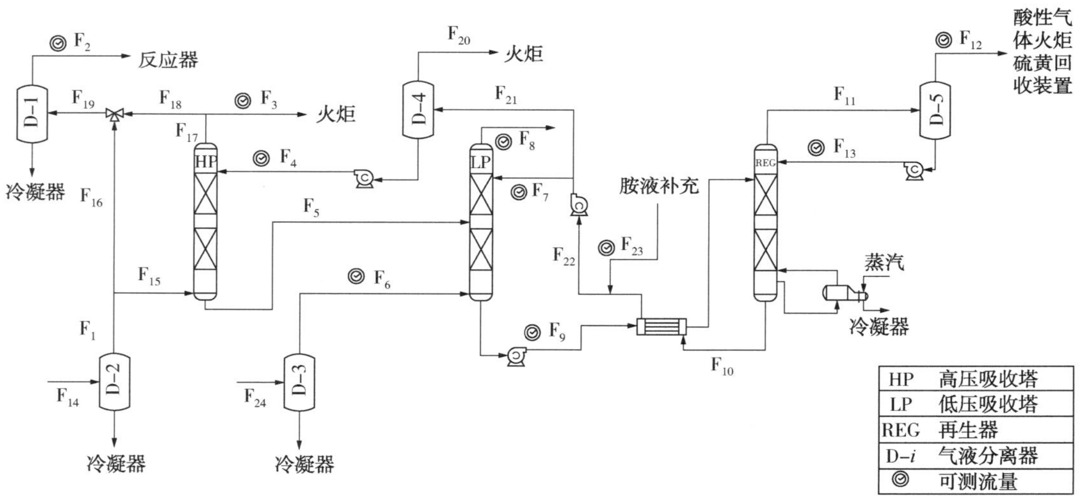

图 7.8 Itelyum Regeneration 的脱硫装置方案

该装置段能够处理两类物料：富含硫的流股，即从氢气中脱除 H_2S，以及标准的酸性气体流股，即从烃类蒸气中去除氢气。这种操作灵活性得益于三个不同的吸收塔的存在：高压吸收塔(HP)、低压吸收塔(LP)和再生器(REG)。通常情况下，酸性气物料通过入口分离器(D-2 和 D-3)进入装置，以去除夹带的液滴。

经过这些分离器后，气体流股 F_1和 F_6进入吸收塔的底部，并向上流过吸收塔与含水胺溶液进行紧密的逆流接触，使胺吸收 H_2S。从高压吸收塔(F_{19})顶部流出的脱硫气体通过另一个分离器 D-1，而从该塔底部离开的富胺溶液被送往低压吸收塔。

含有吸收 H_2S 的溶剂(F_9)离开低压吸收塔，被热再生溶剂(F_{10})预热，再送往再生塔。换热器减少了过程的能源需求[34]，保证了必要的热回收。在再生器中，通过再沸器蒸汽从富溶液中抽出 H_2S。酸性气体和蒸汽离开再生器顶部并被冷却，通过这种方式可冷凝大部分蒸汽。酸性气体在分离器 D-5 中被分离并送往酸性气体火炬或硫黄回收装置(SRU)。凝结的蒸汽作为回流返回到塔顶。

本工业案例研究的主要目标是将前面章节中开发的稳态数据整定框架应用于该装置，以整定质量流量测量值。这个系统的主要问题是，根据图 7.8，只有少数物料被测量(以对钩突出标记)。将分离器 D-1、D-2 和 D-3 底部离开的冷凝物流也考虑在内，27 个物料中只有 10 个安装了流量计。这是一个由于仪器成本而在工业界中常见的情况[32]。

变量必须满足的约束是对应装置上的 13 个稳态全局质量平衡。

回顾冗余度的定义，即可用信息(测量值和约束)数量与确定独立变量唯一解所需的最小数量之间的差，本系统具有负冗余度：

$$r=(m+l)-g=(13+10)-27=-4$$

由于正冗余是系统可估计性的必要条件，因此不可能整定图 7.8 中装置的所有物料。

7.5.2 假设

需要一些假设以实现正冗余，从而求解前述数据整定问题。值得注意的是，应用这些假设必须增加系统的冗余度，且不影响整定变量的准确性和可靠性：

① 在高压吸收塔外围设置一个黑箱，包含物料 F_{15}、F_{16}、F_{17}、F_{18}。这样就忽略了这些未测量物料的整定，从而减少 4 个总变量数。

② 忽略胺的补充，因为在正常操作条件下不需要新鲜溶剂。实际上，胺补充泵仅在装置中循环的溶剂因胺热降解或溶剂损失导致失效时才偶尔开启。

③ 忽略来自分离器 D-1、D-2 和 D-3 的冷凝物流，因为相较于装置中其他循环的物料，它们可被认为几乎无流量或者可忽略不计。

④ 忽略从分离器 D-4 顶部离开、送往火炬的气相流，因为在正常操作条件下，它的流量应当非常小。

⑤ 在整个数据采样期间，物料 F_{12}的质量流量为零。这是因为在数据采集期间，加氢精制进料中不含硫。

请注意，假设①和②不会给装置的稳态模型引入任何误差，而假设③和④会导致一些模型不准确，但不影响最终的数据整定结果。假设⑤与 DCS 数据提取期间胺洗涤装置的特定操作条件相关。

这些假设使系统达到正冗余状态，尽管如此，冗余度也只是执行数据整定所需的最低要求。然后，装置可以如图 7.9 所示。这种新配置仍然保持相同的冗余度，因为已经移除了三个变量(F_{11}、F_{12}和 F_{13})，包括两个测量值及其围绕 D-5 单元的共同约束。

在进行数据整定之前，对测量变量进行分类是有价值的。一旦完成分类，将可预测哪些变量会受到数值操作的影响：未测量但又不会被整定修改的流量，这是因为系统的低冗余度导致没有物料平衡来约束它们。变量分类示意如图 7.10 所示。

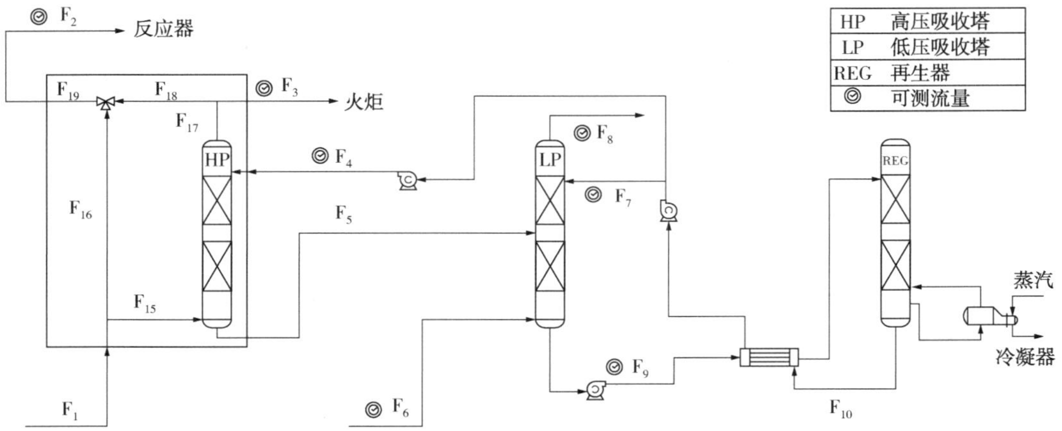

图 7.9　简化的胺洗涤方案

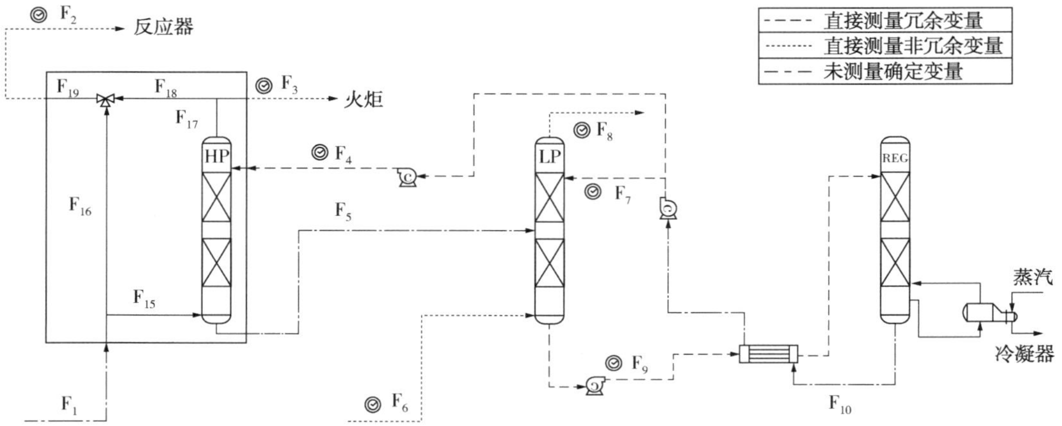

图 7.10　变量分类

7.6　结果

由于保密协议的原因，在图表中的流量已经相对其平均值进行了标准化处理。尽管没有提供实际流量，但已经可以得出数据整定应用于实际工业过程的潜在效果的相关结论。

7.6.1　稳态数据整定结果的讨论

测量数据是从位于 Pieve Fissiraga(Lodi)的 Itelyum Regeneration 企业的生产装置的 DCS 上提取的。数据涉及用于净化工艺酸性气体(本例中为二氧化碳)的胺洗涤部分所测的流量。观测集覆盖的时长为 80s。

整定需要方差-协方差矩阵 $\boldsymbol{\Psi}$。为了简化起见，假设协方差项为零，因此只估计测量的方差。方差已根据数据计算得到。归一化的方差见表 7.1，归一化是通过将所有方差除以最小的一个来完成的，以避免泄露敏感数据。

表 7.1　流量的归一化方差

项目	归一化方差[-]	项目	归一化方差[-]
F_2	134.15	F_7	23.51
F_3	1916.79	F_8	1.00
F_4	8237.40	F_9	216.03
F_6	8.59		

根据图 7.10 中显示的变量分类，数据整定仅处理有冗余的变量：F_4、F_7和 F_9。在不考虑任何粗差检测算法的情况下，这些流量测量的整定结果见图 7.11。

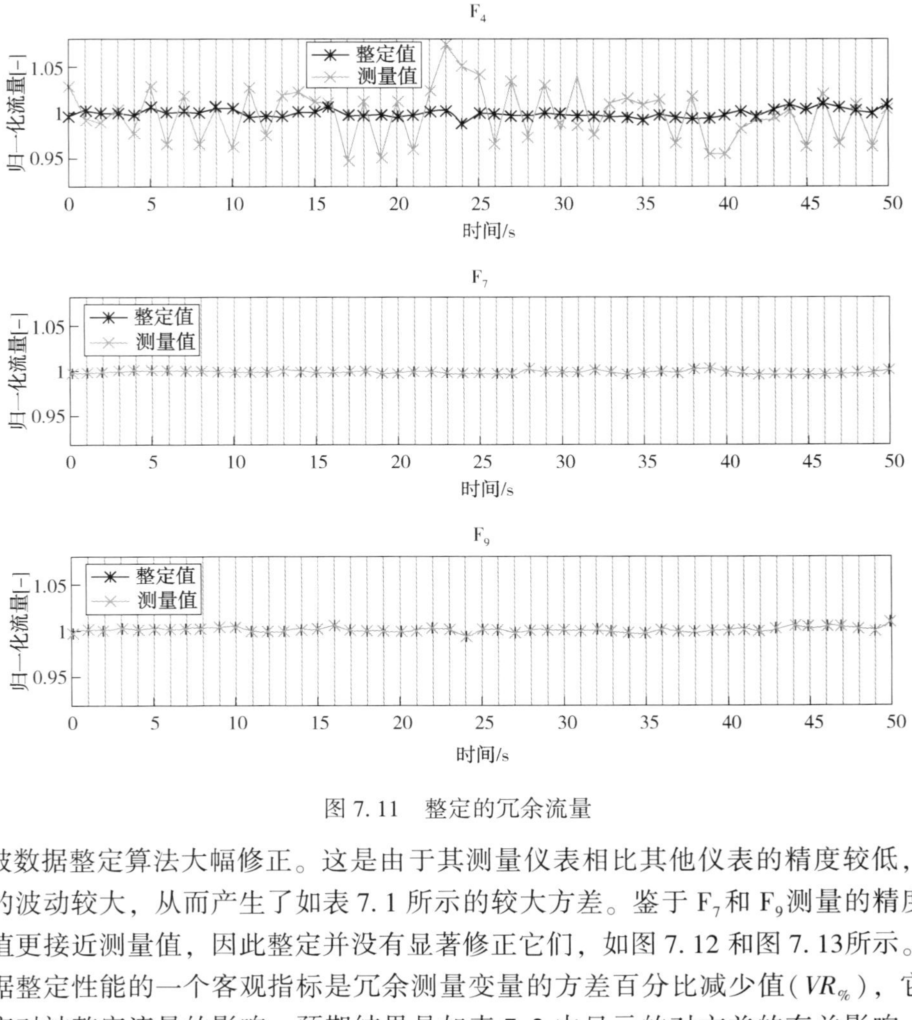

图 7.11　整定的冗余流量

F_4被数据整定算法大幅修正。这是由于其测量仪表相比其他仪表的精度较低，导致流量观测的波动较大，从而产生了如表 7.1 所示的较大方差。鉴于 F_7和 F_9测量的精度，它们的整定值更接近测量值，因此整定并没有显著修正它们，如图 7.12 和图 7.13所示。

数据整定性能的一个客观指标是冗余测量变量的方差百分比减少值（$VR_{\%}$），它估计了数据整定对被整定流量的影响。预期结果是如表 7.2 中显示的对方差的有益影响。可确认 F_4数据已被大幅修正，而其他冗余流量的方差略有减少，产生了一个可以忽略不计的变化，尽管数据整定也对这些流量有益。

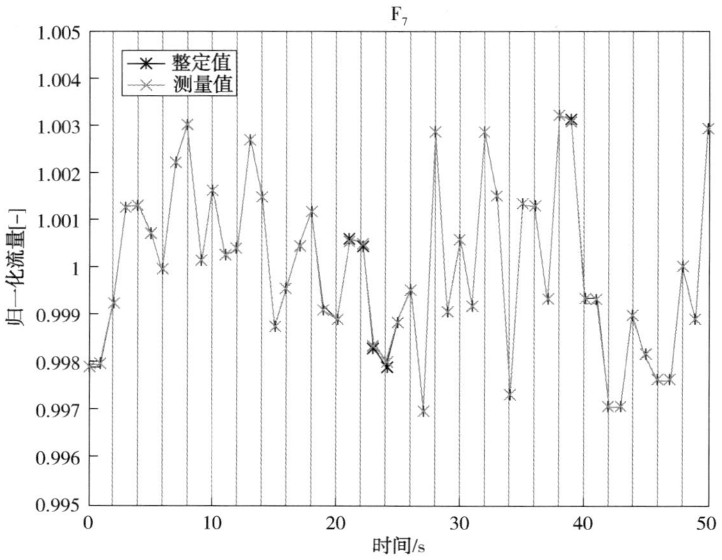

图 7.12　冗余流量 F_7 的详细数据

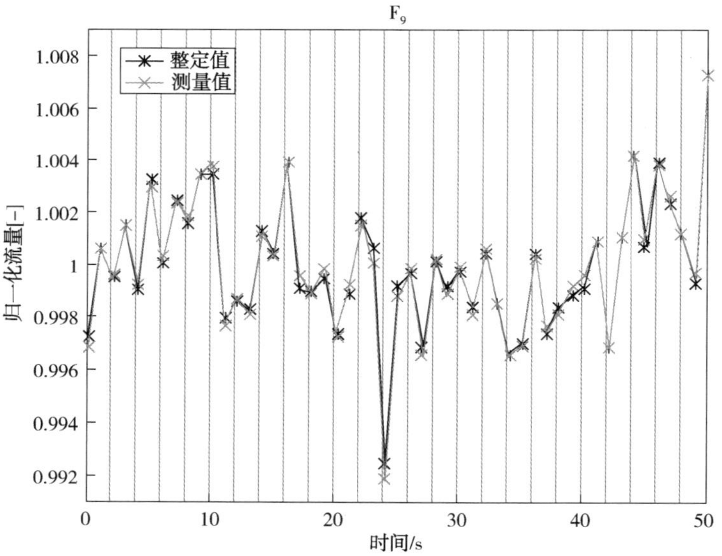

图 7.13　冗余流量 F_9 的详细数据

表 7.2　冗余流量的方差百分比减少值

项目	$VR_{\%}/\%$	项目	$VR_{\%}/\%$
F_4	-97.7	F_9	-8.4
F_7	-1.8		

图 7.14 为数据整定对非冗余测量值的效果。恰如预期，数据整定不会修正这些流量测量值，其整定值等于测量值，因为低冗余度导致没有关于这些流量的约束可用。利用非冗余测量值和冗余测量变量的整定值，可以推算未测量变量的值。

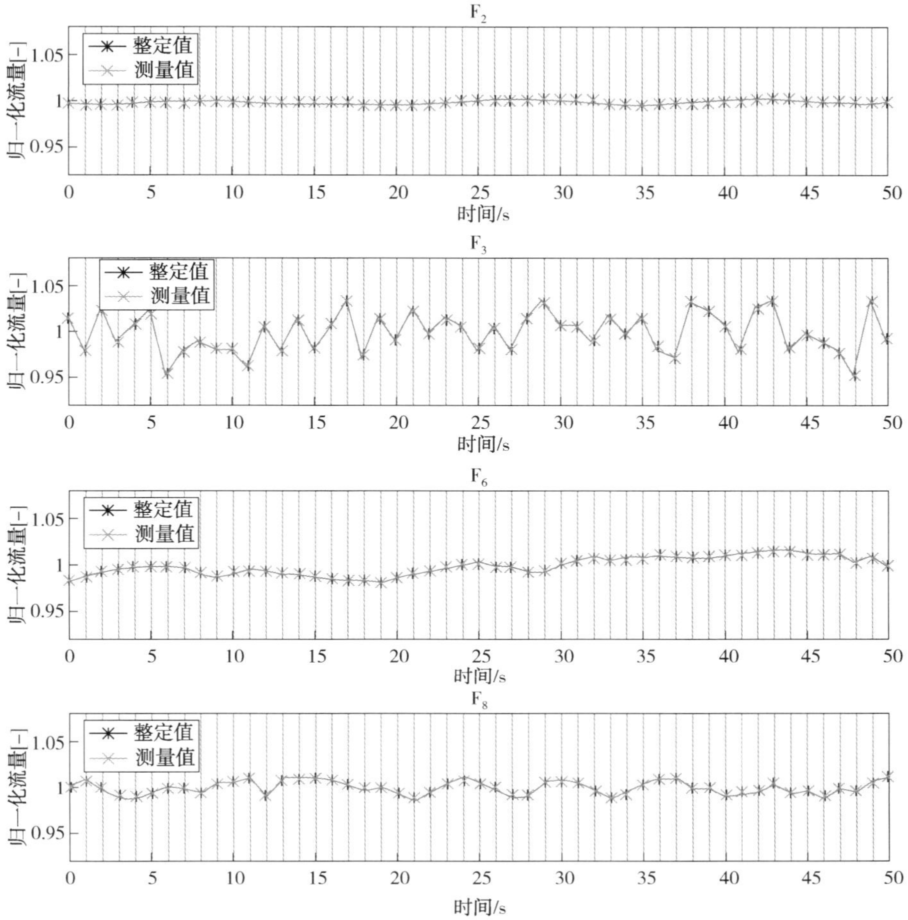

图 7.14　数据整定对非冗余测量值的效果

7.6.2　粗差检测结果的讨论

之前的结果没有考虑任何粗差检测算法。研究当使用包括粗差检测功能的完整稳态数据整定框架时，结果如何变化，是很有意思的。

对一个最大冗余度等于 1 的装置，并非所有的粗差检测算法都可用。例如，基于统计检验(SE、SEGE 和 IMT)的算法是不可用的，因为它们需要移除可疑的流量测量值然后执行整定，以有效地验证临时移除的变量是否存在粗差。这只在移除可疑流量测量值后冗余度仍然为正的情况下才是可行的。在本工业案例研究中，应用这种方法是不可行的，因为在多个流量被消除的情况下，冗余度将降至零甚至负值。

在这种情况下，只有巧均值和巧方差等数值粗差检测方法才能在不影响系统冗余度的情况下整定数据。实际上，这种算法可单独分析每个流量的测量数据，检查数据中任何潜在的可疑最大值或最小值。

因此，涉及巧均值和巧方差算法的数据整定框架已得到利用。为了应对装置的低冗余度问题，框架已经稍微修改：当检测到一个粗差时，它被删除并替换为上一个时间点获得的整定值，以保持正冗余。

已测量冗余变量的结果如图 7. 15 所示，流量 F_7和 F_9的详细情况分别如图 7. 16 和图 7. 17 所示。

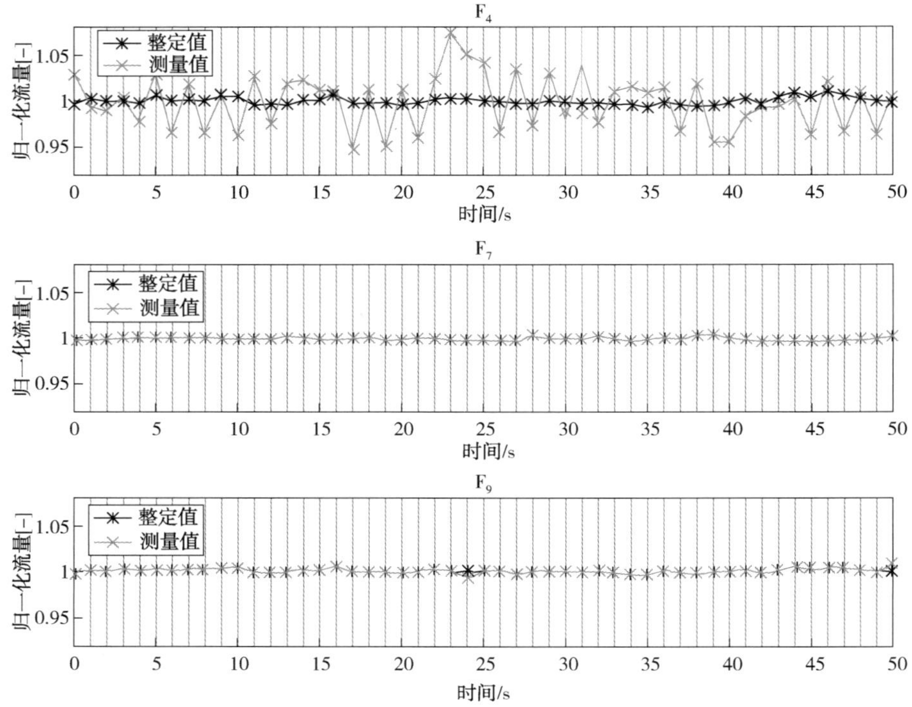

图 7. 15　有粗差检测的冗余测量值整定

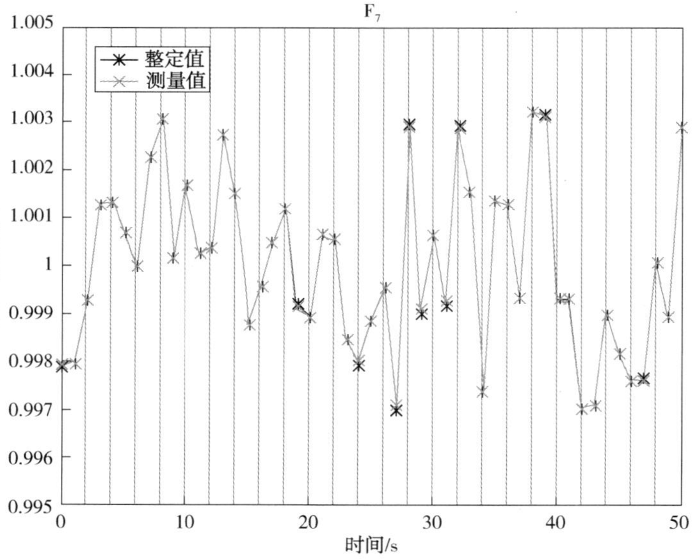

图 7. 16　有粗差检测时流量 F_7整定的详细数据

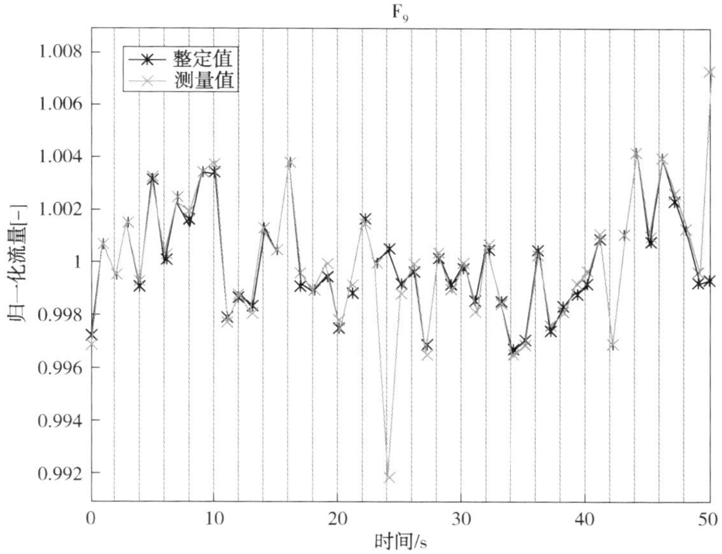

图 7.17 有粗差检测时流量 F_9整定的详细数据

检测到三个粗差：

① 流量 F_4在 23s 时；

② 流量 F_9在 24s 和 50s 时。

使用粗差检测从而消除异常值，数据整定效果有所提高，见表 7.3。巧均值和巧方差算法对数据整定有益。粗差识别的影响主要见于流量 F_9，其方差大大减少。

表 7.3 粗差检测对冗余流量方差减小的影响

项目	无粗差检测的 *VR*/%	有粗差检测的 *VR*/%
F_4	−97.7	−98.3
F_7	−1.8	−1.1
F_9	−8.4	−40.8

一方面，由于无法识别并整定受粗差影响的非冗余流量值(更好的说法是受影响的观测值)，整定过程不能纠正这些测量值。结果与图 7.14 中展示的相同。另一方面，由于这种情况下冗余测量变量的整定数据不同，因此对未测量变量的推断也略有不同。

7.6.3 动态数据整定案例研究：胺溶液罐的动态

动态数据整定被应用于气体脱硫装置附属设备之一的胺溶液储罐中，如图 7.18 所示。

在动态数据整定的这一应用中，将证明数字孪生对描述从 Ielyum DCS 中获取的实测数据的动态演变的重要性。一般来说，动态数据整定需要更多的细节(如设备几何尺寸、控制回路的调节参数等)和一些附加信息，但这些在稳态数据整定中并不重要。因此，动态数据整定模型根据可用的测量值进行调整，并且与稳态数据整定不同，不存在通用的框架。这凸显了数字孪生的重要性，尽管引入了一些简化，但它仍能够捕捉主要特性并定性地追踪所涉及的主要变量的动态变化。

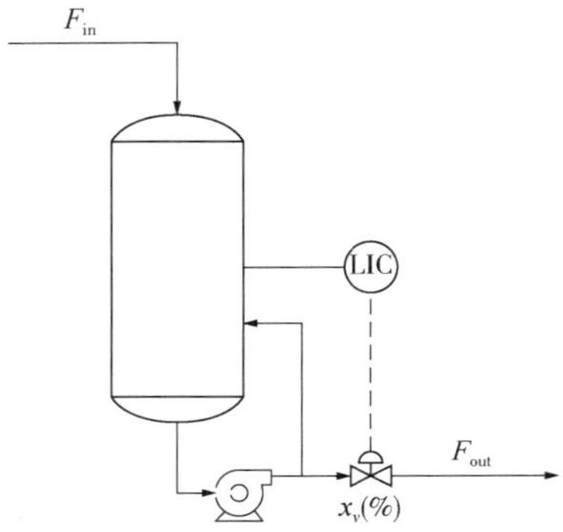

图 7.18　胺溶液储罐方案

可测量的变量如下：

① 罐液位的百分比 h(%)；

② 出口的质量流量 F_{out}；

③ 阀门开度的百分比 x_v(%)。

数据覆盖的总时长为 300s，预计的采样时间为 1s。由于缺少入口物料的详细信息，系统的冗余度较低。入口流量只能从出口流量的整定数据中推断出来。要整定这些数据，需要包含测量参数的约束。所有的尺寸属性和控制回路调节参数都是已知的。

第一个约束是总质量平衡：

$$\rho A H_{tot}\frac{dh}{dt}=F_{in}-F_{out} \tag{7.22}$$

第二个约束是出口流量，它是阀位的函数[30]：

$$\frac{F_{out}}{\rho}=f(x_v)\cdot C_v\sqrt{\frac{\Delta P}{\gamma}} \tag{7.23}$$

其中，C_v 为阀门流量系数，表示当阀门两侧的压力降为 1psi 时，1min 内流过阀门的流体加仑数；ΔP 为阀门两侧的压力差；γ 为流体的相对密度；$f(x_v)$ 为将阀门开度与体积流量联系起来的流量特性函数，取决于阀门的类型。

第三个约束由将阀门开度与液位相关联的控制律给出：

$$x_v(t)=x_v^0+K_C\varepsilon(t)+\frac{K_C}{\tau_I}\int_{t^0}^{t}\varepsilon(t)\,dt \tag{7.24}$$

其中，$\varepsilon(t)$ 定义为 $\varepsilon(t)=h(t)-sp$ 的偏差信号，而 sp 是期望的液位百分比设定点；x_v^0 为偏置，即当偏差信号为零时用来保持阀门在期望位置的控制信号；K_C 为比例增益；τ_I 为积分时间。

如前所述，阀门特性流量 $f(x_v)$ 完全依赖于具体阀门。本案例中所用的阀门为等百分比型，因此其理论或固有特性为：

$$f(x_v)=a^{x_v-1} \tag{7.25}$$

其中，a 为与阀门尺寸有关的常数[31]。

当阀门与其他设备例如泵串联安装时，该设备在管线上产生的压降相比阀门两侧的压降更大，那么实际阀门特性会偏离其固有特性。为了评估安装后的特性曲线，需要对实验数据进行拟合。在这项工作中，使用三阶多项式函数进行拟合，如图 7.19 所示。在 y 轴方向展示了将数据除以最大值而归一化的出口体积流量。

不过，考虑到初始数据采集时间 t_C^0 与积分贡献的起始时间不对应，有必要在区间 $[t^0, t_C^0]$ 上估计累计的积分误差：

$$C=\frac{K_C}{\tau_I}\int_{t^0}^{t_C^0}\varepsilon(t)\,dt \tag{7.26}$$

由于这个积分项是未知的，估计 C 的唯一可能方法是对 DCS 数据（实验数据）进行非线性拟合，将式(7.26)代入式(7.24)中：

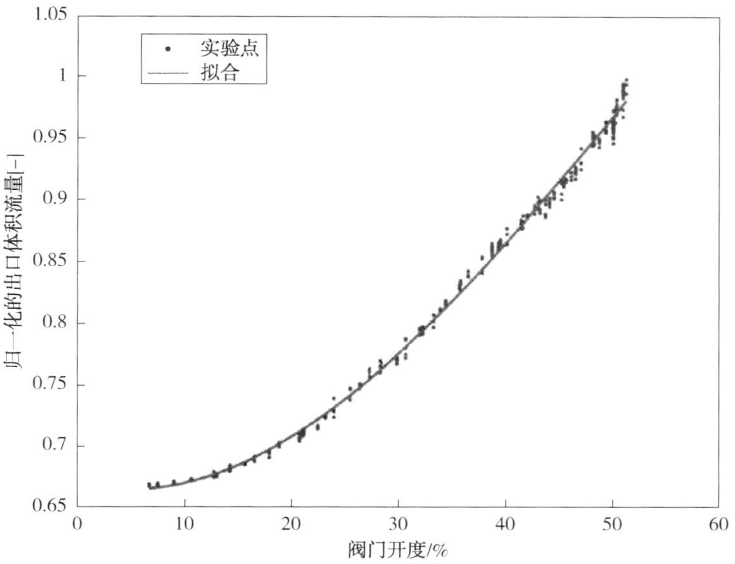

图 7.19　已安装阀门的特性曲线拟合

$$x_v(t) = C + x_v^0 + K_C\varepsilon(t) + \frac{K_C}{\tau_I}\int_{t^0}^{t}\varepsilon(t)\,\mathrm{d}t \tag{7.27}$$

图 7.20 展示了重新拟合的阀门开度和 DSC 数据的良好匹配。

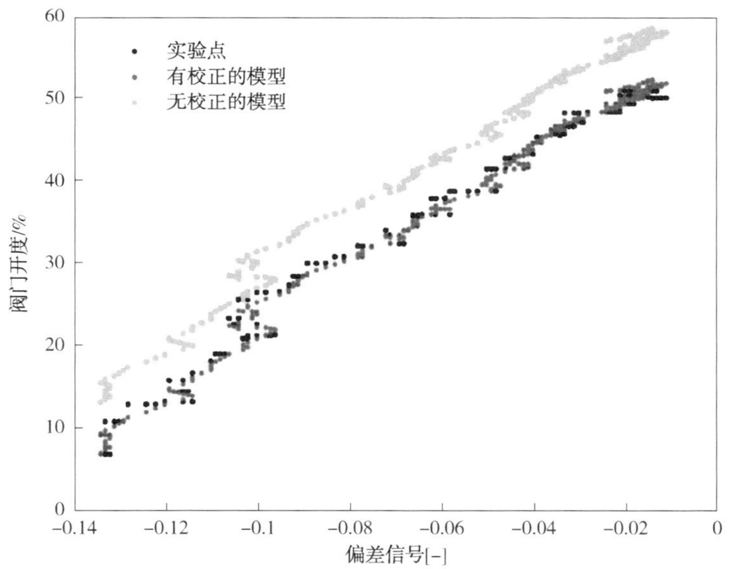

图 7.20　控制律模型

现在数字孪生已经完成，所有感兴趣的过程变量都已为动态数据整定而恰当地建模。历史视界的长度是唯一需要调整的参数，以充分调整动态数据整定的性能。最优历史视界长度代表了方差减少和引入滞后之间的最佳折中。在此分析中，使用了两个非常不同的历史视界长度来强调前述的权衡：5 个点和 40 个点时间窗口。可用数据的最佳拟合函数被证明是多项式，因为它实现了快速计算以及合理的精度。动态数据整定的结果见图 7.21～图 7.23。在图中，y 轴方向绘制了归一化的质量流量，归一化是通过将测量值和整定值除以最大测量值而完成的。

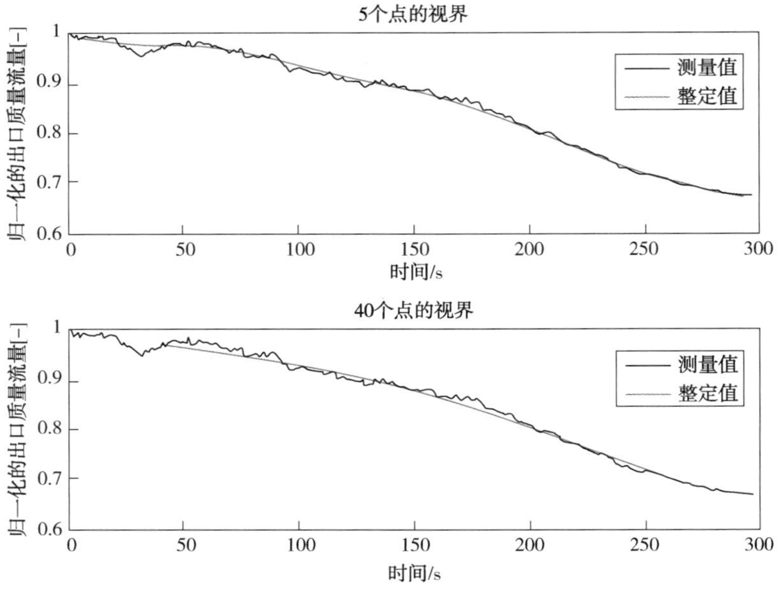

图 7.21　不同时间视界时出口质量流量的动态数据整定比较

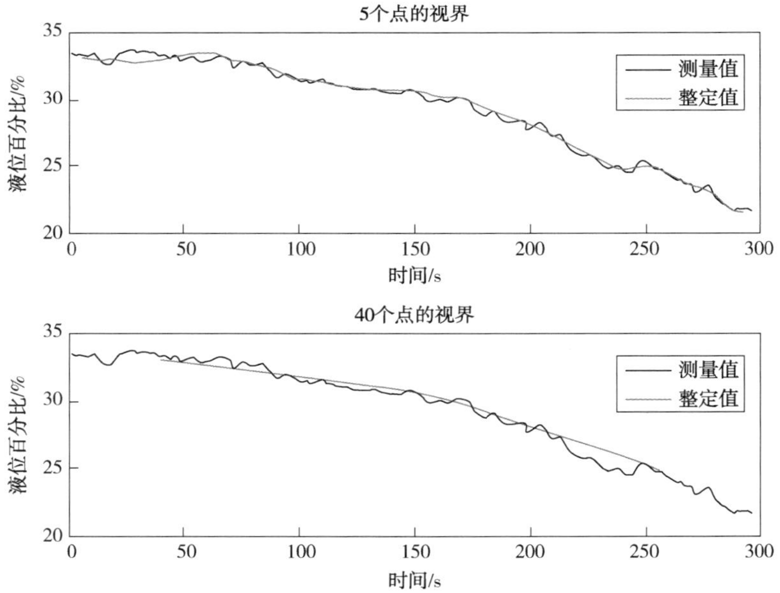

图 7.22　不同时间视界时液位百分比的动态数据整定比较

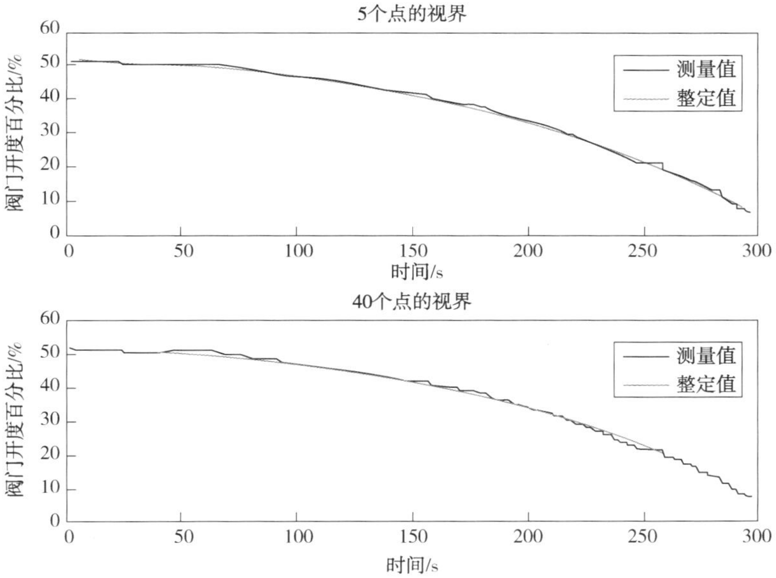

图 7.23　不同时间视界时阀门开度百分比的动态数据整定比较

在两种情况下，数据整定均显著减少了测量值的振荡，使趋势更加平滑。使用时间窗口内 40 个点作为历史视界时所得的整定值会被平滑处理，因此在某些点上并不跟随变量的实际趋势，如图 7.21 中清晰所示：更大的历史视界意味着更多的数据需要同时约束(即更大的时间冗余)，因此，当发生急剧变化时，整定值不能跟随当前变量趋势。此外，由于当一个点被处理的次数恰好等于历史视界中点的数量时，它被认为是完全整定的，因此使用 40 个点的长度时不可能使第 1 个以及最后 39 个数据点完全整定。

7.7 结论

7.7.1 稳态数据整定

数据整定是一种强大的工具，在工业应用中也有深远的影响。考虑本章节提出的案例研究，可以得出以下结论：

① 在低冗余系统中，整定的潜力不能充分发挥，不过，相关信息可以推断得出。有几种方法可以对冗余度产生正面影响：增加系统中的测量点或改善仪表的分布。

② 数据整定只能校正冗余的物料测量值。由于低冗余是工业实践中的常见特征，通常只有少数物料可以被整定，只有少数可靠数据可提供，以合理地用于分析和评估过程性能。

③ 物料测量的低精度(即大方差)严重影响数据整定性能：在冗余物料很少的情况下，低精度使得整定算法无法显著地校正更准确的测量值。这意味着整定只在少数物料上恰当发挥作用，而其他物料则未受影响。解决这个问题需要更准确的测量仪表。

④ 巧均值和巧方差方法适用于低冗余系统。当一般统计方法失败或显示出弱点和缺陷时，该方法的优势体现为：a. 它允许在不影响全局系统冗余的情况下检测出受影响的观测值；b. 该方法解决了标准均值和方差相关的低效率和数值处理问题，如文献[25]的研究；

c. 它需要的数值处理和计算工作更少，这是优势 b. 带来的，因为不需要搜寻可能的单一、成对和其他更高阶的数据组合。

这些是关于数据整定的一般性考虑和结论。实际上，数据整定可以提高装置的可控性，并为工艺工程师提供有关过程以及设备和安装仪表的当前状态的有用信息。例如，F_4流量测量的振荡曲线表明阀门和/或相应的质量流量计存在一些潜在问题：

① 测量仪表可能损坏或校准不当。

② 控制阀可能过大。它的开度轻微变化导致流量的剧烈变化。

③ 控制器参数没有适当调整，在操作变量中引入了强烈振荡(即控制器振荡)。然而，这种情况下系统是欠阻尼的，并且振荡倾向于随时间推移而减小，与F_4测量值的情况不同。

更可能的猜测是①和③，但遗憾的是，没有额外的数据和参数可用于验证。

最后，数据整定可用于优化安装的仪表分布。考虑到安装和维护成本都应被优化，数据整定提供了一些有用的信息，可在不对现有控制系统产生重大影响的情况下增加系统冗余。例如，变量分类(整定的先决条件)建议测量物料 F_1，这样几乎所有流量测量值都变得冗余，如图 7.24 所示。这样做的好处是双重的：首先，以较低的投资成本增加了冗余；其次，由于更多流量变得冗余，数据整定性能得到改善，意味着算法可以处理和修正更大的测量数据集以满足约束。后一项意味着更多物料可以被整定，意味着过程将获得更可靠的数据以用于关键性能测算、经济评估等。

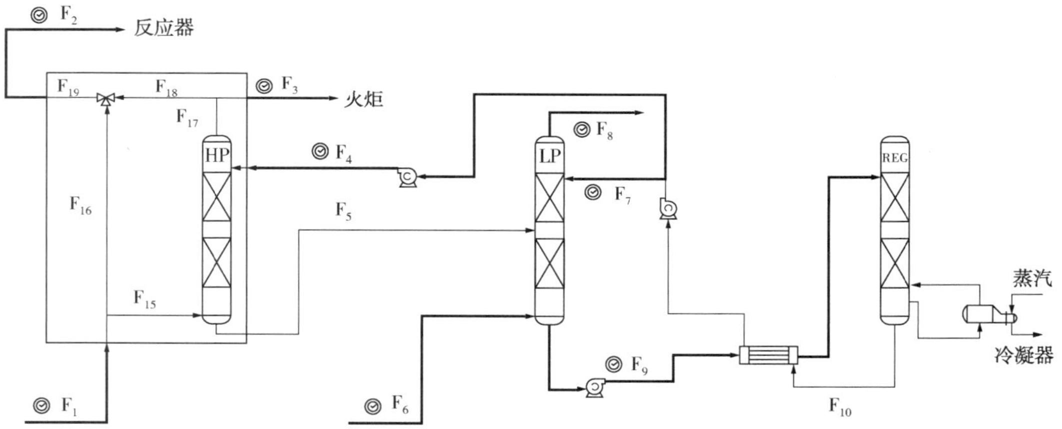

图 7.24　不同测量分布时的冗余度

7.7.2　动态数据整定

在动态数据整定中，数字孪生已被证明起到关键作用，因为只有适当的系统模型才能适当地整定动态数据，而有效的数字孪生(或模型)在测量较差的系统中是一个关键点。在这种情况下，尽管在动态数据整定的测量中部分冗余没有意义，但时间冗余是绝对必要的，少量可用的测量数据对于可靠的整定至关重要。此外，结果表明，移动时间视界意味着精确性与预测目标之间的权衡。如果整定的目标是捕捉过程变量的波动，则短时间窗口是可取的。相反，在长时间视界时，整定倾向于提供更平滑的趋势，阻止跟踪系统的真实动态和急剧变化。因此，长时间视界是对过程变量进行一般跟踪而不考虑局部振荡或突变的最佳选择。然而，需要注意，时间窗口长度会影响预测的时间延迟，长时间视界时滞后会被放大，因此，对于实时目的和应用，不鼓励使用长时间窗口。这些不同的特性与时间冗余直接相关：时间视界越长，处理的数据就越多，整定算法的约束也越来越多，以尽量减小实验数据与约束实现之间的差距。

致 谢

作者衷心感谢工程硕士 Stefano Apruzzese 和工程硕士 Davide Fratelli 在米兰理工大学硕士论文项目期间的宝贵支持。同时，深切感谢 Pieve Fissiraga 废油炼制厂的现场和控制室操作员的持续支持。

致谢：Filippo Bisotti——编写原始章节草稿、概念化、数据挖掘与加工、软件和审查；Andrea Galeazzi——编写原始章节草稿、概念化、数据挖掘与加工、软件和审查；Flavio Manenti——概念化、监督和审查；Francesco Gallo——数据挖掘与加工、监督和审查。

参 考 文 献

[1] A. C. Tamhane, R. S. H. Mah, Data reconciliation and gross error detection in chemical process networks, Technometrics 27 (1985) 409-422, https://doi.org/10.1080/00401706.1985.10488080.

[2] I. E. Grossmann, Challenges in the new millennium: product discovery and design, enterprise and supply chain optimization, global life cycle assessment, Comput. Chem. Eng. 29 (2004) 29-39, https://doi.org/10.1016/j.compchemeng.2004.07.016.

[3] D. C. Miller, J. D. Siirola, D. Agarwal, A. P. Burgard, A. Lee, J. C. Eslick, B. Nicholson, C. Laird, L. T. Biegler, D. Bhattacharyya, N. V. Sahinidis, I. E. Grossmann, C. E. Gounaris, D. Gunter, Next Generation Multi-Scale Process Systems Engineering Framework, Elsevier Masson SAS, 2018, https://doi.org/10.1016/B978-0-444-64241-7.50363-3.

[4] C. M. Crowe, Data reconciliation—progress and challenges, J. Process Control 6 (1996) 89-98, https://doi.org/10.1016/0959-1524(96)00012-1.

[5] J. A. Romagnoli, M. C. Sánchez, Data Processing and Reconciliation for Chemical Process Operations, vol. 2, Academic Press, 2000.

[6] S. Narasimhan, C. Jordache, Data Reconciliation and Gross Error Detection: An Intelligent Use of Process Data, 2000, https://doi.org/10.1111/j.1749-6632.1972.tb54778.x.

[7] D. B. €Ozyurt, R. W. Pike, Theory and practice of simultaneous data reconciliation and gross error detection for chemical processes, Comput. Chem. Eng. 28 (2004) 381-402, https://doi.org/10.1016/j.compchemeng.2003.07.001.

[8] D. Brown, F. Marechal, G. Heyen, J. Paris, Application of multi-objectiveoptimisation to process measurement system design, Comput. Aided Chem. Eng. 20 (2005) 1153-1158, https://doi.org/10.1016/S1570-7946(05)80034-3.

[9] R. Hayati, M. Sadi, S. Shokri, M. A. Marvast, S. H. Boroojerdi, A. H. Abedi, Model based monitoring using integrated data validation, simulation and parameter estimation, World Acad. Sci. Eng. Technol. 50 (2011) 588-592.

[10] J. Loyola-Fuentes, R. Smith, Data reconciliation and gross error detection in crude oil pre-heat trains undergoing shell-side and tube-side fouling deposition, Energy 183 (2019) 368-384, https://doi.org/10.1016/j.energy.2019.06.119.

[11] J. Loyola-Fuentes, R. Smith, Classification and estimation of unmeasured process variables in crude oil pre-heat trains subject to fouling deposition, Comput. Chem. Eng. 137 (2020), https://doi.org/10.1016/j.compchemeng.2020.106779.

[12] E. Masato Ishiyama, S. John Pugh, Effect of flow distribution in parallel heat exchanger networks: use of thermo-hydraulic channeling model in refinery operation, Heat Transfer Eng. 41 (2020) 189-198, https://doi.org/10.1080/01457632.2018.1522098.

[13] F. Manenti, M. G. Grottoli, S. Pierucci, Online data reconciliation with poor redundancy systems, Ind. Eng. Chem. Res. 50 (2011) 14105-14114, https://doi.org/10.1021/ie202259b.

[14] L. Zhou, J. Li, A study of gross error detection and data reconciliation in process industry, in: 2010 International Conference on E-Product E-Service and E-Entertainment, ICEEE2010, 2010, pp. 1-3, https://doi.org/10.1109/ICEEE.2010.5661554.
[15] R. W. Serth, W. A. Heenan, Gross error detection and data reconciliation in steam-metering systems, AIChE J. 32 (1986) 733-742, https://doi.org/10.1002/aic.690320503.
[16] C. A. Floudas, P. M. Pardalos, Recent Advances in Global Optimization, Princeton University Press, 2014.
[17] A. Martini, D. Coco, A. Sorce, A. Traverso, P. Levorato, Gross error detection based on serial elimination: applications to an industrial gas turbine, in: Proceedings of the ASME Turbo Expo, vol. 3A, 2014, https://doi.org/10.1115/GT2014-26746.
[18] Q. Jiang, M. J. Bagajewicz, On a strategy of serial identification with collective compensation for multiple gross error estimation in linear steady-state reconciliation, Ind. Eng. Chem. Res. 38 (1999) 2119-2128, https://doi.org/10.1021/ie980431e.
[19] J. M. Bagajewicz, Data Reconciliation and Instrumentation Upgrade. Overview and Challenges, FOCAPO 2003, 2003.
[20] I. B. Tjoa, L. T. Biegler, Simultaneous strategies for data reconciliation and gross error detection of nonlinear systems, Comput. Chem. Eng. 15 (1991) 679-690, https://doi.org/10.1016/0098-1354(91)85014-L.
[21] J. Rosenberg, R. S. H. Mah, C. Iordache, Evaluation of schemes for detecting and identifying gross errors in process data, Ind. Eng. Chem. Res. 26 (1987) 555-564, https://doi.org/10.1021/ie00063a023.
[22] M. Sa'nchez, J. Romagnoli, Q. Jiang, M. Bagajewicz, Simultaneous estimation of biases and leaks in process plants, Comput. Chem. Eng. 23 (1999) 841-857, https://doi.org/10.1016/S0098-1354(99)00104-0.
[23] G. Buzzi-Ferraris, F. Manenti, Interpolation and Regression Models for the Chemical Engineer, John Wiley & Sons, 2010. ISBN: 3527326529.
[24] C. E. Llanos, M. C. Sanchez, R. A. Maronna, Robust estimators for data reconciliation, Ind. Eng. Chem. Res. 54 (2015) 5096-5105, https://doi.org/10.1021/ie504735a.
[25] G. Buzzi-Ferraris, F. Manenti, Outlier detection in large data sets, Comput. Chem. Eng. 35 (2011) 388-390, https://doi.org/10.1016/j.compchemeng.2010.11.004.
[26] M. J. Leibman, T. F. Edgar, L. S. Lasdon, Efficient data reconciliation and estimation for dynamic processes using nonlinear programming techniques, Comput. Chem. Eng. 16 (1992) 963-986, https://doi.org/10.1016/0098-1354(92)80030-D.
[27] J. D. Hedengren, R. A. Shishavan, K. M. Powell, T. F. Edgar, Nonlinear modeling, estimation and predictive control in APMonitor, Comput. Chem. Eng. 70 (2014) 133-148, https://doi.org/10.1016/j.compchemeng.2014.04.013.
[28] R. Gani, J. Bałdyga, B. Biscans, E. Brunazzi, J. C. Charpentier, E. Drioli, H. Feise, A. Furlong, K. M. Van Geem, J. C. de Hemptinne, A. J. B. ten Kate, G. M. Kontogeorgis, F. Manenti, G. B. Marin, S. S. Mansouri, P. M. Piccione, A. Povoa, M. A. Rodrigo, B. Sarup, E. Sorensen, I. A. Udugama, J. M. Woodley, A multi-layered view of chemical and biochemical engineering, Chem. Eng. Res. Des. 155 (2020) 133-145, https://doi.org/10.1016/j.cherd.2020.01.008.
[29] E. N. Pistikopoulos, A. Barbosa-Povoa, J. H. Lee, R. Misener, A. Mitsos, G. V. Reklaitis, V. Venkatasubramanian, F. You, R. Gani, Process systems engineering—the generation next? Comput. Chem. Eng. 147 (2021) 107252, https://doi.org/10.1016/j.compchemeng.2021.107252.
[30] N. CraneCo., Crane Technical Paper 410: Flow of Fluids Through Valves, Pipes and Fittings, 2009.
[31] B. W. Bequette, Master Process Control, 2002.
[32] G. Stephanopoulos, Chemical Process Control AN Introduction to Theory and Practices, Prentice-Hall, 1996, p. 716.

第8章 采用优化反馈控制的间歇过程实时优化

Dominique Bonvin[a], Gregory François[b], Gianluca Rizzi[c], Michael Amrhein[dc]

a 洛桑联邦理工学院自动化实验室，洛桑，瑞士；

b 瓦莱州-沃利斯高等专业学院，锡永，瑞士；

c Online Control 公司，洛桑，瑞士

8.1 引言

间歇过程在商业产品制造中广泛使用，特别是在化工、制药和食品工业中[1]。间歇操作与连续操作有很大的不同。在连续操作中，过程保持在经济上理想的操作点，而在间歇操作中，过程状态从初始时间点演变到最终时间点。不连续操作可以是间歇或半间歇类型。在间歇操作中，要处理的产品被装入一个容器中，在不添加或移除物料的情况下进行处理。这种操作相较连续操作提供了更多的灵活性，因为它允许调整操作条件和最终时间。在半间歇操作中，提供了额外的灵活性，其中通过调整进料速率配置可添加反应物，或通过某些流出物料以移除产物。我们使用间歇过程这个术语来包括半间歇过程。

在化学工业中，许多间歇过程涉及反应和分离操作。反应是化工过程的核心，可以在均相(单相)或异相(多相)环境中进行。分离过程可以是非常不同的类型，如蒸馏、吸收、萃取、吸附、色谱、结晶、干燥、过滤和离心。间歇过程的操作遵循在实验室中开发的执行步骤。要在每台设备上执行的任务序列是预先定义的。然后，通过重复预定计划上的处理步骤来实现所需的生产量。

优化是在执行操作约束的同时提高过程性能的首选方法[2]。然而，优化的优势之一，即其固有的数学严谨性，也可被视为一个弱点，因为工程师有时可能发现很难获得一个合适的数学公式来解决他们的实际问题。此外，即使过程模型是可用的，装置与模型不匹配和过程干扰的存在也使直接使用基于模型的最优输入值存在风险。

在过去 30 年中，实时优化(RTO)领域的兴起已经能协助应对上述建模困难[3]。实时优化将过程测量融入优化框架中，使得过程优化不再仅依赖于(可能不准确的)过程模型，而且还依赖于测量的过程信息。最初广泛采用的实时优化方法是两步法，它通过比较预测输出和测量输出之间的差异来调整模型参数，并使用更新的过程模型重新计算最优输入[4]。然而，当存在结构性的装置与模型不匹配的情况时，这种方法很难使装置达到最优状态[5]。因此，已经开发了两步法的替代方法。例如，在修正项适应中，通过向优化问题的成本和约束函数添加修正项来实现对不确定性的校正[6]。由于修正项包含了预测值和装置优化

必要条件(NCO)之间的差异信息，因此这种方法易于在收敛时达到装置最优状态。然而，另一个领域也开始兴起，其中数值优化并不在线应用。通过所谓自优化方法[6-8]，优化问题被重新定义为一个控制问题，利用测量值来实现执行装置的某些最优特性[7-9]。

间歇过程的优化自然属于动态优化的范畴，即以无限维的时间曲线作为决策变量。然而，输入参数化的引入可以将动态优化问题转化为具有可数数量的决策变量的静态优化问题[9]，即所谓非线性规划(NLP)。本章描述了一种基于反馈的间歇过程实时优化策略。

本章组织如下。第8.2节讨论间歇过程的特点及可用的模型，而第8.3节则阐述动态优化问题，并将其重新表述为可以按逐个批次方式解决的静态优化问题。第8.4节中讨论了两个主要步骤，即离线确定适当的反馈结构和实施在线优化反馈控制。第8.5节通过间歇蒸馏塔的例子来验证这种方法，而第8.6节总结了以上展示。

8.2 间歇过程的表述

间歇过程的操作需要相当多的注意点，特别是关于各种处理任务在时间方面的协调，如装料、加热、反应、分离、冷却，以及确定最佳温度和进料曲线。下面给出区分间歇过程和连续过程的主要特点。

8.2.1 区分特点

间歇过程的两个主要区分特点是[10]：

① 无稳态操作点。在间歇过程中，化学和物理转化从初始状态发展到一个完全不同的最终状态。因此，不存在一个可以优化操作条件的稳态操作点。相反，决策变量是无限维的时间曲线。

② 重复性。间歇过程的特点是批次运行的频繁重复。因此，使用前次运行的结果来优化后续运行的操作是很有吸引力的。这就产生了工业上相关的研究课题，批次到批次控制，以及本文感兴趣的，批次到批次(批到批)优化。

除这两个主要特点外，还有许多问题使间歇过程的操作变得复杂，特别是它们的非线性行为，模型通常难以覆盖很大的操作范围，同时存在路径和终端约束，存在干扰，间歇过程的不可逆特性，以及纠正措施的潜在能力随着批次进行而降低的事实。这些问题已被讨论过[11]。

8.2.2 数学模型

基于模型的优化技术依赖于适当的数学表征。间歇过程的建模方面在文献[12]中有所讨论。所使用的模型可分为三种主要类型，即数据驱动(黑箱)模型、知识驱动(白箱)模型和混合(灰箱)模型[11]。接下来，我们将简要介绍在本章中使用的知识驱动模型的构建。

基于能量和物质平衡的机理状态空间表述是间歇过程建模的首选方法。速率表达式描述了温度和浓度对各种速率的影响。该模型将独立变量(输入和干扰)与状态(浓度、温度和总质量)以及相应的输出联系起来。第 k 批次的运行时动态可以由以下公式表示[11,13]：

$$\dot{\boldsymbol{x}}_k(t) = \mathrm{F}(\boldsymbol{x}_k(t),\ \boldsymbol{u}_k(t)),\ \boldsymbol{x}_k(0) = x_{0,k} \tag{8.1}$$

$$\boldsymbol{y}_k(t) = \mathrm{H}(\boldsymbol{x}_k(t),\ \boldsymbol{u}_k(t)) \tag{8.2}$$

$$\boldsymbol{z}_k = \mathrm{Z}(\boldsymbol{x}_k[0,\ t_f],\ \boldsymbol{u}_k[0,\ t_f]) \tag{8.3}$$

其中，$t \in [0,\ t_f]$表示运行时间，$k=1,\ 2,\ \cdots$表示批次序号，$\boldsymbol{x}$ 是 n 维状态向量，$\boldsymbol{u}$ 是 m 维输入向量。有两种类型的测量输出，即在一个批次内持续可用的 p 维运行过程输出向量 $\boldsymbol{y}(t)$，以及在结束时刻 t_f可用的 q 维批次结束输出向量 $\boldsymbol{z}$。注意，$\boldsymbol{z}$ 不仅限于在结束时刻测量的量，还可以包括从设置状态 $\boldsymbol{x}_k[0,\ t_f]$和 $\boldsymbol{u}_k[0,\ t_f]$推断出的量，如批次期间达到的最高温度。

除特定于给定批次的运行时动态外，还可以批到批的方式更新初始条件和输入设置状态，如下所示(初始条件 $\boldsymbol{x}_{0,k}$和输入设置状态 $\boldsymbol{u}_k[0,\ t_f]$可以在先前多批的基础上更新；这里提出的关系仅考虑前一批，以简化符号。此外，尽管批到批方法中每批次运行时间可以不同，但在本表述中选择为所有批次相同)：

$$\boldsymbol{x}_{0,k} = \mathrm{I}(\boldsymbol{x}_{k-1}[0,\ t_f],\ \boldsymbol{u}_{k-1}[0,\ t_f]),\ \boldsymbol{x}_0[0,\ t_f] = \boldsymbol{x}_{\text{init}}[0,\ t_f] \tag{8.4}$$

$$\boldsymbol{u}_k[0,\ t_f] = \mathrm{K}(\boldsymbol{x}_{k-1}[0,\ t_f],\ \boldsymbol{u}_{k-1}[0,\ t_f]),\ \boldsymbol{u}_0[0,\ t_f] = \boldsymbol{u}_{\text{init}}[0,\ t_f] \tag{8.5}$$

其中，$\boldsymbol{x}_{\text{init}}[0,\ t_f]$和 $\boldsymbol{u}_{\text{init}}[0,\ t_f]$分别代表初始状态和输入设置状态。

8.2.3 间歇过程的静态视角

由于没有稳定状态，间歇过程中的大部分信号会随时间而变化。因此，决策变量(这里是给定运行批次的输入设置状态 $\boldsymbol{u}[0,\ t_f]$)是无限维的。不过，可以将间歇过程表达为有限数量的输入参数(用来在批次开始前定义输入设置状态)与批次结束输出(代表批次结束时的结果)之间的静态映射。关键点是输入设置状态的参数化：

$$\boldsymbol{u}[0,\ t_f] = \mathcal{U}(\boldsymbol{\pi},\ t) \tag{8.6}$$

其中输入参数为 $\boldsymbol{\pi}$。这种参数化是通过将输入设置状态划分为时间段，并在每段内使用多项式近似(其最简单的形式是常数值)来实现的。参数向量 $\boldsymbol{\pi}$ 还可以包括时间段之间的切换次数[9]。通过这样的参数化，间歇过程可以看作输入参数 $\boldsymbol{\pi}$ 的有限集与批次结束输出 $\boldsymbol{z}$ 之间的静态映射，如下所示：

$$\boldsymbol{z} = \mathrm{M}(\boldsymbol{\pi}) \tag{8.7}$$

该静态模型指出，一旦确定了输入参数 $\boldsymbol{\pi}$，就可以计算批次结束时的输出 $\boldsymbol{z}$。为此，需要使用式(8.6)生成输入设置状态 $\boldsymbol{u}[0,\ t_f]$，对式(8.1)积分，并通过式(8.3)生成 $\boldsymbol{z}$。或者，通过实验设置，可以生成输入设置状态 $\boldsymbol{u}[0,\ t_f]$，将其应用于间歇过程，并收集批次结束时输出 $\boldsymbol{z}$ 的相关信息。虽然静态模型[式(8.7)]看似简单，但必须记住，批次的动态特性实际隐含在输入参数(运行前)与批次结束时输出(运行后)之间的关系中。这两种不同的观察给定批次操作的方式如图 8.1 所示。很自然地，“动态视角”与在线的批次内操作相关，而“静态视角”更适合于批到批的操作。

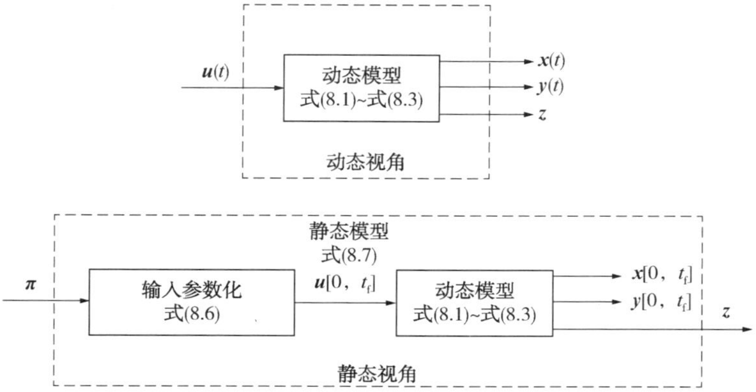

图 8.1　同一批次运行的两种不同视角。动态视角：动态模型描述了状态 $\boldsymbol{x}(t)$、运行时输出 $\boldsymbol{y}(t)$ 和批次结束时输出 $\boldsymbol{z}$ 作为输入 $\boldsymbol{u}(t)$ 的函数的行为。静态视角：静态模型 $\boldsymbol{z}=\mathrm{M}(\boldsymbol{\pi})$ 明确了输入参数 $\boldsymbol{\pi}$ 与批次结束时输出 $\boldsymbol{z}$ 之间的关系

8.3　间歇过程的数值优化

本节将描述动态优化问题，并将其重新表述为可以按批到批方式解决的静态优化问题。

8.3.1　问题表述：动态优化

考虑如下的有约束动态优化问题：

$$\min_{\boldsymbol{u}[0,t_f]} \phi(\boldsymbol{x}(t_f)) \tag{8.8}$$

$$\text{s.t.}\ \dot{\boldsymbol{x}}(t)=\boldsymbol{F}(\boldsymbol{x}(t),\ \boldsymbol{u}(t)),\ \boldsymbol{x}(0)=\boldsymbol{x}_0 \tag{8.9}$$

$$\boldsymbol{S}(\boldsymbol{x}(t),\ \boldsymbol{u}(t))\leqslant \boldsymbol{0} \tag{8.10}$$

$$\boldsymbol{T}(\boldsymbol{x}(t_f))\leqslant \boldsymbol{0} \tag{8.11}$$

其中，ϕ 为需要最小化的终端时刻的成本函数；$\boldsymbol{x}(t)$ 为具有已知初始条件 $\boldsymbol{x}_0$ 的 n 维状态向量；$\boldsymbol{u}(t)$ 为 m 维输入状态向量；$\boldsymbol{S}$ 为在时间段 $[0,\ t_f]$ 上保持的 n_S 维路径约束向量；$\boldsymbol{T}$ 为在最终时刻 t_f 时保持的 n_T 维终端约束向量，t_f 可以是自由的或固定的(如果 t_f 是自由的，它将成为一个决策变量。注意，也可能有额外的常数决策变量。在这种情况下，决策变量将包括输入设置状态向量 $\boldsymbol{u}[0,\ t_f]$ 和常数向量 $\boldsymbol{\rho}$。为了简化表述，这里不考虑这种一般情况，详细信息可参见参考文献[8])。

8.3.2　将动态优化问题静态化

数值上，优化问题[式(8.8)~式(8.11)]可以通过控制向量参数化(CVP)[14] 来解决，此方法将无限维的输入 $\boldsymbol{u}(t)$ 使用有限数量的参数 $\boldsymbol{\pi}$ 进行参数化。通常，输入被划分为小的时间段，并在每段内使用多项式来近似输入。输入参数向量 $\boldsymbol{\pi}$ 还可以包括时间段之间的切换时间。因此，输入可以表示为 $\boldsymbol{u}[0,\ t_f]=\mathcal{U}(\boldsymbol{\pi},\ t)$，并且优化是对于 $\boldsymbol{\pi}$ 进行的，其中 $\boldsymbol{\pi}$ 是 n_π 维的常数决策变量向量。这种参数化的难点在于路径约束 $\boldsymbol{S}(\boldsymbol{x},\ \boldsymbol{u})$ 也必须被离散化，从

而产生与离散化点数(通常是大量的)一样多的约束。然而，如果有关最优解形状的结构信息是可用的，路径约束可以使用另一种参数化的不同方式处理，如下所述。

有约束的终端时刻动态优化问题的解通常是不连续的，且由各种弧组成。对于给定输入，第 i 段弧 $\boldsymbol{\eta}_i(t)$ 可以是两种类型之一：

① $\boldsymbol{\eta}_{i,\text{path}}$：弧 $\boldsymbol{\eta}_i(t)$ 由主动的路径约束决定(约束探索的弧)。

② $\boldsymbol{\eta}_{i,\text{sens}}$：弧 $\boldsymbol{\eta}_i(t)$ 不受主动路径约束的控制，它是灵敏度探索的。

假设通过以下方式满足路径约束：a. 在活动输入边界的情况下分配输入值；b. 通过测量或估计被约束量及其规律以跟踪活动值的在线反馈控制。输入的其他部分如 CVP 中一样参数化为 $\boldsymbol{u}[0, t_f]=\mathcal{U}[\boldsymbol{\pi}, t]$。由于路径约束是直接处理的，它们不涉及决策变量 $\boldsymbol{\pi}$。注意，对约束探索的弧的了解是参数化的关键。影响目标函数和终端约束的状态的最终值，可以决策变量 $\boldsymbol{\pi}$ 的形式表示，如下所示：

$$\boldsymbol{x}(t_f)=\boldsymbol{x}_0+\int_0^{t_f}\boldsymbol{F}(\boldsymbol{x}(t), \mathcal{U}(\boldsymbol{\pi}, t))\mathrm{d}t:=\mathcal{F}(\boldsymbol{\pi}) \tag{8.12}$$

t_f或者是已知的，或者是 $\boldsymbol{\pi}$ 的一个元素。因此，动态优化问题式(8.8)~式(8.11)可以重新表述为：

$$\min_{\boldsymbol{\pi}}\phi(\mathcal{F}(\boldsymbol{\pi})) \tag{8.13}$$

$$\text{s.t. } \boldsymbol{T}(\mathcal{F}(\boldsymbol{\pi}))\leqslant\boldsymbol{0} \tag{8.14}$$

因为系统动态隐含在$\mathcal{F}(\boldsymbol{\pi})$中，路径约束如前所述已经得到处理。所以，动态优化问题可以重新表述为以下静态非线性规划问题：

$$\min_{\boldsymbol{\pi}}\phi(\boldsymbol{\pi}) \tag{8.15}$$

$$\text{s.t. } \boldsymbol{G}(\boldsymbol{\pi})\leqslant\boldsymbol{0} \tag{8.16}$$

需最小化的标量成本函数可写为 $\phi(\boldsymbol{\pi}):=\phi(\mathcal{F}(\boldsymbol{\pi}))$，约束的 n_g维向量通常写为 $\boldsymbol{G}(\boldsymbol{\pi}):=\boldsymbol{T}(\mathcal{F}(\boldsymbol{\pi}))$。

8.3.3 批到批解决方案：静态优化

接下来考虑静态优化问题[式(8.15)、式(8.16)]，并定义拉格朗日函数：

$$\mathcal{L}(\boldsymbol{\pi}):=\boldsymbol{\Phi}(\boldsymbol{\pi})+\boldsymbol{\mu}^T\nabla\boldsymbol{G}(\boldsymbol{\pi}) \tag{8.17}$$

其中$\boldsymbol{\mu}$ 表示与约束相关联的拉格朗日乘子的 n_g维向量。假设成本函数 $\boldsymbol{\Phi}$ 和约束函数 $\boldsymbol{G}$ 是可微分的，可以写出 Karush-Kuhn-Tucker(KKT)优化的必要条件，见表 8.1。表 8.1 的上半部分展示了正式的 KKT 条件。然而，从实用的角度看，如果活动约束集是已知的，这些条件可以简化如下。

表 8.1 静态优化问题的 KKT 条件[15]

	约束	敏感度
正式的	$\boldsymbol{G}\leqslant 0$	$\dfrac{\partial\mathcal{L}}{\partial\boldsymbol{\pi}}=0$
	或$\mu_j G_j=0$，$\mu_j\geqslant 0$，$j=1,\cdots,n_g$	
如果活动集已知	$\boldsymbol{G}_a=0$	$\left.\dfrac{\mathrm{d}\boldsymbol{\Phi}}{\mathrm{d}\boldsymbol{\pi}}\right\vert_{\boldsymbol{G}_a=0}=0$

① 由于非活动约束的拉格朗日乘子恒等于零，因此可以舍弃非活动约束，并为 $n_{g,a}$ 个活动约束生成条件 $\boldsymbol{G}_a=\boldsymbol{0}$，其中下标 a 表示与式(8.15)和式(8.16)的活动约束相关联的数目。

② 只考虑活动约束，灵敏度条件可以写为：

$$\frac{\partial \mathcal{L}}{\partial \boldsymbol{\pi}}=\frac{\partial \boldsymbol{\Phi}}{\partial \boldsymbol{\pi}}+\boldsymbol{\mu}_a^T\frac{\partial \boldsymbol{G}_a}{\partial \boldsymbol{\pi}}=\boldsymbol{0} \tag{8.18}$$

这表明成本梯度$\frac{\partial \boldsymbol{\Phi}}{\partial \boldsymbol{\pi}}$必须与活动约束的梯度的线性组合，即$\boldsymbol{\mu}_a^T\frac{\partial \boldsymbol{G}_a}{\partial \boldsymbol{\pi}}$对齐。等效地，可以说成本梯度必须属于活动约束的梯度的零空间。这个零空间可计算如下：

$$\frac{\partial \boldsymbol{G}_a}{\partial \boldsymbol{\pi}}\boldsymbol{N}=\boldsymbol{0} \tag{8.19}$$

其中 $\boldsymbol{N}\in\mathbb{R}^{n_u\times n_r}$，是由(8.19)定义的零空间矩阵，$n_r=n_u-n_{g,a}$ 是梯度$\frac{\partial \boldsymbol{G}_a}{\partial \boldsymbol{\pi}}$的零空间的维度，如下：

$$\frac{\partial \mathcal{L}}{\partial \boldsymbol{\pi}}\boldsymbol{N}=\frac{\partial \boldsymbol{\Phi}}{\partial \boldsymbol{\pi}}\boldsymbol{N}=\left.\frac{\mathrm{d}\boldsymbol{\Phi}}{\mathrm{d}\boldsymbol{\pi}}\right|_{\boldsymbol{G}_a=0}=\boldsymbol{0} \tag{8.20}$$

据此可知，当满足活动约束时，这些灵敏度代表了成本相对于 $\boldsymbol{\pi}$ 的变化。注意，这一简化的 KKT 条件集并不涉及任何拉格朗日乘子 $\boldsymbol{\mu}$。

8.3.4 装置-模型不匹配的影响

数值优化依赖于过程的模型。如果有一个准确的模型可用，则可以通过解决动态优化问题[式(8.8)~式(8.11)]或重新表述的静态优化问题[式(8.15)、式(8.16)]来使装置达到最优。然而在实践中，由于模型通常只是对真实过程的近似，依靠模型本身无法达到最优化目的。需要使用工厂实测数据，这就引入了实时优化的概念。实时优化包含几种适应策略[16]，其中基于反馈控制的策略将在下一节中详细介绍。

8.4 不确定间歇过程的基于反馈的优化

通过执行与动态优化或其转化的静态优化问题相关的装置 NCO 可以达成装置的最优操作。反馈结构基于最佳可用模型而离线确定。注意，这个模型不需要非常精确，它可以是过程的相对简化表达，因为主要要求不是模型的准确性，而是模型的适用性(确保基于模型的优化问题能够确定装置的最优输入的属性被称为“模型适用性”[4,17]。对于给定的基于模型的 RTO 方案，如果 RTO 方案能够预测正确的装置有效约束集合和正确的装置梯度方向，即正确的装置 NCO 集合，则该模型是适用的。我们稍后将看到如何通过被称为“修正器适应”的 RTO 方案[18]来达成模型适用性)。接下来，我们将详细介绍实施基于反馈的优化控制所需的离线工作和实时工作。

8.4.1 离线工作：确定反馈结构

该过程涉及两个步骤，即解的特性描述和反馈结构的设计。

8.4.1.1 解的特性描述

人们使用一个“适当”的模型，并数值求解动态优化问题[式(8.8)~式(8.11)]。如前所述，由于装置-模型不匹配，计算出的解对装置而言并不是最优的。然而，在这个阶段，主要价值在于描述解的特性，也就是确定构成解的弧的类型和序列。特别是，在最优状态下活动的路径约束，形式上可表达为 $\boldsymbol{S}_a(\boldsymbol{x}(t),\ \boldsymbol{u}(t))=0$，必须是已知的，因为该信息用于将动态优化问题重新表述为静态问题。注意，路径约束通常在某个时间段 $[t_1,\ t_2]$ 内有效，并不一定对整个批次持续时间 $[0,\ t_f]$ 有效。不过，在这种情况下 t_1 和 t_2 并不需要事先知道，因为它们可以通过批到批控制进行调整。此外，通过稳健性分析可以离线验证弧段类型和序列的可靠性，即通过扰动模型，定性地确保弧段类型和序列不变。有了这些信息，设计者就拥有了一个解的参数化模型，称为解模型，这对于设计反馈结构至关重要。

8.4.1.2　反馈结构设计

解模型是对最优输入的参数化近似，其中包括弧段的类型和序列，可用于控制的作为自由度的输入参数(或操作变量[MVs])，以及相应的 NCO(或被控变量 CVs)。注意，在优化问题中有多少个自由度，就有多少个 NCO，从而使方程组完全确定。解模型仅仅是一个帮助以有效方式解决当前问题的工具，并且对于给定问题可能有几个完全有效的解模型，理解这一点很重要。因此，设计者能够提出替代的(从最简单到更复杂的)解模型来解决多变量控制问题的设计。这个方面，代表被称为 NCO 跟踪[8]方法的主要优势，在文献[11]中进行了讨论，并在其中的第一个案例研究中加以说明。

在实际工作中，目标是开发一种易于实现且高效的控制方案。通过反馈控制来实现装置最优化需要有适当的 CVs 和 MVs。CVs 包括在批次内在线处理的活动路径约束 $\boldsymbol{S}_a(t)=0$，以及在表 8.1 中给出的重新表述的静态优化问题的 KKT 条件。MVs 的组成为部分输入，比如批次内输入 $\boldsymbol{u}_{wb}(t)$，以在特定时间段内跟踪 $\boldsymbol{S}_{p,a}(t)=0$(下标 p 表示装置数目)，以及输入参数 $\boldsymbol{\pi}$，从中可以根据式(8.6)重构批到批输入 $\boldsymbol{u}_{btb}[t_1,\ t_2]=\mathcal{U}(\boldsymbol{\pi},\ t)$。相应地，基于反馈的优化方案示意如图 8.2 所示。

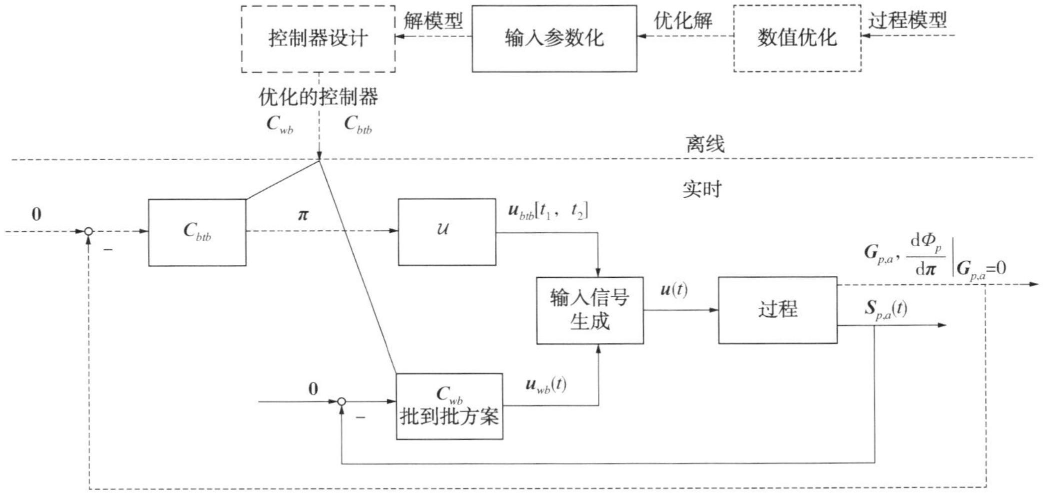

图 8.2　NCO 跟踪方案。离线工作活动包括通过数值优化和输入参数化生成解模型，以及设计 NCO 跟踪控制器。实时工作涉及批次内(实线)和批到批(虚线)控制，以实现装置 NCO，即批次内 $\boldsymbol{S}_{p,a}(t)=0$，以及批次结束时 $\boldsymbol{G}_{p,a}(t)=0$ 和 $\left.\frac{\mathrm{d}\Phi_p}{\mathrm{d}\pi}\right|_{\boldsymbol{G}_{p,a}=0}=0$。输入信号 $\boldsymbol{u}_{wb}(t)$ 和 $\boldsymbol{u}_{btb}[t_1,\ t_2]$ 组合生成过程输入 $\boldsymbol{u}(t)$

备注 1：NCO 跟踪的一个关键特征是能够通过引入近似解来选择适当的 MVs 和 CVs。因此，MVs 和 CVs 的选择不是一次性的，而可能需要迭代。实际上，这些选择的适当性通常是 NCO 跟踪在实践中成功的关键。这些是以装置最优化为考虑的真正的工程决策。

备注 2：这种方法的一个有趣特征是过程模型和解模型所扮演的角色。在传统的优化方法中，过程模型起着关键作用，需要付出很多努力来获得一个“准确”的过程模型。通常，引入近似值时无法评估它们对计算解的影响。相比之下，在 NCO 跟踪中，过程模型需要的适用性高，但不一定要准确，即对过程模型的要求要少得多。主要的工程决策是根据预期的解做出的，可以直接评估近似值的效果。

备注 3：NCO 跟踪方案试图满足活动约束并将某些灵敏度推向零。与任何控制方案一样，在存在干扰的情况下，不能保证始终满足设定点(这里是 NCO)。然而，反馈的存在有助于减少对这些干扰的敏感性。这里可找到多变量反馈控制的所有特征，包括对适当匹配 MVs 和 CVs 的需求。

备注 4：间歇过程的优化包括路径和终端目标，见表 8.1。因此，单个批次的最佳操作通常需要一个模型来预测终端目标。当没有模型可用时，可以依赖批到批操作，它可使优化问题的重新表述变得方便。

8.4.2 实时工作：实施反馈控制

根据图 8.2，实施优化反馈控制会同时采用批次内控制(实线)和批到批控制(虚线)。下文将讨论这两种互补的实施方式。

8.4.2.1 批次内反馈

批次内反馈对应于标准的多变量控制。每个活动约束 $S_{p,a,j}=0$，$j=1$，…，n_{Sa} 在给定的时间段内保持有效状态，这个时间段在批次开始时就已知(要么来自先前的知识，要么通过批到批控制计算得出)。当某些控制回路相互作用时，可能需要解耦控制[19]。

8.4.2.2 批到批反馈

批到批反馈的目标是达成表 8.1 中的 KKT 条件。根据可用的信息和工具，可以有不同的实施方式。由此产生的方案在以下问题上存在差异，以提问的形式表达：活动集是否已知？能否在每个批次结束时计算梯度？能否在批次之间进行数值优化？接下来将描述这些不同情况，并在表 8.2 中进行总结。我们将只提供对基础方案的关键参考文献，因为这些内容在文献中很多。

表 8.2　各种批次到批次优化方案

项目	活动集已知	需要批次间梯度	控制或优化	装置最优化
NCO 跟踪	是	是	控制	是
约束跟踪	是	否	控制	是
自优化控制	是	否	控制	近似最优
修正器适应	否	是	优化	是
约束适应	否	否	优化	是

注：NCO 跟踪：假设活动集正确且装置约束和梯度被正确测量/估计，达到装置最优。约束跟踪：假设活动集正确，最优解完全由活动约束决定且装置约束被正确测量，达到装置最优。自优化控制：如果活动集正确且装置输出被正确测量，则应用效果很好；但解只是近似的，因为被控变量 $\boldsymbol{c}$ 是由模型而不是装置生成的。修正器适应：假设装置约束和梯度被正确测量/估计，达到装置最优。约束适应：如果最优解完全由活动约束决定且装置约束被正确测量，达到装置最优。

① 活动集已知，梯度可计算，用于控制（NCO 跟踪）[9,20]。KKT 条件包括每批次结束时计算的 $\boldsymbol{G}_{p,a}=0$ 和 $\left.\frac{\mathrm{d}\boldsymbol{\Phi}_p}{\mathrm{d}\boldsymbol{\pi}}\right|_{\boldsymbol{G}_{p,a}=0}$。虽然 $\boldsymbol{G}_{p,a}$ 可以直接测量或估算，但梯度 $\left.\frac{\mathrm{d}\boldsymbol{\Phi}_p}{\mathrm{d}\boldsymbol{\pi}}\right|_{\boldsymbol{G}_{p,a}=0}$ 需要通过改变 $\boldsymbol{\pi}$ 并测量由此产生的成本 $\boldsymbol{\Phi}_p$ 来实现系统激励而获得。一旦完成对装置 $\boldsymbol{G}_{p,a}=0$ 和 $\left.\frac{\mathrm{d}\boldsymbol{\Phi}_p}{\mathrm{d}\boldsymbol{\pi}}\right|_{\boldsymbol{G}_{p,a}=0}$ 的估算，就可以通过调整这些值达到它们的设定点 0 来实施优化反馈。

② 活动集已知，无梯度，用于控制（CT）[21]。在约束跟踪（CT）中，对期望在系统最优状态下有效的约束进行测量和控制，以便在几个批次后满足约束。需注意，CT 是 NCO 跟踪的一种特殊情况，它只跟踪活动约束。

③ 活动集已知，无梯度，用于控制（SOC）[22,23]。因假定约束条件已通过如 CT 等其他方法满足，此处不再关注活动约束。自优化控制通过反馈控制使下降梯度至零。在此，无法在每批次结束时计算的 KKT 条件 $\left.\frac{\mathrm{d}\boldsymbol{\Phi}_p}{\mathrm{d}\boldsymbol{\pi}}\right|_{\boldsymbol{G}_{p,a}=0}$，被替换为灵敏度变量 $\boldsymbol{c}$，该变量是输入和输出的线性组合，对模型参数 $\boldsymbol{\theta}$ 中的不确定性相对不敏感。这些线性组合是基于灵敏度矩阵 $\frac{\partial^2\mathcal{L}}{\partial\boldsymbol{\pi}\partial\boldsymbol{\theta}}$ 离线生成的。然后可使用反馈控制将这些变量保持在使用标称模型计算出的最优值处不变。

④ 活动集未知，梯度可计算，用于优化（MA）[5,18]。修正器适应（MA）是为这一特定情况开发的。在第 k 次迭代中，需要计算零阶修正器 $\boldsymbol{\epsilon}_k :=\boldsymbol{G}_p-\boldsymbol{G}$，以及一阶修正器 $\boldsymbol{\lambda}_k^{\Phi} := \frac{\mathrm{d}\boldsymbol{\Phi}_p}{\mathrm{d}\boldsymbol{\pi}}-\frac{\mathrm{d}\boldsymbol{\Phi}}{\mathrm{d}\boldsymbol{\pi}}$ 和 $\boldsymbol{\lambda}_k^{G} := \frac{\mathrm{d}\boldsymbol{G}_p}{\mathrm{d}\boldsymbol{\pi}}-\frac{\mathrm{d}\boldsymbol{G}}{\mathrm{d}\boldsymbol{\pi}}$。虽然 $\boldsymbol{G}_p$ 可以直接测量或估算，但梯度 $\frac{\mathrm{d}\boldsymbol{\Phi}_p}{\mathrm{d}\boldsymbol{\pi}}$ 和 $\frac{\mathrm{d}\boldsymbol{G}_p}{\mathrm{d}\boldsymbol{\pi}}$ 需要通过改变 $\boldsymbol{\pi}$ 并测量由此产生的成本 $\boldsymbol{\Phi}_p$ 和 $\boldsymbol{G}_p$ 实现装置激励而获得。

⑤ 活动集未知，无梯度，用于优化（CA）[24,25]。当最优解完全由活动约束确定时，没有必要计算一阶修正器。由此产生的方案，被称为约束适应（CA），需实现 n_u 个最严格的约束。注意，与 CT 不同，CA 方案不需要提前知道活动集。此外，装置最优是通过优化达成的，而不是反馈控制。

8.5 示例说明：间歇蒸馏塔

本案例研究说明了如何使用约束跟踪和 NCO 跟踪对间歇蒸馏塔进行优化。

8.5.1 工业间歇蒸馏塔

在过程工业中，使用精馏将液体混合物分离为不同组分是主要操作方法之一。特别地，间歇蒸馏在处理各种混合物和生产不同规格产品时具备灵活性，这是响应当今频繁变化的生产目标的一大优势，因此间歇蒸馏引起了科研人员相当大的兴趣。

一个典型的间歇蒸馏过程包括精馏塔、带有加热系统的再沸器、冷凝器、真空泵以及数个储罐，如图 8.3 所示。再沸器将混合物加热到沸点并在精馏塔内生成气相，而冷凝器则在塔顶生成液相。精馏塔内有多个塔板或填料段，以建立气液两相间的平衡，使轻组分富集在气相，而重组分凝析为液相[26]。塔内的温度和压力梯度使得轻组分和重组分分别在塔顶和塔底分离出来。从冷凝器出来的液体被分为两部分：返回塔的回流物料和作为不同馏分收集在特定储罐中的馏出物料。

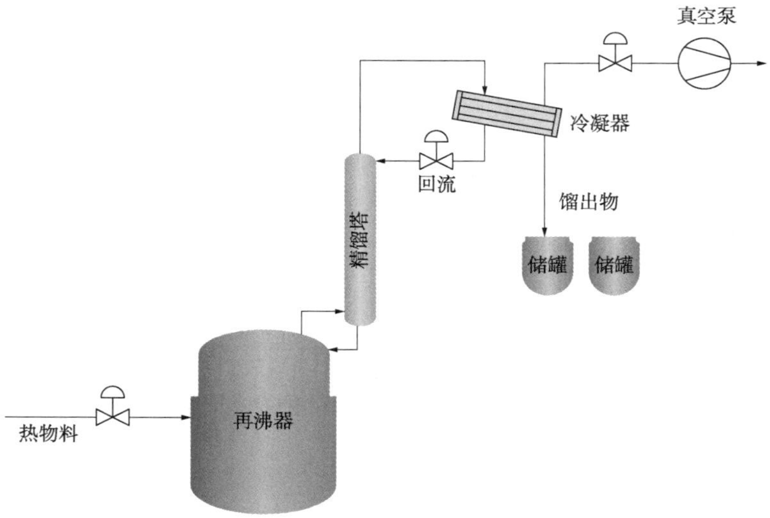

图 8.3　间歇式精馏塔，包括再沸器、精馏塔、冷凝器和两个储液罐

在多组分混合物的间歇蒸馏中，馏分的分离扮演着重要角色。一个馏分指的是在切换到下一馏分或停止蒸馏之前在储液罐中收集的馏出物总和。以下两个术语用来明确馏分：

回收率：指罐中某种物质相对于其初始进料量的质量分数。

纯度：指罐中某种物质相对于罐中总质量的质量分数。

在所谓“杂质馏分”中，人们试图从混合物中去除尽可能多的杂质，同时尽量少损失产品。杂质馏分通常在蒸馏开始阶段以及两个产品馏分之间取出。在所谓“产品馏分”中，目标是在规定的纯度要求下尽可能多地回收产品。

本研究使用的是香精行业分离中常见的双组分混合物。该混合物含有杂质 A 和产品 B，沸点分别为 100℃和 120℃。分离是在塔底 11mbar 和塔顶 5mbar 的恒定低压下进行的。目标是尽量缩短在再沸器中回收给定(高)纯度的所需(大)数量的产品 B 所用的批次时间。这些关于产品的目标可重新表达为针对杂质馏分的回收目标，即罐中期望的杂质(高)回收率以及产品(低)损失。

8.5.2　过程模型

为此应用开发的简单动态简化模型包括以下几部分[27]：a. 混合物中数量 $S=2$ 的组分的总物料平衡方程；b. 计算物理性质的代数方程[26,28]；c. 基于 Antoine 和 Raoult 关系的方程；d. Fenske-Underwood-Gilliland(FUG)模型，能够从再沸器组分中估算馏出物组分[29]。用于优化调整的操作变量(输入)是馏出物流率 $w_D(t)$。假设在塔和冷凝器中的物料停留可以忽略不计，则总物料平衡可以写为：

$$\frac{\mathrm{d}\boldsymbol{n}_B(t)}{\mathrm{d}t}=-\boldsymbol{x}_0(t)u_D(t),\quad \boldsymbol{n}_B(t_0)=\boldsymbol{n}_{B,0} \tag{8.21}$$

其中，$\boldsymbol{n}_B$为再沸器中物质的量的 S 维向量；$\boldsymbol{n}_{B,0}$为初始装料的相应物质的量；$\boldsymbol{x}_0$为馏出物摩尔分数的 S 维向量；u_D为馏出物摩尔流率；t 为蒸馏时间。物质的量可以用分子量的 S

维向量 $\boldsymbol{M}_w$ 转换为质量：

$$\boldsymbol{m}_B(t)=diag(\boldsymbol{M}_w)\boldsymbol{n}_B(t) \tag{8.22}$$

$$\boldsymbol{m}_B(0)=diag(\boldsymbol{M}_w)\boldsymbol{n}_B(t_0) \tag{8.23}$$

$$\overline{M}_w(t)=\boldsymbol{M}_w^{\mathrm{T}}\boldsymbol{x}_0(t) \tag{8.24}$$

$$w_D(t)=u_D(t)\overline{M}_w(t) \tag{8.25}$$

其中，$\overline{M}_w$ 为馏出物相对平均相对分子质量；w_D 为馏出物质量流率。混合物沸点温度是使用 Antoine 和 Raoult 方程计算的，这是一个由 $N+2$ 个隐式方程组成的系统，描述了 N 个理论塔板和再沸器上的气液平衡（塔顶 $k=0$，再沸器 $k=N+1$）：

$$\log \boldsymbol{p}_{s,k}(t)=\boldsymbol{a}_1-(T_k(t)\mathbf{1}_S+diag(\boldsymbol{a}_3))^{-1}\boldsymbol{a}_2 \tag{8.26}$$

$$\boldsymbol{p}_{p,k}(t)=diag(\boldsymbol{x}_k(t))\boldsymbol{p}_{s,k}(t) \tag{8.27}$$

$$p_k(t)=\mathbf{1}_S^{\mathrm{T}}\boldsymbol{p}_{p,k}(t) \tag{8.28}$$

其中，$\boldsymbol{p}_{s,k}$ 和 $\boldsymbol{p}_{p,k}$ 分别为饱和压和分压的 S 维向量；T_k 为温度；p_k 为压力；$\boldsymbol{x}_k$ 为摩尔分数的 S 维向量；$\boldsymbol{a}_1$，$\boldsymbol{a}_2$，$\boldsymbol{a}_3$ 为 Antoine 系数的 S 维向量；$\mathbf{1}_S$ 为所有元素都为 1 的 S 维向量。

馏出物摩尔分数 $\boldsymbol{x}_0$ 使用 FUG 模型计算如下：

$$\boldsymbol{x}_0(t)=diag(\bar{\boldsymbol{a}}(t)^{N_{\min}(t)})\boldsymbol{x}_B(t)/\mathbf{1}_S^{\mathrm{T}}diag(\bar{\boldsymbol{a}}(t)^{N_{\min}(t)})\boldsymbol{x}_B(t) \tag{8.29}$$

其中，$\bar{\boldsymbol{a}}=\boldsymbol{f}(T)$ 为相对挥发度的 S 维向量；$N_{\min}=f(w_D,\ \Delta p)$ 为最小理论塔板数；$\boldsymbol{x}_B=\boldsymbol{f}(\boldsymbol{n}_B)$ 为再沸器摩尔分数的 S 维向量。

计算温度、压力和组成的方程构成一个微分-代数方程（DAE）系统，使用适当的 DAE 求解器可以求解。杂质馏分的罐内质量的 S 维向量由物料平衡计算得出：

$$\boldsymbol{m}_p(t)=\boldsymbol{m}_B(t_0)-\boldsymbol{m}_B(t) \tag{8.30}$$

总质量为 $m_t(t)=\mathbf{1}_S^{\mathrm{T}}\boldsymbol{m}_p(t)$，相应的罐内质量分数和回收率的 S 维向量可计算为：

$$\boldsymbol{z}(t)=\boldsymbol{m}_p(t)/m_t(t) \tag{8.31}$$

$$\boldsymbol{Y}(t)=diag^{-1}(\boldsymbol{m}_B(0))\boldsymbol{m}_p(t) \tag{8.32}$$

8.5.3 杂质馏分的输入参数化

杂质馏分的优化问题可表述如下：

$$\begin{aligned}\min_{w_D(t),t_f}\quad & t_f\\ \text{s.t.}\quad & \text{DAE 模型[式(8.21)～式(8.32)]}\\ & Y_A(t_f)\geqslant Y_{A,\min}(99.5\%)\\ & Y_B(t_f)\leqslant Y_{B,\max}(10\%)\\ & w_D(t)\geqslant w_{D,\min}(0.5\text{kg/h})\end{aligned} \tag{8.33}$$

其中，t_f 为批次的最终时间。数值优化的结果如图 8.4 所示。最小批次时间为 $t_f^*=5\text{h}$，且对 $Y_A(t_f)$ 和 $Y_B(t_f)$ 的回收需求被精确满足。由于在最优点有两个回收约束是有效的，因此提出使用两个参数来参数化馏出物流率，即通过线性函数来进行：

$$w_D(t)=w_{D,0}+\delta t \tag{8.34}$$

其中初始流率为 $w_{D,0}$，斜率为 δ，如图 8.5 所示。

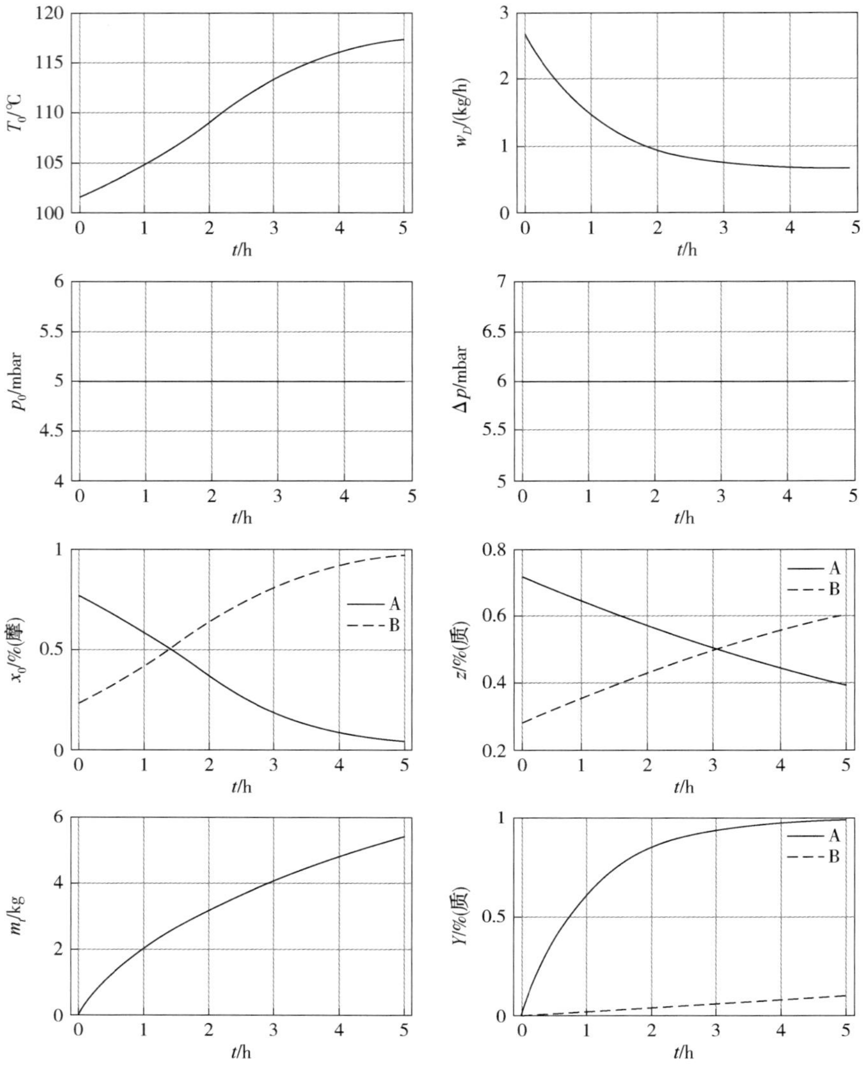

图 8.4　杂质馏分的优化状态线。注意优化解具有 $Y_A(t_f)=Y_{A,\min}$ 和 $Y_B(t_f)=Y_{B,\max}$ 的特性

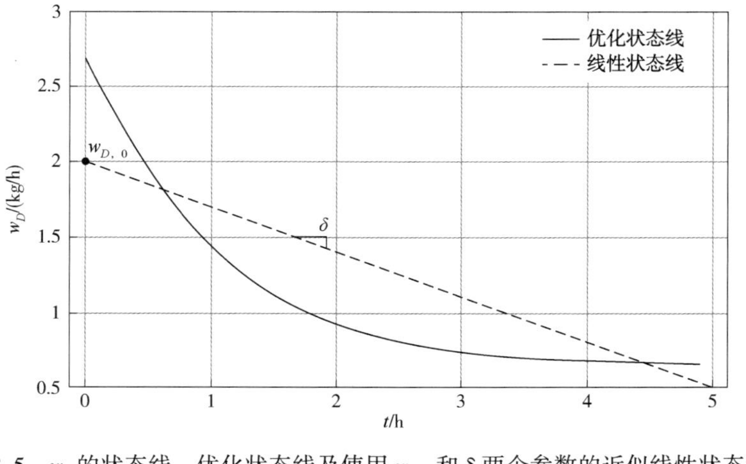

图 8.5　w_D 的状态线：优化状态线及使用 $w_{D,0}$ 和 δ 两个参数的近似线性状态线

采用这种方法，只需通过约束跟踪就能满足两个活动约束。而且，利用间歇蒸馏的特性，可以将自由度数量减少一个。与式(8.33)中的问题表述，将最终时间 t_f 作为决策变量不同，t_f 可以在达到预定的馏出质量时确定，即 $m_{t,f}=f(\boldsymbol{m}_B(0), Y_{A,\min}, Y_{B,\max})$。因此，对于给定的 $\boldsymbol{m}_B(0)$，这个关系式将 $m_{t,f}$ 与两个回收要求关联起来。因此，一旦指定了 $m_{t,f}$，优化问题中有效的自由度数就减少了一个，这意味着可以通过单个自由度来满足两个活动约束，具体细节将在下文中说明。采用决策变量 $w_{D,0}$ 和 δ 对式(8.33)进行数值优化，得到的批次时间为5.15h，即仅比真正的最优时间长3%，这在工业应用中通常可以忽略。

8.5.4 控制系统设计和效果

考虑增益矩阵 $\boldsymbol{K}_a$，它(局部地)将两个输入参数 $\boldsymbol{\pi}:=[w_{D,0}, \delta]^{\mathrm{T}}$ 与两个活动约束的输出 $\boldsymbol{G}_a:=[Y_A(t_f), Y_B(t_f)]^{\mathrm{T}}$ 联系起来。由于这两个输出线性相关，该增益矩阵的秩为1，并表现出以下的奇异值分解：

$$\boldsymbol{K}_a := \frac{\partial \boldsymbol{G}_a}{\partial \boldsymbol{\pi}} = [\boldsymbol{u}_1 \quad \boldsymbol{u}_2]\begin{bmatrix} s_1 & 0 \\ 0 & 0 \end{bmatrix}[\boldsymbol{v}_1 \quad \boldsymbol{v}_2]^{\mathrm{T}} \tag{8.35}$$

在有约束的输出空间中自由方向沿着 $\boldsymbol{u}_1$，可以生成被控变量 $c(t_f)=\boldsymbol{u}_1^{\mathrm{T}}\begin{bmatrix} Y_A(t_f) \\ Y_B(t_f) \end{bmatrix}$ 和相应的设定点 $c^{sp}=\boldsymbol{u}_1^{\mathrm{T}}\begin{bmatrix} Y_{A,\min} \\ Y_{B,\max} \end{bmatrix}$。

约束跟踪和NCO跟踪通过批到批控制实现，如图8.6所示，并将在以下章节中讨论。在本示例中假设过程具有可重复性，因此所有批次都以相同的初始条件开始。

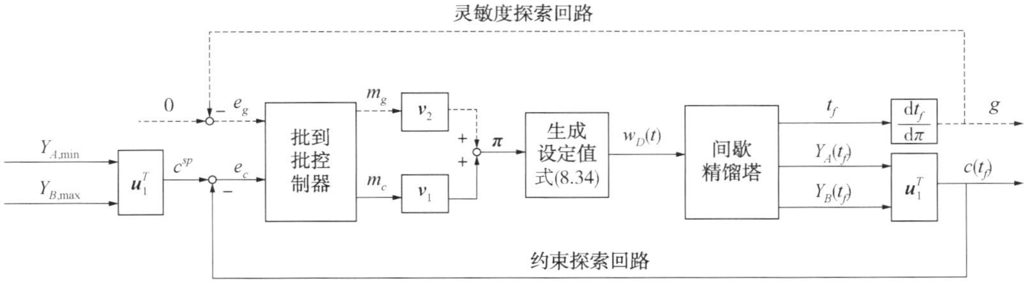

图8.6 批到批控制包括约束探索和灵敏度探索两个回路，以及输入参数 $\boldsymbol{\pi}:=[w_{D,0}, \delta]^{\mathrm{T}}$。约束探索回路利用测量值 $Y_A(t_f)$ 和 $Y_B(t_f)$ 构建被控变量 $c(t_f)$ 并生成操控变量 m_c。灵敏度探索回路利用梯度 $g:=\left.\frac{\mathrm{d}t_f}{\mathrm{d}\boldsymbol{\pi}}\right|_{\boldsymbol{G}_a=0}$ 生成操控变量 m_g。这两个操控变量分别沿 $\boldsymbol{v}_1$ 和 $\boldsymbol{v}_2$ 方向变化，这两个方向彼此正交

8.5.4.1 约束跟踪

在约束跟踪的情况下，只有约束探索回路是活动的。受控变量 $c(t_f)$ 根据批次结束时的测量值 $Y_A(t_f)$ 和 $Y_B(t_f)$ 计算得到。批到批控制器会处理控制误差 e_c 以计算操控变量 m_c，沿着 $\boldsymbol{v}_1$ 方向生成输入参数 $w_{D,0}$ 和 δ，即 $\boldsymbol{\pi}=\boldsymbol{v}_1 m_c$。设定值生成模块使用该信息来计算馏出物流率 $w_D(t)$。

约束跟踪的性能如图8.7所示。选择输入参数的初始值，使得 $w_D(t)$ 的初始设置曲线与

最优设置曲线显著不同。约束跟踪能够将批次时间从 8.5h 显著减少到 5.5h。实际上，由于最初的回收指标高于所需(杂质回收率更高，产品损失更低)，批到批控制器通过提高 $w_{D,0}$ 和 δ 来提高馏出物设置曲线，从而减少批次时间。经过五个批次后，达到活动约束。此外，5.5h 的批次时间与最优值 5h 相当接近，从而表明了约束跟踪，也就是不含灵敏度探索回路的 RTO 的效率。

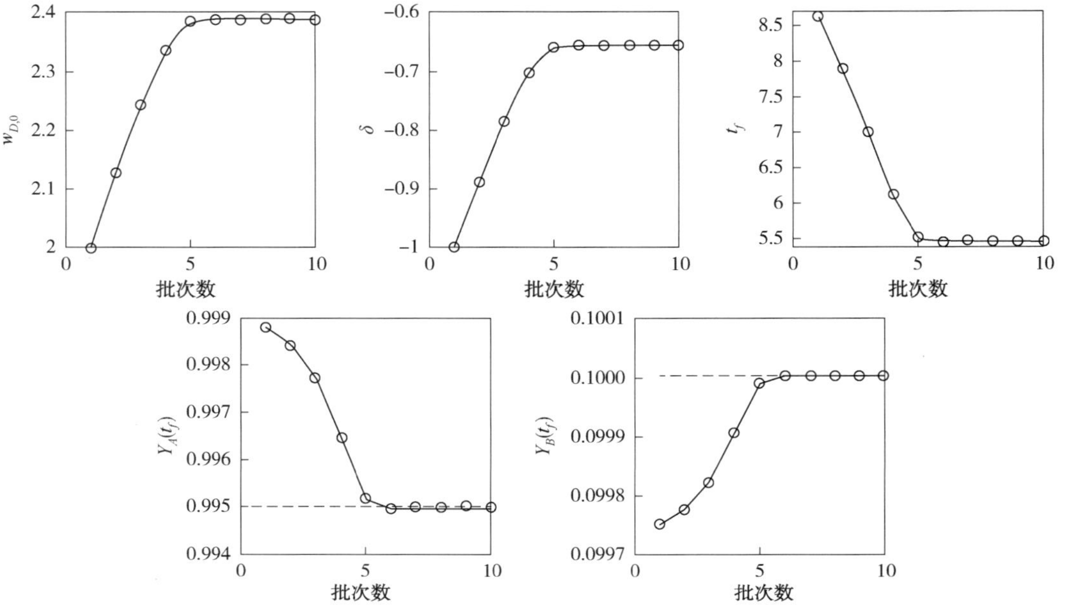

图 8.7　使用约束跟踪的批到批优化

8.5.4.2　NCO 跟踪

NCO 跟踪包括约束探索和灵敏度探索两个回路，它们的效果是叠加的。约束探索的回路设计与约束跟踪中的相同。灵敏度探索回路使用梯度 $g := \left.\frac{\mathrm{d}t_f}{\mathrm{d}\boldsymbol{\pi}}\right|_{G_a=0}$ 的估值来计算操控变量 m_g，它在向量 $\boldsymbol{v}_2$ 的方向上生成对输入参数 $w_{D,0}$ 和 δ 的贡献。因此，合并可得 $\boldsymbol{\pi}=\boldsymbol{v}_1 m_c+\boldsymbol{v}_2 m_g$。设定值生成模块使用该信息来计算馏出物流率 $w_D(t)$。除达到回收要求外，该方案还将明确最小化批次时间。

优化性能如图 8.8 所示，其初始馏出物设置曲线与图 8.7 中所用的相同。在七个批次后达到收敛。请注意，灵敏度探索回路通过将其梯度驱动到零来减少批次时间(最后一个子图)。所得的批次时间为 5.15h，对应于使用线性参数化馏出物设置曲线的数值优化结果。与真实最优值相差 0.15h 是由于对 $w_D(t)$ 的参数化所引入的近似，如图 8.5 所示。

8.5.4.3　实践方面

通过这个蒸馏案例，展示了洛桑联邦理工学院和 Online Control 公司开发的 NCO 跟踪策略。这一策略多年来得到改进，以应对工业实践中最常见的问题。例如，过程的不可重复性、混合物的复杂性以及每个馏分所需的切割条件等更多的困难也已得到解决。一个类似于本章描述的策略已在工业装置上测试，在恒压应用中每批次时间最多可减少 30%。考虑到随时间改变压力可预期获得进一步的提高，人们意识到这些基于测量的优化方案蕴含了多大的潜力。

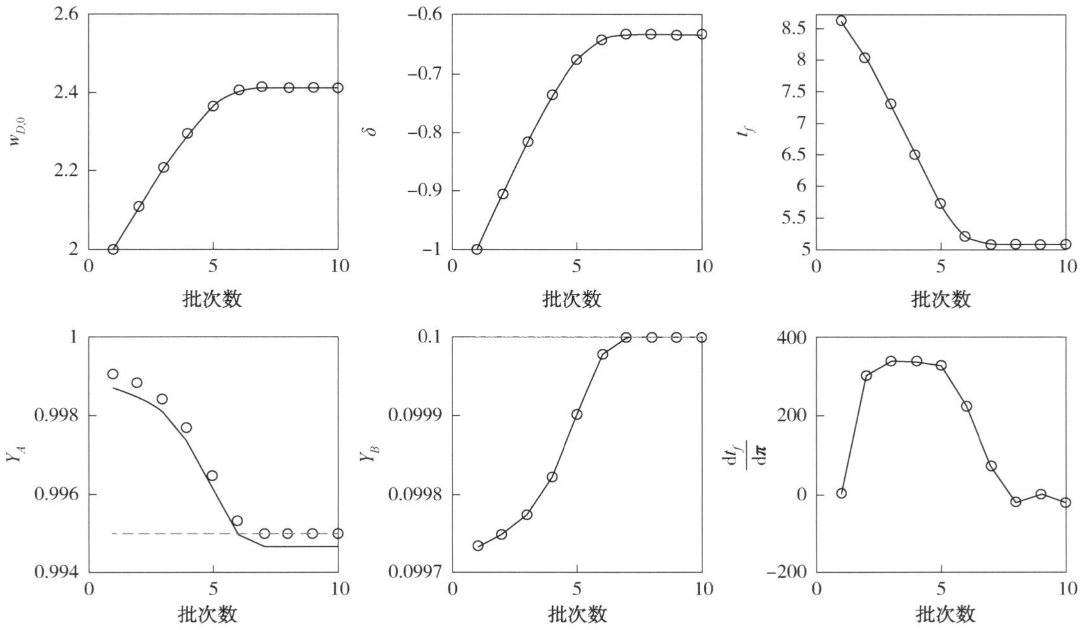

图 8.8　使用 NCO 跟踪的批到批优化

在这项研究中，具有灵敏度探索回路的 NCO 跟踪方案在批次时间最小化方面提供了更好的性能，但它需要在批次结束时评估实验梯度。由于相较约束跟踪的改进不显著，它不一定是人们会选择的方案。事实证明，专注于满足活动约束已成为一种在工业实践中非常有吸引力的方法！

Online Control 公司还在工业软件系统 O_Distill 的框架下开发了一种更全面的蒸馏策略，将压力和压降作为额外的操控变量。这种策略对于处理高难度的分离很有价值。更多信息可在 http://onlinecontrol.ch/? page_id=256 中找到。

8.6　结论

本章分析了间歇和半间歇过程的优化操作。已经展示了，将测量结果纳入优化框架有助于提高化学过程的性能。不同实时优化方法的区别在于测量数据的使用方式以及输入的调整方式，用于抵消不确定性的影响。测量结果可以用来迭代地更新用于优化的模型的状态或参数，或通过反馈控制调整输入以达到 NCO。已经论证了后一种技术能够避免工厂-模型不匹配形式和过程干扰形式的不确定性的影响。

虽然这里介绍的几种技术已在工业实践中成功实施，但仍存在许多具有挑战性的问题。以下是其中的一些：

① 通用的优化技术，特别是模型预测控制的进步，无疑对工业上的应用产生了影响。然而，这些技术依赖于能够获得高保真度及适当复杂度的过程模型，这在实践中很难实现。能够以控制相关的降阶模型有效表示复杂过程动态的非线性模型简化方法，将极大促进先进控制与优化技术在工业上的应用。

② 尽管状态估计方法的进步使得我们能够估算一些测量不频繁的产品属性，但这些估

算永远无法完全取代实际测量本身。需要传感器、分析仪和辅助测量技术的进步，使得比目前水平更频繁地测量产品属性成为可能。

③ 随着过程控制系统的结构日益复杂，对模型动力学、系统总体稳定性和可实现性能的分析变得尤为重要，尤其是在为每个问题选择最佳方案时提供指导。

参 考 文 献

[1] D. Bonvin, Control and optimization of batch processes, in: J. Baillieul, T. Samad (Eds.), Encyclopedia of Systems and Control, Springer, 2014, pp. 1-6.

[2] G. François, D. Bonvin, Measurement-based real-time optimization of chemical processes, in: S. Pushpavanam (Ed.), Control and Optimisation of Process Systems, Advances in Chemical Engineering, 44, Elsevier, 2013, pp. 1-50.

[3] T. E. Marlin, A. N. Hrymak, Real-time operations optimization of continuous processes, in: AIChE Symposium Series—CPC-V, vol. 93, 1997, pp. 156-164.

[4] J. F. Forbes, T. E. Marlin, J. F. MacGregor, Model adequacy requirements for optimizing plant operations, Comput. Chem. Eng. 18 (6) (1994) 497-510.

[5] A. G. Marchetti, B. Chachuat, D. Bonvin, Modifier-adaptation methodology for real-time optimization, Ind. Eng. Chem. Res. 48 (13) (2009) 6022-6033.

[6] S. Skogestad, Self-optimizing control: the missing link between steady-state optimization and control, Comput. Chem. Eng. 24 (2000) 569-575.

[7] K. B. Ariyur, M. Krstic, Real-Time Optimization by Extremum-Seeking Control, John Wiley, New York, 2003.

[8] B. Srinivasan, D. Bonvin, Real-time optimization of batch processes via tracking the necessary conditions of optimality, Ind. Eng. Chem. Res. 46 (2) (2007) 492-504.

[9] G. François, B. Srinivasan, D. Bonvin, Use of measurements for enforcing the necessary conditions of optimality in the presence of constraints and uncertainty, J. Process Control 15 (6) (2005) 701-712. 222 Simulation and optimization in process engineering.

[10] D. Bonvin, Optimal operation of batch reactors—A personal view, J. Process Control 8 (5-6) (1998) 355-368.

[11] D. Bonvin, G. François, Control and optimization of batch chemical processes, in: S. Rohani (Ed.), Process Control, Coulson and Richardson's Chemical Engineering, vol. 3B, Coulson and Richardson, 2017.

[12] U. Diwekar, Batch Processing: Modeling and Design, CRC Press, 2014.

[13] B. Srinivasan, D. Bonvin, Controllability and stability of repetitive batch processes, J. Process Control 17 (2007) 285-295.

[14] V. S. Vassiliadis, R. W. H. Sargent, C. C. Pantelides, Solution of a class of multistage dynamic optimization problems. 1. Problems without path constraints, Ind. Eng. Chem. Res. 33 (9) (1994) 2111-2122.

[15] M. S. Bazarra, H. D. Sherali, C. M. Shetty, Nonlinear Programming: Theory and Algorithms, second, John Wiley & Sons, New York, 1993.

[16] B. Chachuat, B. Srinivasan, D. Bonvin, Adaptation strategies for real-time optimization, Comput. Chem. Eng. 33 (10) (2009) 1557-1567.

[17] A. G. Marchetti, T. de Avila Ferreira, S. Costello, D. Bonvin, Modifier adaptation as a feedback control scheme, Ind. Eng. Chem. Res. 59 (6) (2020) 2261-2274.

[18] A. G. Marchetti, G. François, T. Faulwasser, D. Bonvin, Modifier adaptation for real-time optimization—Methods and applications, Processes 4 (4) (2016) 55.

[19] D. E. Seborg, T. F. Edgar, D. A. Mellichamp, F. J. Doyle, Process Dynamics and Control, John Wiley, New York, 2010.

[20] J. V. Kadam, W. Marquardt, B. Srinivasan, D. Bonvin, Optimal grade transition in industrial polymerization processes via NCO tracking, AIChE J. 53 (3) (2007) 627-639.

[21] D. Bonvin, B. Srinivasan, Optimal operation of batch processes via the tracking of active constraints, ISA Trans. 42 (1) (2003) 123-134.

[22] S. Skogestad, Plantwide control: the search for the self-optimizing control structure, J. Process Control 10

(5) (2000) 487-507.
[23] V. Alstad, S. Skogestad, Null space method for selecting optimal measurement combinations as controlled variables, Ind. Eng. Chem. Res. 46 (3) (2007) 846-853.
[24] B. Chachuat, A. Marchetti, D. Bonvin, Process optimization via constraints adaptation, J. Process Control 18 (2008) 244-257.
[25] T. de Avila Ferreira, Z. Wuillemin, T. Faulwasser, C. Salzmann, J. Van Herle, D. Bonvin, Enforcing optimal operation in solid-oxide fuel-cell systems, Energy 181 (2019) 281-293.
[26] R. H. Perry, D. W. Green, Perry's Chemical Engineers' Handbook, McGraw-Hill Professional, 2007.
[27] G. Rizzi, Modeling and Real-Time Optimization of Batch Distillation Processes (Master's thesis), University of Pisa, Italy, 2017.
[28] H. Kister, Distillation Design, McGraw-Hill Professional, 1992.
[29] S. Sundaram, L. B. Evans, Shortcut procedure for simulating batch distillation operations, Ind. Eng. Chem. Res. 32 (3) (1993) 511-518.

第9章 实现需求侧管理的可切换氯碱电解的经济运行

Kosan Roh[a,b], Luisa C. Brée[a], Karen Perrey[c], Andreas Bulan[c], Alexander Mitsos[a,d,e]

a 过程系统工程(AVT. SVT), 亚琛工业大学, 德国亚琛;
b 化学工程与应用化学系, 忠南大学, 韩国大田;
c Covestro 德国股份有限公司, 德国勒沃库森;
d JARA-ENERGY 公司, 德国亚琛;
e 能源与气候研究所: 能源系统工程(IEK-10), 德国尤里希研究中心, 德国尤里希

术 语 表

集合

$C=\{Cl_2, H_2, O_2, H_2O\}$	(下标 c)组分集合
$E=\{1, 2\}$	(下标 e)线性化的电力需求的线性化区间集合
$M=\{H_2$模式, O_2模式, H_2-O_2清洗, O_2-H_2清洗$\}$	(下标 m)模式集合
$T=\{1, 2, \cdots, t_n\}$	(下标 t)所有时间步长集合
$X=\{et, au, sw\}$	(下标 x)设备集合

二进制变量

$k_{m,e,t}$	表示模式 m 的电力需求的线性化区间 e 在时刻 t 是否激活
$y_{m,t}$	确定模式 m 在时刻 t 是否激活
$z_{mm',t}$	表示从时刻$(t-1)$到 t 是否发生了从模式 m'到模式 m 的转换

连续变量

C_D[欧元/周]	每周折旧成本
$C_{OP,t}$[欧元/h]	在时刻 t 的运行成本
C_{TO}[欧元/周]	总生产成本
$\dot{m}_{c,t}$[t/h]	组分 c 在时刻 t 时的产出率
$\dot{m}^{lin}_{Cl_2,m,e,t}$[t/h]	模式 m 下的氯气产出率, 在电力需求的线性化区间 e 和时刻 t
$P_{m,t}$[kW]	激活状态下的模式 m 在时刻 t 的电力需求
α[-]	规模因子

参数

$a_{m,e}$[kW·h/t]	模式 m 在线性化区间 e 内的线性化电力需求的斜率

$b_{m,e}$[kW]	模式 m 在线性化区间 e 内的线性化电力需求的 y 轴截距
$c_{m,e}$[kW]	调整模式 m 在线性化区间 e 内对电解槽区域的电力需求的参数
$\underline{\dot{m}}_{Cl_2}$，$\overline{\dot{m}}_{Cl_2}$[t/h]	反应模式激活时，氯气产出率下限和上限
$\Delta \dot{m}_{Cl_2}$[t/h]	每个时间步长上允许的最大产率增加/减少量
p_c[欧元/t]	组分 c 的市场价格
$p_{el,t}$[欧元/(kW·h)]	时刻 t 的现货电力价格
T[h]	时间范围
T_{OH}[h]	年运行小时数
$\overline{\alpha}$[-]	规模因子 α 的上限
β_x[百万欧元]	设备 x 的资本投资
γ_x[-]	设备 x 的一年折旧因子
$\theta_{mm'}$[-]	从模式 m 切换至模式 m'后，模式 m'以时间步长为单位的最小模式持续时间
θ_{ramp}[-]	从$\overline{\dot{m}}_{Cl_2}$到$\underline{\dot{m}}_{Cl_2}$改变产量所必需的时间步数

9.1 引言

间歇可用的可再生能源已渗透进电力网络。因此，电力供应和价格的周期性波动变得更加剧烈，造成了电网不稳定的风险，而电力密集型工厂灵活利用电能(即改变产量水平)已被认为是提高电力消费者经济性和/或减少碳足迹以及稳定电网的一种有吸引力的解决方案[1-4]。这种运行策略通常被称为需求侧管理(DSM)或需求响应。DSM 适用于各种类型的电力密集型工业企业，如空气分离装置[5-7]、海水反渗透[8]、铝生产工艺[9]、玻璃生产工艺[10]和氯碱(CA)生产[11,12]。这些过程可以通过参与电力现货市场或电网平衡市场，或两者兼而有之，通过 DSM 获得经济效益[9]。

氯碱电解(CAE)是电力密集型的化工生产。它通过电解卤水来生产基础化学品氯气(Cl_2)和氢氧化钠(NaOH)。在全球商业生产中有三种 CAE 工艺，区别在离子分离方式上：隔膜型、汞合金型和膜型[13]。CAE 对 DSM 来说特别有应用前景和吸引力。CAE 的快速动态特性[13]使氯气生产很适于调整运行水平。此外，CAE 在提供运行灵活性方面存在巨大潜力。例如，2017 年德国 CAE 消耗了德国工业用电总量的 4.3%[14-16]。目前已有一些 DSM 应用于 CAE 的研究，例如对传统 CAE[17,18]及其下游工艺[19,20]的动态建模和仿真，以及对传统 CAE[11,18,21]和可切换 CAE[12,22,23]的运行优化。

在本章中，我们重点关注可切换 CAE 及其对 DSM 的应用。具有双功能电极的氯碱生产过程可以在不同的运行模式下运行，即氢气模式和氧气模式，在保持氯气和氢氧化钠产量不变的情况下具有不同的电力需求。即便在氯气储存能力有限[24]且装置产能利用率已经很高的情况下[25]，根据当前电力价格在两种模式之间切换运行，也可使氯碱生产过程的 DSM

获得收益。在第 9.2 节中，我们介绍 CAE 的切换运行的优势和局限性。在第 9.3 节中，我们提出确定可切换 CAE 的最优运行设置方案和最优超额产能的数学公式。在第 9.4 节中，总结对之前工作[12,22,23,26]的主要发现，我们研究了各种场景下可切换 CAE 以 DSM 为目的的最优运行和规模。特别是，我们比较了该方法与其他适用于氯气行业的灵活性措施的经济性能。

9.2 氯碱电解的运行模式切换

本章提到的运行策略侧重于膜型 CAE，因为目前它的产能在三种工艺中占主导地位[27]。如图 9.1 所示，所有模式中，在通电时，阳极室(两个槽的左侧面)注入饱和卤水以生成氯气和钠离子(Na^+)。Na^+通过膜迁移到注入水的阴极室。在标准阴极(STC，左侧)上，水被还原为氢气和氢氧根离子(OH^-)。OH^-和迁移的 Na^+形成氢氧化钠，而氢气作为气体副产物被获取。

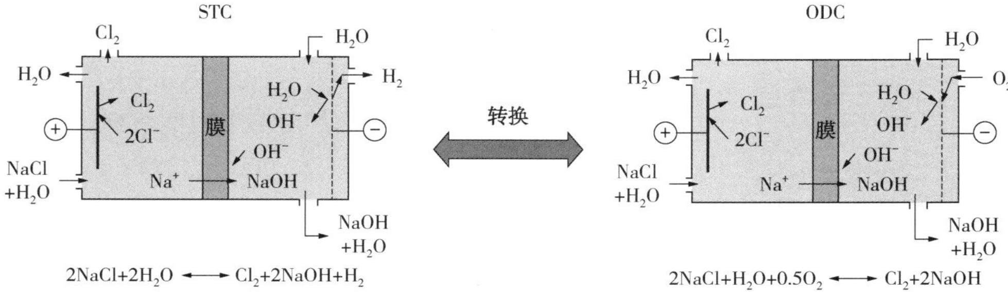

图 9.1　氯碱电解过程示意图，包括 STC(H_2 模式)和 ODC(O_2 模式)以及相应的化学反应

[引自：K. Roh，L. C. Bree，K. Perrey，A. Bulan，A. Mitsos，Flexible operation of switchable chlor-alkali electrolysis for demand side management，Appl. Energy 255（2019）113880. https：//doi. org/10. 1016/j. apenergy. 2019. 113880.]

与 STC 不同，氧去极化阴极(ODC)允许液体电解质相直接与阴极处的气相接触[28,29]。这种替代方案由于改变了副反应，降低了槽的电位从而减少了电力需求。如图 9.1(右侧)所示，ODC 设置的阳极室和离子交换膜与 STC 的相同。而在阴极侧，气态氧气和液态氢氧化钠由 ODC 隔开。它可使氧气扩散到进行氧还原反应的反应区。与传统的 STC 设置相比，不再产生氢气副产品。

由于化学反应的不同，在商业装置中测得的含 STC 和 ODC 的膜型 CAE 的总槽电位分别为 $U_{Cell,STC}\approx3.0V$ 和 $U_{Cell,ODC}\approx2.0V$，电流密度为 $6kA/m^2$[28,29]。因此，用 ODC 的 CAE 相比 STC 的电力需求理论上最多可降低 30%，实际最多可降低 25%[30]。上述两种阴极运行原理可以在双功能电极中结合[31]。双功能阴极在没有氧气注入电解槽时像 STC 一样产生氢气，称为 H_2模式，氢气作为副产品产生并被销售，或在向槽供应氧气时作为 ODC 工作，称为 O_2模式。这种双功能使我们能够在两种模式之间切换 CAE 的运行。运行方式的优越性，即哪种在经济上更有利，高度依赖于电力和氢气的价格，而受氧气和水的价格影响较小。图 9.2 显示了处于电和氢气的盈亏平衡价格时，运行将从一种模式切换到另一种模式。当电力平均价格接近盈亏平衡线时，使用双功能电极以进行可切换运行是更加有利的。电价在盈亏平衡线附近波动越大，切换运行模式以获利的机会就越多。

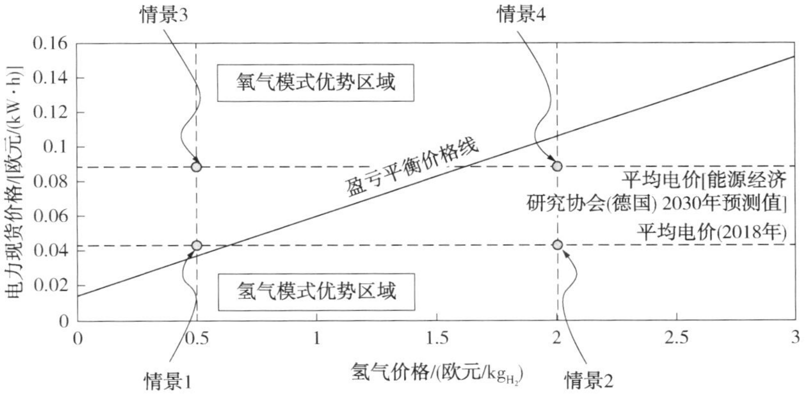

图 9.2　盈亏平衡价格(实线)，此处两种模式在稳态运行时产生相同的运行成本。假设 O_2 和 H_2O 的价格分别为 0.05 欧元/kg 和 0.01 欧元/kg。H_2 模式在盈亏平衡价格线的右侧优于 O_2 模式。四个圈点表示第 9.4.2 节分析的四种情景[32,33]中使用的电力和氢气的价格组合

[改自 L. C. Bree，A. Bulan，R. Herding，J. Kuhlmann，A. Mitsos，K. Perrey，K. Roh，Techno-economic comparison of flexibility options in chlorine production，Ind. Eng. Chem. Res. 59 (26) (2020) 12186-12196. https://doi. org/10. 1021/acs. iecr. 0c01775. 版权声明：版权所有 2021 美国化学会]

具有双功能电极的 CAE 切换运行可以避免在进行 DSM 时遇到的一些问题。由于大多数工业氯碱装置在超过 95%产能利用率下运行[25]，电力负荷可以减少但不能显著增加。因此，以电力现货市场为目标的 DSM 无法满足大量氯气存储需求。氯碱工艺需要增加额外的投资，以通过扩大整个装置规模来实现负荷增加[25]。装置扩建的资金投入取决于装置选址的先决条件[34]。尤其是，扩大氯气储存量因严格的安全规定而耗资巨大，甚至可能被禁止[24]。如果不能为了 DSM 而储存氯气，CAE 的下游生产就需要调整运行[19]。然而，在可切换 CAE 的情况下，即使面临有限的氯气存储容量，电力消耗也可以无限期地改变。

可切换 CAE 运行的挑战在于氢气和氧气分子必须被严格隔离，以避免任何潜在的爆炸反应。为此，在从一种运行模式切换到另一种时，通过氮气等惰性气体吹扫移除阴极室中的氢气或氧气的清洗过程(见图 9.3)是必不可少的。这一处理步骤会导致氯气生产停止。为保证对下游工艺的氯气(和氢氧化钠)的持续供应，需要中间储罐。此外，我们还需为改造电解槽和为供应吹扫气体和氧气原料建设额外的基础设施方面进行大量投资(如果已有基于 STC 的氯碱装置)[22]。

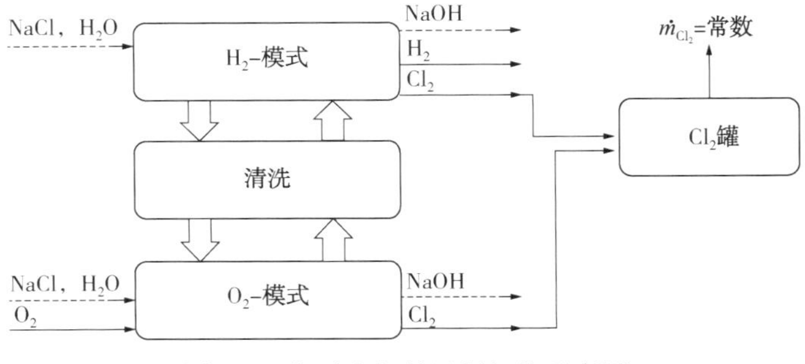

图 9.3　氯碱电解的运行切换示意图

[改自 L. C. Bree，K. Perrey，A. Bulan，A. Mitsos，Demand side management and operational mode switching in chlorine production，AIChE J. 65 (7) (2019) e16352. https://doi. org/10. 1002/aic. 16352.]

9.3 可切换氯碱电解最优规模和运行的数学模型

我们简要地介绍考虑电力价格波动的可切换氯碱电解最优规模和运行的数学模型。我们采用一个具有离散时间变量的集总和准稳态的模型。该模型由五个子模型组成，包括运行模式转换、质量平衡、电力需求、斜率约束和成本函数。

9.3.1 运行模式转换

该子模型是整个数学模型的核心。它采用离散时间表达，可以实现对运行模式切换的精确且高效建模。为了实现可切换的运行，设定了三个约束：

$$\sum_{m} y_{m,t}=1\ \forall\, t\in T \tag{9.1}$$

$$\sum_{m} z_{m'm,t-1}-\sum_{m'} z_{mm',t-1}=y_{m,t}-y_{m,t-1}\ \forall\, m\in M,\ t\in T \tag{9.2}$$

$$y_{m',t}\geqslant \sum_{k=1}^{\theta_{mm'}} z_{mm',t-k}\ \forall\, m,\ m'\in M,\ t\in T \tag{9.3}$$

为每个模式 m 引入二进制变量 y 表示其激活(或非激活)状态。式(9.1)保证在任一时刻 t，所有模式 m 中只有一个激活。这里考虑了四种可能的模式 $m\in\{H_2$模式，O_2模式，H_2-O_2清洗，O_2-H_2清洗$\}$。前两种模式分别对应于各自模式下的氯气生产，而后两种模式表示电解槽进行清洗。二进制变量 $z_{m'm,t}$当且仅当从时刻 $t-1$ 到 t 之间模式从 m 切换到 m'时取值为 1。这些切换变量可以通过式(9.2)与 $y_{m,t}$相耦合[35]。将某些 $z_{mm',t}$，例如 $z_{m^1m^2,t}$设置为零，可禁止从模式 m^1到模式 m^2的切换。这确保了一个运行模式 m^1不会直接转换为另一个运行模式 m^2。为了保证每个模式的最小持续时间，采用了式(9.3)[36]，表示氯碱生产在从模式 m 切换到模式 m'后，必须保持模式 m'至少 $\theta_{mm'}$时间段。这个不等式约束是必要的，比如为了在电解槽清洗中保证完全清除气体，以及在切换后保持新激活的反应模式持续一定时间，以防止整个装置因频繁切换而受损[22]。

9.3.2 质量平衡

氯气产率$\dot{m}_{Cl_2,m,t}$的上、下限是：

$$\alpha\underline{\dot{m}}_{Cl_2}y_{m,t}\leqslant\dot{m}_{Cl_2,m,t}\leqslant\alpha\overline{\dot{m}}_{Cl_2}y_{m,t}\ \forall\, m\in M,\ t\in T \tag{9.4}$$

其中，连续变量 α 是 CAE 的规模因子，其给定范围为 $1\leqslant\alpha\leqslant\bar{\alpha}$。如果需要确定可切换 CAE 的最优超额产能，可以选择性地优化 α，见参考文献[23，26]。当 α 为 1 时，$\underline{\dot{m}}_{Cl_2}$和$\overline{\dot{m}}_{Cl_2}$表示两种反应模式下的最小和最大产率。在两种反应模式下，氢气、氧气、卤水和氢氧化钠等其他组分的质量流量根据化学计量计算得到(参见图 9.1 中化学反应)。如果相应的模式处于非激活状态(即 $y_{m,t}=0$)，则各反应模式 m 中各组分的质量流量变为零。t 时刻的氯气储罐中物料数量可通过简单的质量平衡进行计算。储量受到上限(即存储容量)和下限的限制。我们添加了结束点约束，限制最后一个时间步 t_n时储罐中的氯气含量与 t_0时相同，假设其为储罐容量的 50%。

9.3.3 电力需求

如图 9.4 所示，我们通过将氯气产率细分为多个区间 e，对反应模式的基础电力需求函数(由功率密度数据导出[37])采用分段线性近似：

$$P_{m,t}=\sum_{e}\left(a_{m,e}\dot{m}^{\mathrm{lin}}_{\mathrm{Cl}_2,m,e,t}+b_{m,e}k_{m,e,t}+c_{m,e}\alpha k_{m,e,t}\right)\ \forall m\in M,\ t\in T \tag{9.5}$$

其中，$a_{m,e}$，$b_{m,e}$ 和 $c_{m,e}$ 为参数；$k_{m,e,t}$ 为模式 m 在时刻 t 时线性化电力需求区间 e 是否激活。

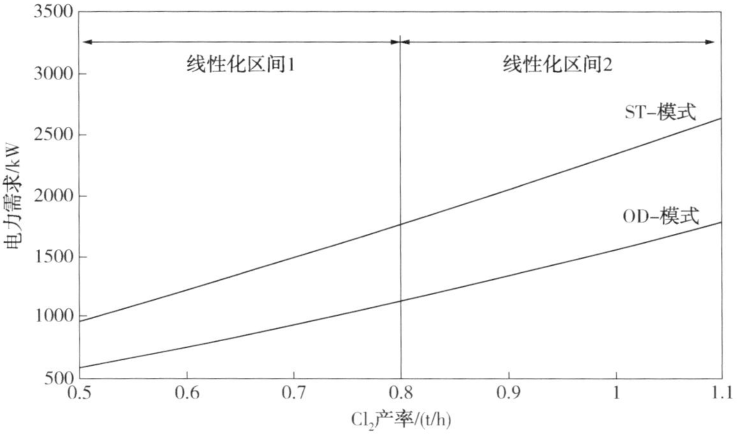

图 9.4 以两种模式的 Cl_2 产量为约束的假定电力需求，及相应回归曲线。
ST 模式和 OD 模式分别对应于 H_2 模式和 O_2 模式

[引用 L. C. Bree，K. Perrey，A. Bulan，A. Mitsos，Demand side management and operational mode switching in chlorine production，AIChE J. 65(7) (2019) e16352. https://doi.org/10.1002/aic.16352.]

9.3.4 斜率约束

对氯气产率添加斜率约束，以限制其在一个时间步长上的最大变化量以及最小活动产率：

$$\Delta\dot{m}_{\mathrm{Cl}_2}=\frac{\alpha(\overline{\dot{m}}_{\mathrm{Cl}_2}-\underline{\dot{m}}_{\mathrm{Cl}_2})}{\theta_{\mathrm{ramp}}} \tag{9.6}$$

$$\dot{m}_{\mathrm{Cl}_2,t+1}\leqslant\dot{m}_{\mathrm{Cl}_2,t}+\sum_{m}y_{m,t}\Delta\dot{m}_{\mathrm{Cl}_2}+(1-\sum_{m}y_{m,t})\alpha\,\underline{\dot{m}}_{\mathrm{Cl}_2}\ \forall t\in T\setminus\{t_n\} \tag{9.7}$$

$$\dot{m}_{\mathrm{Cl}_2,t+1}\geqslant\dot{m}_{\mathrm{Cl}_2,t}-\sum_{m}y_{m,t+1}\Delta\dot{m}_{\mathrm{Cl}_2}-(1-\sum_{m}y_{m,t+1})\alpha\,\underline{\dot{m}}_{\mathrm{Cl}_2}\ \forall t\in T\setminus\{t_n\} \tag{9.8}$$

$$\dot{m}_{\mathrm{Cl}_2,t}\sum_{m}\alpha\,\underline{\dot{m}}_{\mathrm{Cl}_2}y_{m,t}\ \forall t\in T \tag{9.9}$$

其中，θ_{ramp} 为生产从最大氯气产率逐渐变到最小所需的最少时间步数。

9.3.5 成本函数

我们计算了可切换 CAE 的运行和折旧成本。运行成本计算如下：

$$C_{\mathrm{OP},t}=\sum_{c}p_c\dot{m}_{c,t}+p_{\mathrm{el},t}(P_{\mathrm{H_2Mode},t}+P_{\mathrm{O_2Mode},t})\ \forall c\in\{H_2O,\ H_2,\ O_2\}\ \forall t\in T \tag{9.10}$$

其中，p_c为组分 c 的市场价格；$p_{el,t}$为时刻 t 的电力现货价格。此处氢气作为商品，因此成本为负。我们将氯气、卤水和氢氧化钠的成本项排除在成本核算之外，因为它们在两种运行模式下的产率是相同的。

折旧成本计算如下：

$$C_D = \alpha \frac{T}{T_{OH}} \sum_x \beta_x \gamma_x \ \forall x \in \{et, au, sw\} \tag{9.11}$$

其中，β_{et}、β_{au}和β_{sw}为资本投资系数，分别用于 a. 安装常规 CAE；b. 提高上下游辅助单元的能力；c. 安装用于氧气和吹扫气体供应的管道和储罐以及改造双功能电极。假设资本投资与 CAE 规模呈线性关系。T 和 T_{OH}分别是模拟时间范围小时数和年运行小时数。γ_x是年折旧因子。

然后，计算可切换 CAE 在给定时间范围内的总生产成本：

$$C_{TO} = \sum_{t=0}^{t_n} C_{OP,t} + C_D \tag{9.12}$$

我们以优化装置运行，以及选择性地优化超额产能来最小化总生产成本。

以上所展示的模型在 Bree 等人[22]和 Roh 等人[23]的文献中进行了详细阐述。

9.4 案例研究

本节通过案例研究说明可切换氯碱电解的灵活运行。我们首先讨论了在固定超额产能下的最优运行。其次比较了可切换 CAE 与氯气行业的其他灵活性选项的经济性。最后，我们在优化运行之外还优化了工厂超额产能，以获得进一步的运行灵活性。

9.4.1 可切换氯碱电解的最优运行

我们预估了 2030 年德国的每周电价概况[平均价格为 0.0981 欧元/(kW·h)][22]。假设每周的电力价格是可以准确预测的，这一简化是为了检验 CAE 运行模式切换在理想情况下的经济潜力。如图 9.2 所示，由于电力现货价格经常超过给定氢气价格(2 欧元/kg_{H_2})下的盈亏平衡价格，这种价格组合使得 CAE 的切换运行在经济上是有利的。假设氯碱工厂超额产能为 10%，即只优化装置运行而不优化规模因子 α。所有其他基础假设，如氯气需求、氯气储存容量、最小清洗持续时间和最大斜率速度都与文献[22]中的相同。以总运行成本最小化($\min \sum_{t=0}^{t_n} C_{OP,t}$)为目标函数。最优的运行设置曲线和激活模式通过求解混合整数线性规划(MILP)确定，在通用代数建模系统(GAMS Version 28)中使用 CPLEX 12 求解。

如图 9.5 所示，运行模式根据电力价格在两种模式之间切换。从 H_2模式开始，当电力价格上涨时，氯气生产速率降低，直到达到最低运行水平。然后，装置经过清洗模式切换到 O_2模式。当电力价格下降时，装置运行恢复到最大运行水平，以满足下游的氯气需求以及重新充填氯气储罐。氯碱装置的总停工时间为 50min，这是所有清洗时段的总和。

如图 9.6 所示，可切换 CAE(SW-OV-CA)的灵活运行(结合了切换运行和可变运行)，与使用 STC(S-STC 和 OV-STC)的稳态和可变运行相比，可同时节省电力和运行成本。使用 ODC(S-ODC 和 OV-ODC)的稳态和可变运行由于电力需求较低，比传统状况和切换状况下的电力消耗更低。然而，由于双功能电极可以结合两种运行模式的优势，SW-OV-CA 相比 S-ODC 和 OV-ODC 可在运行成本上节约更多。总体而言，通过 SW-OV-CA 的灵活运行可以实现最大化降低运行成本(与使用 STC 的稳态运行相比降低 5.86%)。

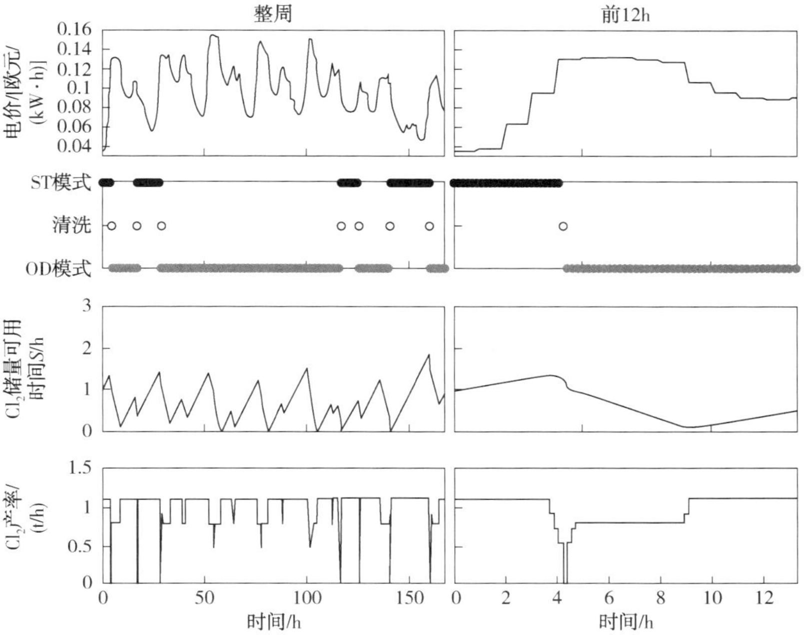

图 9.5　在未来电力价格设置曲线下的可切换和可变运行。第一行为电力价格；第二行为哪个模式在哪个时间步时是激活的；第三行为氯气储罐储量；第四行为氯气产率。左列展示了所考虑时间范围内的完整结果。右列显示了在时间范围的前 12h 的最优运行。ST 模式对应于 H_2模式，OD 模式对应于 O_2模式

[改自 L. C. Bree, K. Perrey, A. Bulan, A. Mitsos, Demand side management and operational mode switching in chlorine production, AIChE J. 65 (7) (2019) e16352. https://doi.org/10.1002/aic.16352.]

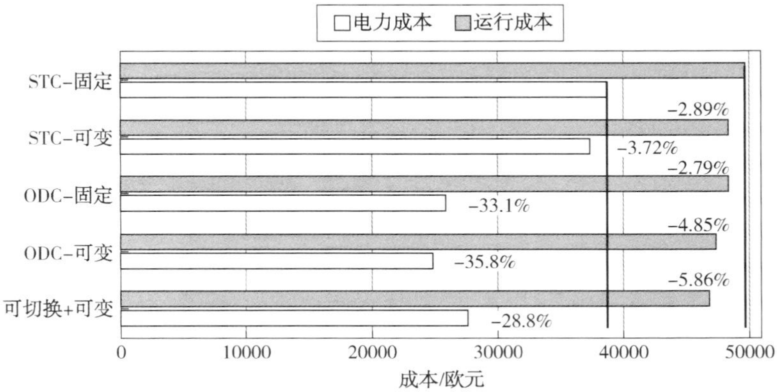

图 9.6　在未来电力价格设置曲线下，相比用 STC 的氯碱电解固定运行方式，节省的电力成本和总运行成本。STC-固定=S-STC；STC-可变=OV-STC；ODC-固定=S-ODC；ODC-可变=OV-ODC；可切换+可变=SW-OV-CA

[改自 L. C. Bree, K. Perrey, A. Bulan, A. Mitsos, Demand side management and operational mode switching in chlorine production, AIChE J. 65(7) (2019) e16352. https://doi.org/10.1002/aic.16352.]

9.4.2 可切换氯碱电解与其他灵活性选项的比较

我们比较了可切换氯碱电解(SW-OV-CA)和其他适用于氯气行业的灵活性选项的经济性能。图 9.7 展示了对传统的运行于稳态(S-STC)的氯碱装置的 7 种改进方案。这些改进包括 CAE 槽的超容(OV-STC、OV-ODC、OV-COMB-CA),改变电极(SW-OV-CA),以及与灵活性辅助单元集成(ODC&OV-WEL、STC&OV-FC、STC&BESS)。每种选项在文献[12]的第二部分均有详细说明。

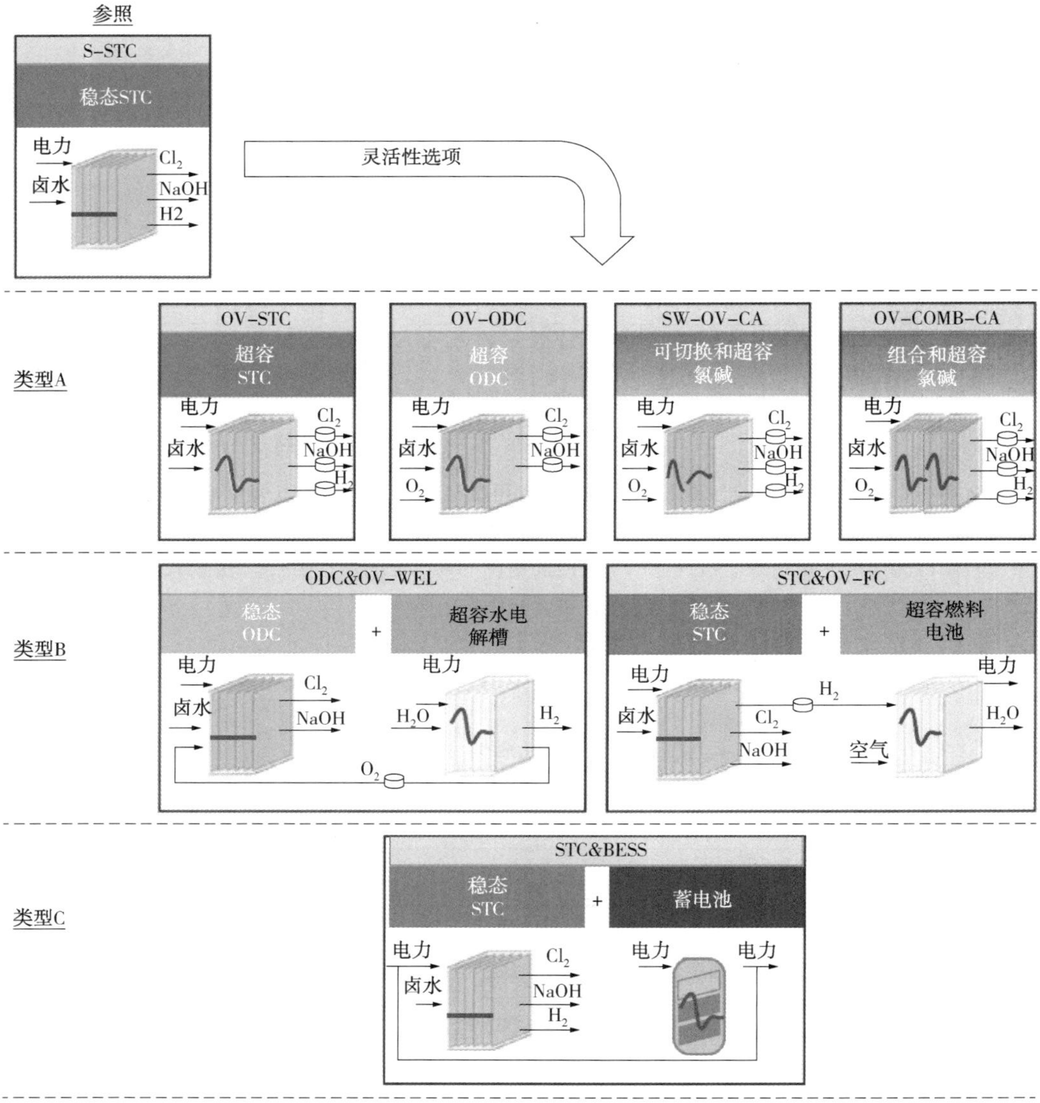

图 9.7 提供灵活性的 7 种氯碱工艺可选方案

[经许可转载自 L. C. Bree, A. Bulan, R. Herding, J. Kuhlmann, A. Mitsos, K. Perrey, K. Roh, Techno-economic comparison of flexibility options in chlorine production, Ind. Eng. Chem. Res. 59 (26) (2020) 12186-12196. https://doi.org/10.1021/acs.iecr.0c01775. Credit:Copyright 2021 American Chemical Society.]

我们考虑了四种不同电价设置曲线和氢气价格组合的情景(见图 9.2)。对于给定的 CAE 或灵活性辅助单元的超额产能(2.5MW、5MW 和 10MW),我们优化了每个改进方案中灵活处理单元的周运行配置曲线。然后我们评估投资回收期(POT),就是通过相对于 S-STC 节省的年度运行成本,回收增加的资本投资所需的时间长度[23]。我们假设在给定的时间范围,即一周内,运行成本的节省情况与全年都是一样的。如图 9.8 所示,SW-OV-CA 似乎是一个很好的折中方案。在大多数情景中,由于运行成本节省最多,它在投资回收期方面的排名高于平均水平。其他选项只在有限的情况下获得收益(如 OV-STC 和 OV-ODC),或由于安装灵活性辅助单元的高投资成本而忍受很长的投资回收期(如 ODC&OV-WEL、STC&OV-FC 和 STC&BESS)。

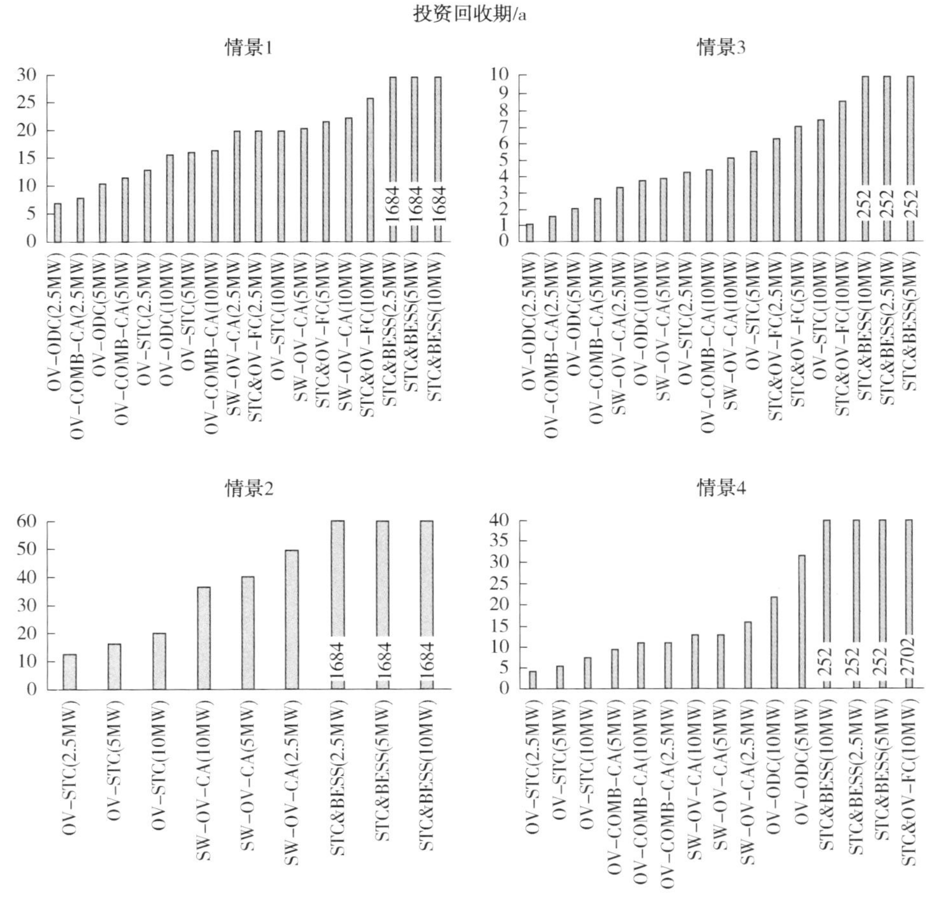

图 9.8 相对于参照案例(S-STC),在不同电价设置曲线和氢气价格下,考虑投资成本和节省运行成本的回收期优劣排序。对于那些相对于参照案例不能节省运行成本的工艺,我们省略了柱状图

[经许可转载自 L. C. Bree, A. Bulan, R. Herding, J. Kuhlmann, A. Mitsos, K. Perrey, K. Roh, Techno-economic comparison of flexibility options in chlorine production, Ind. Eng. Chem. Res. 59 (26) (2020) 12186-12196. https://doi.org/10.1021/acs.iecr.0c01775. Credit: Copyright 2021 American Chemical Society.]

9.4.3 同时优化装置超额产能和运行

现在我们以最小化总生产成本(min C_{TO})为目标,同时优化可切换 CAE 的超额产能和运

行设置。由于问题变为混合整数非线性规划(MINLP)，采用一种分解方法[26]以在有限时间内找到全局最优解。我们再次考虑2030年的电价设置曲线[23]。装置超额产能影响资本投资，不仅在于可切换运行所需的新电解槽购置和工艺改造，还包括上下游单元的处理能力提高。因此，我们将β_{au}值从0变化至840万欧元，观察其对上下游单元处理能力的影响。将结果与参照装置进行比较，参照为配备STC的CAE，其超额产能和运行配置也进行了优化，即OV-STC。

如表9.1所示，装置产能越大，节省的总生产成本就越高。由于加入了折旧成本，相对的生产成本节省要低于运行成本节省。此外，最优的装置产能高度依赖于β_{au}的值。扩大上下游单元的大量投资会导致较小的装置产能，甚至出现负的生产成本节省。尽管切换运行可以同时显著降低电力消耗和运行成本，但由于需进一步投资用于装置改造，它不如生产负荷变化具有吸引力。因此，只有在上下游单元已被设计为具有足够能力和/或装置改造所需资本成本较低的情况下，可切换CAE才具有经济优势。

表9.1 同时优化氯碱装置超额产能和运行的结果

辅助单元的资本投资/百万欧元	是否可切换(切换次数)	成本节省/%		折旧成本增加/%	总生产成本节省/%	最优超额产能 α/%	电力消耗变化/%	投资回收期/a
		电力	运行					
0	是(7)	24.12	9.59	11.60	2.15	30.02	-14.60	7.0
	否	10.71	8.13	6.07	4.19	29.99	-3.52	2.5
4.2	是(7)	20.42	6.89	10.88	-0.15	14.44	-12.93	11.0
	否	7.54	5.73	8.37	1.81	13.93	-2.41	5.8
8.4	是(3)	19.72	3.95	10.87	-1.02	4.98	-15.21	14.8
	否	4.03	3.06	4.92	0.84	4.92	-1.56	6.5

注：非切换运行指的是采用STC的CAE的可变运行(OV-STC)。

[改自 K. Roh, L. C. Brée, K. Perrey, A. Bulan, A. Mitsos, Flexible operation of switchable chlor-alkali electrolysis for demand side management, Appl. Energy 255 (2019) 113880. https://doi.org/10.1016/j.apenergy.2019.113880.]

9.5 结论

我们介绍了氯碱电解为了需求侧管理的切换运行。利用双功能电极，这种新颖的运行方式不仅可以调整运行水平，而且可以调整运行模式以适应电力价格随时间的变化。尽管氯气储存容量有限，但装置电耗容量的最多30%可为灵活性提供潜力，持续时间没有限制。我们还提出了在给定电力价格设置曲线下的最优装置规模和运行的数学公式。在案例研究中，我们发现切换运行可以节省大量的电力和运营成本。这比其他灵活性选项带来更多的经济效益。优化装置超额产能可以进一步节省成本。不过，改造氯碱装置以实现可切换性和扩建辅助单元的高投资成本可能会延长投资回收期。

为了使这项新技术可以应用，进一步的研发是必需的。例如，我们应该通过实验确定最佳清洗策略、电解槽设置和清洗持续时间以确保安全运行。此外，还应分析切换运行对能源系统的环境影响。采用滚动视野方法可能更准确地描述氯碱装置的运行动作，因为在德国仅第二天的电力现货价格是已知的。最后，由于氢气价格和电力价格及其波动预计会明显变化，因此应分析可切换氯碱电解在装置寿命期间的长期性能。

致　谢

非常感谢德国联邦教育和研究部(BMBF)的Kopernikus项目“SynErgie”的资金支持，以及项目管理组织Projektträger Jülich(PtJ)的项目监督。

参　考　文　献

[1] A. Mitsos, N. Asprion, C. A. Floudas, M. Bortz, M. Baldea, D. Bonvin, A. Caspari, P. Sch€afer, Challenges in process optimization for new feedstocks and energy sources, Comput. Chem. Eng. 113 (2018) 209-221, https://doi. org/10. 1016/j. compchemeng. 2018. 03. 013.

[2] M. Paulus, F. Borggrefe, The potential of demand-side management in energy-intensive industries for electricity markets in Germany, Appl. Energy 88 (2) (2011) 432-441, https://doi. org/ 10. 1016/j.apenergy. 2010. 03. 017.

[3] M. T. Kelley, R. Baldick, M. Baldea, Demand response operation of electricity-intensive chemical processes for reduced greenhouse gas emissions: application to an air separation unit, ACS Sustain. Chem. Eng. 7 (2) (2019) 1909-1922, https://doi. org/10. 1021/ acssuschemeng. 8b03927.

[4] N. Baumg€artner, R. Delorme, M. Hennen, A. Bardow, Design of low-carbon utility systems: exploiting time-dependent grid emissions for climate-friendly demand-side management, Appl. Energy 247 (2019) 755-765, https://doi. org/10. 1016/j. apenergy. 2019. 04. 029.

[5] Q. Zhang, I. E. Grossmann, C. F. Heuberger, A. Sundaramoorthy, J. M. Pinto, Air separation with cryogenic energy storage: optimal scheduling considering electric energy and reserve markets, AIChE J. 61 (5) (2015) 1547-1558. arXiv:0201037v1 https://doi. org/10. 1002/aic. 14730.

[6] A. Caspari, C. Offermanns, P. Sch€afer, A. Mhamdi, A. Mitsos, A flexible air separation process: 2. Optimal operation using economic model predictive control, AIChE J. 65 (11) (2019), https: //doi. org/10. 1002/ aic. 16721.

[7] R. C. Pattison, C. R. Touretzky, T. Johansson, I. Harjunkoski, M. Baldea, Optimal process operations in fast-changing electricity markets: framework for scheduling with low-order dynamic models and an air separation application, Ind. Eng. Chem. Res. 55 (16) (2016) 4562-4584.

[8] A. Ghobeity, A. Mitsos, Optimal time-dependent operation of seawater reverse osmosis, Desalination 263 (1-3) (2010) 76-88, https://doi. org/10. 1016/j. desal. 2010. 06. 041.

[9] P. Sch€afer, H. G. Westerholt, A. M. Schweidtmann, S. Ilieva, A. Mitsos, Model-based bidding strategies on the primary balancing market for energy-intense processes, Comput. Chem. Eng. 120 (2019) 4-14, https://doi. org/10. 1016/j. compchemeng. 2018. 09. 026.

[10] K. Seo, T. F. Edgar, M. Baldea, Optimal demand response operation of electric boosting glass furnaces, Appl. Energy 269 (2020) 115077, https://doi. org/10. 1016/j. apenergy. 2020. 115077.

[11] C. Babu, S. Ashok, Peak load management in electrolytic process industries, IEEE Trans. Power Syst. 23 (2) (2008) 399-405, https://doi. org/10. 1109/TPWRS. 2008. 920732.

[12] L. C. Bree, A. Bulan, R. Herding, J. Kuhlmann, A. Mitsos, K. Perrey, K. Roh, Technoeconomic comparison of flexibility options in chlorine production, Ind. Eng. Chem. Res. 59 (26) (2020) 12186-12196, https:// doi. org/10. 1021/acs. iecr. 0c01775.

[13] T. F. O' Brien, T. V. Bommaraju, F. Hine, Handbook of Chlor-Alkali Technology, Developments in Hydrobiology, Springer, Dordrecht, 2007.

[14] F. Klaucke, T. Karsten, F. Holtrup, E. Esche, T. Morosuk, G. Tsatsaronis, J. -u. Repke, Demand response potenziale in der chemischen industrie, Chem. Ing. Tech. 89 (9) (2017) 1133-1141, https://doi. org/ 10. 1002/cite. 201600073.

[15] EuroChlor, Chlor-Alkali Industry Review 2017/2018—Manufacturing & Applications, 2019. https:// chlorineindustryreview. com/manufacturing-applications/. (Accessed 18 February 2020).

[16] K. Appunn, F. Bieler, J. Wettengel, Germany' s Energy Consumption and Power Mix in Charts, 2018. https://www. cleanenergywire. org/factsheets/germanys - energy - consumption - andpower - mix - charts. (Accessed 1 July 2019).

[17] T. Budiarto, E. Esche, J. Repke, E. Leksono, Dynamic model ofchloralkali membrane process, Procedia Eng. 170 (2017) 473-481, https://doi. org/10. 1016/j. proeng. 2017. 03. 076.

[18] J. I. Otashu, M. Baldea, Demand response-oriented dynamic modeling and operational optimization of membrane-based chlor-alkali plants, Comput. Chem. Eng. 121 (2019) 396-408, https://doi. org/

10. 1016/j. compchemeng. 2018. 08. 030.
[19] C. Hoffmann, J. Weigert, E. Esche, J. -U. Repke, Towards demand-side management of the chlor-alkali electrolysis: dynamic, pressure-driven modeling and model validation of the 1, 2-dichloroethane synthesis, Chem. Eng. Sci. 214 (2020) 115358, https://doi. org/10. 1016/j. ces. 2019.
[20] F. Klaucke, C. Hoffmann, M. Hofmann, G. Tsatsaronis, Impact of the chlorine value chain on the demand response potential of the chloralkali process, Appl. Energy 276 (2020) 115366, https: //doi. org/10. 1016/ j. apenergy. 2020. 115366.
[21] X. Wang, H. Teichgraeber, A. Palazoglu, N. H. El-Farra, An economic receding horizon optimization approach for energy management in the chlor-alkali process with hybrid renewable energy generation, J. Process Control 24 (8) (2014) 1318-1327, https://doi. org/10. 1016/j. jprocont. 2014. 04. 017.
[22] L. C. Bree, K. Perrey, A. Bulan, A. Mitsos, Demand side management and operational mode switching in chlorine production,AIChE J. 65 (7) (2019) e16352,https://doi. org/10. 1002/ aic. 16352.
[23] K. Roh, L. C. Bree, K. Perrey, A. Bulan, A. Mitsos, Flexible operation of switchablechloralkali electrolysis for demand side management, Appl. Energy 255 (2019) 113880, https://doi. org/10. 1016/j. apenergy. 2019. 113880.
[24] F. Holtrup, Potenzial f€ur Demand Side Management der Energieintensiven Industrie in Deutschland—Eine Kostenbetrachtung am Beispiel der Chlor-Alkali-Elektrolysen, Tech. rep., Weltenergierat Deutschland e. V., Berlin, 2015. https://www. weltenergierat. de/wpcontent/uploads/2014/03/2016-01-DSM-Papier-v8. pdf. (Accessed 24 January 2021).
[25] F. Ausfelder, A. Seitz, S. von Roon, Flexibilit € atsoptionen in der Grundstoffindustrie, DECHEMA, Gesellschaft f€ur Chemische Technik und Biotechnologie eV, 2018.
[26] K. Roh, L. C. Bree, K. Perrey, A. Bulan, A. Mitsos, Optimal oversizing and operation of the switchable chlor-alkalielectrolyzer for demand side management, in: A. A. Kiss, E. Zondervan, R. Lakerveld, L. Ozkan € (Eds.), The 29th European Symposium on Compute Aided Process Engineering, Elsevier B. V, Eindhoven, 2019, pp. 1771-1776, https://doi. org/ 10. 1016/B978-0-128-18634-3. 50296-4.
[27] EuroChlor, Chlorine Industry Review 2015-2016. Brussels, Belgium, 2016. http: //www. eurochlor. org/ download-centre/the-chlorine-industry-review. aspx. (Accessed 31 July 2017).
[28] J. Jung, S. Postels, A. Bardow, Cleaner chlorine production using oxygen depolarized cathodes? A life cycle assessment, J. Clean. Prod. 80 (2014) 46-56, https: //doi. org/10. 1016/ j. jclepro. 2014. 05. 086.
[29] I. Moussallem, J. J€orissen, U. Kunz, S. Pinnow, T. Turek, Chlor-alkali electrolysis with oxygen depolarized cathodes: history, present status and future prospects, J. Appl. Electrochem. 38 (9) (2008) 1177-1194, https: //doi. org/10. 1007/s10800-008-9556-9.
[30] Thyssenkrupp, Solutions Provided by NaCl-ODC Electrolysis Technology, 2020. https://www. thyssenkrupp-uhde-chlorine-engineers. com/en/products/chlor-alkali-electrolysis/odctechnology. (Accessed 12 March 2021).
[31] A. Bulan, R. Weber, F. Bienen, Difunctional Electrode and Electrolysis Device for ChlorAlkali Electrolysis. Patent WO 2017/174563 A1, 2017.
[32] AgoraEnergiewende, 2019. https://www. agora-energiewende. de/de/themen/-agothem-/Produkt/produkt/ 76/Agorameter/. (Accessed 15 November 2019).
[33] T. Kern, F. B € oing, S. von Roon, Merit Order Netz-Ausbau 2030—Preiszeitreihe Basisszenario, Forschungsgesellschaft f € ur Energiewirtschaft GmbH, M € unchen, 2018. https://www. ffe. de/themen-und-methoden/speicher-und-netze/521-merit-order-netz-ausbau-2030-mona-2030. (Accessed 24 January 2021).
[34] K. Arnold, T. Janßen, L. Echternacht, S. H € oller, T. Voss, K. Perrey, Flexind: Flexibilisation of Industries Enables Sustainable Energy Systems, 2016, final report, Wuppertal, Germany https://wupperinst. org/fa/ redaktion/downloads/projects/FlexInd_report. pdf. (Accessed 24 January 2021).
[35] S. Mitra, L. Sun, I. E. Grossmann, Optimal scheduling of industrial combined heat and power plants under time-sensitive electricity prices, Energy 54 (2013) 194-211, https://doi. org/10. 1016/j. energy. 2013. 02. 030.
[36] Q. Zhang, I. E. Grossmann, Enterprise-wide optimization for industrial demand side management: fundamentals, advances, and perspectives, Chem. Eng. Res. Des. 116 (2016) 114-131, https://doi. org/10. 1016/ j. cherd. 2016. 10. 006.
[37] Personal Communication with Covestro Deutschland AG, 2018.

第10章 动态过程的最优实验设计

Satyajeet Bhonsale, Philippe Nimmegeers, Simen Akkermans, Dries Telen, Ioanna Stamati, Filip Logist, Jan F. M. Van Impe

BioTeC+，鲁汶大学化学工程系，比利时根特科技园区

10.1 引言

高级过程控制从一个良好而有效的过程模型开始。根据 Wieland 等[1]的描述，一个有效的过程模型应具备 3 个特性：①捕捉(通常是非线性的)过程动态并以合理的准确性描述数据；②可以测试无法进行实验(通常由于装置安全)的情况；③提供对所关心系统的深入了解。开发一个满足这些标准的模型是一个冗长而反复的过程，它遵循图 10.1 所示的循环[2]。开始建模过程的第一步也是最重要的输入就是建模的目标。开发模型的必要性可以来自深入认识过程、优化或者控制。与建模目标一起，任何先验知识和实验可获数据构成了模型生成循环中的 3 个信息源[3]。基于这些信息源，建模者选择变量(输入/输出)和模型类型(线性/非线性，静态/动态，等等)，这些包含在框架定义中。此外，基于所有可用信息，建模者必须确定模型的复杂度，这涉及选择模型的数学结构。数学结构可以是基于物理定律(称为白箱模型)，经验相关性(黑箱模型)，或者两者混合(生成灰箱模型)。白箱模型仅依赖于对过程的物理认知(先验知识，即图的左侧)，经验数据仅用于验证模型。黑箱模型的构建不依赖于任何过程认知，使用实验数据(即图的右侧)来确定输入和输出变量之间的关系。灰箱模型结合尽可能多的先验知识，在缺乏此类知识时使用经验数据驱动(或基于自然规律)的相互关系[4]。

大多数情况下，过程工业依赖黑箱或灰箱模型进行仿真、优化和控制。黑箱模型经常部署在局部尺度上，以调节 PID 控制器(如传递函数模型)或用于动态矩阵控制等。对高级过程控制(如非线性模型预测控制、实时优化等)使用更详细的灰箱模型。用于操作员培训的仿真工具包通常使用(几乎)白箱模型。模型架构的选择取决于工艺过程和建模目标[5]。模型架构可分为动态或静态，线性或非线性。静态模型不能描述过程的时间演变，所以它们在过程控制中并不常见。动态模型通常表示为常微分方程(ODEs)。当需要对过程的时空演变进行建模时，会使用偏微分方程(PDEs)。求解偏微分方程一般会涉

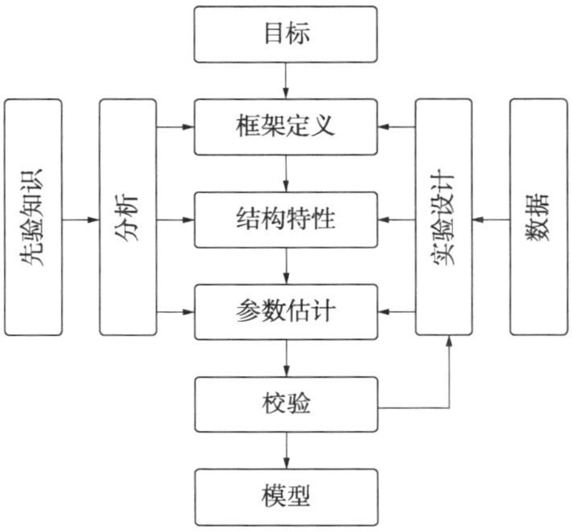

图 10.1　建模的循环[2]

及数值近似，将偏微分方程转化为一组（通常非常多的）常微分方程的集合。根据状态和控制的相关性，模型架构可以是线性或非线性的。原则上，模型架构需要从已知数据和先验知识中进行推断（见图 10.1）。然而在实践中，这是一个非常困难的问题。因此，模型架构表征问题经常被简化为模型架构判别问题：在定义适当的规范后，从预定义的备选模型集合中挑选出可能的最优模型架构。注意，不能保证此集合中包含最合适的过程模型。

灰箱和黑箱模型需要从实验数据中估计部分参数。一个实用的模型必须保证它的参数在结构上和实际上均可识别。结构上可识别，顾名思义，与模型结构相关。如果一个参数的值即使有很大变化也不会显著影响模型的行为，那么这个参数就是结构上不可识别的[6]。通常，结构上不可识别是由于模型的过度参数化或包含不能通过实验辨识的动态特性而产生的[7]。因此，必须确保所选的模型架构不仅能表征过程，而且能产生可识别的参数集。实际可识别性与参数的准确性有关。如果一个参数的值有微小变化不会影响模型的行为，那么这个参数是实际上不可识别的。结构上可识别是实际上可识别的先决条件。这些参数（以及随之而来的模型）的准确性和可靠性取决于可用实验数据的数量和质量。实际上不可识别的问题可以通过选择适当的测量位置、采样时间、更好的仪器设备，以及全面收集翔实的实验数据来解决[8]。然而，实验往往是需要大量成本和劳动力的。提供参数的实际可识别性的，不仅是所收集数据的数量，还有数据的质量即信息量。

为了避免不必要的成本以及资源和时间的浪费，实验设计（Design of Experiments，DoE）领域旨在提供实验和模型间的关键统计学联系[9]。传统的实验设计忽略可用的模型结构，试图在输入（称为因素）和输出（称为响应）之间建立一个黑箱链接。实验设计的经典例子是析因设计，它要求实验者设置不同的输入水平并观察过程反应。通过改变多个输入的水平，还可以研究输入之间的相互作用。为减少实验数据，其他一些实验设计如中心复合设计、效应面法（Box-Behnken）和拉丁超立方体（Latin Hypercube）等也被应用。Mertens 等[10]报道了描述环境条件对微生物生长影响的模型的各种实验设计方法的比较。他们的结论称，中心复合设计导致参数估计的高度不确定性，而效应面法设计给出了最准确的估值。实验设计方法针对二阶响应面进行了优化，完全忽略了模型架构的任何先验知识。因此，这种设计方法并不总是适用于描述过程动态特性的模型。

为了保证模型能准确地描述过程，在设计实验时必须考虑模型的结构。在本章中，我们遵循 Franceschini 和 Macchietto[9]的说法，将基于模型的实验设计（MBDoE）描述为利用显式模型方程和当前参数估计来设计下一个实验的方法。当在优化框架中使用（动态）模型来确定下一个实验的（动态）输入配置文件时，我们称为最优实验设计（OED）。OED 可以用于判别多个模型结构［OED/SD（结构辨别）］或获得最准确的参数估计［OED/PE（参数估计）］。第 10.1 节描述了用于模型辨识的 OED 问题的表述。通常，这些设计依赖于最大化两个竞争模型之间的距离度量。第 10.2 节讨论了用于参数估计的 OED 公式。由于这些设计依赖于优化基于方差-协方差矩阵的标量标准，因此讨论了计算方差-协方差的各种方法。最后，讨论了健壮性 OED（即在实验设计中纳入参数不确定性）和多准则 OED 等一些高级主题。

在本章中，可用以下常微分方程系统描述广义过程模型（M）：

$$\frac{\mathrm{d}\boldsymbol{x}(t)}{\mathrm{d}t}=f[\boldsymbol{x}(t),\ \boldsymbol{u}(t),\ \boldsymbol{w}(t),\ \boldsymbol{\theta},\ t]$$

$$y(t)=h[\boldsymbol{x}(t),\ \boldsymbol{v}(t)]$$

其中 $\boldsymbol{x}\in\mathbb{R}^{n_x}$ 是时变状态向量(例如：温度，混合良好的反应器中的浓度，或管状反应器的偏微分表示的空间离散化)，$\boldsymbol{u}\in\mathbb{R}^{n_u}$ 是实验中可以操作的所有控制或输入的向量，$\boldsymbol{\theta}\in\mathbb{R}^{n_p}$ 是需要从可测量的变量来估算的参数集。这些可测量变量都包含在向量 $\boldsymbol{y}\in\mathbb{R}^{n_y}$ 中。流程模型的完整定义还需要所有应知的初始条件 $\boldsymbol{x}_0=\boldsymbol{x}(t=0)$。该过程与过程噪声 $\boldsymbol{w}(t)$ 相关联，它描述了由于过程固有的随机性而产生的未建模的过程可变性。此外，没有一个测量传感器是完美的。测量本身与测量噪声 $\boldsymbol{v}(t)$ 相关联。测量噪声可以用方差-协方差矩阵 $\boldsymbol{C}_y$ 来表示。来自过程的样本被采集在向量 $\boldsymbol{y}_m$ 中：在任何给定的实验中，在离散的采样点采集 n_s 个样本。

10.2 模型结构辨识的最优实验设计

在许多情况下，多种数学结构可被用于对过程或过程的一部分进行建模。例如，在生物过程中，特定微生物的生长速率可以通过不同的动力学表达式来建模，如 Monod 动力学、Haldane 动力学等。当有多个这样的结构可用时，需要进行模型充分性测试，以确定哪个模型结构最适合。模型的充分性可以通过 χ^2-测试[11]等统计检验或使用(修正的)赤池信息准则[12]等准则来确定。在某些情况下，模型充分性测试不能可靠地确定哪种结构最适合现有的实验数据。此时，需要设计适合模型辨识的实验。这被称为模型结构辨识的最优实验设计(OED/SD)。让我们假设一个过程可以通过两个候选模型 $y=M_1(\boldsymbol{u},\ \boldsymbol{\theta}_1,\ t)$ 和 $y=M_2(\boldsymbol{u},\ \boldsymbol{\theta}_2,\ t)$ 来建模。n_t 个过程测量值采集在向量 $\boldsymbol{y}_m$ 中。通常，OED/SD 被表述为最大化两个模型之间距离($D_{1,2}$)的函数的优化问题。

$$\boldsymbol{u}^*=\arg\max_{u}\sum_{k=0}^{n_t}D_{1,2}(\boldsymbol{u},\ t_k)$$

在许多情况下，采样实例的选择也可以作为一个优化变量。

对于 OED/SD，最简单的目标函数是仅有一个实验时两个模型输出之间的欧拉距离[13]。如下式：

$$D_{1,2}(\boldsymbol{u},\ t_k)=d_{1,2}(\boldsymbol{u},\ \boldsymbol{\theta}_1,\ \boldsymbol{\theta}_2,\ t_k)^T\cdot d_{1,2}(\boldsymbol{u},\ \boldsymbol{\theta}_1,\ \boldsymbol{\theta}_2,\ t_k)$$

其中，

$$d_{1,2}(\boldsymbol{u},\ \boldsymbol{\theta}_1,\ \boldsymbol{\theta}_2,\ t_k)=(M_1(\boldsymbol{u},\ \boldsymbol{\theta}_1,\ t_k)-M_2(\boldsymbol{u},\ \boldsymbol{\theta}_2,\ t_k))$$

Box 和 Hill 提出的准则[14]考虑了测量和模型输出的不确定性。当大的输出不确定性会掩盖两个模型之间的差异时，这是有用的。该准则是基于设计最大化熵的新实验的考虑，而熵是一种基于信息论的不确定性的度量。

T 准则基于一个先验假设，即其中一个模型(M_1)在已知参数值($\boldsymbol{\theta}_1^*$)下为真[15,16]。对于动态实验，判据如下式：

$$D_{1,2}=\min_{\boldsymbol{\theta}_2}\sum_{i=1}^{n_e}w_i\sum_{k=0}^{n_t}\|M_1(u_i,\ \boldsymbol{\theta}_1^*,\ t_k)-M_2(u_i,\ \boldsymbol{\theta}_2,\ t_k)\|^2$$

这个判据必须被最大化，也就是说，OED/SD 问题是一个在计算上具有挑战性的最大-最小问题。

Munack 引入的准则[17]是基于最大化后续参数估计之间的马氏距离。在 OED/SD 的过程中，使用两种模型都进行新的模拟实验。然后依次假设其中一个模型为真，估计另一个模型的参数。对所有的实例，计算马氏距离$\delta^2=(\boldsymbol{\theta}-\boldsymbol{\theta}^*)^T\cdot \boldsymbol{S}^{-1}\cdot(\boldsymbol{\theta}-\boldsymbol{\theta}^*)$，然后将最小的$\delta^2$最大化以设计新的实验。这里$\boldsymbol{S}=\frac{\partial M_i}{\partial \theta_i}$是模型输出对参数的灵敏度。

最后，Schwaab 准则[18,19]将两个模型输出之间的加权距离最大化。如下式：

$$D_{1,2}(\boldsymbol{u},\ t_k)=d_{1,2}(\boldsymbol{u},\ \boldsymbol{\theta}_1,\ \boldsymbol{\theta}_2,\ t_k)^T\cdot \boldsymbol{V}_{1,2}^{-1}(\boldsymbol{u},\ t_k)\cdot d_{1,2}(\boldsymbol{u},\ \boldsymbol{\theta}_1,\ \boldsymbol{\theta}_2,\ t_k)$$

由模型预测的个体协方差矩阵($\boldsymbol{V}_i$)和实验偏差的协方差矩阵($\boldsymbol{V}$)计算模型预测之间差异的后验协方差矩阵$\boldsymbol{V}_{1,2}$。这些个体协方差矩阵是从灵敏度($\boldsymbol{S}$)计算得到的。

$$\boldsymbol{V}_{1,2}=2\boldsymbol{V}+\boldsymbol{V}_1+\boldsymbol{V}_2$$

$$\boldsymbol{V}_i=\boldsymbol{S}_i\cdot \boldsymbol{V}_{\theta_i}\cdot \boldsymbol{S}_i^T$$

$$\boldsymbol{V}_{\theta_i}=[\boldsymbol{S}_i^T\cdot \boldsymbol{V}^{-1}\cdot \boldsymbol{S}_i+\boldsymbol{V}_{\theta_i}(u_{n_e})]^{-1}$$

模型参数的后验协方差矩阵V_{θ_i}由新设计实验的协方差和实验n_e前的当前协方差矩阵两部分组成。

以下介绍一个 OED/SD 实例。在预测微生物学中，微生物生长通常由 Baranyi-Roberts 模型来描述[20]。

$$\frac{\mathrm{d}n(t)}{\mathrm{d}t}=\frac{Q(t)}{Q(t)+1}\cdot \mu_{\max}(T(t))\cdot[1-\exp(n(t)-n_{\max})]$$

$$\frac{\mathrm{d}Q(t)}{\mathrm{d}t}=\mu_{\max}(T(t))\cdot Q(t)$$

其中，$n(t)$为t时刻细胞密度的自然对数，n_0、$n_{\max}$为细胞密度的初始值和最大值，$\mu_{\max}$为随温度变化的微生物最大比生长率。$Q(t)$是细胞生理状态的量度。最大比生长率的温度依赖性由各种二次模型来描述。带拐点的基数温度模型(CTMI)[21]是一种被广泛接受的温度模型。对于某些微生物，调整后的 CTMI(aCTMI)模型可能更准确[22,23]。模型之间的差异如图 10.2 所示。

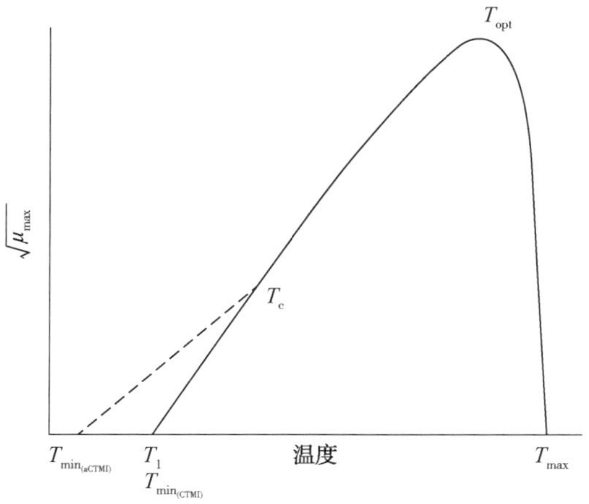

图 10.2　最大比生长率的平方根作为温度的函数，由 CTMI(实线)和 aCTMI(虚线)模拟

[来自：I. Stamati，et al. Optimal experimental design for discriminating between microbial growth models as function of suboptimal temperature：from in silico to in vivo，Food Res. Int. 89(2016) 689-700.]

Stamati 等[24]设计实验来判别用于大肠杆菌 K12 MG1655 的这两种模型。设计基于 Schwaab 等[19]提出的方法。然而，即使在设计最优判别实验之前，也要求进行少量的初步实验以获得模型参数的初步估计。初步实验需要对 CTMI 和 aCTMI 模型都提供信息。因此，初步实验是使用实验设计的多目标框架来设计的(在后面的章节中解释)。

根据初步实验估计的两种不同模型，遵循 Schwaab 等[19]提出的方法设计新的判别实验。仅通过一次实验，无法获得充分的辨别。因此，再次使用重新估计的参数来设计新的优化实验。总共迭代设计了 4 个判别实验。其中一些实验的活体测试被重复进行以解决实际问题(例如，一段时间后的污染，晚上没有采样等)。实验温度分布和得到的细胞密度如图 10.3 所示。在每个阶段，使用赤池准则(AIC)、加权最小二乘误差(WLSE)和χ^2检验误差的值来检验模型的充分性。模型用所有 8 个实验拟合后的值见表 10.1。

表 10.1 模型用 8 个实验拟合后的 *AIC* 和 *WLSE* 值[24]

模型	*AIC*	*WLSE*(σ=0.1808)	*WLSE*(σ=0.5874)	χ^2
CTMI	-102	1105	105	125
aCTMI	-134	755	72	123

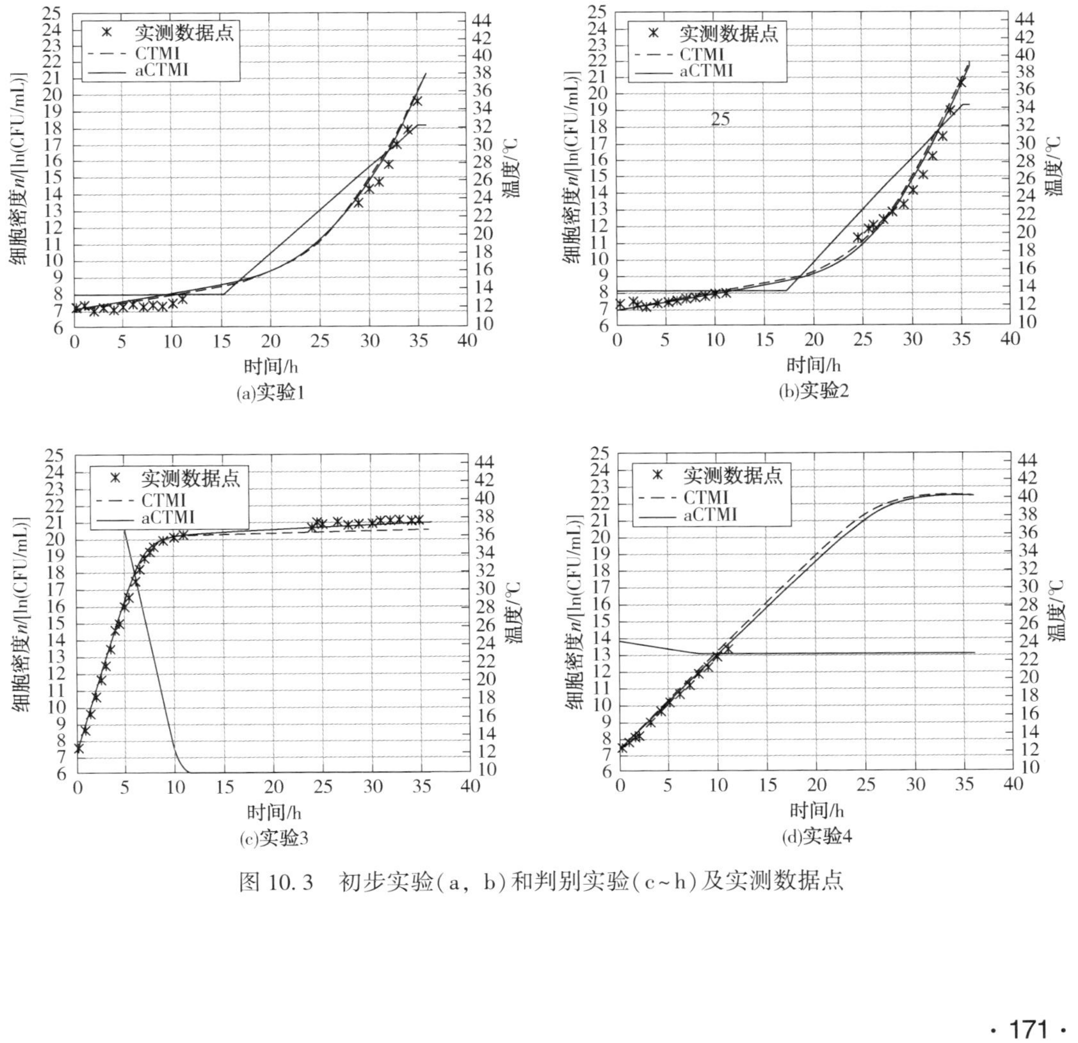

图 10.3 初步实验(a，b)和判别实验(c~h)及实测数据点

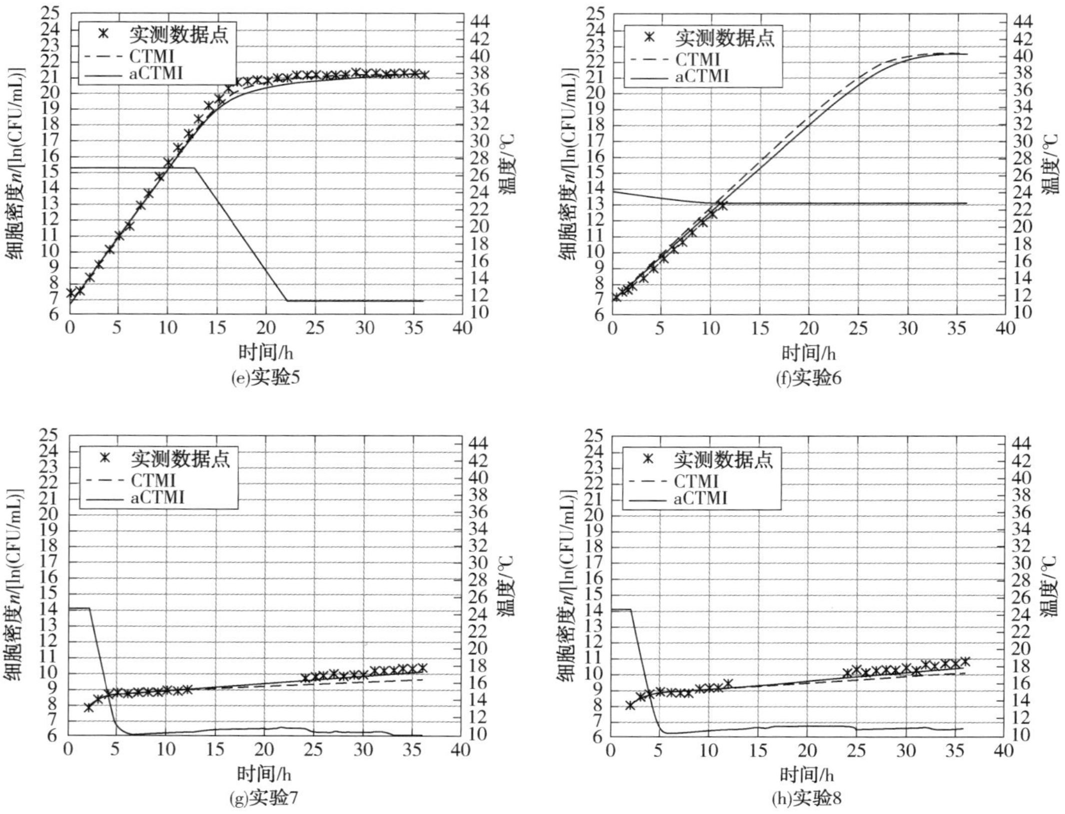

图 10.3 初步实验(a，b)和判别实验(c~h)及实测数据点(续)

［来自：I. Stamati，et al.，Optimal experimental design for discriminating between microbial growth models as function of suboptimal temperature：from in silico to in vivo，Food Res. Int. 89(2016) 689-700.］

可以得出结论，对于所用到的微生物，aCTMI 模型比 CTMI 模型更准确。经过 8 次实验，得到了充分的判别结果。选择好模型结构后，可以设计最优实验以使参数估计的精度达到最佳。这称为参数估计的最优实验设计。

10.3 参数估计的最优实验设计

一旦选择了合适的模型结构，就需要尽可能准确地估计模型中的参数。最小化目标函数 $J(\boldsymbol{\theta})$ 的优化方式可用于估计参数。一种常用的参数估计框架是基于最小化误差平方和[6]。本文采用二次目标函数进行参数估计。二次成本函数描述了实验数据($\boldsymbol{y}_m$)与模拟结果之间的方差-协方差加权距离。它表示为：

$$J(\boldsymbol{\theta})=(\boldsymbol{y}_m-\boldsymbol{y}(\boldsymbol{\theta}))^{\mathrm{T}}\cdot\boldsymbol{C}_y^{-1}\cdot(\boldsymbol{y}_m-\boldsymbol{y}(\boldsymbol{\theta}))$$

则参数估计可由下式给出：

$$\hat{\boldsymbol{\theta}}=\arg\min_{\boldsymbol{\theta}} J(\boldsymbol{\theta})$$

给定过程和测量噪声，被估计的参数与特定的不确定度相关。参数的不确定度由参数方差-协方差矩阵 $\boldsymbol{C}_\theta$ 来量化。如前所述，一个可用的模型需要实际上可识别。实际可识别的参数与狭窄的个体置信区间，即参数上的小方差相关联。因此，提高参数估计的准确性等同于减少参数方差-协方差矩阵的值。参数估计的最优实验设计(OED/PE)的目的是确定一个(动态)输入设置曲线($\boldsymbol{u}(t)$)，该设置可优化一个基于参数方差-协方差矩阵的标量准则。通常，采样率和实验初始条件也包括在 OED 中作为优化参数。如前所述，制定一个 OED/PE 问题需要计算：方差-协方差矩阵，以及基于方差-协方差矩阵的标量准则。后文中，将讨论这些计算的各种方法。提出了利用 Fisher 信息矩阵将 OED/PE 作为最优控制问题的公式，并给出了一些常用的标量准则。

10.3.1 计算参数的方差-协方差矩阵

在本节中，将介绍确定参数方差-协方差矩阵的各种方法。首先讨论经典的 Fisher 信息矩阵方法，其次讨论其他无导数方法。

10.3.1.1 Fisher 信息矩阵方法

通过测量值方差-协方差矩阵和参数灵敏度矩阵，Fisher 信息矩阵(FIM，$I(\boldsymbol{\theta})$)概括了测量精度和参数对输出的影响信息。它被定义为：

$$I(\boldsymbol{\theta},\ t)=\sum_{t=0}^{n_t}\boldsymbol{S}_t^{\mathrm{T}}\cdot\boldsymbol{C}_y^{-1}\cdot\boldsymbol{S}_t$$

其中，$\boldsymbol{S}_t$是在采样点 t 处的输出相对于参数的敏感度。敏感度矩阵定义为：

$$\boldsymbol{S}_t=\begin{bmatrix}\dfrac{\partial y_1}{\partial\theta_1} & \cdots & \dfrac{\partial y_1}{\partial\theta_{n_\theta}}\\ \vdots & \ddots & \vdots\\ \dfrac{\partial y_{n_y}}{\partial\theta_1} & \cdots & \dfrac{\partial y_{n_y}}{\partial\theta_{n_\theta}}\end{bmatrix}$$

由于输出向量 $\boldsymbol{y}$ 依赖于动态状态，因此通过添加以下矩阵微分方程，FIM 可与模型仿真一同被计算。

$$\frac{\mathrm{d}}{\mathrm{d}t}\frac{\partial\boldsymbol{x}(t)}{\partial\boldsymbol{\theta}}=\frac{\partial f(\cdot)}{\partial\boldsymbol{x}}\cdot\frac{\partial\boldsymbol{x}(t)}{\partial\boldsymbol{\theta}}+\frac{\partial f(\cdot)}{\partial\boldsymbol{\theta}}$$

$$\frac{\mathrm{d}}{\mathrm{d}t}I(\boldsymbol{\theta},\ t)=\left(\frac{\partial\boldsymbol{x}(t)}{\partial\boldsymbol{\theta}}\right)^{\mathrm{T}}\cdot\left(\frac{\partial h(\boldsymbol{x})}{\partial\boldsymbol{x}}\right)^{\mathrm{T}}\cdot\boldsymbol{C}_y^{-1}\left(\frac{\partial\boldsymbol{x}(t)}{\partial\boldsymbol{\theta}}\right)\cdot\left(\frac{\partial h(\boldsymbol{x})}{\partial\boldsymbol{x}}\right)$$

其中初始状态为：

$$\frac{\partial\boldsymbol{x}}{\partial\boldsymbol{\theta}}(0)=\frac{\partial\boldsymbol{x}_0}{\partial\boldsymbol{\theta}}$$

$$I(\boldsymbol{\theta},\ 0)=0$$

如果测量噪声是独立的且服从正态分布，则最小二乘估计量等价于极大似然估计量(MLE)。MLE 是一个一致估计量，其协方差界限由 Cramer-Rao 界确定：

$$\boldsymbol{C}_{\boldsymbol{\theta}}\geqslant I^{-1}(\boldsymbol{\theta}t_{\mathrm{f}})$$

MLE 的另一个有用的性质是与 Cramer-Rao 界渐近地(即$n_t\to\infty$)变得相等，并且 FIM 的逆可以被用作参数方差-协方差矩阵的近似值。

10.3.1.2 通过参数估计直接映射

Schenkendorf 等提出的这种方法[25]基于西格玛点方法[26]。西格玛点法依靠采样来估计随机变量($\boldsymbol{\gamma}$)的非线性变换($\boldsymbol{Y}=F(\boldsymbol{\gamma})$)的期望和方差。随机变量由称为西格玛点的采样点表示。西格玛点是根据随机变量的方差($\boldsymbol{V}_\gamma$)计算的：

$\boldsymbol{\gamma}_\sigma=\boldsymbol{\gamma}\pm\boldsymbol{\sigma}$，其中，$\boldsymbol{\sigma}\leftarrow\sqrt{(n+\kappa)\boldsymbol{V}_\gamma}$

对 n 个不确定变量，西格玛点集包含 $2n+1$ 个元素。然后用非线性映射变换该集合，得到一组响应：

$\boldsymbol{Y}_0=F(\boldsymbol{\gamma}_0)$，以及$\boldsymbol{Y}_\sigma=F(\boldsymbol{\gamma}_\sigma)$

使用该响应集计算期望和方差-协方差矩阵：

$$\bar{\boldsymbol{Y}}=\frac{1}{n+\kappa}\left[\kappa\boldsymbol{Y}_0+\frac{1}{2}\sum^{2n}\boldsymbol{Y}_\sigma\right]$$

$$\boldsymbol{V}_\gamma=\frac{1}{n+\kappa}\left[\kappa(\boldsymbol{Y}_0-\bar{\boldsymbol{Y}})(\boldsymbol{Y}_0-\bar{\boldsymbol{Y}})^{\mathrm{T}}+\frac{1}{2}\sum^{2n}(\boldsymbol{Y}_\sigma-\bar{\boldsymbol{Y}})(\boldsymbol{Y}_\sigma-\bar{\boldsymbol{Y}})^{\mathrm{T}}\right]$$

在用于 OED 时，测量向量上的噪声被认为是随机变量[25]，即

$$\boldsymbol{\gamma}=[v_{1(0)},\ \cdots,\ v_{n_y(0)},\ \cdots,\ v_{1(n_t)},\ \cdots,\ v_{n_y(n_t)}]$$

整个参数估计过程是一个非线性映射，将被估计的参数作为响应，即

$$\boldsymbol{Y}=\hat{\boldsymbol{\theta}}$$

由于假设测量噪声遵循已知方差($\boldsymbol{C}_\gamma$)的零均值高斯分布，因此为($n_y\times n_t$)维的噪声向量 $\boldsymbol{\gamma}$ 测算西格玛点，会产生 $2(n_y\times n_t)+1$ 个测量结果：

$$\boldsymbol{\gamma}_0=h(\boldsymbol{x},\ \boldsymbol{\theta})$$

$$\boldsymbol{\gamma}_\sigma=h(\boldsymbol{x},\ \boldsymbol{\theta})\pm\boldsymbol{\sigma}$$

对于每一个测量结果进行参数估计，以获得 $2(n_y\times n_t)+1$ 个参数估计，用于确定方差-协方差矩阵。

10.3.1.3 近似方差-协方差矩阵的其他计算方法

Heine 等[27]提出了一种通过贝叶斯公式来最大化参数向量的先验更新为基础的方法。动态实验的参数方差-协方差可由下式计算：

$$\boldsymbol{C}_\theta(t)=\boldsymbol{C}_{\theta0}-\boldsymbol{C}_{\theta,x}(t)\cdot\boldsymbol{C}_x^{-1}\cdot\boldsymbol{C}_{\theta,x}(t)$$

$\boldsymbol{C}_{\theta0}$是先验已知的参数方差-协方差矩阵。另外两个矩阵，参数与状态之间的交叉协方差矩阵($\boldsymbol{C}_{\theta,x}$)和状态的方差-协方差矩阵($\boldsymbol{C}_x$)，还需要确定。这些矩阵可以通过使用随机参数样本的蒙特卡洛模拟、使用线性近似的卡尔曼方程或通过前面讨论的无迹变换(即西格玛点方法)来确定。在 Julier 等[26]的研究中，模型响应的近似斯特林多项式使用 $2n_\theta+1$ 个西格玛点。

Telen 等[28]描述了一个公式，其中方差-协方差矩阵是通过求解 Riccati 方程来计算的。该公式基于原始非线性最小二乘的参数估计问题的线性近似。这会产生一个线性二次最优控制问题，该问题可通过庞特里亚金最大值原理求解。这一公式的主要优点是过程噪声可以被明确地考虑在内。此外，Riccati 方程也可用于计算 Heine 等[27]提出的方法所需的交叉协方差矩阵。

10.3.2 作为优化控制问题的 OED/PE

一旦计算出参数的方差-协方差矩阵，就可以将 OED 问题转换为基于它的标量目标($\boldsymbol{\Phi}$)的优化问题。这一优化问题可以描述为：

$$\min \Phi(C_\theta(t_f))$$

约束为：

$$\frac{\mathrm{d}x(t)}{\mathrm{d}t}=f(x(t),\ u(t),\ w(t),\ \theta,\ t)$$

$$y(t)=h(x(t),\ v(t))$$

$$0 \geqslant c_p(x(t),\ u(t),\ w(t),\ \theta,\ t)$$

其中，$c_p(\cdot)$表示对过程动态的任何约束。基于计算方差-协方差矩阵的方法，还需要添加额外的约束。在最大先验更新方法中，在附加的 $2n_\theta+1$ 个西格玛点处诱导的动态，与确定方差-协方差和交叉协方差矩阵的方程一起添加。直接映射方法会产生一个双层优化问题，其中每次迭代都需要解决 $2n_y n_t+1$ 个参数估计问题，这在计算上非常具有挑战性。

如果应用 FIM 方法，上述最优控制问题会进一步受到动态灵敏度矩阵的约束。所得到的优化问题如下式：

$$\min \Phi(I(t_f))$$

约束为：

$$\frac{\mathrm{d}x(t)}{\mathrm{d}t}=f(x(t),\ u(t),\ w(t),\ \theta,\ t)$$

$$y(t)=h(x(t),\ v(t))$$

$$0 \geqslant c_p(x(t),\ u(t),\ w(t),\ \theta,\ t)$$

$$\frac{\mathrm{d}}{\mathrm{d}t}\frac{\partial x(t)}{\partial \theta}=\frac{\partial f(t)}{\partial x}\frac{\partial x(t)}{\partial \theta}+\frac{\partial f(t)}{\partial \theta}$$

$$\frac{\mathrm{d}}{\mathrm{d}t}I(\theta,\ t)=\left(\frac{\partial x(t)}{\partial \theta}\right)^{\mathrm{T}}\cdot\left(\frac{\partial h(x)}{\partial x}\right)^{\mathrm{T}}\cdot C_y^{-1}\cdot\left(\frac{\partial x(t)}{\partial \theta}\right)\cdot\left(\frac{\partial h(x)}{\partial x}\right)$$

以及合适的初始条件。

文献中报道了各种基于 FIM 或方差-协方差的标量准则。下面描述了一些最常见的准则，它们的几何解释如图 10.4 所示。

① A-准则：A-准则最小化限制了方差椭球的超框的体积。A-准则等价于使所有参数误差的算术平均值最小。数学上的表达式为：

$$\min(\mathrm{trace}(\boldsymbol{I}(t_f)^{-1}))\text{ 或 }\min(\mathrm{trace}(\boldsymbol{C}_\theta(t_f)))$$

② D-准则：D-准则的目标是最小化方差椭球的体积。椭球的体积与方差-协方差矩阵的行列式成正比。D-准则对应于使所有参数误差的几何平均值最小。数学上的表达式为：

$$\min(-\det(\boldsymbol{I}(t_f)))\text{ 或 }\min(\det(\boldsymbol{C}_\theta(t_f)))$$

③ E-准则：E-准则的目标是最小化方差椭球的最大轴。这对应于最小化最大的参数误差或相关性。由于方差椭球的轴由方差-协方差矩阵的特征值给出，因此 E-准则在数学上可定义为：

$$\min(\boldsymbol{\lambda}_{\min}(\boldsymbol{I}(t_f)))\text{ 或 }\min(\boldsymbol{\lambda}_{\max}(\boldsymbol{C}_\theta(t_f)))$$

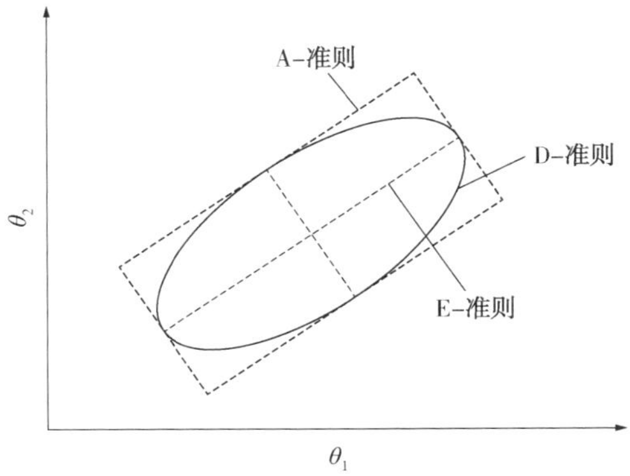

图 10.4　具有双参数估计的联合置信域的 OED 准则说明

④ 修正的 E-准则：该准则的目标是实现一

个(超)球面联合置信区域，这意味着参数之间的相关性最小化。该准则的一个优点是理论最优已知为 1，即完美的(超)球面联合置信区域。在数学上，这相当于最小化条件数(最大和最小特征值之比)：

$$\min\left(\frac{\lambda_{\max}(\boldsymbol{I}(t_f))}{\lambda_{\min}(\boldsymbol{I}(t_f))}\right) \text{或} \min\left(\frac{\lambda_{\min}(\boldsymbol{C}_{\theta}(t_f))}{\lambda_{\max}(\boldsymbol{C}_{\theta}(t_f))}\right)$$

10.3.3 OED/PE 实例

Van Derlinden 等[23]证明了 OED/PE 在最大化特定微生物生长速率模型的参数准确性方面的适用性。对大肠杆菌 K12 MG1655，如前面的例子所述，可以使用 CTMI 模型对最大比生长率的温度依赖性进行建模。对于介于最小值($T_{\min}$)和最大值($T_{\max}$)之间的温度 T，可表示为：

$$\mu_{\max}=\mu_{\text{opt}}\frac{(T-T_{\min})^2(T-T_{\max})}{(T_{\text{opt}}-T_{\min})((T-T_{\text{opt}})(T_{\text{opt}}-T_{\min})-(T_{\text{opt}}-T_{\max})(T_{\text{opt}}+T_{\min}-2T))}$$

CTMI 模型有四个需要估计的参数，$\boldsymbol{\theta}=[\mu_{\text{opt}}, T_{\text{opt}}, T_{\min}, T_{\max}]$。

为了设计实验，Van Derlinden 等[23]考虑参数对。因此，对于四个参数，定义了六个参数对，并对温度曲线进行了优化，以顺序估计每个参数对。对于任何给定的对，假设其他参数是完全已知的。采用 D-准则设计实验。为了保证所设计的实验是实际可行的，对优化问题施加了若干约束。首先，温度被限定在一个低值和一个高值之间。这些值是通过物理直觉确定的。例如，将最低温度限制在 15℃，以确保微生物停滞期和指数生长期的区别清晰。由于已知温度突变会引起微生物演化中的短暂干扰，第二个约束将连续温度跳变限制在 5℃以内。

实验的最佳温度曲线如图 10.5 中的虚线所示。将这些曲线设置应用于计算机控制的台式生物反应器，并通过无菌采集样本的平板计数来确定所得的细胞密度。在图中，点表示实测的细胞密度。注意在本案例中，采样时间没有被优化。它们是在确定了最优曲线设置之后被选定，以便覆盖所有信息区域。

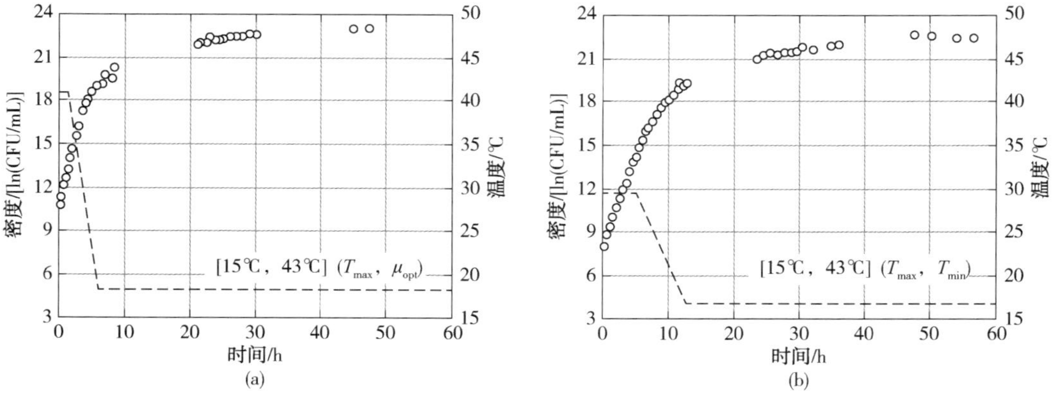

图 10.5　为每个参数对设计的最优温度曲线和所得细胞密度数据

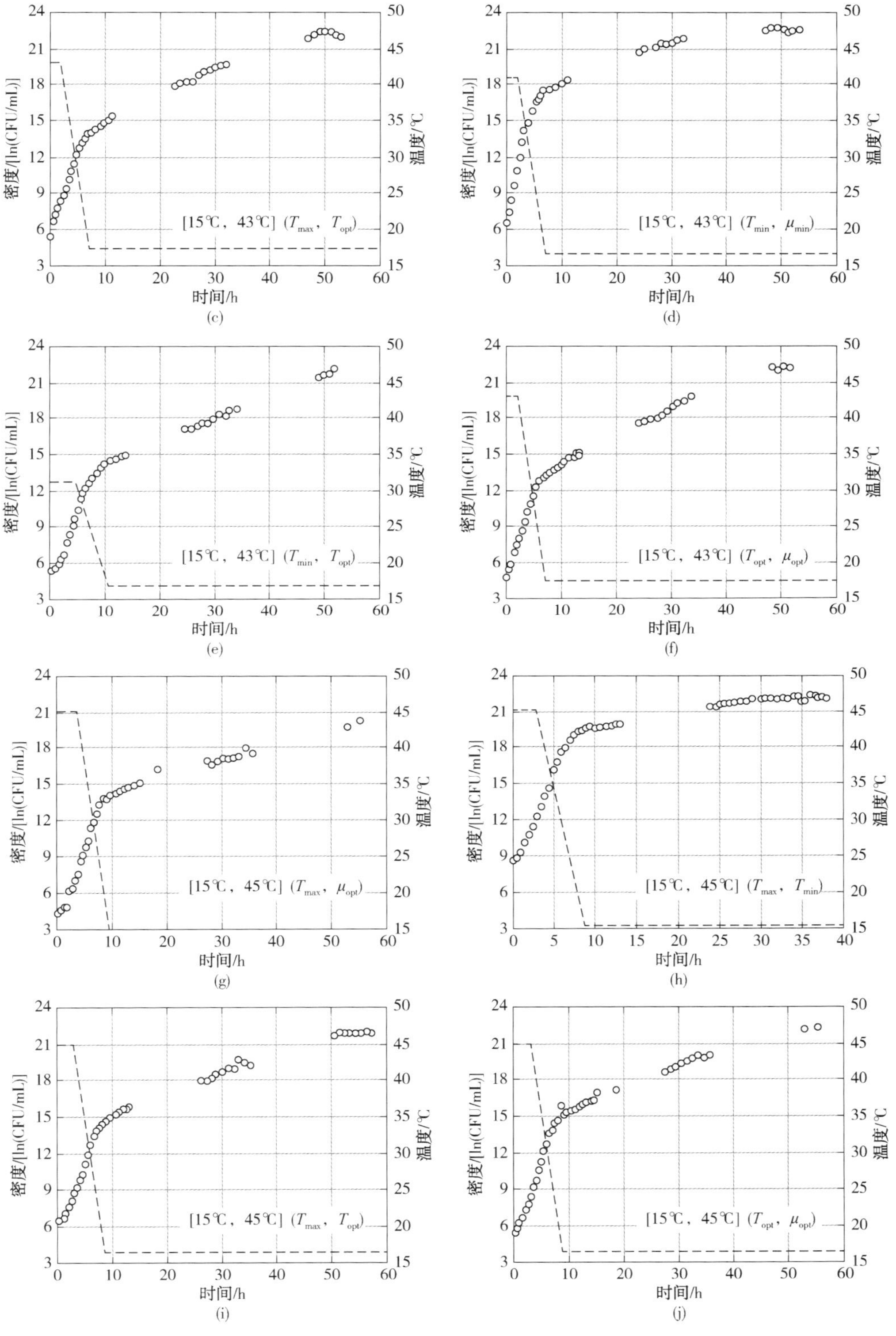

图 10.5　为每个参数对设计的最优温度曲线和所得细胞密度数据(续)

［来自：E. Van Derlinden，K. Bernaerts，J. F. Van Impe，Accurate estimation of cardinal growth temperatures of Escherichia coli from optimal dynamic experiments，Int. J. Food Microbiol. 128 (2008) 89-100.］

由实验估计的参数具有良好的统计质量，不确定度误差小于5%。此外，所建立的模型也显示出可转移到另一个实验数据集。模型预测及其95%置信度和预测区间如图10.6所示。

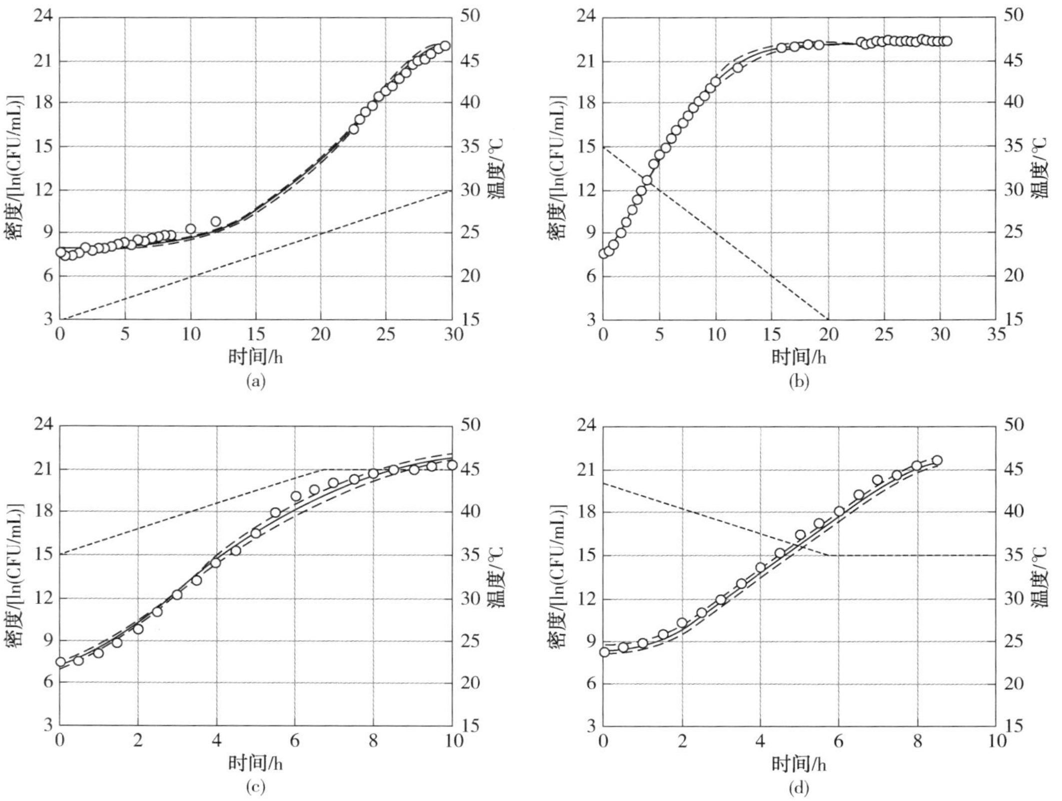

图10.6 使用独立数据集验证CTMI模型参数

[来自：E. Van Derlinden，K. Bernaerts，J. F. Van Impe，Accurate estimation of cardinal growth temperatures of Escherichia coli from optimal dynamic experiments，Int. J. Food Microbiol. 128（2008）89-100.]

10.4 最优实验设计的前沿进展

10.4.1 用于参数估计的健壮最优实验设计

由于FIM和方差-协方差矩阵依赖于参数，使用先验的参数知识(即当前可用的参数估计值)是不可避免的。该参数估计值(或初始猜测值)也带有潜在的不确定性，所以，任何基于这些估计而设计的实验都可能出现信息量明显减少的情况。因此，实验的设计必须确保无论参数的真实值如何，都能收集到足够的信息，这被称为关于信息含量的健壮性。解决这个问题的一个实际方法是交替进行参数估计和OED(使用当前的最佳估计)。这个过程冗长、耗时且昂贵。此外，使用不确定参数设计的实验可能导致施加在系统上的任何约束被违反。因此，在设计相对于约束条件具有健壮性的实验时，应考虑参数不确定性。

设计健壮性实验的一种方法是将OED问题视为最大问题。如果当前参数估计($\boldsymbol{\theta}^*$)符合方差为$\boldsymbol{C}_{\theta^*}$的正态分布，则具有置信 γ 的置信椭球可以构造为：

$$\|\boldsymbol{\theta}-\boldsymbol{\theta}^*\|_{\boldsymbol{C}_{\theta^*}}^2 \leqslant \beta$$

通过替换标称 OED 问题中的目标和约束，健壮性 OED 问题可重写为：

$$\min_{u(\cdot)} \max_{\|\boldsymbol{\theta}-\boldsymbol{\theta}^*\|_{\boldsymbol{C}_{\theta^*}}^2 \leqslant \beta} \boldsymbol{\Phi}(\boldsymbol{I}(t_f))$$

约束为：

$$0 \geqslant \max_{\|\boldsymbol{\theta}-\boldsymbol{\theta}^*\|_{\boldsymbol{C}_{\theta^*}}^2 \leqslant \beta} c_p(\boldsymbol{x}(t), \boldsymbol{u}(t), \boldsymbol{w}(t), \boldsymbol{\theta}, t)$$

本质上，这个数学式是考虑最坏情况的方法。内层优化可以使用线性近似[29]显式求解。一阶泰勒级数展开式将内层问题转化为一个凸二次约束线性问题，其解由 Nimmegeers 等[30]给出。

$$\boldsymbol{\Phi}(\boldsymbol{I}(t_f))+\sqrt{\beta}\left\|\frac{\mathrm{d}\boldsymbol{\Phi}(\boldsymbol{I}(t_f))}{\mathrm{d}\boldsymbol{\theta}}\right\|_{\boldsymbol{C}_\theta}$$

类似地，约束可以表示为：

$$0 \geqslant c_p(\cdot)+\sqrt{\beta}\left\|\frac{\mathrm{d}c_p(\cdot)}{\mathrm{d}\boldsymbol{\theta}}\right\|_{\boldsymbol{C}_\theta}$$

这种方法虽然简单明了，但需要计算 FIM 相对于参数的灵敏度。这些灵敏度可以通过有限差分或自动微分获得。

另一种方法是使用随机信息目标函数，并将约束重新表述为概率机会约束。这种方法被称为随机 OED。利用已知的不确定性的概率密度计算期望的信息含量，建立机会约束。标称 OED 问题被重新表述为：

$$\min_{u(\cdot)} \mathbb{E}[\boldsymbol{\Phi}(\boldsymbol{I}(t_f))]+\alpha_{\Phi}\sqrt{\mathbb{V}\mathrm{ar}(\boldsymbol{\Phi}(\boldsymbol{I}(t_f)))}$$

约束为：

$$\boldsymbol{\epsilon} \geqslant Pr[0 \leqslant c_p(\boldsymbol{x}(t), \boldsymbol{u}(t), \boldsymbol{w}(t), \boldsymbol{\theta}, t)]$$

这些机会约束在计算上具有挑战性[31]，可使用 Cantelli-Chebyshev 不等式近似为确定性约束：

$$0 \geqslant \mathbb{E}[c_p(\cdot)]+\alpha_c\sqrt{\mathbb{V}\mathrm{ar}(c_p(\cdot))}$$

这种方法需要计算目标和约束的期望和方差。可以通过多项式混沌展开(PCE)实现。多项式混沌展开旨在通过无限求和的正交多项式来近似模型响应。利用正交多项式简化了矩的计算，期望和方差可以直接从展开式的系数中计算出来。关于基于 PCE 的随机优化方法的更多细节可以在 Nimmegeers 等[30,32]的文献中找到。

当信息内容的健壮性很重要时，首选随机 OED 方法。最小最大(minimax)方法会导致过于保守的、信息含量低的实验设计。当需要对约束违反具有健壮性时，方法的选择取决于问题的计算复杂度。蒙特卡洛研究表明，健壮性 OED 和随机 OED 问题都能显著减少约束违反，尽管随机 OED 的性能稍好一些。然而，基于 PCE 的随机 OED 算式的计算成本要高得多。

考虑 Sager 等[33]、Telen 等[34]和 Nimmegeers 等[30]提出的 Lotka-Volterra 捕鱼问题。该模型用于跟踪捕食者和猎物种群的预定稳定状态，其中捕鱼决策被认为是一个二元决策变量。

以应用为目的，我们解决了一个宽松版本的捕鱼问题，并使用 Sager 等[33]的策略将最优控制值与二进制值关联起来。模型方程为：

$$\frac{\mathrm{d}x_1}{\mathrm{d}t}=x_1-p_1x_1x_2-0.4x_1u$$

$$\frac{\mathrm{d}x_2}{\mathrm{d}t}=x_2+p_2x_1x_2-0.2x_2u$$

其中，x_1是猎物的生物量，x_2是捕食者的生物量，两者都视为可测量的。符号 u 是捕鱼控制变量。初始条件设置为：$x_1(0)=0.5$ 和 $x_2(0)=0.7$，最终时间固定为 $t_f=12$，假设标称参数值为 $p_1=1$ 和 $p_2=1$。假设参数的方差-协方差矩阵为：

$$\boldsymbol{C}_\theta=\begin{bmatrix}0.01 & 0\\ 0 & 0.01\end{bmatrix}$$

在这个健壮性和随机 OED 的例子中，目的是制定最优捕鱼策略 $\boldsymbol{u}(t)$ 和采样策略 $\boldsymbol{w}(t)$，以估计与捕食者和猎物之间相互作用相关的两者数量平衡中的参数 p_1 和 p_2。测量次数限制为 6 次。本案例研究的目标是最大化由 Fisher 信息矩阵的最小特征值(E-准则)表示的信息含量。

在本案例研究中考虑了三种情况，以调查在实验设计期间对信息内容的方差核算的影响：标称 OED，基于 PCE 的随机 OED(期望值 OED，如 $\alpha_\Phi=0$ 和 $\alpha_\Phi=1.65$)和近似稳健性设计，其中考虑 95%置信区域(即 $\gamma=6$)。给出了参数 p_1 和 p_2 服从正态参数不确定性分布时的结果。

为了说明应用策略之间的差异，$\alpha_\Phi=0$ 和 $\alpha_\Phi=1.65$ 时的控制设置，即捕鱼控制 $\boldsymbol{u}(t)$ 和采样动作 $\boldsymbol{w}(t)$，分别如图 10.7(a)和图 10.7(b)所示。

当系统参数精确时，与标称情况相比，使用随机方法时信息含量有轻微的损失，$\alpha_\Phi=0$ 时约 5%(PCE2)和 10%(PCE1)，以及 $\alpha_\Phi=1.65$ 时约 32%(PCE1)和 3%(PCE2)。将近似健壮性方法与标称情况进行比较时，信息含量的损失是巨大的(约 80%)。这是由范数 $\left\|\frac{\mathrm{d}\boldsymbol{\Phi}(I(t_f))}{\mathrm{d}\boldsymbol{\theta}}\right\|_{C_\theta}$ 导致的较大回退造成的。

一般来说，近似健壮性设计被认为过于保守，导致信息含量很低。在标称参数值的邻域内，标称设计的性能优于随机方法。在其他区域，标称设计的信息含量急剧下降，而随机方法则不是这种情况，这表明随机方法允许对更大范围的参数值设计有信息量的实验。

不同方法的计算时间与状态数量密切相关。由于系统中涉及的状态数量更多，即标称情况下状态数量的 6 倍，PCE2 需要比其他方法更长的计算时间。PCE1 方法需要 3 倍于标称状态的数量。近似健壮性方法需要比标称情况下更高的计算时间，因为范数的估算需要在自动微分方面的额外工作。

10.4.2 多准则的最优实验设计

前面描述的每个信息准则都有自己的优点和缺点。因此，准则的选择仍然是一个问题。此外，不同的准则通常是相互冲突的。在实际应用中，既需要可去除相关性的实验，又需要精确的参数。一种方法可依据某个准则设计实验，同时将另一个准则约束为预定值[8]。在另一种方法设计中，实验可依据两个准则的加权和。为了兼顾参数去相关和全局参数精

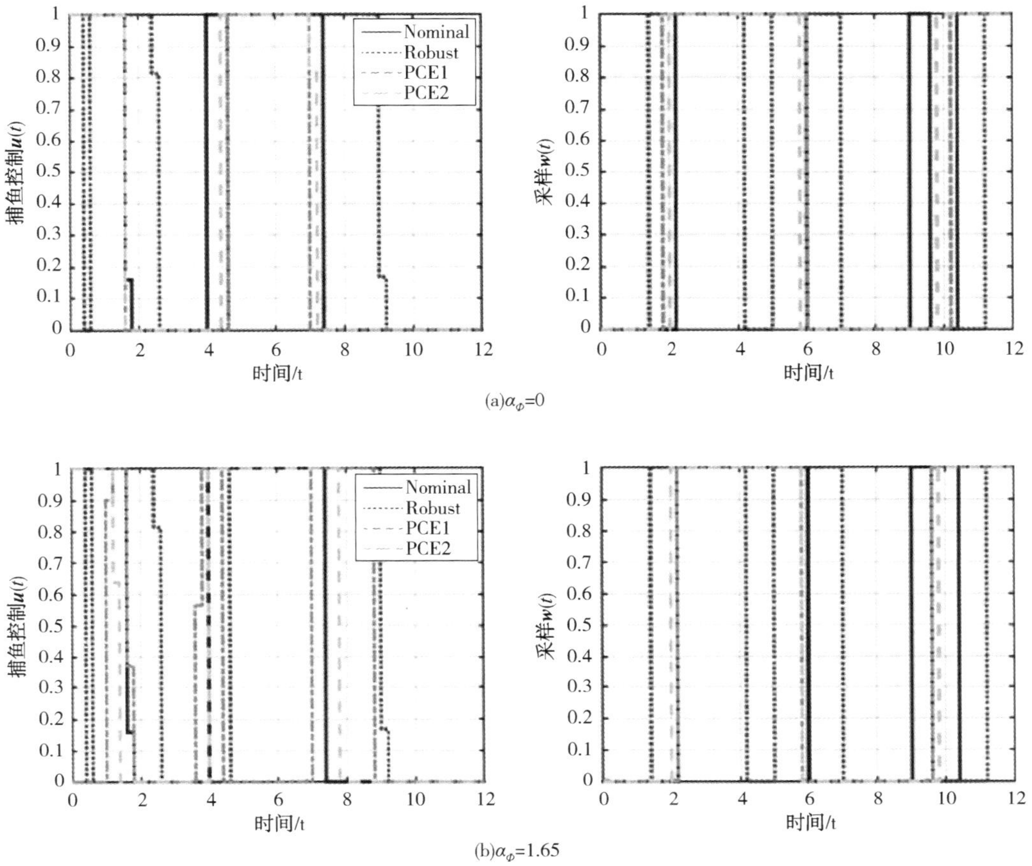

图 10.7 捕鱼控制 $\boldsymbol{u}(t)$ 和采样动作 $\boldsymbol{w}(t)$ 设置曲线，分别适用于 E-最优(Nominal)、近似健壮性(Robust)和基于 PCE 的随机(PCE1、PCE2)实验设计

[来自：P. Nimmegeers, et al., Optimal experiment design under parametric uncertainty: a comparison of a sensitivities based approach versus a polynomial chaos based stochastic approach, Chem. Eng. Sci. 221 (2020) 115651.]

度，可以使用 D-准则和修正 E-准则的加权和[35]。

$$\Phi=(1-a)\cdot\lg\left(\frac{\lambda_{\max}(\boldsymbol{I}(t_f))}{\lambda_{\min}(\boldsymbol{I}(t_f))}\right)-a\cdot\lg(\det(\boldsymbol{I}(t_f)))$$

对数确保了两个准则的适当量级，以实现更好地缩放。如果考虑双参数系统，则 FIM 是一个 2×2 矩阵，上述判据化为：

$$\Phi=(1-a)\cdot\lg\left(\frac{\lambda_{\max}(\cdot)}{\lambda_{\min}(\cdot)}\right)-a\cdot\lg(\lambda_{\max}(\cdot)\lambda_{\min}(\cdot))=\lg\left(\frac{\lambda_{\max}(\cdot)^{1-2a}}{\lambda_{\min}(\cdot)}\right)$$

当 $a=0$ 时，它代表修正 E-准则，$a=0.5$ 代表 E-准则，而 $a=1$ 代表 D-准则。

多目标优化可以用于深入了解多个不同准则之间的信息权衡。多目标优化的结果不是一个单一的解决方案，而是一组同等最优的解决方案，称为帕累托集。存在多种求解多目标优化问题的解决方案策略。常用的策略有加权和、法线边界交叉法[36]、增强归一化法线约束方法[37]。帕累托前沿允许决策者可视化多个相互冲突的准则之间的权衡。Telen 等[34]提出了一种基于多目标优化的策略，用于实验者选择某个准则。这种策略如图 10.8 所示。

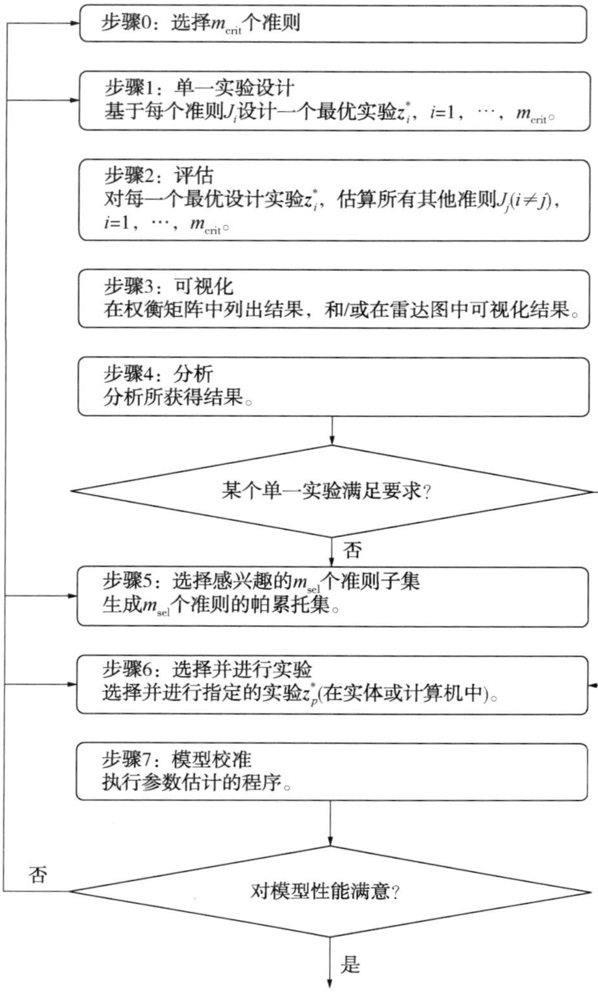

图 10.8　多目标 OED 的流程

［来自：D. Telen，et al.，Optimal experiment design for dynamic bioprocesses：a multi-objective approach，Chem. Eng. Sci. 78（2012）82-97.］

回想一下上一节中的 Lotka-Volterra 捕鱼问题示例。与上一节不同，不再将采样策略视为需要优化的实验输入，而是研究了不同的 OED 目标函数(A，D，E，ME，M)，并将其与跟踪目标(跟踪两个状态均为 1)和反相关准则[38]进行了比较。图 10.9 所示的雷达图，显示了 Lotka-Volterra 案例研究的不同最优实验。

从图 10.9 中，可区分出不同的组：

① A-最优设计和 D-最优设计：总体相似，除了相关性数值。

② E-最优设计、ME-最优设计和 M-最优设计：在各自的准则中均排名前三。对于 A-最优设计和 D-最优设计，它们的得分相似。注意，总体信息含量低于 A-准则和 D-准则，因为这些实验关注的是最不确定的参数。

③ 基于相关性的设计：在其他实验中得分最低，除了 ME-最优设计。跟踪目标：不是一种最优实验设计，作为基准。

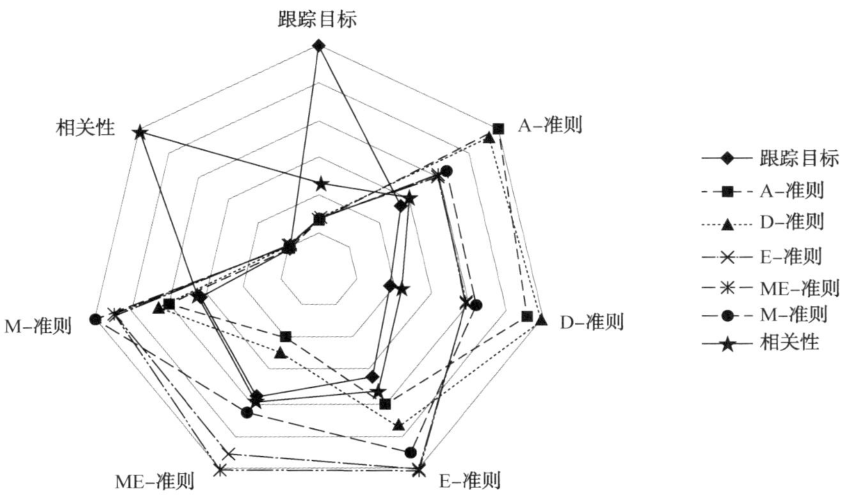

图 10.9　不同最优设计实验的雷达图

[来自：D. Telen，et al.，Optimal experiment design for dynamic bioprocesses：a multi-objective approach，Chem. Eng. Sci. 78（2012）82-97.]

作为一个例子，Telen 等提出的程序[34]在双目标情况下进行了验证，其中 A-准则和 E-准则被选择为目标函数，并详细实现了程序(图 10.8)中的步骤 6 和步骤 7。E-准则可以帮助克服 A-准则在相关性方面表现不佳的问题。所得到的帕累托前沿如图 10.10 所示。从图 10.11 中的状态曲线可以清楚地看出，两个实验都导致了跟踪不良(图 10.11 的左图和中图)。

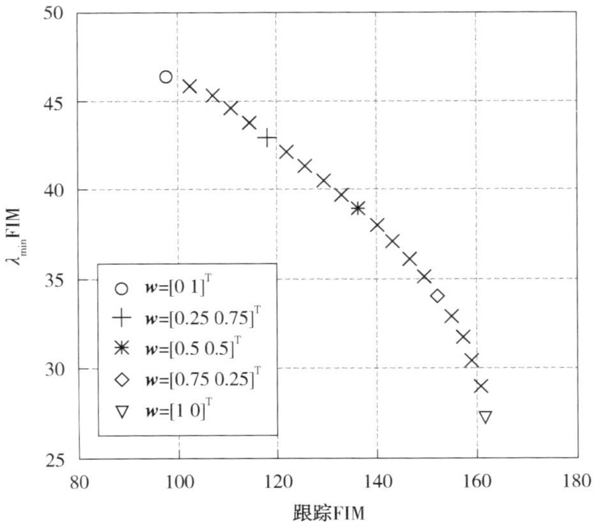

图 10.10　在 A-准则和 E-准则间权衡的帕累托前沿

[来自：D. Telen，et al.，Optimal experiment design for dynamic bioprocesses：a multi-objective approach，Chem. Eng. Sci. 78（2012）82-97.]

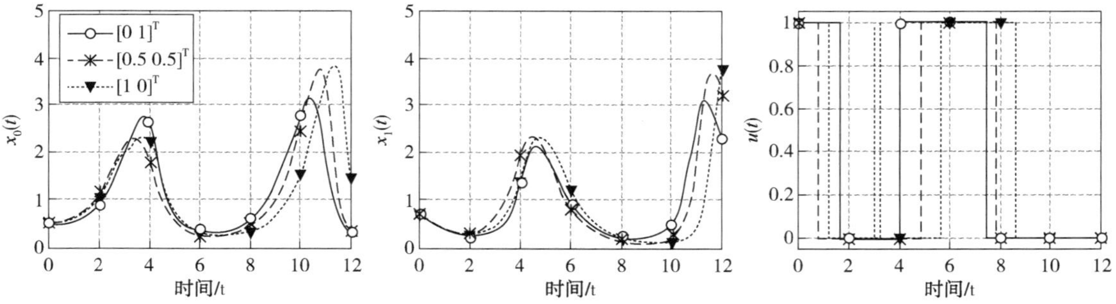

图 10.11　Lotka-Volterra 案例研究的状态(左和中)和控制(右)曲线

[修改自：D. Telen, et al., Optimal experiment design for dynamic bioprocesses: a multi-objective approach, Chem. Eng. Sci. 78(2012)82-97.]

E-准则的加入降低了最不确定参数的不确定度，代价是最确定参数的不确定度略有增加。联合置信区间如图 10.12 所示。对于 E-最优设计，得到了近似圆形但较大的联合置信区间。当重点是全局准确的参数估计时，联合置信区域完全包含在 E-最优设计的区域中。A-最优设计的联合置信区域更倾斜，表明相关性更高。这显示了通过多目标优化结合多个 OED 准则的优势，如在本案例研究中，更好的条件数和更低的相关性。

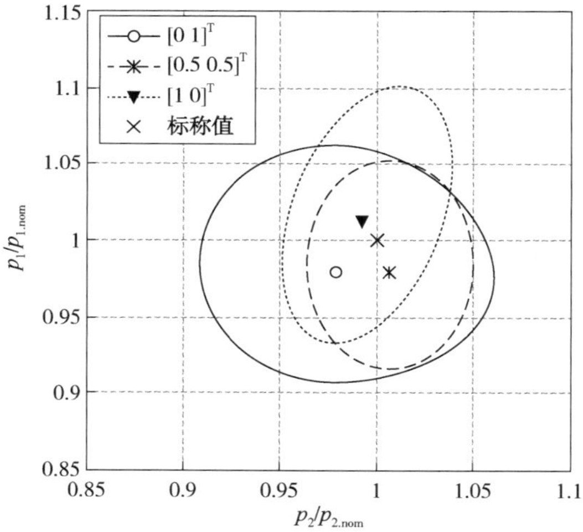

图 10.12　对 A-准则和 E-准则在不同权重下的 95%联合置信区域

[来自：D. Telen, et al., Optimal experiment design for dynamic bioprocesses: a multi-objective approach, Chem. Eng. Sci. 78 (2012) 82-97.]

10.5　结论

本章讨论了模型结构辨识的最优实验设计(OED/SD)和参数估计的最优实验设计(OED/PE)作为优化问题的算式。在 OED/SD 中，最大化两个模型输出之间的距离；而在 OED/PE 中，优化了 Fisher 信息矩阵或方差-协方差矩阵的标量准则。讨论了计算这些矩阵的各种方法。最后，OED/PE 问题被表述为一个最优控制问题，可以使用多种工具来解决。Casiopeia (https://casiopeia.readthedocs.io/en/latest/index.html) 是一个基于 CasADi[39] 的

OED 专用工具。作为最优控制问题的 OED 可以使用 ACADO[40]、Pyomo[41]、基于 Muscod 的 TACO-toolkit[42] 等工具来解决。Pomodoro 是一个基于 CasADi 的工具包，用于解决(多目标)最优控制问题。Pomodoro[43] 已被用于解决单目标和冲突的多目标[30,34,44] 的 OED 问题。Pomodoro 的一个主要优点是它的帕累托浏览器，其允许决策者可视化帕累托前沿，并交互操作。可视化和交互可以帮助用户在选择设计准则时做出更有见地的决定。Pomodoro 可通过以下链接免费提供给学术使用：https://cit. kuleuven. be/biotec/software/pomodoro。

最优实验设计是一种强大的工具，可用于减少建立过程模型所需的实验工作。正如本章前面所演示的，可以应用 OED 来区分多个可能的模型结构或提高参数估计的准确性。在任一案例中，实验设计、实验和参数估计形成一个迭代过程。这一点在前面描述的特定微生物生长速率模型的案例研究中得到了强调。除微生物应用之外，OED 还展示了其在(生物)化工过程领域的实用性。例如，在 De-Luca 等[45] 的研究中，计算了一个最优实验，以获得涉及传热和传质之间复杂相互作用的冷冻-干燥模型的统计相关参数估计。类似的应用也被报道用于催化反应器模型[46]、生理模型(例如，Ⅰ型糖尿病的葡萄糖稳态模型[47])和生物过程模型[48,49]。

参 考 文 献

[1] F. -G. Wieland, et al. , On structural and practical identifiability, Curr. Opin. Syst. Biol. 25 (2021) 60-69.

[2] J. Spriet, G. Vansteenkiste, Computer-Aided Modelling and Simulation, Academic Press, London, New York, 1982.

[3] E. Balsa-Canto, A. A. Alonso, J. R. Banga, An iterative identification procedure for dynamic modeling of biochemical networks, BMC Syst. Biol. 4 (2010).

[4] L. Ljung, System Identification: Theory for the User, Prentice Hall, 1998.

[5] D. Bonvin, et al. , Linking models and experiments, Ind. Eng. Chem. Res. 55 (2016) 6891-6903.

[6] E. Walter, L. Pronzato, Identification of Parametric Models From Experimental Data, Springer-Verlag, London, 1997.

[7] P. Nimmegeers, et al. , Identifiability of large-scale non-linear dynamic network models applied to the ADM1-case study, Math. Biosci. 288 (2017) 21-34.

[8] S. S. Bhonsale, B. Stokbroekx, J. Van Impe, Assessment of the parameter identifiability of population balance models for air jet mills, Comput. Chem. Eng. 143 (2020) 107056.

[9] G. Franceschini, S. Macchietto, Model-based design of experiments for parameter precision: state of the art, Chem. Eng. Sci. 63 (2008) 4846-4872.

[10] L. Mertens, E. Van Derlinden, J. F. Van Impe, Comparing experimental design schemes in predictive food microbiology: optimal parameter estimation of secondary models, J. Food Eng. 112 (2012) 119-133.

[11] B. Donckels, et al. , Performance assessment of the anticipatory approach to optimal experimental design for model discrimination, Chemom. Intell. Lab. Syst. 110 (2012) 20-31.

[12] D. Anderson, K. P. Burnham, Model Selection and Multi-Model Inference: A Practical Information-Theoretic Approach, Springer Nature, 2003.

[13] W. G. Hunter, A. M. Reiner, Designs for discriminating between two rival models, Technometrics 7 (1965) 307-323.

[14] G. E. P. Box, W. J. Hill, Discrimination among mechanistic models, Technometrics 9 (1967) 57-71.

[15] A. C. Atkinson, V. V. Fedorov, The design of experiments for discriminating between two rival models, Biometrika 62 (1975) 57-70.

[16] D. Ucinski, B. Bogacka, T-optimum designs for discrimination between twomultiresponse dynamic models, J. R. Stat. Soc. Ser. B (Stat. Methodol.) 67 (2005) 3-18.

[17] A. Munack, Some improvements in the identification of bioprocesses, IFAC Proc. Vol. 25 (1992) 89-94.

[18] B. Donckels, et al. , An anticipatory approach to optimal experimental design for model discrimination, Chemom. Intell. Lab. Syst. 95 (2009) 53-63.

[19] M. Schwaab, J. L. Monteiro, J. C. Pinto, Sequential experimental design for model discrimination, Chem. Eng. Sci. 63 (2008) 2408-2419.
[20] J. Baranyi, T. A. Roberts, A dynamic approach to predicting bacterial growth in food, Int. J. Food Microbiol. 23 (1994) 277-294.
[21] L. Rosso, J. R. Lobry, J. P. Flandrois, An unexpected correlation between cardinal temperatures of microbial growth highlighted by a new model, J. Theor. Biol. 162 (1993) 447-463.
[22] S. Bajard, et al., The particular behaviour of Listeria monocytogenes under sub-optimal conditions, Int. J. Food Microbiol. 29 (1996) 201-211.
[23] E. Van Derlinden, K. Bernaerts, J. F. Van Impe, Accurate estimation of cardinal growth temperatures of Escherichia coli from optimal dynamic experiments, Int. J. Food Microbiol. 128 (2008) 89-100.
[24] I. Stamati, et al., Optimal experimental design for discriminating between microbial growth models as function of suboptimal temperature: from in silico to in vivo, Food Res. Int. 89 (2016) 689-700.
[25] R. Schenkendorf, M. Mangold, A. Kremling, Optimal experimental design with the sigma point method, IET Syst. Biol. 3 (2009) 10-23.
[26] S. Julier, J. K. Uhlmann, A General Method for Approximating Nonlinear Transformations of Probability Distributions, Technical Report, Robotics Research Group, University of Oxford, 1996.
[27] T. Heine, M. Kawohl, R. King, Derivative-free optimal experimental design, Chem. Eng. Sci. 63 (2008) 4873-4880.
[28] D. Telen, et al., Optimal experiment design under process noise using Riccati differential equations, J. Process Control 23 (2013) 613-629.
[29] S. K€orkel, et al., Numerical methods for optimal control problems in design of robust optimal experiments for nonlinear dynamic processes, Optim. Methods Softw. 19 (2004) 327-338.
[30] P. Nimmegeers, et al., Optimal experiment design under parametric uncertainty: a comparison of a sensitivities based approach versus a polynomial chaos based stochastic approach, Chem. Eng. Sci. 221 (2020) 115651.
[31] A. Mesbah, S. Streif, A probabilistic approach to robust optimal experiment design with chance constraints, IFAC-PapersOnLine 48 (2015) 100-105.
[32] P. Nimmegeers, et al., Dynamic optimization of biological networks under parametric uncertainty, BMC Syst. Biol. 10 (2016) 86.
[33] S. Sager, et al., Numerical methods for optimal control with binary control functions applied to a Lotka-Volterra type fishing problem, in: Lecture Notes in Economics and Mathematical Systems, Springer-Verlag, 2009, pp. 269-289.
[34] D. Telen, et al., Optimal experiment design for dynamic bioprocesses: a multi-objective approach, Chem. Eng. Sci. 78 (2012) 82-97.
[35] K. J. Versyck, J. F. Van Impe, Trade-offs in design of fed-batch experiments for optimal estimation of biokinetic parameters, in: Proceedings of the 1998 IEEE International Conference on Control Applications (Cat. No. 98CH36104), vol. 1, 1998, pp. 51-55.
[36] I. Das, J. E. Dennis, Normal-boundary intersection: a new method for generating the Pareto surface in nonlinear multicriteria optimization problems, SIAM J. Optim. 8 (1998) 631-657.
[37] A. Messac, A. Ismail-Yahaya, C. A. Mattson, The normalized normal constraint method for generating the Pareto frontier, Struct. Multidiscip. Optim. 25 (2003) 86-98.
[38] G. Franceschini, S. Macchietto, Novel anticorrelation criteria for model-based experiment design: theory and formulations, AIChE J. 54 (2008) 1009-1024.
[39] J. A. E. Andersson, et al., CasADi—a software framework for nonlinear optimization and optimal control, Math. Program. Comput. 11 (2019) 1-36.
[40] B. Houska, H. J. Ferreau, M. Diehl, ACADO toolkit—an open source framework for automatic control and dynamic optimization, Optimal Control Appl. Methods 32 (2011) 298-312.
[41] M. L. Bynum, et al., Pyomo-Optimization Modeling in Python, third ed., Springer Science & Business Media, 2021.
[42] C. Kirches, S. Leyffer, TACO: a toolkit for AMPL control optimization, Math. Program. Comput. 5 (2013) 227-265.
[43] S. Bhonsale, et al., Pomodoro: a novel toolkit for dynamic (multiobjective) optimization, and model based control and estimation, IFAC-PapersOnLine 51 (2018) 719-724.
[44] D. Telen, et al., Approximate robust optimization of nonlinear systems under parametric uncertainty and

process noise, J. Process Control 33 (2015) 140-154.

[45] R. De - Luca, et al., Accelerating the development and transfer of freeze - drying operations for the manufacturing of biopharmaceuticals by model-based design of experiments, Ind. Eng. Chem. Res. 59 (2020) 20071-20085.

[46] V. Prasad, D. G. Vlachos, Multiscale model and informatics-based optimal design of experiments: application to the catalytic decomposition of ammonia on ruthenium, Ind. Eng. Chem. Res. 47 (2008) 6555-6567.

[47] F. Galvanin, et al., Optimal design of clinical tests for the identification ofphysiological models of type 1 diabetes mellitus, Ind. Eng. Chem. Res. 48 (2009) 1989-2002.

[48] V. Abt, et al., Model-based tools for optimal experiments in bioprocess engineering, Curr. Opin. Chem. Eng. 22 (2018) 244-252.

[49] J. H. Kim, J. M. Lee, Efficient online model-based design of experiments via parameter subset selection for batch dynamical systems, Comput. Chem. Eng. 121 (2019) 646-653.

第11章 自动连续流和生物反应器平台中反应和生长的表征——从线性实验设计到基于模型的方法

Tilman Barz[a,b], Julian Kager[c], Christoph Herwig[d],
Peter Neubauer[b], Mariano Nicolas Cruz Bournazou[b,e],
Federico Galvanin[f]

a AIT 奥地利技术学院有限责任公司能源中心，奥地利维也纳；
b 柏林工业大学生物技术系 KIWI-biolab，德国柏林；
c CHASE 有限责任公司能力中心，奥地利林茨；
d 维也纳工业大学化学、环境与生物科学工程研究所，奥地利维也纳；
e DataHow AG 公司，瑞士乌本多夫；
f 伦敦大学学院(UCL)化学工程系，英国伦敦

11.1 引言

最大化实验的信息产出的策略，适用于任何实验耗时并且(或者)昂贵的领域。在制药工业中，统计实验设计(DoE)是一种用于开发生物或化学反应过程的特定技术[1-5]。与传统设计或启发式设计的实验相比，实验设计已经表现出实验工作量的明显减少。然而，实验设计使用相对简单的静态和线性回归方程(模型)来预测自变量(因素)变化对因变量(响应)的影响。由于模型选择的这些限制，它不太适合处理动态实验，其中因素和响应都可能是复杂的时间曲线[4]。随着现代实验室的技术能力(例如：自动化、机器人、小型化、传感器和分析、高通量)支持高度复杂和并行化的实验，其中过程是非线性和动态的，这一点越发明显。基于模型的最优实验设计(model-based Optimal Experimental Design，mbOED)方法得到显著发展，将机理非线性和动态过程模型结合起来。因此，它们非常适合合成化学和生物技术中反应和生长的表征。

mbOED 一直是一个活跃的研究领域，可见参考文献中的总结[4,6-11]。虽然它主要用于模型参数的精确估计，但它也可以用于设计模型辨识的实验，即区分不同的模型结构。另一个用例是提高预测精度，即减少模型预测中的不确定性[6,11-14]。近年来，非线性动态系统和大规模应用的 mbOED 取得了重要进展，涵盖了广泛的领域和学科：控制、机械、电气和化学工程、热力学、医学、地球物理、生物学、药理学、化学和力学，见文献[11]。尽管取得了显著的进步，但在文献[15]中总结的 2001—2005 年发表在科技期刊上的 77 个实验设计实际应用中，仅有约 4%是 mbOED(最优的)[16]。

此外，关注 2000—2013 年报道的 mbOED 在细胞和生物过程及系统中的应用，可以注意到，在 85 篇被总结的文章中，只有不到 15%包含实验数据。大多数开发的方法和实例通过模拟(在计算机中)进行评估[16]。

本文总结了实验室自动化和用于表征合成化学和生物技术中的反应和生长的最优实验设计技术之间的实际协同程度。我们采用实际的视角，重点介绍了最近在小型连续流和批次进料反应器平台上进行的自动化优化实验的工作展示(第 11.2 节)。第 11.2.1 节和第 11.2.2 节给出了示例，并讨论了这些平台的基本特征，平台可以有效地生成用于筛选、工艺表征、反应和生长优化以及规模放大的实验数据。第 11.2.3 节总结了经典实验设计、无模型和 mbOED 在实验的系统规划中的近期应用。重点是实验空间、模型和采集数据的维度和复杂性。第 11.3 节讨论了动态实验的序贯规划、生物化学反应模型的识别、优化设计的计算以及软件包的实现方面的特殊情况和挑战。第 11.4 节介绍了基于模型的方法在自动化平台中应用的工业观点和一个示范的案例研究。第 11.5 节给出了讨论和结论。

11.2 小型化平台和应用

化学和生物实验室的自动化在研究和工业中迅速得到普及[17-19]。许多实验室任务可以由自动化机器人执行(移动臂、液体操作器、储存和振荡、标记等)。用于反应监测的实时分析和在线分析与小型化、并行化一起，使高通量实验成为可能。

11.2.1 合成化学中的连续流微反应器平台

连续流反应器已广泛应用于各种场合，从过程监测[20]到操作条件筛选[21]。这些系统由四个基本要素构成：

① 试剂输送系统；

② 流动反应器；

③ 在线测量系统；

④ 控制数据采集、反应器条件和试剂输送的数字化设备。

反应监测可以通过离线气相色谱(GC)或高压液相色谱(HPLC)分析进行，并依赖于快速有效的冷却。用于实时或在线反应监测的光谱检测技术可以减少数据采集耗时，例如使用荧光、紫外-可见(UV/vis)、近红外和中红外(IR)、台式核磁共振(NMR)和拉曼光谱[22-24]。

图 11.1 和图 11.2 显示了连续流平台的示意图和照片。作为示例的系统包括一个长 2m、内径为 250μm 的 PEEK 材质管式反应器(安捷伦公司，美国 Palo Alto)，放置在由绳式加热器加热的搅拌油浴中。小直径确保反应器在使用的液体流量范围内(5~100μL/min)表现为柱塞流反应器，并且实现高传热率，使反应混合物非常迅速地达到反应温度(在反应器入口)或室温(在反应器出口)。两个装有不同浓度试剂的注射器泵用于控制停留时间和进料浓度(neMESYS 低压模块，Cetoni 公司，德国 Korbussen)。试剂在到达油浴前的四通接头处混合，确保它们在进入反应器之前充分混合。一个传感器与压力罐连接，以提供准确的背

压读数，另一个传感器设置在管线上，以测量上游压力，从而测量压降。反应器出口连接到与 HPLC 相接的自动进样稀释器的六通开关阀上。

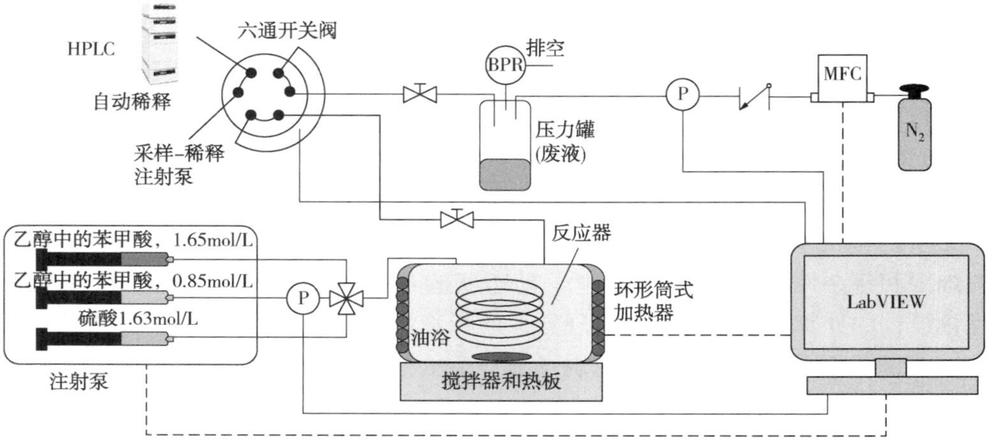

图 11.1　在文献[25]中研制的连续流反应器平台，以硫酸为均相催化剂，苯甲酸与乙醇进行酯化反应。虚线表示 LabVIEW(美国国家仪器有限公司，美国得克萨斯州奥斯汀)控制设备，实线表示 LabVIEW 从设备读取测量值。BPR：背压调节器；MFC：质量流量控制器；P：压力传感器

[来自：C. Waldron，A. Pankajakshan，M. Quaglio，E. Cao，F. Galvanin，A. Gavriilidis，An autonomous microreactor platform for the rapid identification of kinetic models，React. Chem. Eng. 4(2019)1623-1636.]

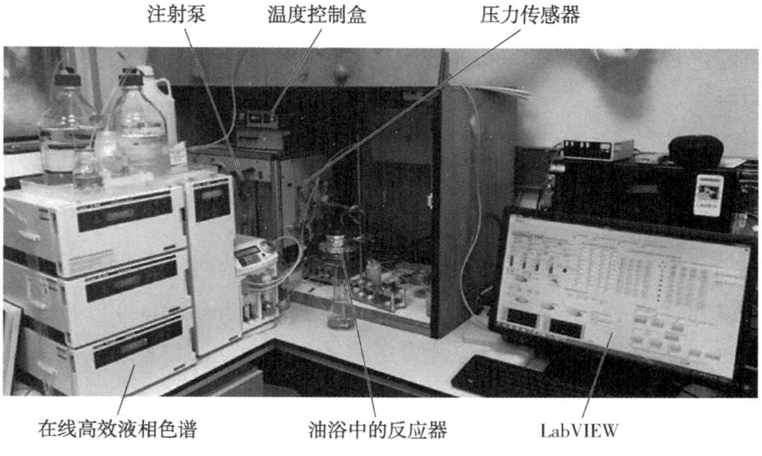

图 11.2　位于化学工程系(英国 UCL)的连续流反应器系统

连续流反应器通常在恒定条件下(处于稳态)运行，主要原因是易于控制和操作以及在恒定条件下获得的数据的一致性[26]。如果测量结果之间至少间隔了三倍的柱塞流反应器的流体动力学停留时间，则可以合理地假设它们代表单个批次[27]，见图 11.3。

对于足够窄的停留时间分布，该假设也适用于在瞬态流动条件下运行的流动反应器。从而消除了测量数据点之间的等待时间，减少了初始物料的用量[23,28]。文献[27]报道，稳

态实验生成 30 个数据点需要 5h，而动态条件下的实验仅需 1.5h 即可生成 336 个数据点。近期有人提出将这种方法扩展到具有恒温和流量斜率的实验中，参见第 11.3.1 节。

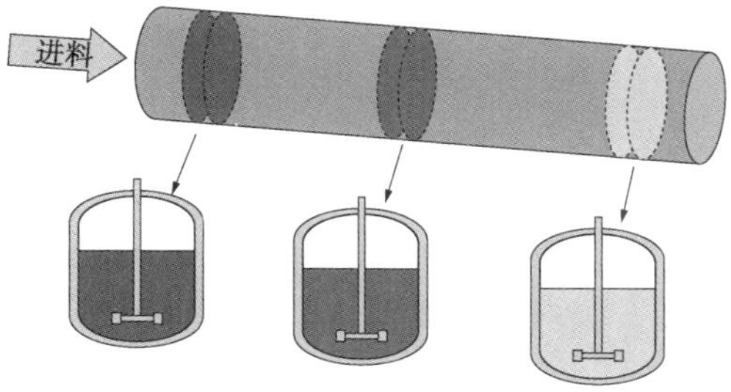

图 11.3　对于柱塞流，通过反应器的每个流体单元都代表一个具有特定停留时间的间歇反应器

[改自：C. Waldron，A. Pankajakshan，M. Quaglio，E. Cao，F. Galvanin，A. Gavriilidis. Model-based design of transient flow experiments for the identification of kinetic parameters，React. Chem. Eng. 5(2020)112-123.]

11.2.2　具备自动液体处理的生物反应器平台

微型生物反应器平台主要用于培养基和生产介质以及培养条件的优化。这些系统结合了自动化液体处理技术(取样、分析、营养物添加和 pH 滴定)，并与蠕动泵、流动池或移液机器人[30]一起工作。有数种商业解决方案，其可用的反应器体积范围从几微升到大约 250mL。表 11.1给出了一些参考资料，重点介绍了这些平台的功能。目前，Ambr250 (Sartorius AG，德国哥廷根)是工业上使用最多的高通量微型生物反应器系统。类似的商用系统还有：DASbox(Eppendorf AG，德国汉堡)、BioXplorer(h. e. l Group，英国伦敦)、Multifors 2(Infors AG，瑞士 Bottmingen)、bioREACTOR(2mag AG，德国慕尼黑)。也有基于摇孔板构建的解决方案，如 bioLector(m2p-labs GmbH，德国 Baesweiler)。这些设备最重要的功能是：

① 投料和其他类似于工业过程的控制策略(bioREACTOR 除外)；
② 搅拌器(bioLector 除外)和高氧传递系数；
③ 在线测量(如 pH 值、溶解氧 DO)和自动采样；
④ 大多数还包括尾气测量。

表 11.1　包含液体处理的自动化平行生物反应器平台，用于规模缩小式开发和上游工艺特性研究

文献	平台	应用	测量	实验
Huber 等[32]	BioLector 平台配有 96 个摇动微量滴定板(190μL 工作容积)、移液机器人和液体处理工作站	表达荧光蛋白 EcFbFP 的大肠杆菌	每个孔每 5min 通过散射光和荧光测量检测一次生物质和蛋白质构成；超过 20000 个数据点	96 个不同诱导剂浓度和诱导次数的平行实验(最多 6 个拷贝)；培养时间 12~18h

续表

文献	平台	应用	测量	实验
Hemmerich 等[33]	BioLector 平台配有 48 个摇动良好的花孔板（800μL 工作容积），2 个液体处理工作站	基因组简化的谷氨酸棒杆菌菌株，以工程化实现 Sec 途径介导的异源性角质酶分泌	基于后向散射测量的生物质浓度近乎连续监测；通过每个孔底部集成的荧光传感器点测量 pH 值和 DO；每次培养最多取 6 个 20μL 的小体积样品，用于底物和产物浓度分析	2×48 个培养时间在 24h 内的实验
Amanullah 等[34]	SimCell 平台配有 5 个孵育箱，每个孵育箱最多可容纳 42 个微生物反应器阵列（MBAs），每个阵列在旋转搅拌器中装有 6 个透气性微生物反应器（600～700μL 工作容积）	表达从支链氨基酸到重组前胰岛素原的大肠杆菌	部分 MBAs 有 DO 传感器；通过手动将 MBAs 转移到监测站，每天进行一次生物质、pH 值和 DO 的测量；离线样品：细胞生长、代谢物和蛋白质浓度的分析	19 个 MBAs 中的 114 个平行微生物反应器；每天人工收获 6 个微生物反应器；总时长 14 天（每个反应器一个样品）
Faust 等[35]	bioREACTOR 48 配有 48 个平行搅拌反应器（10mL 工作容积）集成在一个液体处理系统中；气体诱导搅拌器；团块式投料；通过微泵连续进料，可分配最多 3 种液体	用于表达 2 种异源蛋白质的大肠杆菌高密度培养	荧光测量在线分析 DO 和 pH 值；近线测量干细胞重量（DCW）和 OD600 以及产品（每次培养最多 12 个样品）	最多 12 个平行实验，持续时间不超过 40h；单泵输送最小剂量体积约为 1.3μL；液体处理系统的平均体积添加量是微型泵的 17 倍
Janzen 等[36]，类似的设置如 Haby 等[37]	bioREACTOR 48，4 个区块，每个区块有 8 个生物反应器（8～15mL 工作容积），带有自动液体处理系统；气体诱导搅拌器；间歇性添加诱导剂、滴定剂、培养基以及用于 pH 控制的物质	2 种不同表达体系和 3 种不同工艺条件下大肠杆菌细胞的筛选	荧光测量在线分析 DO 和 pH 值；自动化近线（约 7 次）测量生物质 OD550；自动样品转移用于离线产品滴定分析	培养时间约 40h；温度（梯度）控制；利用搅拌转速和供氧来级联控制 DO；每周可在工业实验室进行最多 96 次培养

续表

文献	平台	应用	测量	实验
Janakiraman 等[38]	Ambr15 平台，配有置于 2~4 个培养站内的 24~48 个微型生物反应器（10 ~ 15mL 工作容积）；带有倾斜叶片搅拌器的通气喷管；自动液体处理；对每个反应器的 pH 值、DO 和进料进行单独控制；每个培养站可进行温度和搅动控制	重组 CHO 细胞；表达 IgG 的哺乳动物细胞系	用于 pH 值和 DO 监测的光学传感器；每日采样收集 13 项工艺和产品质量参数	14 天的分批补料培养；单次运行中执行 36 种实验条件；第 6 天进行温度变化；pH 值和 DO 控制，总进料比例为 30%
Tai 等[39]	Ambr250 平台配有 24 个搅拌生物反应器（150mL 工作容积体积），以及自动化液体处理系统；最多 4 个连续泵送液体进料	大肠杆菌发酵生产重组蛋白质的工艺	DO、pH 值（和温度）的在线数据；96 个样本（每个反应器 4 个），时间跨度为 18h	24 个在不同条件下进行的平行实验，基于 10 因素筛选设计，以优化滴度和截断产物
Kager 等[40]	DASbox 系统配有 4 个平行反应器，可扩展到 16 个反应器（250mL 工作容积）；允许动态进料速率控制；生物质软测量集成到 DASware 控制软件中	重组大肠杆菌的多底物补料培养过程	混合底物、空气和氧气流入量；排出气体的组成；进料泵流量；尾气分析仪测定的 CO_2 和 O_2 浓度	4 个不同乳糖吸收的平行实验；32h 运行时间；从碳和氧平衡估算生物质形成速率

在微升规模时，实验在摇孔板上进行，最多可进行 114 个平行批次培养，持续时间为 1~14 天。由于工作体积小，培养条件通常相当简单（批次的初始浓度不同和结束时间可变等），用于离线测量营养物质、生物质和产品的样品通常只采集一次（见表 11.1）。每个孔的传感器点允许准连续散射光和荧光测量溶解氧和 pH 值，对于某些系统甚至包括生物质和产物构成。这些系统可以在不到一天的时间内产生大量数据（20000 点）。

在 10~15mL 的规模时，平台使用多达 48 个带有气体诱导搅拌器的平行反应器，用于光学在线测量的传感器点，以及更频繁的自动离线采样的可行性（每个反应器最多报告 12 个样品）。这些系统可以在批量进料模式下运行（主要是脉冲进料），并允许对温度、搅拌、氧气和 pH 值进行基本控制。图 11.4 显示了一个 bioREACTOR 48 平台（2mag AG，德国慕尼黑），由一台 Tecan 液体处理机（Tecan Group Ltd.，瑞士 Männedorf）和一台 Microlab Star 液体处理机（Hamilton Company，瑞士 Bonaduz）操作，带有一个集成的微孔板检测器，用于在培养过程中近线分析生物质、葡萄糖和乙酸。

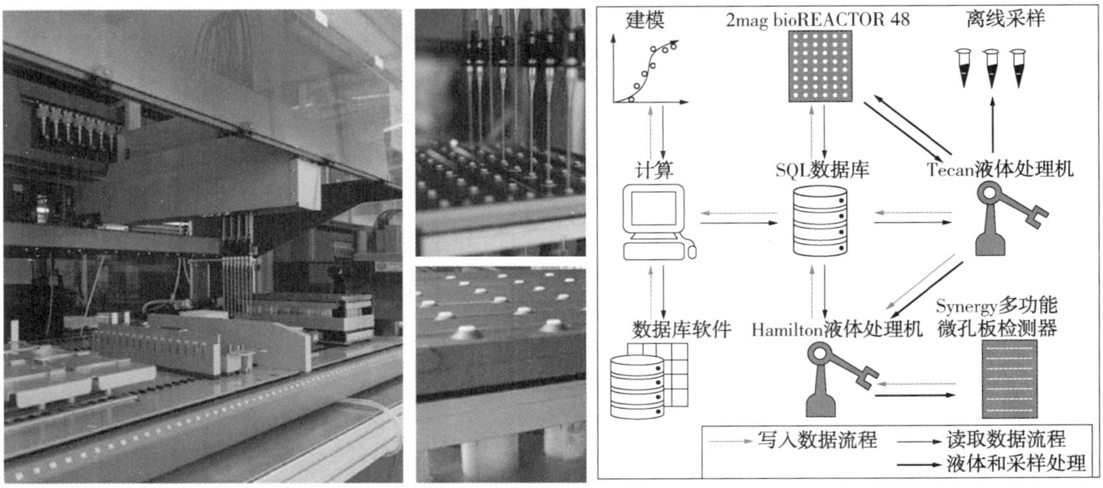

图 11.4 bioREACTOR 48 平台(2mag AG，德国慕尼黑)，反应器工作容积在 8~15mL，有自动液体处理和集成的微孔板检测器。位于生物技术系(柏林工业大学，德国)

最后，当工作容积大于 100mL 时，包含动态进料速率的更宽范围的培养条件、高频率采样以及 CO_2和 O_2尾气监测成为可能。这些平台可以扩展到 24 个搅拌反应器，并且可以在非常接近工业过程的条件下进行培养[41]。与 10~15mL 规模的微型化系统相比，可以连接更广泛的外围设备(如精密蠕动泵、天平和额外的传感器，如介电常数和原位光谱)是其优势所在。图 11.5 显示了一个系统，具备两个台式反应器，能自动采样(最高频率每 10min 一次)、处理样品，并转移到 HPLC、酶或干物质分析仪[42]。

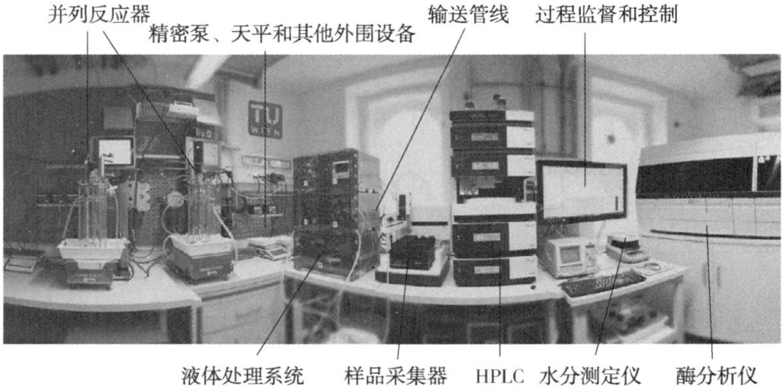

图 11.5 两个 2.7L 工作容量的并联台式反应器(Infors AG，瑞士 Bottmingen)，连接到 Numera 液体处理系统(Securecell AG，瑞士 Urdorf)，可自动采样、样品处理(稀释和过滤)并转移到多台分析设备[42]。位于化学、环境和生物科学工程研究所(维也纳理工大学，奥地利)

11.2.3 实验设计的应用、自优化和 mbOED——文献综述

11.2.3.1 合成化学中连续流反应的实验设计

实验设计在合成化学中的应用已大大增加，主要用于实验室环境下批次工艺的优化[1,3]。实验设计应用通常涉及多变量，以及广泛的反应参数筛选、参数效果评估和反应条

件优化，例如通过表面响应模型[2]。对连续流，实验设计的使用频率较低，主要是与离线分析相结合，设计一系列稳态点来优化反应器性能[1,43,44]。

文献[1]回顾了2003—2013年在Organic Process Research & Development Journal上发表的实验设计应用。对于连续流反应器，全因素和部分因素设计都主要用于优化反应条件，如转化率、产率或反应时间。一些应用考虑了最佳反应条件变化的健壮性测试。而对于从最多9个因素中进行筛选时，典型的应用考虑：

① 少量因素，2~4个，主要是停留时间、温度、化学计量/底物浓度和压力；

② 实验数量范围在7~58。

反应时间一般很快，停留时间通常明显低于10min，有利于快速生成动力学数据。

11.2.3.2 连续流反应的序贯自优化

采用在线(或实时)分析仪用于反应监测的自动连续流微反应器已被用于在线多变量优化[27]。所谓自优化算法在采用序贯实验设计技术的自动化平台上很容易实现[22,28,45-50]。在这些自动化反应平台上，每次实验结束并收集新数据后，使用特定的算法构建系统的黑箱模型(无反应动力学或机理知识)，以便设计后续实验，用于优化反应性能(即转化率或产率)，可参见文献[51]。最近，人们还探索了利用高斯过程(GP)回归和贝叶斯优化的机器学习(ML)技术，以优化针对多个目标的多步骤工艺，这在节省时间和资源方面具有很大的潜力[51,52]。

表11.2概述了自优化在连续流系统中的近期(2010年以后)实验应用。可以看出：

① 考虑了3~4个因素；

② 相对大量(多达160)的静态实验条件可以被评估。

使用全自动平台，测量之间的等待时间取决于重新建立稳态条件的时间(由反应器的热特性决定)，以及得到测量分析结果的时间。后者可以使用在线测量例如FT-IR光谱以显著减少，如在文献[27，49]中所讨论的。

表11.2 自优化在用于有机化合物合成优化的自动连续流反应器中的应用

文献	应用	目的	控制	测量	实验	方法
McMullen 等[47]	Knoevenagel缩合反应；苯甲醇氧化生成苯甲醛再生成苯甲酸	最大化产率和生产能力	分别为2个和4个因素：温度、停留时间、反应器入口2种原料浓度	在线HPLC	13~36次实验，以及46次序贯实验	Nelder-Mead单纯形法，最陡下降法，SNOBFIT法
Parrott 等[49]	超临界二氧化碳中的醚化反应	最大化产率	3个因素：温度、压力、CO_2泵的流量	在线GLC	一次优化运行160个样本，35h完成	SMSIM单纯形法
Holmes 等[46]	丙烯酰胺的合成/EGFR激酶抑制剂的合成	最大化产率	4个因素：流量、温度、2个进料浓度	近线HPLC	需要42次单独实验，26h完成	无导数的SNOBFIT法

续表

文献	应用	目的	控制	测量	实验	方法
Holmes 等[22]	烟酸甲酯与甲胺的反应	最大化产率	3 个因素：流量、温度、进料浓度	在线质谱	21 次实验，12h 完成	无导数的 SNOBFIT 法
Cherkasov 等[48]	MBY 半氢化反应	最大化产率	3 个因素：底物流速、对催化剂毒性和 IPA 溶剂	在线气相色谱	可能使用了超过 50 个点	无导数的 SNOBFIT 法
Fath 等[53]	苯甲醛与苄胺反应生成 *N*-亚苄基苄胺	最大化产品浓度和数量，最小化成本	3 个因素：化学计量比、停留时间和温度	在线 FT-IR 光谱	20~27 次实验，相对较短的反应停留时间(<6min)	改进的单纯形法和无模型实验设计方法

11.2.3.3　开发生物技术工艺的实验设计

文献[5]回顾了实验设计方法在生物技术工艺开发中的应用，主要是 1990 年以后的时期，涵盖了生物过程应用的主流。大多数应用涉及用于培养和生产的培养基和混合成分的开发和优化。优化培养基成分的典型实验分两步完成：首先通过两水平部分因素设计方法筛选各种培养基成分，然后通过响应面方法优化其水平。第一步(筛选)确定几个重要因素的子集，第二步确定最佳因素值[5]。报道的应用考虑了 3~15 个因素，主要是为了最大化细胞生产能力，即最终产品产率或最终浓度。

用于工艺状态变量和工艺操作优化的实验设计，考虑了定量因素(受控或非受控)，例如温度、pH 值、溶解氧，以及定性因素变量，如不同的涡轮搅拌桨。定量因素通常控制在预定的设定点或遵循预设(例如进料)轨迹进程。此外，还可以考虑操作动作的最佳顺序和时机，例如何时接种、收获或诱导/感染培养物。这些状态和操作参数的辨识通常与培养基和混合成分的优化相结合[5]。典型的应用包括[5]：

① 产率、生长速度和生物质浓度的优化。

② 通常在不同的水平上考虑 2~4 个因素，但也有 5 个、最多 7 个因素被报道。

③ 部分因素设计用于减少实验数量，通常实验次数在 30 次左右，最多 38 次。

与连续流反应器中进行的序贯设计策略相反，生物过程培养通常是并行进行的。文献[54]中讨论了平行小型化和自动化平台(如 96 孔板或 384 孔板)的实验设计方式的发展。根据作者的说法，在这些所谓“受限”平台中应用实验设计是很少的。一个主要的原因是，实验设计方法产生了一系列复杂的设置，导致后续的实验室工作烦琐，并且引入错误的风险增加，比如手动完成单个孔的移液。采用单个移液枪技术的自动化系统太慢，而传统的实验设计产生的方案与多移液器系统不兼容。研究者提出了多单元平台矩形实验设计的概念，将传统的实验设计调整为适合多移液器和固定板形式，例如，多行平行的移液柱。

优化培养基和混合成分的实验通常是使用微孔板和振动烧瓶(例如，放置在旋转摇床上的 250mL 锥形烧瓶）进行的，而优化工艺状态和操作的实验大多是在升规模上进行的。在文献[5]中，给出了一个由 12 个 1L 容器组成的多发酵罐系统的说明性示例，这些容器配备了 pH 值、溶解氧测量和温度控制仪器。发酵罐采用分批补料方式，基于中心复合设计进行操作，进行 32 次培养，考虑了 3 个因素：pH 值、温度和培养时间，每个因素有 3 个水平，通过进料控制特定生长速率。利用响应面模型预测大肠杆菌产生的重组抗体的表达率。

11.2.3.4 用于连续流反应的基于模型的最优实验设计

表 11.3 回顾了近期使用自动连续流平台开发化学反应动力学模型的 mbOED 应用。该综述范围是 2010—2020 年科学文献中的论文。

表 11.3 在连续流微反应器平台上进行的 mbOED 应用及实验数据

文献	应用	方法	模型	控制变量/因素	实验/测量	算法
McMullen 和 Jensen[55]（a）；Reizman 和 Jensen[56]（b）	（a）异戊二烯和马来酸酐在 DMF 中的 Diels-Alder 反应；（b）吗啉在 2,4-二氯嘧啶上的亲核芳香取代反应	D-准则最优的基于模型的实验设计，用于模型判别和参数精度，序贯方法	最优实验设计模型，最多 5 种物质，最多 8 个参数（阿仑尼乌斯反应速率参数最多有 4 个不同的动力学速率常数）	静态条件，最多 4 个因素（温度、2 种物质的初始浓度、停留时间）	在线 HPLC，最多可测定 4 种物质；最多 24 次实验，其中 12 次基于模型设计的最优实验	MATLAB ODE 和优化求解器；从预先确定的实验（筛选猜测）中选择以得到基于模型的实验设计的近似解
Echtermeyer 等[57]	pd 催化的 C-H 活化反应；C（sp3）-H 活化反应合成氮杂环丙烷	D-准则最优的基于模型的实验设计，用于参数精度，按（参数）分组设计以解决相关性问题	10 个最优实验设计模型，8 个参数（反应速率常数和活化能）	静态条件，5 个因素（温度、流量、2 个初始反应物浓度和催化剂浓度），以及采样次数（和样品数量）	2 种物质的在线气相色谱；每组 8 个实验最多可估计 3 个参数；总共 71 个样品	gPROMS 动态仿真和基于模型的实验设计和参数估计软件包
Waldron 等[25,58]	苯甲酸与乙醇的酯化反应，分别在非均相 Amberlyst-15 催化剂和均相催化剂（硫酸）中	基于模型的实验设计，用于模型判别和参数精度；序贯的基于模型的实验设计，用于参数精度	4 个不同的最优实验设计模型，最多 6 个参数（吸附常数和反应速率常数）；2 个最优实验设计模型，2 个阿仑尼乌斯参数	静态条件，3 个因素（温度、流量、原料浓度）	2 种物质的在线 HPLC；实验时长小于 7min；最多 12 次实验，其中 4 次基于模型设计的最优实验	Python 顺序最小二乘规划（SLSQP）算法和 ODE 求解器；对基于模型的实验设计的近似解

续表

文献	应用	方法	模型	控制变量/因素	实验/测量	算法
Aroh 和 Jensen[59]	Paal-Knorr 环缩合反应用于合成吡咯；Paal-Knorr(单步双分子)反应	启发式实验设计；单次实验和同时拟合最多 4 次实验	3 个最优实验设计模型，5 个相互竞争的候选动力学模型，每个包含 2 个阿仑尼乌斯参数和不同的反应级数	动态条件，温度渐变（上升和下降）和停留时间渐变（恒定的变化率）	一种反应物的在线红外光谱；20min 实验产生 150 个数据点	使用 MATLAB 的模拟和参数估计
Taylor 等[60]	苯酚与乙酰氯反应生成乙酸苯酯；后续生成的对乙酰氨基酚乙酸酯	用修正的赤池信息准则进行模型判别的启发式实验设计	最优实验设计模型；对不同的一步或两步反应考虑 3 个或 63 个相互竞争的反应模型；估计反应速率常数和活化能	动态条件，在不同(恒定)温度和 2 种不同的初始原料浓度下进行的流量渐变（下降)的实验	3 种反应物的在线 HPLC；90～100min 的实验，采样时间间隔在 4～6min	MATLAB ODE 求解器和内点优化算法
Waldron 等[29]	苯甲酸和乙醇以硫酸为催化剂的酯化反应	序贯的参数估计和基于模型的实验设计，用于参数精度	相同的模型和 2 个参数，参见 Waldron 等[58]	动态条件，同时渐变的流量和温度（下降，变化率恒定），初始反应物浓度	2 种反应物的在线 HPLC，每 7min 采样一次	Python 的 Nelder-Mead 单纯形法和 SLSQP 算法；拉丁超立方采样的全局策略
Schaber 等[61]	苯异氰酸酯与叔丁醇的反应	基于模型的实验设计，用于模型判别和参数精度	一维动态(传输扩散)偏微分方程模型；5 个相互竞争的候选动力学模型，每个包含 2 个阿仑尼乌斯参数	动态条件，1～10min 停留时间(流量阶跃和渐变）和 50～130℃渐变温度，3 种反应物的各自流速	2 种反应物的在线 FT-IR 光谱；3.5h 动态实验，在 377 个时间点采集(连续)测量值	Jacobian 模拟软件，与 SNOPT 基于梯度的优化求解器联用

所报告的工作旨在确定模型和模型参数，用于优化反应条件和规模放大预测。在这些工作中，参数估计算法和 mbOED 算法被用于从给定的一组模型结构中选择最佳模型(即模型辨识)[55,58,60]和/或对给定的模型结构提高其参数估计的统计质量[25,55,57,58,61,62]。

所有模型都考虑低维反应网络，典型的是带有阿仑尼乌斯型反应项。文献[56]中最复杂的模型考虑了 5 种物质和 8 个参数，描述了 4 种不同的速率常数。在文献[60]中，研究者从 63 种相对简单的一步或两步反应的竞争反应模型中进行辨识。

表 11.3 中的前三个应用使用静态条件，其中每个(稳态)实验由 3~5 个因素定义。保持温度和入口浓度不变，通常在三倍停留时间后建立一个稳态点。其余四个应用设计了流量和温度的动态条件(有些使用启发式设计而不是最优设计)。

稳态实验(12~71 个静态条件)按照序贯设计，类似于第 11.2.3.2 节中的自优化实验。动态条件下的实验可以产生大量的数据点(每个相当于一次稳态实验)，例如 20min 产生 150 个数据点[59]。因此，已经有一两个实验就足以精确估计动力学参数，并且可以同步规划数据点[29]。此外，动态条件采用恒定斜率的渐变式参数化，使得实验设计空间的维数相对较低，从而使 mbOED 问题的数值解可以被循迹应用。例如，考虑温度和流量的初始值和恒定斜率以及初始反应物浓度，可以用 5~8 个参数定义一两个同步规划的实验[29]。文献[61]通过操纵单个反应物进料浓度来评估动态条件下的性能，参见第 11.3.1 节对结果的深入讨论。

11.2.3.5 用于生物反应器培养的基于模型的最优实验设计

文献[16]对 mbOED 在细胞和生物工艺及系统中的应用进行了有意义的回顾，包括信号通路、生物反应器培养和药物代谢动力学、药物效应动力学和临床应用。研究者优先考虑了 2000—2013 年报道的近期应用。几乎所有的过程模型都由常微分方程(ODEs)表示，只有不到 5%的模型是微分代数方程(DAEs)、随机、积分微分方程或偏微分方程(PDEs)[16]。85 篇论文中有 19 篇属于生物质和生物反应器类别，其中模型方程的最大数量相对较低，不超过 10 个 ODEs。在所有应用领域中，未知模型参数的平均数量似乎相当一致，通常小于 10。在细胞信号通路方向，报道了多达 103 个 ODE 的更复杂的模型。在哺乳动物细胞培养模型中出现了最大的参数数量(>300)。不过，这些复杂的模型主要用于说明和激励 mbOED 技术的进步[16]。

文献[63]中提出了一个有价值的实验应用，用于识别细胞信号模型中的催化反应。研究者将迭代的健壮性 mbOED 应用于三个连续的实验以优化简单的时变(分段常数)浓度曲线。该模型由 4 个 ODE 和 6 个系统参数(加上额外的控制和校准参数)组成，并使用单细胞分析中活细胞荧光显微图像分析的数据进行校准。

表 11.4 回顾了近期(不早于 2010 年)mbOED 在使用自动化生物反应器平台识别生长模型方面的应用。报道的工作展望了在所谓缩小实验中优化培养条件的预测模型的发展，其主要目的是模拟真实大规模生物过程的代表性条件，以便研究例如氧气限制、过量葡萄糖浓度或 pH 值波动的影响[41,64-66]。所有的应用使用摇瓶或搅拌槽平行培养平台，规模为毫升到升。平行培养通常重复进行二三次，以纳入培养的可变性，或减少数据的不确定性。例如，文献[67]在 48 孔微滴度板中使用 32 个平行的 1mL 反应器，在线测量氧气和近线测量浓度。实验设计由静态条件(通常是温度、进料浓度和流速)、动态条件(进料脉冲的时间和浓度)和初始条件(例如批次初始浓度、体积)，以及实验持续时间和采样时间点来定义。

静态和初始条件通常由少量(<10)相应的设计变量定义。动态条件是通过高频脉冲进料实现的，其中每个进料脉冲可以通过单独的浓度和/或体积来定义。将这些动态进料策略独立应用于 4 个平行反应器，可获得较大的设计空间，包含 248 个变量[68]。同样，考虑对近线测量的采样时间点进行优化会大幅增加设计空间，参见文献[69]。

在表 11.4 中，大多数 ODE 模型的方程小于 10 个、参数在 10~30 个，除了文献[69]中的哺乳动物细胞培养模型包含 28 个微分和代数方程。

表 11.4 在自动摇瓶和微型生物反应器平台上进行的 mbOED 应用及实验数据

文献	应用	平台	方法	模型	控制变量、实验设计	测量、实验	软件、算法
Schmideder 等[70]	(批量和)连续培养大肠杆菌菌株	48 个改进的适于连续操作的搅拌槽生物反应器，10mL 规模	启发式设计，参数估计，用于参数不确定性量化的蒙特卡洛自助分析	2 个代数(稳态)方程，4 个参数的莫诺德生长模型	静态条件，稀释率为 10	近线 10 个样品(稳定状态下生物量和葡萄糖浓度的 20 个数据点)；10 个平行连续培养；持续至少 5 倍停留时间	MATLAB 的 lsqnonlin 函数用于参数估计
Habicher 等[67]	连续的分批补料培养产蛋白酶的枯草芽孢杆菌	48 孔微滴度板，1mL 规模，可释放聚合葡萄糖	启发式设计，参数估计，最多 32 个平行培养的重复性检验，交叉验证实验	3 个常微分方程，12 个参数的莫诺德生长模型，2 个估计的参数	初始条件，1 个因素(初始生物量浓度的 3 个等级)进行参数估计；2 个因素(注入量和渗透压的 3 个等级)；受控释放的聚合物基分批补料	在线的氧转移率；近线采样的生物量(OD 600)、pH 值、蛋白酶活性和葡萄糖浓度；32 个平行培养，3 次重复	MATLAB 的 fmincon 算法，具有全局搜索功能
Hernández Rodríguez 等[71]	CHO 细胞培养种子扩增；不同规模的治疗性重组蛋白批量生产	平行的摇瓶系统，40mL、70mL、300mL 和 1500mL 体积的不同规模	启发式设计；利用马尔可夫链蒙特卡洛方法进行贝叶斯参数估计，定义先验参数分布；预测的可信区间	7 个莫诺德型常微分方程；17 个参数(含初始浓度)，根据可识别性分析和专家知识减少 6 个	对所有种子扩增培养相同的静态条件；控制温度、CO_2、湿度、接种的细胞密度；1 个因素(4 个体积级别)	近线取样，每个培养 4～5 次测量活细胞密度、活力，葡萄糖、谷氨酰胺、乳酸、氨的浓度；4 个平行培养(2 次重复)>200 个数据点；个体分析，培养时间跨度 264h	Matlab 实现的贝叶斯框架

续表

文献	应用	平台	方法	模型	控制变量、实验设计	测量、实验	软件、算法
Möller 等[72]	批次培养和分批补料培养生产抗体的 CHO	平行的摇瓶系统，80mL 规模	用于参数精度的启发式实验设计，基于简化的实验设计搜索空间的模型辅助实验设计	9 个常微分方程，16 个参数的莫诺德生长模型；没有可识别性分析	静态和初始条件，3 个因素（补料开始、进料谷氨酰胺浓度、进料速率），4 个平行实验共 12 个因素	近线采样（每 12h 一次）进行 9 个测量（共 99 个数据点）；4 个平行实验，培养时间 168h 左右	MATLAB 的 Nelder Mead 单纯形算法；实验设计软件（Design-Expert 9，美国 Stat-con）
Kontoravdi 等[69]	分批补料培养生产抗体的哺乳动物细胞	摇瓶系统，200mL 规模	D-准则最优的基于模型的实验设计，用于参数精度；使用全局灵敏度的参数可识别性分析；交叉验证	28 个微分方程和代数方程，包含 30 个参数；7 个可识别参数	条件：初始葡萄糖、恒定进料葡萄糖和谷氨酰胺浓度（3 个），7 次补料脉冲的时间和体积（14 个），测量次数（22 个），实验持续时间（1 个）；静态、可控的温度和 CO_2 气体浓度；总共约 40 个变量	近线采样进行 5 个测量（总共 110 个数据点），测定营养物质、谷氨酰胺、氨、活细胞和总细胞，以及细胞外单抗的浓度；168h 培养时间	gPROMS 实验设计和参数估计，适于使用 RQPD 序贯二次规划代码
Cruz Bournazou 等[68]；Barz 等[73]	间歇进料的分批补料生产大肠杆菌的工艺	48 个搅拌槽生物反应器，自动液体处理，10mL 规模	A-准则最优的基于模型的实验设计，带有嵌入式局部参数集选择的在线序贯方法	6 个常微分方程，17 个参数的莫诺德生长模型，每个平行反应器 1 个附加（氧传递）参数；共有 23 个可识别参数	动态条件：每个进料脉冲 3 个体积分数（酶、葡萄糖、醋酸盐），对 4 个平行设计各有 18 个脉冲，共 248 个决策变量；静态条件：可控的 pH 值和温度	在线测量溶解氧；近线采样测量生物质、醋酸盐和葡萄糖（共 432 个数据点：8 个反应器、每次培养取 18 个样品，加上连续的氧信号）；初步设计和 3 次重新设计	MATLAB，CVODES 求解器（SundialsTB）；TOMLAB 的 clsSolve 和 SNOPT 实现用于参数估计和实验设计

11.2.3.6 基于模型的最优实验设计的维数和复杂度

根据第 11.2.3.4 节和第 11.2.3.5 节，可以说，对于连续流系统，考虑的是相对简单的低维反应网络，最多有 5 种物质。采用阿仑尼乌斯型反应方程。用于批次和分批补料培养的莫诺德型生长模型的复杂性是相似的。除文献[61，69]外，所有报道的应用都使用少于 10 个方程、少于 10 个参数的 ODE 模型，一些生长模型使用<30 个参数。这些数字与文献中报道的 mbOED 应用的数字相当一致。(文献[16]回顾了 2000—2013 年 mbOED 在生物质和生物反应器领域的应用。相应地，模型方程的最大个数相对较少，不超过 10 个 ODE，未知模型参数的平均个数一般小于 10 个)

因素(或实验设计变量)数量和实验数量与第 11.2.3.1~11.2.3.3 节和其他工程领域中(文献[15]回顾了 2001—2005 年在科技期刊上报道的 77 个实验设计的实际应用，主要是在材料科学、机械和化学工程以及工业领域。结果表明：在分析的 77%的案例中，实验设计的目标是通过少于或等于 30 次的实验达到的。平均因素数为 5.06，标准差为 2.45。没有一篇论文考虑超过 12 个因素)的实验设计应用中考虑的数量和因素非常相似：典型的实验数量远低于 100(最高数量报道见于自优化平台)，因素数量在 2~4 个之间(最大 7 个)。

11.2.4 总结

通常在重要的反应参数首次筛选后，再使用连续流反应器平台，以用于优化少量设计变量，优化反应条件和规模放大预测。流动反应器系统大多在静态实验条件下运行，或在简单的动态实验条件下运行，例如斜率恒定的流量和温度。它们生成一系列稳态流数据点。实验设计方法，特别是序贯自优化和序贯 mbOED 方法已经被成功应用(见第 11.2.3 节)。相对较低的模型维数和实验设计空间使得 mbOED 问题的数值求解容易处理。

相比之下，在平行小型生物反应器平台上的实验大多规划使用静态实验设计，以实现菌株筛选和培养基优化的高通量。重要的工艺操作参数，如时间或温度、pH 值、诱导等与状态相关的变化很少被考虑。序贯自优化算法尚未被采用，主要是因为培养和样品分析所需时间相比合成化学中的反应要长得多(数小时到数天，相比秒到数分钟)，以及因为这些系统几乎完全使用批量或分批补料一次性(单次使用)反应器，而这些反应器目前还没有实现连续实验操作的自动化。利用了 mbOED 全部潜力的实验演示很少。

11.3 特殊方面和挑战

11.3.1 静态与动态实验条件对比

虽然计算动态 mbOED 的方法在理论上已经得到了深入的研究，但在实际应用中却很少采用。下面将讨论与动态实验设计和分析相关的挑战。

11.3.1.1 连续流反应器

在连续流中，通常在不同的稳态实验条件下收集测量值，参见第 11.2.1 节。然而，假设理想的柱塞流行为(见第 11.2.1 节)，即使动态条件下，也可以从一次实验中多个时间段的测量中收集信息，如表 11.3 中内容。

在文献[61]中，研究者给出了启发式和 mbOED 实验的数据，这些实验由温度和三种不同反应物的进料流量的分段常数和分段线性函数定义，见图 11.6(左)。与表 11.3 中的所有其他发布文献相反，文献[61]中取消了柱塞流假设。研究者开发了 PFR 的动态模型，以考虑温度和浓度随时间和轴向空间变化的偏微分方程(PDE)系统表示。结果表明不完全拟合，见图 11.6(右)。虽然这些问题可以归因于被忽视的反应，但它们也可以由反应器模型中关于加热动力学的结构错误，以及由多个注射泵输送的反应物的流速振荡等控制错误引起。因此，在文献[61]中，研究者建议进行额外的初始浓度实验，以验证(渐变)控制的准确性，并验证实验条件与红外数据测量之间的正确同步。此外，需要仔细检查流动系统的快速动态的建模充分性，特别是所有体积相关的建模，包括死体积，如反应器和冷却部分，或冷却和红外流通池之间的管道[59,61]。

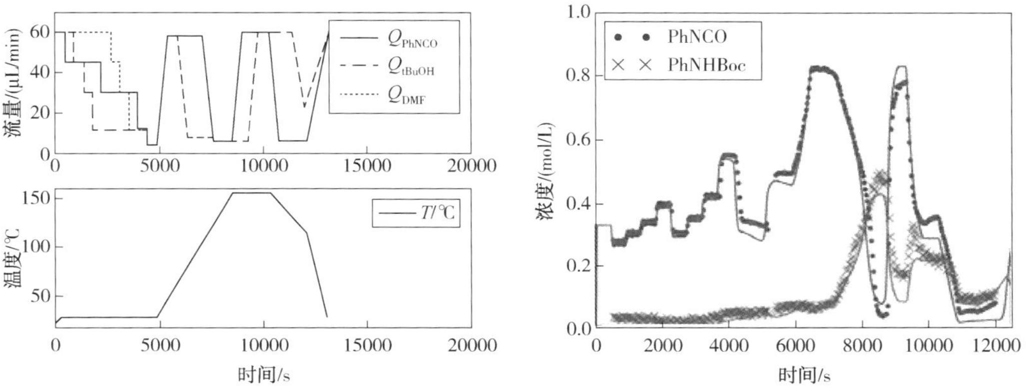

图 11.6　采用连续流反应器平台进行动力学模型识别的动态实验设计。左：实验条件由反应器温度和三种反应物的各自流速(以及相应的停留时间)的斜率和阶跃变化来定义。右：点表示两种反应物的红外实验数据和最佳拟合动态模型的结果

[来自：S. D. Schaber，S. C. Born，K. F. Jensen，P. I. Barton. Design，execution，and analysis of time-varying experiments for model discrimination and parameter estimation in microreactors，Org. Process Res. Dev. 18(2014) 1461-1467.]

11.3.1.2　批次和分批补料的生物反应器

在线性实验设计中，每一次反应器运行都提供一个单一的响应，从一个通常在批次结束时刻的样本点获得。尽管前面讨论的生物反应器的并行化和小型化使高通量筛选和更大的实验设计得以实施，但人们仍然希望从每一个实验中获得最大的收益[74]。所谓增强 DoE 使用混合建模技术来分析具有实验内过程参数变动和多个样本点的实验[75]。除在一个实验中包含几个不同的预定义条件的优势之外，可能的时间因素和不可逆记忆效应可能会阻碍这些实验的评估。

对于过程表征，也可以考虑动态变化的条件，包括变化、脉冲、振荡等[76]。例如，在文献[77]中，作者通过恒定葡萄糖浓度下缓慢的温度变化推导出温度对生长的影响，见图 11.7。在这些动态变化期间提取信息的一个重要先决条件是将它们包含在响应函数中。由于多元线性回归(MLR)或偏最小二乘回归等线性回归模型并非如此，因此需要元素平衡、动力学模型或混合模型[78]以进行评估。

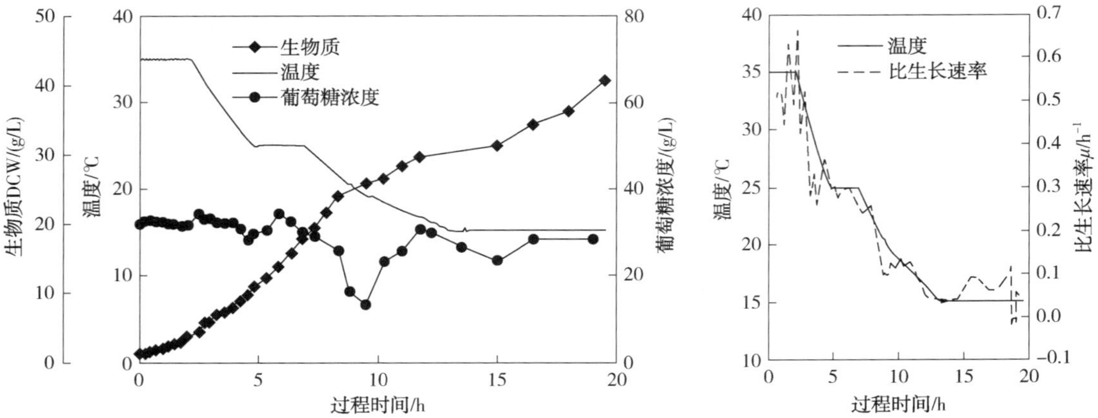

图 11.7 温度对比生长速率影响的动态研究[77]。除高度频繁离线采样的生物质和葡萄糖(左)外，生长率是通过元素平衡来估计的，同时考虑了在线测量的氧气消耗和 CO_2 产生(右)

[来自：P. Sagmeister，T. Langemann，P. Wechselberger，A. Meitz，C. Herwig，A dynamic method for the investigation of induced state metabolic capacities as a function of temperature，Microb. Cell Fact. 12(2013)1-11.]

11.3.1.3 测量次序、测量误差和最优采样

在动态条件下进行实验，可以显著增加数据中的信息量。在线和自动化的近线分析，如原位光谱以及连接酶分析仪或 HPLC 的液体处理器，是监测(生物)催化反应和培养的强大方法[79]。这种强化的设置产生了来自不同来源的密集和稀疏数据的混合，这使得系统和随机测量误差的量化以及回归问题中测量的加权变得困难。一种有价值的方法是对反应和数据生成过程进行联合建模，参见文献[80]中光谱测量数据的应用。

由于小型生物反应器平台的反应器体积小，样品的数量往往受到限制。因此，选择最佳采样时间或事件触发采样对于捕获过程动态至关重要[81]。选择测量状态相对于参数的灵敏度较高的时间点，可以显著降低从回归问题的解中得到的参数的不确定性[82]。

11.3.2 mbOED 中的序贯规划和更新

实验设计的模型在参数模型中是线性的。这些线性模型对于统计建模和描述在相应设计空间中具有相对凸性的输入-输出关系的静态系统非常强大。不幸的是，这种情况很少发生在化学或生物反应网络中。它们的模型通常由非线性微分方程系统表示。因此，模型和相应的回归问题在参数上是非线性的。

对于(参数上)线性模型，可以在不知道实际参数值的情况下计算最优实验设计。与之相反，对于(参数上)非线性模型，实验者面临"……尴尬的局面。设计一个有效的实验需要参数的知识，但实验的目的是产生数据来进行参数估计!"[83]。

因此，错误的假设或过时的参数估计可能严重影响实验设计的质量。如果参数与一个已设计和实现的最佳实验的初始(或先验)估计不同，就会出现这种情况。为了增加应对参数不确定性的健壮性，mbOED 通常采用序贯方法实现，见图 11.8。

序贯 mbOED 技术，在系统辨识中甚至被称为自适应实验设计技术[85]，已特别被提出来利用逐渐增加的信息，这些信息来自正在进行的动态实验[86-88]。每次从测量系统中获取一个新的信息采样点，这组新信息均被用于更新模型参数，通过求解一个在线参数估计问题。然后基于新参数，通过在线求解 mbOED 问题重新设计将来的实验条件(图 11.9)。这两个问题的序贯求解逐步提高了模型的可靠性和实验设计的健壮性。

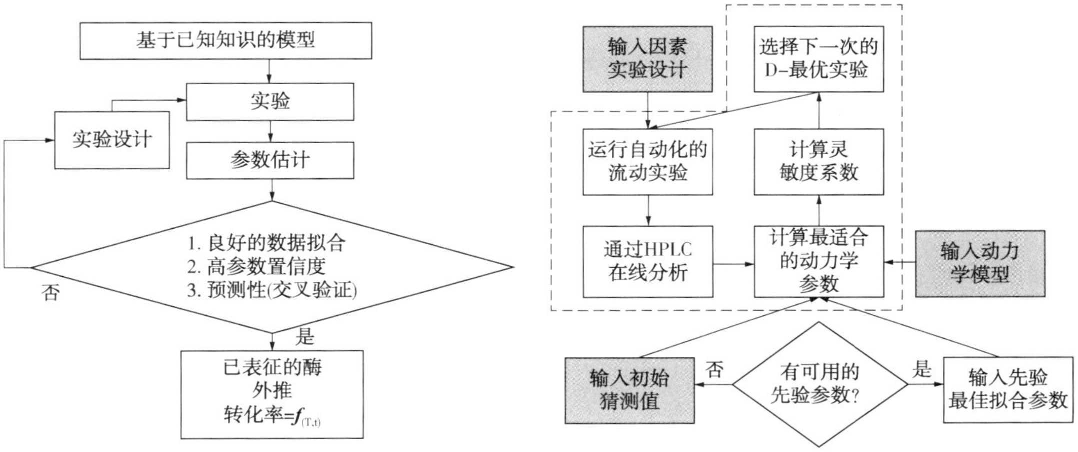

图 11.8　用于参数精度的 mbOED 的序贯实验规划流程图。左图：生物化学在酶表征中的应用，使用 200μL 工作容积的 96 孔微滴度板的自动化平行平台[84]。右图：反应动力学参数自动识别在有机化学中的应用，在通道横截面尺寸为 500μm×400μm 的硅微反应器中[56]。这两个流程都利用了动力学模型及其参数的先验信息

[左图来自：K. Rachinskiy，H. Schultze，M. Boy，J. Büchs. "Enzyme Test Bench"：a biochemical application of the multi-rate modeling，in：International Workshop on Multi-Rate Processes and Hysteresis，IOP Publishing，2008，p. 12021；右图修改自：B. J. Reizman，K. F. Jensen，An automated continuous-flow platform for the estimation of multistep reaction kinetics，Org. Process Res. Dev. 16(2012)1770-1782.]

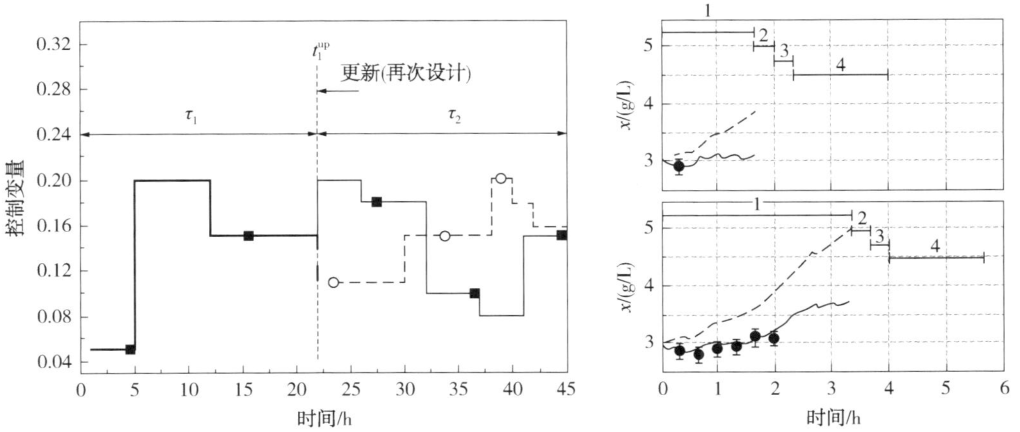

图 11.9　在线的基于模型的实验再设计的应用。左图：从原始控制轨迹(实线)变为更新后的控制轨迹(虚线)[86]。右图：在一个微型生物反应器中的 6h 细胞浊度实验中，自动化机器人培养过程的演变。虚线：使用当前参数估计的模拟；实线：参数重新估计后的模拟；黑点：测量数据。这些线表示以下界限：获取在线和近线数据所需时间(1)；计算参数估值所需时间(2)；实验设计优化的时间(3)；实验再次设计的时长(4)[68]

[左图来自：F. Galvanin，M. Barolo，F. Bezzo. Online model-based redesign of experiments for parameter estimation in dynamic systems，Ind. Eng. Chem. Res. 48(2009)4415-4427；右图来自：M. N. Cruz Bournazou，T. Barz，D. Nickel，D. C. López Cárdenas，F. Glauche，A. Knepper，P. Neubauer. Online optimal experimental re-design in robotic parallel fed-batch cultivation facilities for validation of macro-kinetic growth models using E. coli as an example，Biotechnol. Bioeng. 114(2017)610-619.]

11.3.2.1 健壮性问题

序贯 mbOED 仍然可能受到参数不确定性的严重影响，特别是在实验刚开始时，测量信息稀缺，并且没有关于参数的先验信息(即初步筛选实验的先验信息)[88,89]。为了解决这个问题，可以编制一个健壮性的 mbOED 问题。因此，不是考虑给定的标称参数值进行优化，而是根据来自置信区域的参数“最差”值计算 mbOED，详见文献[89-91]。

健壮性 mbOED 的计算也可以与(状态和/或输出)约束问题高度相关，例如，确保一致的药物质量和安全操作。考虑不确定性的影响会得到所谓机会约束的公式，它满足期望的概率水平，参见文献[92，93]中 mbOED 的应用。

11.3.2.2 终止条件

可以设想不同的终止条件。从实用的角度来看，当达到最大允许的实验预算时(例如：时间、反应物)，或者无法期望进一步的实验产生重要的新信息时(例如：信息设计空间已被探索、mbOED 算法提出了重复输入组合)，迭代就会停止。其他终止条件监测参数估计、相应的 95%置信区间或实验设计准则等的收敛性(以迭代之间的相对变化来衡量)[55,58]。

11.3.3 参数可识别性

估值参数的可靠性经常受到结构可识别性和实际可识别性问题的影响[94]。非线性和线性系统辨识中可识别性差的原因有[95]：①过程模型的过度参数化；②模型不匹配(即备选的模型结构不足以表示系统)；③实验数据的数量/质量有限；④参数和/或实验数据的相关性；⑤参数对观测变量的贡献可忽略(即低参数敏感度)；⑥模型参数的数值初始化不当。结构可识别性是模型结构的一个属性。它假定了完美的识别条件，主要受①②③的影响。实际可识别性测试了测量中的信息内容是否足以找到一致和精确的参数估计。这意味着即使模型结构满足先验可识别性的要求[94]，通过拟合仅有的含噪声的实验数据来精确估计其参数仍然是不可能的或极具挑战性的[96]。

参数估计问题的秩是结构可识别性的一个典型度量。条件数表示测量误差对参数估计的影响。对于病态问题(条件数较大)，优化过程(数值解)放大了测量误差。病态模型识别问题的解决即使对最先进的算法也可能构成重大挑战[95,97]。可能出现的问题包括不准确/不稳定的解、收敛问题，和/或在线模型识别任务中的数值不稳定性。这些问题可能导致自主实验过程中的数值故障、模型外推性能差，和/或参数估计的高度不确定。提高自动模型辨识平台在可识别性方面的健壮性，是进一步促进其在化学和生物反应动力学探索和研究中应用的关键。

不可识别性的潜在补救措施如下[98,99]。

① 基于正则化(RG)的方法：正则化涉及引入参数估计中的偏差，目的是约束它们的方差，从而降低与参数估计问题相关的条件数。可能使用的正则化技术有：吉洪诺夫(Tikhonov)正则化、截断奇异值分解，以及参数子集选择和分组设计方法。在序贯 mbOED 背景下对这些技术的评估可以在文献[57，88，95]中找到。

② 基于再参数化(RP)的方法[100]：再参数化的目的是将原始参数空间转化为健壮的参数空间，使 mbOED 和参数估计问题能够在条件良好的目标函数上更有效地解决。

近期有人提出将用于自主序贯模型识别的 RP 方法作为一种有效的计算工具，把识别和实验设计问题转化为条件良好的问题，如图 11.10 所示。结果是在基于 RP 的实验活动中，与传统的非 RP 方式相比，参数估计的稳定性有所提高。上述方法有效地提高了用于模型辨识的自主微反应器平台的健壮性。

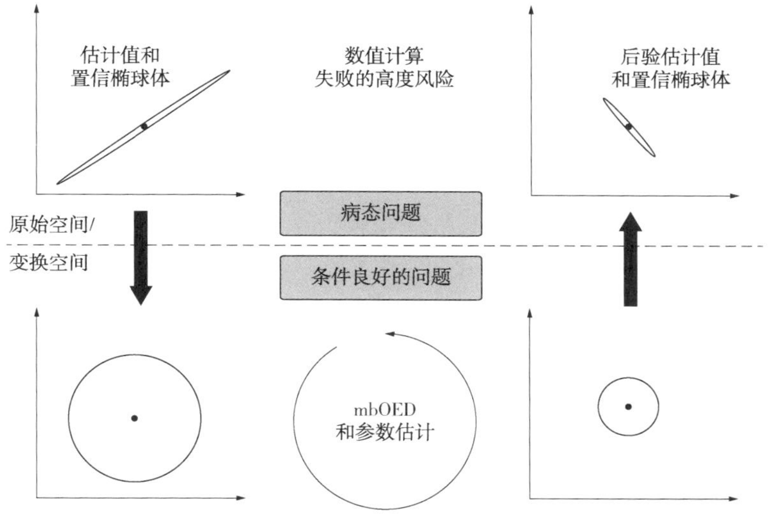

图 11.10　处理不可识别性的再参数化方法：将原 mbOED 病态问题转化为条件良好的问题。在变换后的“健壮”参数空间中计算数值解。在反变换后，对结果进行分析。对参数不确定性的影响以双参数估计的置信区域来表示。在原始参数空间中，这两个参数的值不能被唯一估计(可识别性问题)，其中参数的置信区域椭球体具有极高偏心率的特征，详见文献[62]

11.3.4　贝叶斯统计

按照序贯 mbOED 设计方法(见第 11.3.1 节)，参数和相应的参数不确定性会随着实验结果的出现而被更新(重新估计)。这种信息更新利用了贝叶斯定理，该定理结合了先验知识(例如，来自最近一次实验)和证据(以现实世界数据的形式)，产生后验(更新的)知识[7]。在序贯 mbOED 中，由实验获得的信息量等于先验与后验(参数)分布之间不确定性的减少量。这一信息增益的最大化是每次序贯更新的目的[101]。由于先验信息不受重新设计的影响，信息增益在(新)设计的实验中，即在新数据中[29,88]。在参数估计中考虑先验信息产生所谓最大后验(MAP)估计[56]。在最大后验估计中假设高斯先验对应于吉洪诺夫正则化技术(对先验期望值的偏离，通过参数估计问题的目标函数中的二次项代价进行惩罚)。因此，序贯设计技术和最大后验也是处理病态问题的一种手段。

贝叶斯估计和实验设计(参见文献[7])在过去几十年中得到了普及，然而在实际实验中的应用仍然落后于理论。这很可能是因为关于模型参数不确定性的先验信息通常很难获得，特别是当设计优化发生在数据收集之前[101]。这就是先验信息经常被忽略的原因[4]，而最优设计是基于遵循频率论方法的似然值[83]。

文献[102]中提出了一个有价值的实验应用，序贯贝叶斯 mbOED 用于参数识别，并结合了全局敏感度分析。在台式发酵罐中进行酵母培养，优化动态葡萄糖饲养设置曲线并选择最佳采样时间表以激活相关代谢途径。文献[71]中提出了另一个实验应用，研究者将贝叶斯参数估计应用于模型识别(见表 11.4),并讨论了利用专家知识和文献信息来量化包括不确定性在内的先验知识,见图 11.11。

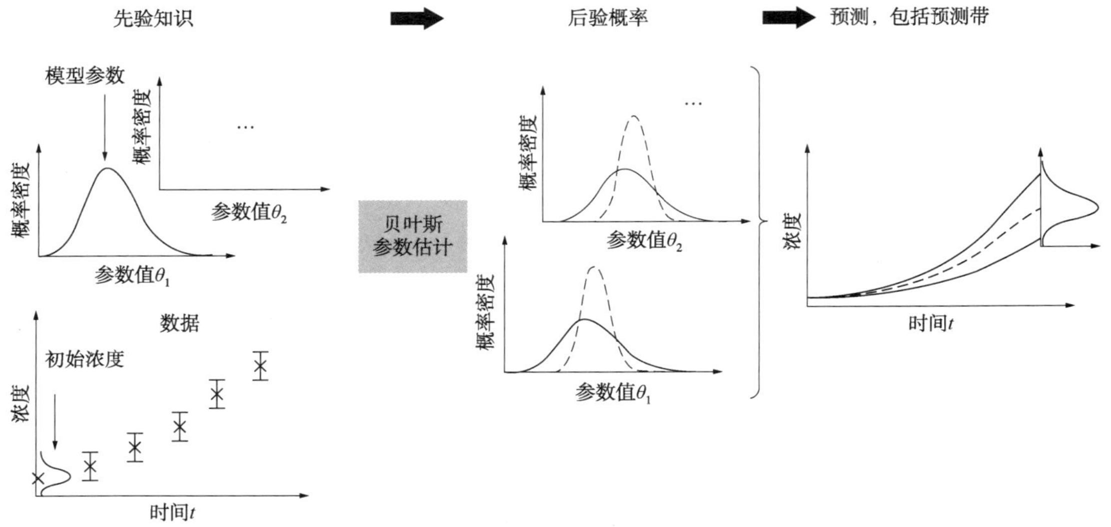

图 11.11 模型拟合和参数估计的贝叶斯框架,处理测量和模型参数的不确定性。该框架应用于一个使用 MCMC 方法的非线性动力学细胞培养模型,详见参考文献[71]

[来自:T. Hernández Rodríguez, C. Posch, J. Schmutzhard, J. Stettner, C. Weihs, R. Pörtner, B. Frahm, Predicting industrial-scale cell culture seed trains—a Bayesian framework for model fitting and parameter estimation, dealing with uncertainty in measurements and model parameters, applied to a nonlinear kinetic cell culture model, using an MCMC method, Biotechnol. Bioeng. 116(2019)2944-2959.]

11.3.5 数学建模、软件和算法

术语实验设计(DoE)通常是指一种设计,以最小化(参数的)线性回归模型的参数不确定性,该模型大多假定为线性或二次项结构[103]。第 11.2.3 节的文献综述显示了大多数采用标准的全因素设计,以及采用部分因素设计和混合设计。它们由因素的数量、实验条件的范围和/或这些因素的可取离散值或"水平"来定义。当资源有限或某些因素设置组合存在约束时,例如文献[54]所报道的平行自动化平台,可以应用所谓计算机辅助设计(如 D-最优设计)。一般情况下,可以说只要设计空间不是过大并且约束模式是规则的,线性实验设计可以由没有数值优化专业知识的从业者在普通个人计算机上的适度计算时间内完成日常计算。统计实验设计方法越来越多地用于工业研发过程,并且为大多数实验室负责人所熟悉[1]。在几个专有软件包中都有带图形用户界面的功能包,例如 Design Expert、MODDE、DoE Fusion Pro、STAVEX、Minitab 和 JMP,而在许多 R 语言的开源库中(例如,参见 https://cran.r-roject.org/web/views/ExperimentalDesign.html),以及商业编程环境 SAS 和 MATLAB 中也能找到。

第 11.2.3.2 节还介绍了自优化方法在连续流过程的自动序贯优化中的应用。这些方法属于所谓的无导数优化算法,它不需要知道响应面的一阶或二阶导数,参见文献[104]和其中的文献。在文献[47]中,研究者对三种可选算法的性能进行了有价值的比较:Nelder-Mead 单纯形算法是一种直接局部搜索算法,基于反应参数空间中目标函数值的评估;最速下降算法结合响应面建模技术来近似梯度和计算搜索方向；SNOBFIT 算法[105]，构建局部线性和二次代理模型，并且结合了在参数空间未探索区域采样的全局搜索策略。需要注意的是，表 11.2 中的所有应用都使用了用 MATLAB 编写的定制化优化算法，并且几乎完全基于 SNOBFIT 算法，如图 11.12 所示。

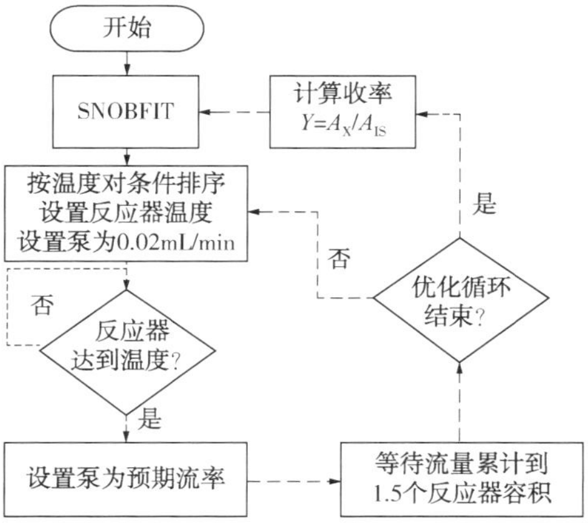

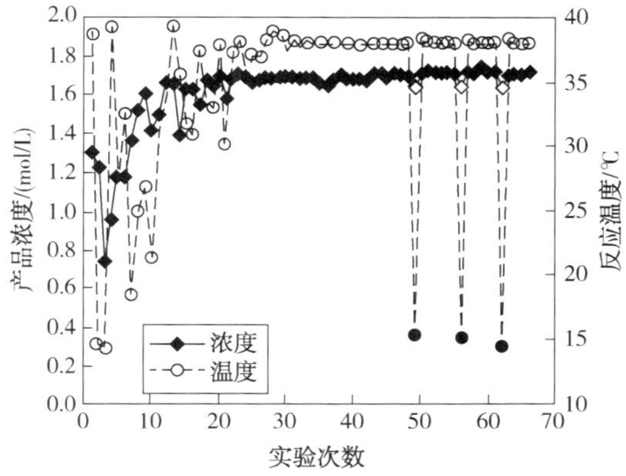

图 11.12　左图：用于最大化自主连续流反应器系统中的反应产率的自优化算法。SNOBFIT 算法自动调节流速(停留时间和进料浓度)和反应温度。产率通过在线 HPLC 在稳态下计算。右图：单纯形法的实时响应，并分析了对设备故障(黑圆点标记的温度控制故障)的健壮性

[左图来自：N. Holmes，G. R. Akien，A. J. Blacker，R. L. Woodward，R. E. Meadows，R. A. Bourne，Self-optimisation of the final stage in the synthesis of EGFR kinase inhibitor AZD9291 using an automated flow reactor，React. Chem. Eng. 1(2016) 366 - 371；右图来自：V. Fath，N. Kockmann，J. Otto，T. Röder，Self - optimising processes and real-time-optimisation of organic syntheses in a microreactor system using Nelder-Mead and design of experiments，React. Chem. Eng. 5(2020)1281-1299.]

与线性实验设计一样，基于模型的实验设计也是基于对回归问题计算解的统计分析，即从有噪声的实验数据中识别模型参数。mbOED 中使用的优化准则通常是未知参数和实验设计变量的复杂非线性函数[90,106]。对于动态实验，设计变量通常可以用任意的(连续)时变函数表示，如分段常数、分段线性，或者基函数(如流量、温度)、离散时间变量(如脉冲式进料、采样时间)、参数和条件(如初始浓度)的加和。

与数值模拟相比，非线性动态 mbOED 问题的数值解要复杂得多，计算量也大得多。这主要取决于实验、设计变量和参数的数量。使用高性能台式计算机和最先进的数值求解方法(参见文献[107])，求解具有 270 个设计变量和 6 个参数的问题很容易超过数小时[88]。很明显，在考虑平行平台上的培养时，这个时间数字很容易被超过[68,69]。为此，相应的大规模 mbOED 问题只能近似求解，或者考虑有限的递减视界并采用在线序贯重新设计方法以降低其维数(设计变量数)[68]。此外，对于小规模 mbOED 问题，也可以通过从一组预先定义的筛选猜测(例如通过实验空间的离散化产生)中选择最佳实验设计(目标函数值最大)的方法来完全避免使用优化算法[55,56]。

第 11.2.3.4 节中的大多数应用使用 MATLAB 和 Python 中的定制代码来解决微分方程模型(模拟问题)，然后将其连接到非线性最小二乘拟合算法或通用的(基于梯度或无导数)非线性规划算法(参数估计问题)。较少的应用使用专门的商业模拟软件，其中包括估算(动

力学)参数的程序，例如文献[27]中的 DynoChem(Scale-up Systems 有限公司，爱尔兰)，文献[61]中的 Jacobian(RES Group，美国马萨诸塞州 Needham)。值得注意的是，在第 11.2.3.4 节中，gPROMS 是唯一直接支持 mbOED 可考虑所有相关实验条件的商业软件，参见文献[57，69]。

在对细胞工艺中 mbOED 相关文献的综述中[16]，研究者列出了 7 个(免费和商业的)直接执行 mbOED 的软件程序，以及 6 个通过内置的模拟、参数估计、灵敏度分析和通用优化算法工具支持 mbOED 算法开发的程序。

在学术背景下，已经开发了几种工具和算法：①用于动力学参数识别和不确定性量化，例如，专注于从包括光谱在内的数据集估计动力学参数(参见文献[80]中对近期可用工具的回顾)；②细胞信号动态模型中速率常数的量化(参见文献[108]或文献[109]中适用于生物过程建模的软件包的总体概述)。

在直接执行 mbOED 的程序中，似乎只有 gPROMS、DAKOTA 和 R 在持续开发中，参见文献[110]中关于非线性模型的实验设计相关的 R 语言工具包列表(https://cran.r-project.org/web/packages/ICAOD/index.html)。其他未在文献[16]中引用的包含 mbOED 的有价值软件包有 VPLAN[90]、EasyFit[106]、GPdoemd[111]和 Chemasim[112]。

11.4 工业视角

在制药行业，特别是用于规模缩小模型开发和上游工艺表征的平行生物反应器平台，mbOED 工具的必要性变得越来越明显，鉴于昂贵的实验室的以下事实：

① 由于缺乏实验计划，尽管完全自动化，但仍被搁置；

② 产生信息含量低的昂贵数据；

③ 实验失败率高。

业界意识不断提高的一个明显例子是 Merck 公司作为“永远好奇”计划一部分所采取的举措[113]。在这个项目中，软件被开发出来，以实现实验的优化设计和带灌流模块的 Ambr250 平行反应器平台的操作。mbOED 的用户友好性和可由非专家操作被认为是主要的挑战。

巴斯夫的研究人员报道了 mbOED 方法在支持筛选和表征生物催化酶的长期稳定性[84,114,115]方面的应用。对 30 种通过蛋白质库初步筛选的候选酶进行了实验分析。加速寿命实验在 96 孔微滴度板(200μL 工作体积)上的所谓“酶测试台”上进行，在部分极端条件下进行短期实验(持续数小时)。该平台(类似于第 11.2.2 节中的平台)允许全自动平行实验，通过荧光测量进行在线反应监测，例如，通过 pH 变化监测水解反应、通过 DOT 监测氧化反应，可以进行混合和曝气以及温度控制。首先，采用启发式实验设计，对 30 种候选酶进行平行(3 次重复)测试。其次，选择 3 个有希望的候选物，并使用 mbOED 方法和热失活动力学模型分别进行表征，以优化过程状态变量和过程操作(对比第 11.2.3 节)。计划 3 次序贯的最优实验，每次实验有三四个连续的温度渐变曲线和不同的初始反应物浓度，与第 11.3.1 节比较。总工作量估计为 115h，其中超过 50%(60h)分配给建模工作。研究者指出，在一升规模的标准(非最佳)设置中进行相同的实验，工作量将高得惊人，估计需要 11100h。这主要是因为在第一个筛选步骤中并行化较少；大大增加的手工实验准备和操作的工作量；非最佳实验条件需要更多的实验运行次数。该案例研究很好地强调了 mbOED 技术不仅减少了实验工作量，而且还支持系统化和一致性的表征[116]。

mbOED 软件、灵活性、可用性和所需的专业知识：

用于工业筛选中日常应用的现成的 mbOED 软件并不存在，参见第 11.3.5 节。这是因为 mbOED 软件需要在选择算法设置方面提供高度的灵活性，以适应特定的用例。虽然商业软件包(如 gPROMS)被许多从业者使用，因为其吸引人的用户界面、易于实现的解决方案策略和客户服务，但是这些软件包体现了用户友好性、性能和/或灵活性之间的折中[80,116]。

mbOED 软件包(如 VPLAN 和 PARFIT)的设计和开发需要工业界和学术界之间持续而密切的合作[116]。尽管如此，这些软件包有许多“专业知识”的部分需要得到有效使用，它们需要高水平的数字理解和特殊训练。一些目标是在基于模型的工具的附加价值与用户友好性和灵活性之间寻找折中的软件解决方案正在市场上出现(例如，来自德国汉堡 Körber Group 的过程数据管理和分析软件 Werum inCyght；来自瑞士苏黎世 DATAHOW AG 的 Data-Howlab)。它们将通用于一系列过程的机理模型和数据驱动模型结合起来，以适应特定的应用。

典型的商业自动化系统价格低廉，对于简单的或复杂而定义明确的任务(控制具有多个检测器的 HPLC 系统)来说非常出色。重新配置和重新连接(小型化)自动化系统的硬件以执行不同的过程通常需要几个小时或几天的时间，而用于控制和监控的自动化软件的适应调整明显需要更多的时间。因此，用于(基于模型的)过程数据管理和分析的集成软件解决方案的一个关键成功因素是它们的灵活性和(基于自主操作的)高可靠性和稳定性。

11.5 讨论与结论

设计最优实验的方法将实验表征中的直观部分替换为数值方法。结果不仅是更好的解决方案，而且结果的系统化、标准化和自动化处理也得到一致提高，并最终提高了效率。迄今为止，纯数据驱动的方法(如经典实验设计方法)无法应对数据的短缺和生化反应系统的复杂性，这表明需要机理建模、工程专业知识和先进的 mbOED 技术。

正如 2013 年文献[16]中已经指出的：虽然计算 mbOED 的方法在理论上已经得到了深入的研究，证明其附加价值的实际应用却很少。关于 mbOED 方法在自动化小型化平台上向自主操作的整合，可以说，在考虑少量(3~5 个)静态或简单动态实验条件以及小规模反应动力学模型(最多 5 种物质)的连续流平台上的应用标志着最先进的水平。

连续流平台旨在生成一系列(准)稳态流数据点，因此非常适合于全自动序贯规划、识别和优化反应。对于批次式和分批补料式反应器平台，需要考虑包括操作行为耗时在内的静态和动态混合条件，这容易导致单个反应器的设计空间达到 40 维，而实验平行化进一步增加了相关 mbOED 问题的维度和复杂性。动态条件下生化反应的表征可以带来显著的信息增益，然而代价很高：这意味着要大大增加精确实现和控制动态条件的努力，要验证所有执行器、传感器和数据库之间的适当同步，以及对平台的动态响应进行准确建模，考虑所有体积元素、延迟、传感器响应等因素。

另外，在相关问题的有效(近似)解、序贯框架中自适应元素的收敛性、参数不确定性的显式表达等方面还存在更多的挑战。在它们能被广泛应用于工业之前，数值程序需要集成到可用和灵活的软件工具中，用于自动化、数据处理和管理。将机理与数据驱动建模技术相结合，可以扩大软件的应用范围，提高灵活性。

虽然这些相当技术性的挑战可以用足够的时间和资源来解决，但 mbOED 工作流程中的某些任务很难甚至不可能形式化，无法转化为算法和代码，因此很难完全自动化。这些任务与专家知识相关，例如定义实验条件的限制和约束，以及模型选择、模型简化和模型拟合之间的迭代，或者在多个准则下评估结果。因此，愿意实施 mbOED 工具的公司需要进行重大的内部变革，包括：①获取所需的技术窍门和专家；②数据处理方法的重大变革，伴随着所有相关风险；③测试、验证和运用新工具；④确保有足够的熟练人员来维护和调整工具以应对未来的挑战。

参 考 文 献

[1] S. A. Weissman, N. G. Anderson, Design of experiments (DoE) and process optimization. A review of recent publications, Org. Process Res. Dev. 19(2015)1605-1633.

[2] P. M. Murray, F. Bellany, L. Benhamou, D. -K. Bucar, A. B. Tabor, T. D. Sheppard, The application of design of experiments (DoE) reaction optimisation and solvent selection in the development of new synthetic chemistry, Org. Biomol. Chem. 14(2016)2373-2384.

[3] A. Gioiello, V. Mancino, P. Filipponi, S. Mostarda, B. Cerra, Concepts and optimization strategies of experimental design in continuous-flow processing, J. Flow Chem. 6(2016)167-180.

[4] G. Franceschini, S. Macchietto, Model-based design of experiments for parameter precision: state of the art, Chem. Eng. Sci. 63(2008)4846-4872, https://doi.org/10.1016/j.ces.2007.11.034.

[5] C. -. F. Mandenius, A. Brundin, Bioprocess optimization using design - of - experiments methodology, Biotechnol. Prog. 24(2008)1191-1203.

[6] E. Walter, L. Pronzato, Qualitative and quantitative experiment design for phenomenological models—a survey, Automatica 26(1990)195-213, https://doi.org/10.1016/0005-1098(90) 90116-Y.

[7] K. Chaloner, I. Verdinelli, Bayesian experimental design: a review, Stat. Sci. 10(3)(1995)273-304.

[8] A. F. Emery, A. V. Nenarokomov, Optimal experiment design, Meas. Sci. Technol. 9(1998)864.

[9] I. Ford, D. M. Titterington, C. P. Kitsos, Recent advances in nonlinear experimental design, Technometrics 31(1989)49, https://doi.org/10.1080/00401706.1989.10488475.

[10] D. M. Steinberg, W. G. Hunter, Experimental design: review and comment, Technometrics 26(1984)71-97, https://doi.org/10.1080/00401706.1984.10487928.

[11] A. Attia, A. Alexanderian, A. K. Saibaba, Goal-oriented optimal design of experiments for large-scale Bayesian linear inverse problems, Inverse Prob. 34(2018)95009.

[12] F. Jost, M. Kudruss, S. Körkel, S. F. Walter, A computational method for key-performanceindicator-based parameteridentification of industrial manipulators, J. Math. Ind. 7(2017)1-25, https://doi.org/10.1186/s13362-017-0039-7.

[13] A. O' Hagan, J. F. C. Kingman, Curve fitting and optimal design for prediction, J. R. Stat. Soc. B. Methodol. 40(1978)1-42.

[14] B. Houska, D. Telen, F. Logist, M. Diehl, J. F. M. van Impe, An economic objective for the optimal experiment design of nonlinear dynamic processes, Automatica 51(2015)98-103.

[15] L. Ilzarbe, M. J. A' lvarez, E. Viles, M. Tanco, Practical applications of designof experiments in the field of engineering: a bibliographical review, Qual. Reliab. Eng. Int. 24(2008)417-428.

[16] A. Chakrabarty, G. T. Buzzard, A. E. Rundell, Model-based design of experimentsfor cellular processes, Wiley Interdiscip. Rev. Syst. Biol. Med. 5(2013)181-203.

[17] T. L. Bailey, A. Nieto, P. H. McDonald, A nonradioactive high-throughput screeningcompatible cell-based assay to identify inhibitors of the monocarboxylate transporter protein 1, Assay Drug Dev. Technol. 17(2019)275-284.

[18] M. Dörr, M. P. C. Fibinger, D. Last, S. Schmidt, J. Santos - Aberturas, D. Böttcher, A. Hummel, C. Vickers, M. Voss, U. T. Bornscheuer, Fully automatized high-throughput enzyme library screening using a robotic platform, Biotechnol. Bioeng. 113(2016)1421-1432.

[19] K. Culbreath, H. Piwonka, J. Korver, M. Noorbakhsh, Benefits derived from full laboratory automation in microbiology: a tale of four laboratories, J. Clin. Microbiol. 59(2021), e01969-20.
[20] T. C. Malig, J. D. B. Koenig, H. Situ, N. K. Chehal, P. G. Hultin, J. E. Hein, Real - time HPLC - MS reaction progress monitoring using an automated analytical platform, React. Chem. Eng. 2(2017)309-314.
[21] B. Walsh, J. R. Hyde, P. Licence, M. Poliakoff, The automation of continuous reactions in supercritical CO_2: the acid-catalysed etherification of short chain alcohols, Green Chem. 7(2005)456-463.
[22] N. Holmes, G. R. Akien, R. J. D. Savage, C. Stanetty, I. R. Baxendale, A. J. Blacker, B. A. Taylor, R. L. Woodward, R. E. Meadows, R. A. Bourne, Online quantitative mass spectrometry for the rapid adaptive optimisation of automated flow reactors, React. Chem. Eng. 1(2016)96-100.
[23] S. Schwolow, F. Braun, M. Rädle, N. Kockmann, T. Röder, Fast and efficient acquisition of kinetic data in microreactors using in-line Raman analysis, Org. Process Res. Dev. 19(2015)1286-1292.
[24] A. - C. Bedard, A. Adamo, K. C. Aroh, M. G. Russell, A. A. Bedermann, J. Torosian, B. Yue, K. F. Jensen, T. F. Jamison, Reconfigurable system for automated optimization of diverse chemical reactions, Science 361(2018)1220-1225.
[25] C. Waldron, A. Pankajakshan, M. Quaglio, E. Cao, F. Galvanin, A. Gavriilidis, An autonomous microreactor platform for the rapid identification of kinetic models, React. Chem. Eng. 4(2019)1623-1636.
[26] C. A. Hone, N. Holmes, G. R. Akien, R. A. Bourne, F. L. Muller, Rapid multistep kinetic model generation from transient flow data, React. Chem. Eng. 2(2017)103-108.
[27] V. Fath, P. Lau, C. Greve, N. Kockmann, T. Röder, Efficient kinetic data acquisition and model prediction: continuous flow microreactors, inline Fourier transform infrared spectroscopy, and self - modeling curve resolution, Org. Process Res. Dev. 24(2020)1955-1968.
[28] J. S. Moore, K. F. Jensen, "Batch" kinetics in flow: online IR analysis and continuous control, Angew. Chem. 126(2014)480-483.
[29] C. Waldron, A. Pankajakshan, M. Quaglio, E. Cao, F. Galvanin, A. Gavriilidis, Model - based design of transient flow experiments for the identification of kinetic parameters, React. Chem. Eng. 5(2020)112-123.
[30] F. Kong, L. Yuan, Y. F. Zheng, W. Chen, Automatic liquid handling for life science: a critical review of the current state of the art, J. Lab. Autom. 17(2012)169-185.
[31] A. DePalma, Scaledown keeps processes on the up and up, Genet. Eng. Biotechnol. News 37(2017)1-18.
[32] R. Huber, D. Ritter, T. Hering, A. -K. Hillmer, F. Kensy, C. Müller, L. Wang, J. Büchs, Robolector-a novel platform for automated high-throughput cultivations in microtiter plates with high information content, Microb. Cell Fact. 8(2009)42.
[33] J. Hemmerich, N. Tenhaef, C. Steffens, J. Kappelmann, M. Weiske, S. J. Reich, W. Wiechert, M. Oldiges, S. Noack, Less sacrifice, more insight: repeated low-volume sampling of microbioreactor cultivations enables accelerated deep phenotyping of microbial strain libraries, Biotechnol. J. 14(2019)1800428.
[34] A. Amanullah, J. M. Otero, M. Mikola, A. Hsu, J. Zhang, J. Aunins, H. B. Schreyer, J. A. Hope, A. P. Russo, Novel micro - bioreactor high throughput technology for cell culture process development: reproducibility and scalability assessment of fed-batch CHO cultures, Biotechnol. Bioeng. 106(2010)57-67.
[35] G. Faust, N. H. Janzen, C. Bendig, L. Römer, K. Kaufmann, D. Weuster-Botz, Feeding strategies enhance high cell density cultivation and protein expression in milliliter scale bioreactors, Biotechnol. J. 9(2014) 1293-1303.
[36] N. H. Janzen, G. Striedner, J. Jarmer, M. Voigtmann, S. Abad, D. Reinisch, Implementation of a fully automated microbial cultivation platform for strain and process screening, Biotechnol. J. 14(2019)1800625.
[37] B. Haby, S. Hans, E. Anane, A. Sawatzki, N. Krausch, P. Neubauer, M. N. Cruz Bournazou, Integrated robotic mini bioreactor platform for automated, parallel microbial cultivation with online data handling and process control, SLAS Technol. 24(2019)569-582.
[38] V. Janakiraman, C. Kwiatkowski, R. Kshirsagar, T. Ryll, Y. -M. Huang, Application of high-throughput mini-bioreactor system for systematic scale-down modeling, process characterization, and control strategy development, Biotechnol. Prog. 31(2015)1623-1632.
[39] M. Tai, A. Ly, I. Leung, G. Nayar, Efficient high-throughput biological process characterization: definitive screening design with the Ambr250 bioreactor system, Biotechnol. Prog. 31(2015)1388-1395.
[40] J. J. Kager, J. Fricke, U. Becken, C. Herwig, A generic biomass soft sensor and its application in bioprocess development, Eppendorf Apple Note No. 357(2017)206-213.
[41] V. Sandner, L. P. Pybus, G. McCreath, J. Glassey, Scale-down model development in ambr systems: an

industrial perspective, Biotechnol. J. 14(2019)1700766.
[42] A. Hofer, S. Hauer, P. Kroll, J. Fricke, C. Herwig, In-depth characterization of the raw material corn steep liquor and its bioavailability in bioprocesses of Penicillium chrysogenum, Process Biochem. 70(2018)20-28.
[43] O. W. Gooding, Process optimization using combinatorial design principles: parallel synthesis and design of experiment methods, Curr. Opin. Chem. Biol. 8(2004)297-304.
[44] B. McKay, M. Hoogenraad, E. W. Damen, A. A. Smith, Advances in multivariate analysis in pharmaceutical process development, Curr. Opin. Drug Discov. Devel. 6(2003)966-977.
[45] D. C. Fabry, E. Sugiono, M. Rueping, Self - optimizing reactor systems: algorithms, on - line analytics, setups, and strategies for accelerating continuous flow process optimization, Isr. J. Chem. 54 (2014) 341-350.
[46] N. Holmes, G. R. Akien, A. J. Blacker, R. L. Woodward, R. E. Meadows, R. A. Bourne, Self-optimisation of the final stage in the synthesis of EGFR kinase inhibitor AZD9291 using an automated flow reactor, React. Chem. Eng. 1(2016)366-371.
[47] J. P. McMullen, K. F. Jensen, An automated microfluidic system for online optimization in chemical synthesis, Org. Process Res. Dev. 5(2010)1169-1176.
[48] N. Cherkasov, Y. Bai, A. J. Expó sito, E. V. Rebrov, OpenFlowChem - a platform for quick, robust and flexible automation and self-optimisation of flow chemistry, React. Chem. Eng. 3(2018)769-780.
[49] A. J. Parrott, R. A. Bourne, G. R. Akien, D. J. Irvine, M. Poliakoff, Self-optimizing continuous reactions in supercritical carbon dioxide, Angew. Chem. Int. Ed. 50(2011)3788-3792.
[50] D. Cortes - Borda, E. Wimmer, B. Gouilleux, E. Barre, N. Oger, L. Goulamaly, L. Peault, B. Charrier, C. Truchet, P. Giraudeau, An autonomous self-optimizing flow reactor for the synthesis of natural product carpanone, J. Org. Chem. 83(2018)14286-14299.
[51] A. D. Clayton, J. A. Manson, C. J. Taylor, T. W. Chamberlain, B. A. Taylor, G. Clemens, R. A. Bourne, Algorithms for the self-optimisation of chemical reactions, React. Chem. Eng. 4(2019)1545-1554.
[52] A. M. Schweidtmann, A. D. Clayton, N. Holmes, E. Bradford, R. A. Bourne, A. A. Lapkin, Machine learning meets continuous flow chemistry: automated optimization toward the Pareto front of multiple objectives, Chem. Eng. J. 352(2018)277-282.
[53] V. Fath, N. Kockmann, J. Otto, T. Röder, Self-optimising processes and real-timeoptimisation of organic syntheses in a microreactor system using Nelder - Mead and design of experiments, React. Chem. Eng. 5 (2020)1281-1299.
[54] M. Olsson, E. Johansson, M. Berntsson, L. Eriksson, J. Gottfries, S. Wold, Rational DOE protocols for 96-well plates, Chemom. Intel. Lab. Syst. 83(2006)66-74.
[55] J. P. McMullen, K. F. Jensen, Rapid determinationof reaction kinetics with an automated microfluidic system, Org. Process Res. Dev. 15(2011)398-407.
[56] B. J. Reizman, K. F. Jensen, An automated continuous-flow platform for the estimation of multistep reaction kinetics, Org. Process Res. Dev. 16(2012)1770-1782.
[57] A. Echtermeyer, Y. Amar, J. Zakrzewski, A. Lapkin, Self - optimisation and model - based design of experiments for developing a C-H activation flow process, Beilstein J. Org. Chem. 13(2017)150-163.
[58] C. Waldron, A. Pankajakshan, M. Quaglio, E. Cao, F. Galvanin, A. Gavriilidis, Closed-loop model-based design of experiments for kinetic model discrimination and parameter estimation: benzoic acid esterification on a heterogeneous catalyst, Ind. Eng. Chem. Res. 58(2019)22165-22177.
[59] K. C. Aroh, K. F. Jensen, Efficient kinetic experiments in continuous flow microreactors, react, Chem. Eng. 3(2018)94-101.
[60] C. J. Taylor, M. Booth, J. A. Manson, M. J. Willis, G. Clemens, B. A. Taylor, T. W. Chamberlain, R. A. Bourne, Rapid, automated determination of reaction models and kinetic parameters, Chem. Eng. J. 413 (2020)127017.
[61] S. D. Schaber, S. C. Born, K. F. Jensen, P. I. Barton, Design, execution, and analysis of time - varying experiments for model discrimination and parameter estimation in microreactors, Org. Process Res. Dev. 18 (2014)1461-1467.
[62] M. Quaglio, C. Waldron, A. Pankajakshan, E. Cao, A. Gavriilidis, E. S. Fraga, F. Galvanin, An online reparametrisation approach for robust parameter estimation in automated model identification platforms, Comput. Chem. Eng. 124(2019)270-284.
[63] S. Bandara, J. P. Schlöder, R. Eils, H. G. Bock, T. Meyer, Optimal experimental design for parameter

estimation of a cell signaling model, PLoS Comput. Biol. 5(2009), e1000558.
[64] P. Neubauer, E. Anane, S. Junne, M. N. Cruz Bournazou, Potential of integrating model-based design of experiments approaches and process analytical technologies for bioprocess scaledown, in: Advances in Biochemical Engineering/Biotechnology, Springer Berlin Heidelberg, Berlin, Heidelberg, 2020, pp. 1-28.
[65] H. Noorman, An industrial perspective on bioreactor scale-down: what we can learn from combined large-scale bioprocess and model fluid studies, Biotechnol. J. 6(2011)934-943.
[66] F. R. Schmidt, Optimization and scale up of industrial fermentation processes, Appl. Microbiol. Biotechnol. 68 (2005)425-435.
[67] T. Habicher, E. K. A. Rauls, F. Egidi, T. Keil, T. Klein, A. Daub, J. Büchs, Establishing a fed-batch process for protease expression with Bacillus licheniformis in polymer-based controlled-release microtiter plates, Biotechnol. J. 15(2020)1900088.
[68] M. N. Cruz Bournazou, T. Barz, D. Nickel, D. C. López Cárdenas, F. Glauche, A. Knepper, P. Neubauer, Online optimal experimental re-design in robotic parallel fed-batch cultivation facilities for validation of macro-kinetic growth models using E. coli as an example, Biotechnol. Bioeng. 114 (2017) 610-619, https: //doi. org/10. 1002/bit. 26192.
[69] C. Kontoravdi, E. N. Pistikopoulos, A. Mantalaris, Systematic development of predictive mathematical models for animal cell cultures, Comput. Chem. Eng. 34(2010)1192-1198.
[70] A. Schmideder, T. S. Severin, J. H. Cremer, D. Weuster-Botz, A novel milliliter-scale chemostat system for parallel cultivation of microorganisms in stirred-tank bioreactors, J. Biotechnol. 210(2015)19-24.
[71] T. Hernández Rodríguez, C. Posch, J. Schmutzhard, J. Stettner, C. Weihs, R. Pörtner, B. Frahm, Predicting industrial-scale cell culture seed trains—a Bayesian framework for model fitting and parameter estimation, dealing with uncertainty in measurements and model parameters, applied to a nonlinear kinetic cell culture model, using an MCMC method, Biotechnol. Bioeng. 116(2019)2944-2959.
[72] J. Möller, K. B. Kuchemüller, T. Steinmetz, K. S. Koopmann, R. Pörtner, Model-assisted design of experiments as a concept for knowledge-based bioprocess development, Bioprocess Biosyst. Eng. 42(2019) 867-882.
[73] T. Barz, A. Sommer, T. Wilms, P. Neubauer, M. N. C. Bournazou, Adaptive optimal operation of a parallel robotic liquid handling station, IFAC-PapersOnLine 51(2018)765-770.
[74] R. Muñoz-Tamayo, P. Martinon, G. Bougaran, F. Mairet, O. Bernard, Getting the most out of it: optimal experiments for parameter estimation of microalgae growth models, J. Process Control 24(2014)991-1001.
[75] B. Bayer, G. Striedner, M. Duerkop, Hybrid modeling and intensified DoE: an approach to accelerate upstream process characterization, Biotechnol. J. 15(2020)2000121.
[76] O. Spadiut, S. Rittmann, C. Dietzsch, C. Herwig, Dynamic process conditions in bioprocess development, Eng. Life Sci. 13(2013)88-101.
[77] P. Sagmeister, T. Langemann, P. Wechselberger, A. Meitz, C. Herwig, A dynamic method for the investigation of induced state metabolic capacities as a function of temperature, Microb. Cell Fact. 12(2013)1-11.
[78] D. Solle, B. Hitzmann, C. Herwig, M. Pereira Remelhe, S. Ulonska, L. Wuerth, A. Prata, T. Steckenreiter, Between the poles of data-driven and mechanistic modeling for process operation, Chem. Ing. Tech. 89(2017) 542-561.
[79] S. Kara, J. J. Mueller, A. Liese, Online analysis methods for monitoring of bioprocesses, Chim. Oggi 29 (2011)38-41.
[80] C. Schenk, M. Short, J. S. Rodriguez, D. Thierry, L. T. Biegler, S. García-Muñoz, W. Chen, Introducing KIPET: a novel open-source software package for kinetic parameter estimation from experimental datasets including spectra, Comput. Chem. Eng. 134(2020)106716.
[81] D. De Pauw, P. Vanrolleghem, Nesting genetic algorithms to solve a robust optimal experimental design problem, in: 3rd Biennial Meeting of the International Environmental Modelling and Software Society, 29, International Environmental Modelling and Software Society(iEMSs), 2006.
[82] Z. Kutalik, K.-H. Cho, O. Wolkenhauer, Optimal sampling time selection for parameter estimation in dynamic pathway modeling, Biosystems 75(2004)43-55.
[83] P. Chaudhuri, P. A. Mykland, Nonlinear experiments: optimal design and inference based on likelihood, J. Am. Stat. Assoc. 88(1993)538-546.
[84] K. Rachinskiy, H. Schultze, M. Boy, J. Büchs, "Enzyme Test Bench": a biochemical application of the

multi-rate modeling, in: International Workshop on Multi-Rate Processes and Hysteresis, IOP Publishing, 2008, p. 12021.

[85] H. Hjalmarsson, From experiment design to closed-loop control, Automatica 41(2005)393-438.

[86] F. Galvanin, M. Barolo, F. Bezzo, Online model-based redesign of experiments for parameter estimation in dynamic systems, Ind. Eng. Chem. Res. 48(2009)4415-4427, https://doi.org/10.1021/ie8018356.

[87] J. D. Stigter, D. Vries, K. J. Keesman, On adaptive optimal input design: a bioreactor case study, AICHE J. 52(2006)3290-3296.

[88] T. Barz, D. C. López C., M. N. C. Bournazou, S. Körkel, S. F. Walter, Real-time adaptive input design for the determination of competitive adsorption isotherms in liquid chromatography, Comput. Chem. Eng. 94 (2016)104-116.

[89] R. De-Luca, F. Galvanin, F. Bezzo, A methodology for direct exploitation of available information in the online model-based redesign of experiments, Comput. Chem. Eng. 91(2016)195-205.

[90] S. Körkel, E. Kostina, H. G. Bock, J. P. Schlöder, Numerical methods for optimal control problems in design of robust optimal experiments for nonlinear dynamic processes, Optim. Methods and Softw. 19(2004)327-338.

[91] C. R. Rojas, J. S. Welsh, G. C. Goodwin, A. Feuer, Robust optimal experiment design for system identification, Automatica 6(2007)993-1008.

[92] F. Galvanin, M. Barolo, F. Bezzo, S. Macchietto, A backoff strategy for model-based experiment design under parametric uncertainty, AICHE J. 56(2010)2088-2102.

[93] A. Mesbah, S. Streif, A probabilistic approach to robust optimal experiment design with chance constraints, IFAC-PapersOnLine 48(2015)100-105.

[94] S. Vajda, H. Rabitz, E. Walter, Y. Lecourtier, Qualitative and quantitative identifiability analysis of nonlinear chemical kinetic models, Chem. Eng. Commun. 83(1989)191-219.

[95] D. C. López C., T. Barz, S. Körkel, G. Wozny, Nonlinear ill-posed problem analysis in model-based parameter estimation and experimental design, Comput. Chem. Eng. 77(2015)24-42, https://doi.org/10.1016/j.compchemeng.2015.03.002.

[96] P. Nimmegeers, J. Lauwers, D. Telen, F. Logist, J. van Impe, Identifiability of large-scale non-linear dynamic network models applied to the ADM1-case study, Math. Biosci. 288(2017)21-34, https://doi.org/10.1016/j.mbs.2017.02.008.

[97] A. White, M. Tolman, H. D. Thames, H. R. Withers, K. A. Mason, M. K. Transtrum, The limitations of model-based experimental design and parameter estimation in sloppy systems, PLoS Comput. Biol. 12 (2016), https://doi.org/10.1371/journal.pcbi.1005227, e1005227.

[98] T. A. Johansen, On Tikhonov regularization, bias and variance in nonlinear system identification, Automatica 33(1997)441-446, https://doi.org/10.1016/S0005-1098(96)00168-9.

[99] P. C. Hansen, Rank-Deficient and Discrete Ill-Posed Problems: Numerical Aspects of Linear Inversion, Society for Industrial and Applied Mathematics, 1998.

[100] A. K. Agarwal, M. L. Brisk, Sequential experimental design for precise parameter estimation. 1. Use of reparameterization, Ind. Eng. Chem. Process. Des. Dev. 24(1985)203-207.

[101] Y. Bard, Nonlinear Parameter Estimation, Academic Press, New York, 1974.

[102] M. F. Luna, E. C. Martínez, Optimal design of dynamic experiments in the development of cybernetic models for bioreactors, Chem. Eng. Res. Des. 136(2018)334-346.

[103] D. C. Montgomery, Design and Analysis of Experiments, John Wiley & Sons, 2017.

[104] L. M. Rios, N. V. Sahinidis, Derivative-free optimization: a review of algorithms and comparison of software implementations, J. Glob. Optim. 56(2013)1247-1293.

[105] W. Huyer, A. Neumaier, SNOBFIT—stable noisy optimization by branch and fit, ACM Trans. Math. Softw. 35(2008)1-25.

[106] K. Schittkowski, Experimental design tools for ordinary and algebraic differential equations, Ind. Eng. Chem. Res. 46(2007)9137-9147.

[107] S. F. Walter, A. Schmidt, S. Körkel, Adjoint-based optimization of experimental designs with many control variables, J. Process Control 24(2014)1504-1515, https://doi.org/10.1016/j.jprocont.2014.06.019.

[108] E. D. Mitra, W. S. Hlavacek, Parameter estimation and uncertainty quantification for systems biology models, Curr. Opin. Syst. Biol. 18(2019)9-18.

[109] J. Hemmerich, N. Tenhaef, W. Wiechert, S. Noack, pyFOOMB: Python framework for object oriented

modeling of bioprocesses, Eng. Life Sci. 21(2020)242-257.

[110] U. Grömping, CRAN Task View, Design of Experiments(DoE)& Analysis of Experimental Data, 2020. https://cran.r-project.org/web/views/ExperimentalDesign.html.

[111] S. Olofsson, L. Hebing, S. Niedenführ, M. P. Deisenroth, R. Misener, GPdoemd: a Python package for design of experiments for model discrimination, Comput. Chem. Eng. 125(2019)54-70.

[112] N. Asprion, R. Böttcher, J. Mairhofer, M. Yliruka, J. Höller, J. Schwientek, C. Vanaret, M. Bortz, Implementation and application of model-based design of experiments in a flowsheet simulator, J. Chem. Eng. Data 65(2019)1135-1145.

[113] M. Sokolov, Project: Machine Learning and Predictive Modeling for the Control of Continuous Processes Using Digital Twins, DataHow A. G. Zürich, Switzerland(2021).

[114] K. Rachinskiy, H. Schultze, M. Boy, U. Bornscheuer, J. Büchs, "Enzyme Test Bench," a high-throughput enzyme characterization technique including the long-term stability, Biotechnol. Bioeng. 103(2009)305-322.

[115] K. Rachinskiy, M. Kunze, C. Graf, H. Schultze, M. Boy, J. Büchs, Extension and application of the "enzyme test bench" for oxygen consuming enzyme reactions, Biotechnol. Bioeng. 111(2014)244-253.

[116] K. Rachinskiy, Entwicklung einer modellbasierten Hochdurchsatztechnik zur Enzymcharakterisierung mit Schwerpunkt auf Langzeitstabilität, 2008.

第12章 多准则背景下的产品开发

PhilippSüss[a]，Gregor Foltin[a]，Melanie Heidgen[a]，David Hajnal[b]，
Jorge Diaz[b]，Hergen Schultze[b]，Jochen Gattermayer[b]，Stefan Lehner[b]

a 弗劳恩霍夫工业数学研究所(ITWM)，凯撒斯劳滕，德国；
b 巴斯夫 SE，路德维希港，德国

12.1 引言

在本工作中，我们将产品开发理解为寻找一种由原料合成的方式，从而产生一种适于销售和有利可图的商品的过程。更具体地说，我们关注的是实验室环境，该实验室的任务是研发一种具有特定性能的产品(如油漆或胶水)的新配方。行业内解决这一挑战的方法从未经科学结构化的反复试验，到精心构建的实验设计[1,2]，旨在找到有价值成分的混合物。

从一组初始的实验数据开始，后续的常见做法是拟合一些模型函数，并对尚未采样的值进行预测，然后通过进一步的实验进行验证。在本工作中，我们将这一流程形式化，并将方法向前推进一步：我们推出了 Qritos，这是一个完全由数据驱动的多准则产品设计决策支持系统。该系统有助于确定我们称为输入的关键生产流程变量。由此产生的产品质量是通过可量化的特性来衡量的。

用于生产产品的输入可以是原料或生产流程配置。原料通过其体积或质量来指定，而生产流程配置则定义了加工步骤的相关设置。它们以时间、压力或温度等给出(例如，烤箱烘干某部件所需的时间和温度设置)。这些输入共同构成了产品设计中的变量。

通过改变产品设计的变量，产品将表现出不同的特性。在一定条件下，这些特性以质量、稳定性、吸收率或干燥时间等来衡量。我们假设这些结果在实验室中是可以量化的。

Qritos 旨在供产品设计师在开发初期阶段使用。更具体地说，我们假设没有数值模型可以根据特定的输入配置来预测所有相关的产品特性，或者产品设计师希望采用完全基于数据驱动的方法。此外，最终产品还应满足某些规格要求。规格要求以可测量的产品属性来表述，并且具有以下形式：

① 属性 A 的测量值应尽可能小(例如，质量、成本)。

② 属性 B 的测量值应尽可能大(例如，稳定性、耐热性)。

③ 属性 C 的测量值在理想情况下应为特定值(例如，干燥时间、吸收率)。

产品规格中很可能存在一些冲突：一个理想的产品，即所有测量属性都达到其物理上可能达到的最佳值，是不可能生产出来的。通常，至少需要考虑表示市场品质与生产成本之间的属性权衡。同时也很常见的是，一些规格只能以牺牲其他规格为代价才能更好地实现。

产品设计师面临两大挑战：

① 找出输入与各个产品属性之间的关系；

② 探索并最终平衡相互冲突的产品规格之间的权衡取舍。

同时，还需要考虑用各种输入配置进行实验以及测量产物属性的成本：在实验室环境中进行的实验次数应该尽可能少。

在本工作中，我们展示了如何使用 Qritos 来应对这些挑战。在“模型拟合”章节，我们解决了为 Qritos 工作流程生成实验数据拟合的过程，并探讨了目前在实践中常用的其他系统和工具。在“多准则优化与决策制定”章节，我们介绍了一个用于帕累托最优产品设计的优化模型，以及用户如何与系统进行交互以平衡相互冲突的产品规格之间的取舍。我们将整个 Qritos 工作流程整合在一起，以设计外墙涂料的化学配方作为真实示例。最后，以对该决策支持系统未来发展的讨论和展望作为结束。

12.2 模型拟合

Qritos 是一个数据驱动的应用程序。从技术上讲，已知的输入与输出之间关系的模型可以用作后续优化阶段的函数。然而，该软件的一个优势在于它并不需要这类模型。后续阶段使用的所有函数都是拟合数据的模型。

为此，我们需要$[X \quad Y]$形式的实验数据，其中每一行$(\boldsymbol{x}^{(j)} \quad \boldsymbol{y}^{(j)})$是输入值$\boldsymbol{x}^{(j)} := [x_{jk}]$和由输入产生的测量属性值$\boldsymbol{y}^{(j)} := [y_{jk}]$的集合。我们将在下文进一步描述数据生成过程。将数据导入软件中，软件可以定义输入和输出(图 12.1)。

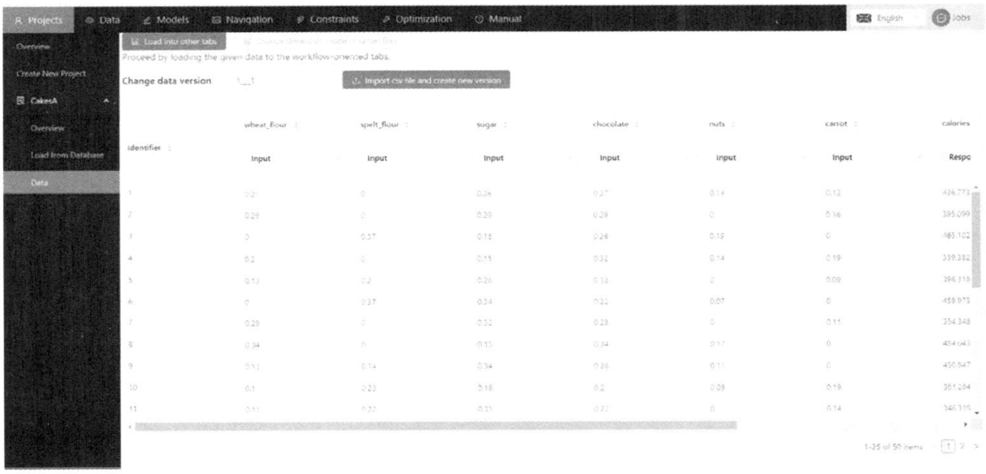

图 12.1　数据输入页面。各列可以分类为输入，或需要最小化、最大化或设置为实现特定值的响应(属性)

对于每个属性y_i，我们拟合输入x的函数F_i到这个数据上。Qritos 目前提供了以下选项：为每个属性拟合简单的线性多元回归模型，或者拟合多元偏最小二乘(PLS1 和 PLS2)模型。在 Qritos 中做出选择后，数据会被发送到建模软件 R[3] 进行拟合。拟合结果将返回给 Qritos，以便用户查看回归结果(见图 12.2)。

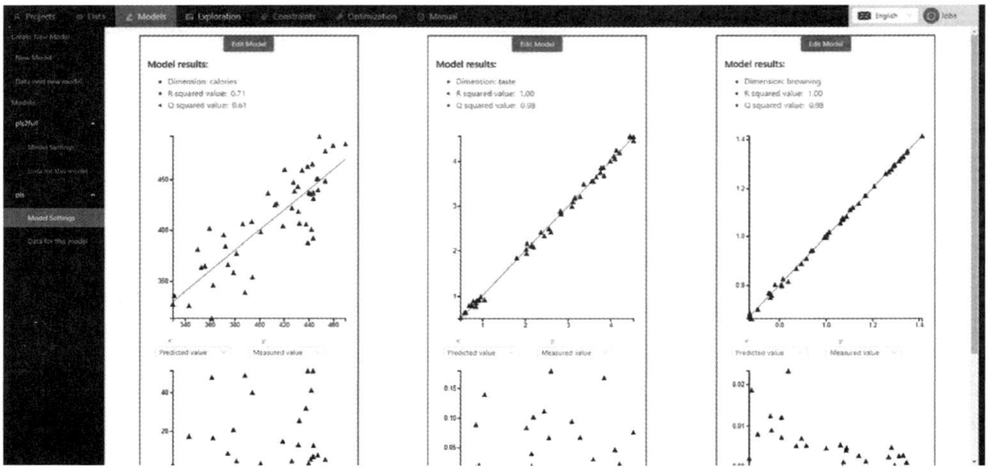

图 12.2　一个 PLS2 模型用于示例数据集的结果。每个模型的系数的更多信息可以在不同的视图中打开

巴斯夫作为一家化学公司，正在开发、生产和销售种类繁多的材料。这些材料的应用性能，可以通过改变化学配方或工艺进行调整，必须满足特定的客户需求。大量输入参数的出现给规划满足客户特定产品需求所需的必要实验带来了挑战。在巴斯夫，已有的实验设计[1,2]技术得到了广泛应用。实验设计由一系列规定的实验组成，采用特定的输入参数组合来校准假设的数学模型函数。在成功进行校准和交叉验证后，模型函数将用于预测和优化计算。

建立最优实验设计需要仔细权衡两个方面：统计最优性和技术可行性。统计最优性标准通常隐含地或明确地包括最大化输入方差。例如，没有额外的约束，用于探索线性模型的知名的 D-最优设计[4]很可能会倾向于占据由输入参数范围定义的多维多面体的角点。在数学上，这有助于最小化在测量输入参数对所得材料应用性能影响时的不确定性。然而在技术上，输入方差最大化可能会导致所提出的实验中多个输入参数同时出现极值，并且因安全问题等，实施这些实验可能是技术上不可行的。

解决上述挑战的一种可能方法是，利用现有的先验知识来制定数学约束，这些约束能够先验地排除实验设计中所有看起来技术上不可行的实验。由于经验丰富的技术人员、工程师和科学家通常兼具实践知识和理论知识，巴斯夫材料研究采取的一种策略是，尽可能多地将现有知识以数学约束的方式来形式化，用于生成 D-最优设计。在技术上，这可以通过使用商业实验设计软件（如 MODDE Pro[5]）来实现，但它需要跨学科团队合作以收集和形式化尽可能多的信息。由此产生的设计可视为统计最优性与事先假设的技术可行性之间的精心平衡。

作为一个例子，在用于黏合剂的聚合物合成中，应当提出一个物理上必要的约束条件。黏合剂用聚合物通常使用多种单体的混合物通过乳液聚合反应合成。合成聚合物的一个关键物理参数是所谓玻璃化转变温度，以下用 T_g 表示，这是聚合物在冷却过程中从液态转变为非晶态固态的温度。众所周知，如果 T_g 远低于黏合剂所需的应用温度，则给定的聚合物才可以用作黏合剂。如果仅聚合一种特定的单体，而不是使用多种单体的混合物，则会形成具有特定 T_g 值的所谓均聚物。通常，对应于聚合反应中典型混合物中使用的所有单体的

均聚物的 T_g 值都是已知的。此外，可以通过应用称为 Fox 公式的混合规则，至少近似地计算所得聚合物的 T_g 值。在这些情况下，可以使用 Fox 公式来定义约束不等式，以在生成 D-最优设计时排除所有 T_g 值不可行的实验。

12.3 多准则优化与决策制定

在本节中，将产品设计问题推导为一个多准则优化(MCO)问题。目标是使用上一节中创建的模型来帮助产品设计师平衡所有给定的规格。该方法受到早期在放射治疗规划方面工作[6]和后来的化学过程设计工作[7,8]的启发。采用多准则优化来生成有效的解决方案；感兴趣的是找到产品变体，其任何单一规格都无法在不恶化至少一个其他规格的情况下改善。例如，一种产品设计在不影响任何其他质量指标的情况下可以降低需要最小化的质量，这在多准则意义上是无效的，也不是产品设计师应该感兴趣的。

我们的方法包含两部分。首先，利用上一节中的模型将多准则优化问题公式化，并对所有有效解的集合进行数值近似。这是自动进行的，无须用户交互。其次，设计师会看到一个可视化界面，能够以直观的方式交互地探索这个解决方案的集合：即使对于大量的规格(比如 10 个)，设计师也可以利用屏幕上的滑块在有价值的解决方案之间进行“导航”。每个步骤都在下面的章节中进行了描述。

12.4 有效产品设计集的估算

具有 n 个目标的一般多准则优化问题形式为：

$$\min_{x \in \mathcal{X}} \begin{bmatrix} F_1(x) \\ \vdots \\ F_n(x) \end{bmatrix}$$

其中，$\mathcal{X}$ 表示可行输入的集合，可以通过对于某些下标集 $j \in J$ 的约束函数 $g_j(x) R\ 0$(其中 $R \in \{\leqslant, \geqslant, =\}$)进行定义。

我们多准则优化问题的变量由输入给定，而多个目标则通过结合产品规格和上一节创建的模型而得到。具体来说，属性 i 的模型函数 f_i 作为所有输入 x 的函数是：

① 如果规格要求 f_i 的最小值，则表示为最小化目标形式：$F_i(x) := f_i(x)$；

② 如果规格要求 f_i 的最大值，则表示为最大化目标形式：$F_i(x) := -f_i(x)$。

如果规格要求 f_i 达到特定的值 t_i，我们引入两个松弛变量 s_i^+ 和 s_i^-，增加 $F_i(x, s_i^+, s_i^-) := s_i^+ + s_i^-$ 作为最小化目标，并对 $\mathcal{X}$ 引入约束条件 $f_i(x) + s_i^+ - s_i^- - t_i = 0$ 和 $s_i^+ \geqslant 0$，$s_i^- \geqslant 0$。其中 $s_i^+ + s_i^-$ 项衡量的是与指定目标值的绝对偏差。虽然还有其他可以最小化与目标值偏差的公式，但这个公式的优势在于公式中只加入了线性项，而不会使优化问题在数值求解上变得更难。

最后，可以很容易地将输入和结果的任意约束包含进来以构建 $\mathcal{X}$(图 12.3)。在产品混合问题中，对输入的常见约束是：

① 每个输入值的下限和上限(如果只是为了确保优化保持在数据范围内，以避免拟合

模型函数的外推)；

② 对于部分或全部输入 x_k 的浓度约束，形式为 $\sum_k x_k = 1$。

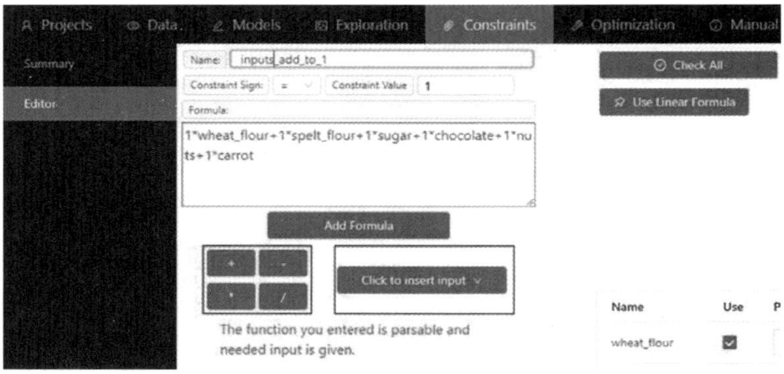

图 12.3　在 Qritos 中指定约束

计算或近似估算多准则产品设计问题的所有有效解的集合是一个具有数值挑战性的问题。文献中存在许多方法，感兴趣的读者可以参考文献[9]及其中的文献。对于 Qritos，我们使用凸[10]和非凸[11]问题的夹逼方法，以得到解集的虽然稀疏但很好的近似值。夹逼方法会为有效解集生成上界和下界，当这两个界限之间的差距很小时才会终止。这些方法也用于化工工艺设计[7]。除了速度快，这些方法还是精确的方法，与文献中讨论的更多启发式方法[12]区分开来。

12.5　有效产品设计集的导航

夹逼方法试图实现对帕累托集的稀疏近似——只计算数量够用的帕累托集的点，以便通过它们的凸包的下包络来很好地表示集合。然而，这个集合可能仍然包含 100 个或更多的点，主要取决于目标的数量和它们之间的相关性程度。产品设计师应该了解当前数据模型预测的可能性以及局限性。Qritos 提供了帕累托导航[13,14]作为一种高度交互的可视化工具来实现这一要求(见图 12.4)。

在帕累托导航中，决策者专注于一个可能的解决方案，并尝试不断改进它。我们从一个(接近)有效的产品设计开始，并显示前一章模型中预测的所有质量度量和输入配置。所有这些值都显示在滑块上，滑块手柄表示输入和结果的当前值。现在一切都是可交互的，可以增加或减少任何值，并且通过看其他滑块手柄的移动可以观察到这种修改的效果。现在，用户可以对规格进行改进，并研究输入如何变化，以及其他质量的度量如何改善或降低。设计师可以随时停止并调整另一个滑块，甚至返回到之前的设计。

决策者还可以控制任何滑块的取值范围：可以对任何目标或输入滑块的最大值或最小值设置限制。然后，该工具会立即显示其他目标和输入配置的哪些部分无法再达到。这加强了对可能的产品配置限制的理解。虽然使用滑块手柄进行导航是对某一特定设计的直接操作，但限制则回答了更全局的问题，比如“如果我将产品的质量限制在某个值，那么就所有输入和目标来说还有哪些范围依旧是可行的？如果我稍微增加这个限制，这些范围会如何变化？”(图 12.5)。

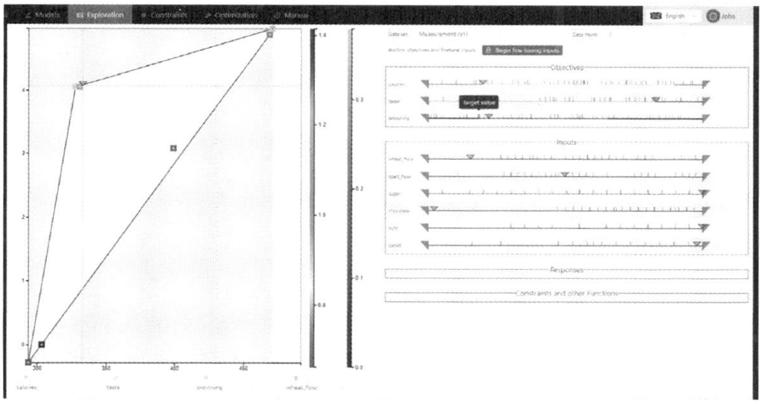

图 12.4　Qritos 中的帕累托导航

[用户可以拉动右侧的任何输入或目标滑块(向下指向的三角形)，并在左侧的可自定义 2D 图中查看结果。此时，绘制在 x 轴上的目标是要最小化的，而绘制在 y 轴上的目标是要最大化的。带有目标值的第三个目标用颜色代码表示。图中的方形点是构成此三维多准则优化问题的近似解的帕累托点。请注意，这三个维度被投影到平面上，中心的点在这个投影中只是显示在投影面的内部——事实上，它们是有效的帕累托点]

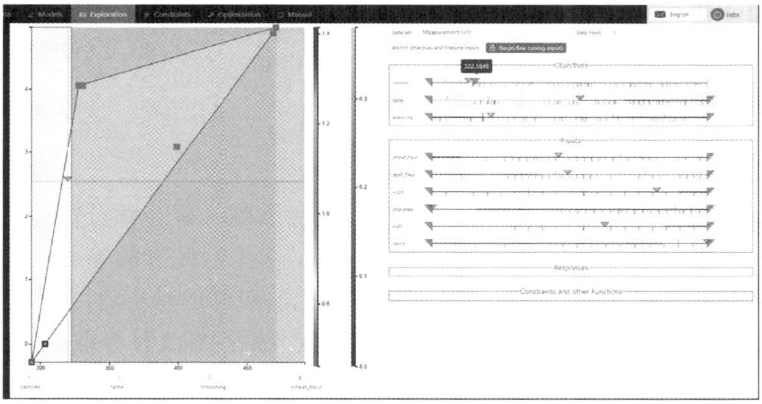

图 12.5　第一个目标当前受到严重限制。这会如何影响其他目标可达到的最佳值是显而易见的

12.6　Qritos 在设计过程中的作用

以这种方式导航和限制帕累托集(或其近似值)可以传达对这个高维空间体的感觉，并最终理解产品设计中涉及的权衡取舍。它可以实时地将用户通过滑块调整表达出的偏好转化为涉及结果和输入的后果和权衡取舍。

这种决策技术推迟了对偏好，即规格之间应该保持何种良好平衡的选择，直到设计师能够实际看到这些偏好的结果。无须在没有看到任何数值模拟和优化结果的情况下猜测良好平衡点，因为在帕累托集近似阶段已完成所有必要的计算。使用帕累托导航，可以实时回答诸如“达到尽可能小的质量需要在耐用性方面付出多少代价”之类的问题。由于这些问

题可以快速得到回答，帕累托导航鼓励所有参与设计和生产过程的利益相关者(其中最重要的可能是付费客户)进行交互式决策会议。

帕累托导航使得质量规格方面可实现目标的限制变得透明，决策可以清晰地传达，而不必诉诸有根据的猜测。这是一种科学的决策方法，因为帕累托导航可以量化地显示产品设计的结果，并且可以由任何利益相关者使用相同的数据和模型进行重复和验证。结果应该是对如何作出最终产品属性的决策的彻底理解；特别是最终购买产品的客户可以理解为什么某些规格会按照这种方式实现。

帕累托导航是决策工具 Qritos 的最后一个阶段。这一步可能会导致最终产品的生产。决策者应该关注所得的输入配置以及可能存在的一些已知的不确定性。如果一种或几种有前途的产品的模型不确定性太高，产品设计师可以要求更多的实验室实验，以减少针对那些感兴趣区域的不确定性。因此，Qritos 可以在设计过程的早期阶段使用：在实验室中进行一些实验和测量，使用 Qritos 找到有价值的折中方案，在实验室中验证模型预测，然后继续。

12.7 应用：设计外墙涂料配方

与巴斯夫建筑涂料业务部合作，使用 Qritos 优化外墙涂料配方。输入是化学配方中每种成分的含量，测量的属性是高剪切率黏度(HSRv)、中剪切率黏度(MSRv)、毛细吸水性(CWU)和水蒸气透过率(WVP)。

12.7.1 化学配方

研究中的涂料配方包括二氧化钛、中和剂、共分散剂、聚合物分散体、填充剂、消泡剂、成膜助剂、杀菌剂、水、流变改性剂和分散剂。这些是配方的输入。这些成分中的许多都有固定值，可以形成具有涂料配方所需的适当化学和物理特性的混合物。在本研究中，只有最后两种成分类型进行了改变，研究了 7 种流变改性剂和 5 种分散剂。

12.7.2 实验设计

流变改性剂分为两类，分别记为 RMa 和 RMb，可取范围分别为 4‰~7‰和 5‰~15‰。使用了 3 种不同的 RMa 类别流变改性剂(RMa1 ~ RMa3)和 4 种 RMb 类别流变改性剂(RMb1-RMb4)。同样地，使用了 5 种不同的分散剂，记为 D1 ~ D5，其范围在 2‰~10‰。考虑到实验设置的简单特性，约束是可有可无的。

使用 MODDE 12，将三类输入(RMa、RMb、D)中的每一类都定义为定性类型，每一类中的单个成分的数量决定了不同的水平：RMa 有 3 个水平，RMb 有 4 个水平，D 有 5 个水平。对于这三个定性类别中的每一个，都创建了一个具有其相应范围的定量因子。这允许设计在感兴趣的范围内为类别分配值。使用线性模型和 D-最优设计，设计矩阵得出 23 次实验运行的结果。

12.7.3 实验室测量

实验设计的运行次数(23 次)远低于最初预期(约 30 次)，使得最初的运行资源可用量有剩余的物资和材料。它们通过进行加入两种新的流变改性剂（RMc1、RMc2）的额外实验得到了充分利用，总共 31 次实验运行。鉴于 14 种成分使用的不同值，调整了水的量以保持所有以千分数表示的值，导致总共有 15 个输入。

对于每个样本，都测量了 4 个关键属性。使用锥板式黏度计测量高剪切率黏度，其输出范围为 0~5。同样地，使用 Krebs Stormer 黏度计测量中剪切率黏度，可在 40~141 Krebs 单位的范围内精确地直接读数。水蒸气透过率的测量采用重量法，使用符合 DIN 52 615 标准的标准商业仪器。同样地，毛细吸水性根据 DIN 62 617 标准确定。

12.7.4 建模

将保持不变的配方成分汇总到一个名为“固定部分”的单一字段中。这个字段的固定值为 957‰，在建模时排除在外。使用有 12 个成分的偏最小二乘算法对这 4 个属性进行建模，并且仅使用 15 个输入的线性效应。

所得模型对毛细吸水性的交叉验证预测能力较差（$Q^2 = 0.28$），对中剪切率黏度的预测能力也不令人满意（$Q^2 = 0.48$），而对于其他两个响应的预测结果要好得多（$Q^2 \geq 0.70$）（图 12.6）。

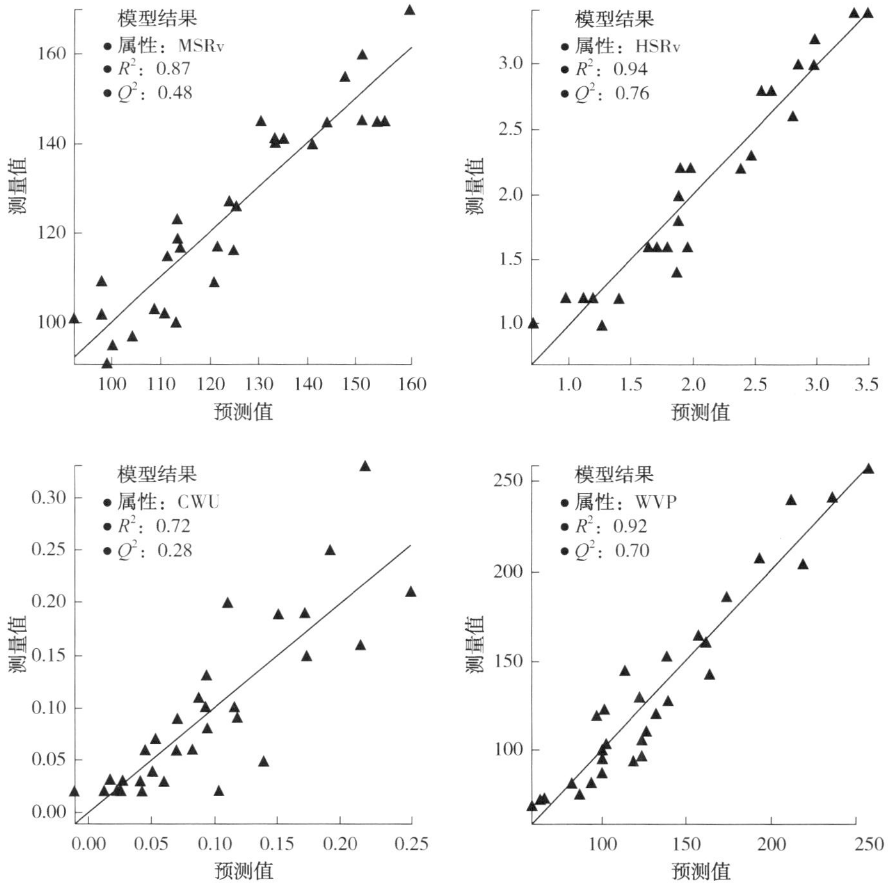

图 12.6　统计建模的汇总图

12.7.5 优化目标(产品规格)

最优配方必须满足由这 4 个属性的值所确定的严格质量条件。高剪切率黏度的目标值可确保将涂料涂覆到表面时获得最佳用户体验。同样地，将中剪切率黏度的目标设为特定值，可以确保产品在涂覆到表面时能够适当地停留，而不会滴落(黏度过低)，同时保持为液态混合物而非膏状(黏度过高)。

出于这些原因，并遵循最高的市场标准，将优化目标设定为高剪切率黏度的目标值为 2.5；而对于中剪切率黏度，设定目标值为 110。

高质量的涂料必须具有高度的防止水扩散进入涂层的能力，以保持底下的表面干燥，因此，毛细吸水性必须尽量小。

最后，优质的涂料还应允许任何水汽能够通过涂层逸出，因此，水蒸气透过率要尽可能高。

通过这种方式，优化目标被设定为设计一种最佳的涂料，既具有保证理想的用户体验的物理特性，又优化了涂层的物理性能，可保持干燥，降低受到藻类和真菌污染的风险(或趋势)。

在进行优化步骤之前，加入一个约束条件，以确保结果能够以千分数的形式表示，从而可以直接在实验室中使用。由于固定部分占配方的 95.7%，因此约束设置为使所有因素的线性组合等于 43(在数据集中以千分数为单位)。

12.7.6 决策过程

Qritos 中优化的结果如图 12.7 所示。目标空间中的某些区域似乎被排除了，而两个黏度的目标值都在可行区域内。此时对目标空间的探索由涂料配方专家完成。他们花费了一些时间来探索所有目标的极值，同时跟踪输入滑块，以了解达到探索结果所需的配方特性。找到了一些相当不错的结果，需要混合使用几种分散剂。对于涂料制造商来说，这一要求可能具有挑战性，因为他们需要在配方中添加额外的成分。然后，专家调整滑块，以确定在尝试达到两个黏度的目标值时，毛细吸水性和水蒸气透过率的折中方案。我们的专家瞥了一眼就判定，达到黏度目标所需的让步是不值得的水蒸气透过率损失。最后，考虑到已确定的折中方案，理想的情况是有最高的水蒸气透过率的配方。将滑块移到其上限位置后，发现了一个非常简单的配方，它只需要一种分散剂和两类流变改性剂的混合物。选择这种配置在实验室中进行尝试，相应的实验流程正在进行中。

应该强调的是，滑块为专家提供了仅通过在目标空间中调整数字来探索大量化学配方的可能性。换句话说，专家可以设计所需产品的特性，而 Qritos 会返回每种成分所需的浓度。这种在产品开发中导航帕累托前沿的过程不仅保证了最优结果，而且使确定在实验室中尝试的成分数量的决策变得轻而易举，同时还节省了时间、精力和资源。专家在使用该工具后表示：“提高涂料配方的性能非常耗时。实验设计与 Qritos 结合使用，不仅能够优化配方，还优化了实验室资源。”

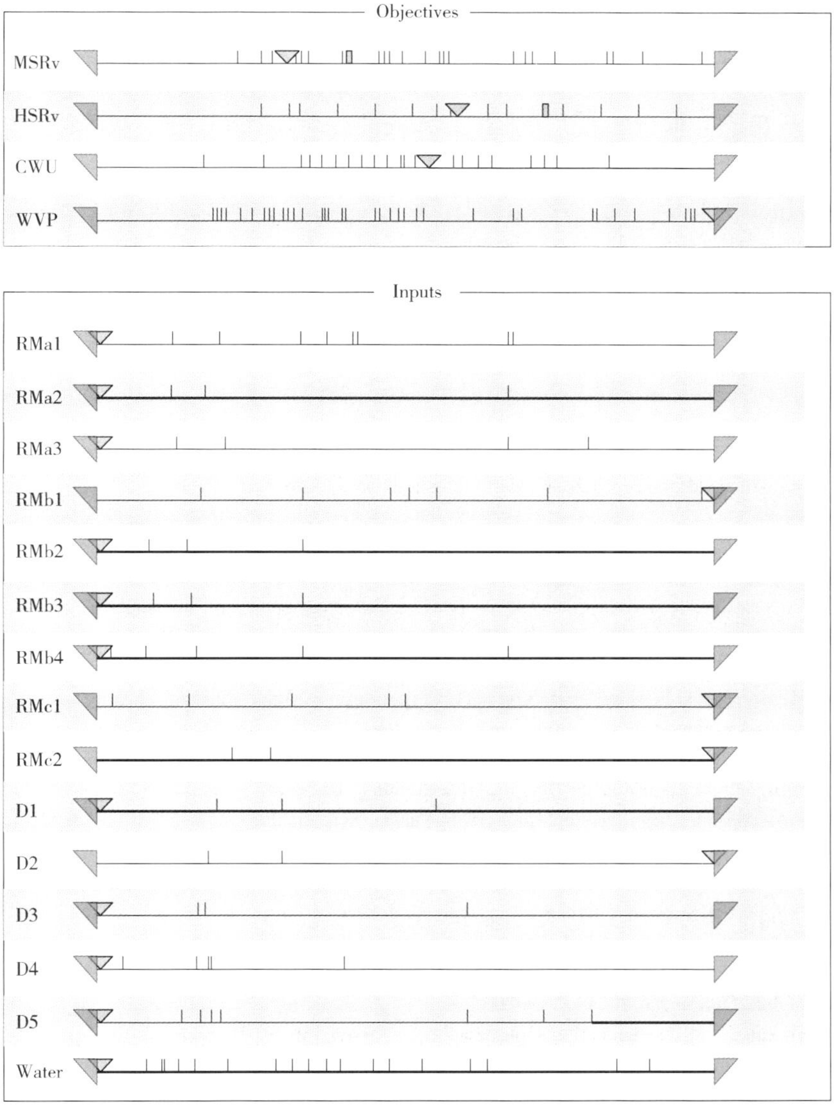

图 12.7　用于帕累托导航的滑块元素。向下的三角形用于操作当前解决方案，而当前位于滑块边缘的三角形可用于限制每个滑块上不需要的范围。前两个目标滑块上较粗的垂直刻度表示其结果的最佳值。较细的刻度表示样本点(数据)的坐标

12.8　展望

对于许多实际应用，基于数据的建模和基于模型的预测通常由包含降维算法的模型来完成。广泛应用的例子有主成分回归或偏最小二乘模型。在这些模型中，形成了所谓潜在变量，并将目标变量(之后作为优化目标)建模为这些潜在变量的函数，而不是原始输入变量(如化学成分或工艺参数)的直接函数。如果由潜在变量定义的空间的维度小于由所考虑系统的原始输入参数定义的空间的维度，则模型表现出降维的特性，称为模型退化。这种

退化具有重要的技术结果。如果一个现实世界的系统是由一个具有足够高精度的退化模型来描述的，那么就有可能系统地改变原始输入参数，如化学配方或工艺，而不会使任何有价值的目标变量发生显著变化。具有此属性的输入空间中所有可能的可用点的集合所定义的空间被称为不变子空间。在化学工业中，人们往往希望找到一种不改变所得材料应用性能的现有化学配方或工艺的替代方案。为实现这一目标，研究了各种技术。一种方法是将D-最优原则应用于不变子空间，并结合原始输入空间上的约束，以找到一组具有最大化学多样性、恒定应用特性和技术可行性的配方。另一种方法是使用模型函数本身并固定它们的计算结果作为约束条件，将输出有效地冻结在目标水平上。这些约束可用于帕累托导航，然后只允许输入相应变化。

参考文献

[1] G. Box, W. Hunter, J. Hunter, Statistics for Experimenters, Wiley, New York, 1978.

[2] R. Fisher, Statistical Methods, Experimental Design, and Scientific Inference, Oxford University Press, Oxford, 1990.

[3] R Core Team, R: A Language and Environment for Statistical Computing, R Foundation for Statistical Computing, Vienna, 2017. Von https://www.R-project.org/abgerufen.

[4] F. Triefenbach, Design of Experiments: The D-Optimal Approach and its Implementation as a Computer Algorithm, Umeå University, Sweden, 2008(Bachelor thesis).

[5] Modde, MODDE 12 Design of Experiments Solution. Umetrics™ Suite of Data Analytic Solutions, 2017.

[6] K. Küfer, M. Monz, A. Scherrer, P. Süss, A. Fernando, A. Azizi Sultan, Multicriteria optimization in intensity modulated radiotherapy planning, in: P. Pardalos, E. Romeijn(Eds.), Handbook of Optimization in Medicine, Springer, Boston, MA, 2009.

[7] M. Bortz, J. Burger, N. Asprion, S. Blagov, R. Böttcher, U. Nowak, et al., Multi-criteria optimization in chemical process design and decision support by navigation on Pareto sets, Comput. Chem. Eng. 60(10)(2014)354-363.

[8] J. Burger, N. Asprion, S. Blagov, R. Böttcher, U. Nowak, M. Bortz, et al., Multi-objective optimization and decision support in process engineering—implementation and application, Chem. Ing. Tech. 86(7)(2014)1065-1072.

[9] M. Ehrgott, L. Shao, A. Schöbel, An approximation algorithm for convex multi-objective programming problems, J. Glob. Optim. 50(2011)397-416.

[10] J. Serna Hernandez, Multi-Objective Optimization in Mixed Integer Problems With Application to the Beam Selection Optimization Problem in IMRT(Dissertation), Technische Universität Kaiserslautern, 2011.

[11] K. Teichert, A Hyperboxing Pareto Approximation Method Applied to Radiofrequency Ablation Treatment Planning(Dissertation), Technische Universität Kaiserslautern, 2014.

[12] C. Coello, S. Brambila, J. Gamboa, M. Tapia, R. Gomez, Evolutionary multiobjective optimization: open research areas and some challenges lying ahead, Complex Intell. Syst. 6(2020)221-236.

[13] M. Hartikainen, K. Miettinen, K. Klamroth, Interactive Nonconvex Pareto Navigator for multiobjective optimization, Eur. J. Oper. Res. 275(2019)238-251.

[14] M. Monz, Pareto Navigation—Algorithmic Foundation of Interactive Multi-Criteria IMRT Planning, University of Kaiserslautern, Germany, 2006(Dissertation).

第13章 使用蒙特卡洛模拟的间歇化工过程调度——一种实用的运行调度方法

Heiner Ackermann[a], Michael Helmling[a], Stefan Hoeser[b], Neele Leithäuser[a], Miguel A. Romero-Valle[c], Carlos Tellaeche[c], Christian Weiß[a]

a 弗劳恩霍夫 ITWM，德国凯泽斯劳滕；
b 巴斯夫意大利分公司，意大利 Pontecchio Marconi；
c 巴斯夫股份公司，德国路德维希港

13.1 引言

运行调度是运筹学中一个重要且富有挑战性的领域。对于许多化工和其他生产厂家来说，良好的调度和工作分派策略对于实现利润最大化至关重要。不幸的是，实际生产环境往往非常复杂，几乎不可能产生可证明的最佳解决方案。大多数实际生产环境中固有的不确定性带来了额外的困难。对于运行调度，由于必须处理突然的、意外的中断，以及需要在相对较短的时间内计算出好的解决方案，因此会产生进一步的挑战。这就是为什么运行调度通常特别难以用算法来处理。

本章我们研究巴斯夫所拥有的一个特定的间歇化工装置的运行调度和工作分派问题。该装置包括一个单独的前置反应器(称为主反应器)，为多条独立的生产线提供原料。工艺布局和其他重要装置参数的详细信息见第 13.1.1 节。调度问题的难度主要来自反应器处理时间的显著随机性以及缺乏缓冲(罐)，缓冲可以通过在两个反应器之间存储中间产物来防止随机延迟的累积。考虑到这一点，装置实现自动化的途径是重要的调度决策可以在有需要之前适时做出。这减少了随机性对解决方案质量的影响。当然，这种适时决策的方式仅仅留下了一点在有需要时计算可行调度建议的时间。

提出的解决方法如图 13.1 所示。首先，从装置的自动化和 IT 系统中读取装置的当前状态。其次，使用蒙特卡洛模拟(使用最少量的必要的领域知识)来生成近期相关设备占用率的预测。这些预测被输入运行调度算法中，该算法为装置操作员提供实时的决策支持。最后，预测结果和调度建议通过专用的图形用户界面返回给操作员，并写入装置自动化系统。

这项研究的目的是双重的。首先，想提出一个实际的调度问题及其解决方案，从数学建模到实际装置的实施。该案例研究的主要结果是一个可用的实时运行调度支持应用程序，它已在巴斯夫位于 Pontecchio 的装置实施，并已与现场装置信息管理系统(PIMS)集成。在此过程中，还为上述特定的装置结构开发了量身定制的运行调度算法。据我们所知，在有关调度算法的文献中，迄今为止，无论是在理论上还是在实践中都没有对这种类型进行过深入研究(见第 13. 1. 2 节)。

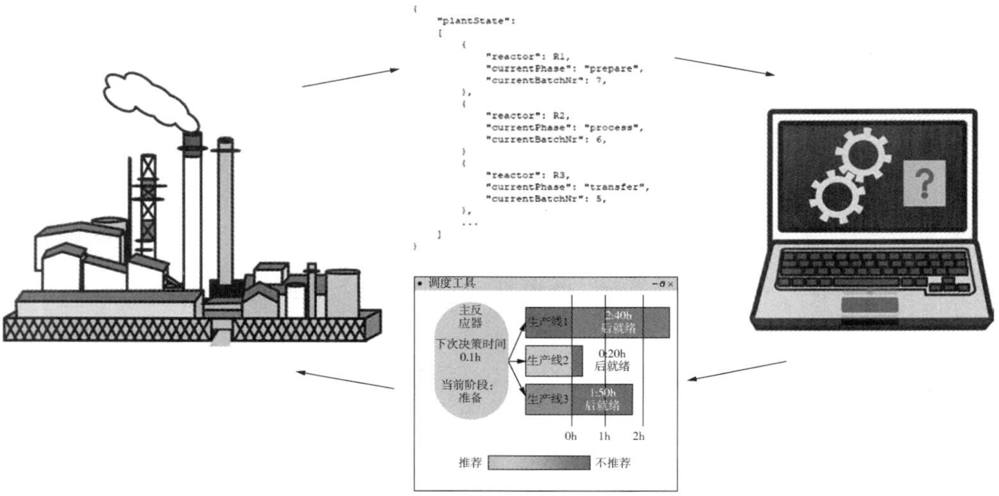

图 13. 1　所提出的解决方法的可视化

其次，想概括用于解决实际问题的一般方法。我们相信使用蒙特卡洛模拟将预测数据输入运行调度算法的方法也可以在许多其他装置中工作，远远超出本章所研究的特定装置。还应指出的是，蒙特卡洛模拟协同自动调度策略一旦实现，就可以用于许多其他目的，而不仅仅是运行调度。我们在后面的第 13. 4 节和第 13. 5 节中对这些额外用途提出了一些建议。

本章结构如下：在本节的剩余部分中，详细描述了问题设置(第 13. 1. 1 节)，并简要概述了相关文献(第 13. 1. 2 节)。然后在第 13. 2 节中，介绍了解决方案的细节，包括蒙特卡洛模拟的设置以及实现的调度算法。随后，在第 13. 3 节中，深入了解从理论到在巴斯夫现场运行的实时运行调度应用程序的转换。在第 13. 4 节中，简要概述了如何将所实现的方法用于除运行调度、工作分派之外的其他目的；最后在第 13. 5 节介绍了工作的结论。

13. 1. 1　问题设置

在本章中研究的间歇反应器网络如图 13. 2 所示。

它包括前面的一个主反应器，服务于若干平行生产线(集合$\mathcal{L}$)。主反应器向生产线提供特定量和特定比例的相同原料的混合物，但一次只能服务一条生产线。生产线$\ell \in \mathcal{L}$可以被视为一系列(部分平行的)反应器。每条生产线都是为生产一种产品而设计和优化的。

每个反应器，无论是在生产线上的还是主反应器，都在多个生产阶段中持续循环。每个阶段都有特定的目的和相应的处理时间。各阶段大致可描述如下：

① 维修(跳过，除非必要)；

② 准备；

③ 接收物料；

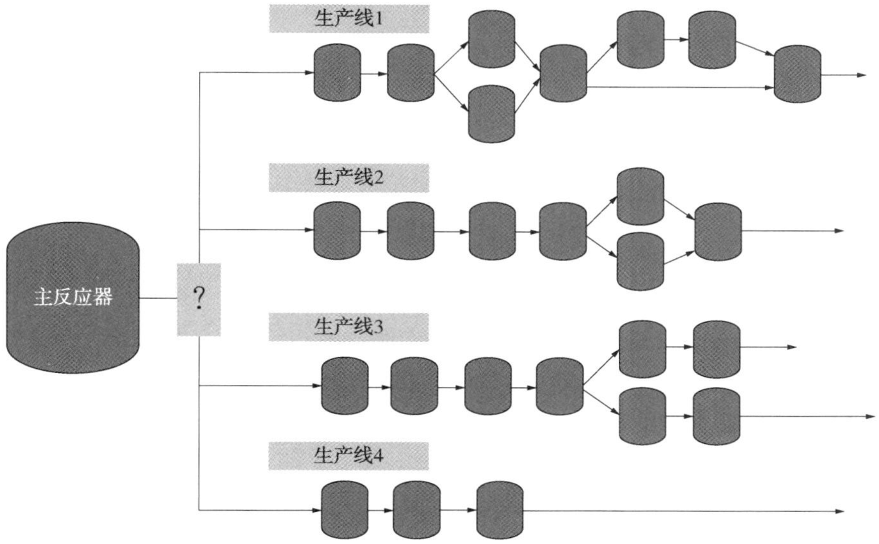

图 13.2　第 13.1.1 节所述的网络示例。它是巴斯夫运营的实际生产资产的简化

④ 处理物料；

⑤ 发送物料；

⑥ 清洁。

由于没有缓冲，如果没准备好可接收的物料(前驱反应器没有准备好发送其当前物料)，反应器可能被迫暂停在③阶段；或者如果后续反应器没准备好接收物料，可能暂停在⑤阶段。如果反应器被迫以这种方式暂停循环，则称为空闲时间。

在初始从主反应器注入物料至目标产品线后，产品将自动向下游推进，不需要进一步的调度决策。因此，主要的调度决策是接下来主反应器要服务于哪条生产线。调度目标是在每条生产线上实现一定的最小生产目标(在给定的调度时间范围内生产的批次)，并在可能的情况下生产额外的批次。

最小生产目标是调度问题输入的一部分，并且在不同的调度时间窗口中可以改变。它们源于销售协议和类似的合同义务。由于违反合同会受到处罚，给定时间窗口的期望目标自然总是低于该时间段内生产线的最大可实现产量。因此，调度问题在此意义上总是可行的。需注意到为了最大限度地提高产量，任何生产线的瓶颈反应器都不应出现空闲时间。

如上所述，困难源于每个单独反应器的处理时间的高随机性。这是由许多因素造成的，例如，影响化学反应速率的各种内部和外部参数的不确定性，如外部温度、压力、原料质量，等等，还有供应链的不确定性，影响原料的可用性、废物处理能力的可用性，等等。形式上，在装置模型中，为每个反应器和每个阶段指定了一个随机处理时间。有关如何从数据中获得随机处理时间的详细信息，请参见第 13.2.1.1 节。

对于研究的装置，供应链团队设定的调度窗口期通常为 1 周。然而，由于前述的随机效应，提前计算一整周的调度计划是没有用的。实验表明即使提前一天，所得的时间表也会变化过多而无法使用。相反地，得力于装置自动化，操作员可以在将新原料实际注入主反应器之前适时选择下一批类型，并在必要时根据装置的瞬时状态调整决策。

不过，手动选择主反应器的下一批次往往需要大量的实践经验。阶段处理时间的随机性，以及生产线的规模和复杂性，使得在没有支持的情况下，很难估计一条生产线何时准备好接收新批次物料。如果主反应器的处理时间已过，目标生产线还没有准备好接收，则批次物料必须在主反应器中等待，从而阻碍其继续循环，并可能导致其他生产线出现空闲时间。

13.1.2 文献

现在简要地概述一下本章的内容如何与相关文献联系在一起。由于在考虑一个实际的优化问题，所以同时存在与我们的研究相关的理论和应用工作。因此，本节分为两部分。在第 13.1.2.1 节中，考虑了调度文献中的相关工作，而在第 13.1.2.2 节中，讨论了间歇过程调度的研究，重点是应用。为了简洁起见，仅限于回顾这两个分支的文献，而不讨论其他不太密切相关的领域，例如关于间歇过程的一般文献。

13.1.2.1 机器调度

在本小节中，将重点关注最相关的工作，来了解如何在更广泛的调度文献背景中带入我们的问题。有关调度的一般介绍，可参见文献[1]。

在标准的机器调度术语中，我们的问题可被描述为作业车间问题的一个非常专业化的版本，其中不同的作业共享同一个第一台机器，然后在独立的流程车间生产线中继续进行[2]。作业进入的下游生产线取决于它所属的产品类型。可能存在多个作业与单个产品类型相关联。需要为每种产品类型安排的作业数量可能对应于该产品的生产目标。

另一些研究者将这种设置描述为柔性流程车间的专门版本，其中第一阶段只有一台机器，后续阶段每种产品类型有一台专门的机器，参见文献[3-7]。

请注意无论哪种方式，对于生产线，处理时间与具体作业无关。通常，具有这种性质的作业或流程车间被称为比例车间(参见文献[8])。对于主反应器，处理时间也与作业无关，但可能取决于所选的产品类型。

对于理论研究，可以通过将独立的生产线收缩为单个机器来简化设置，其中机器的处理时间是各自生产线中任一反应器的最大循环时间。在这种情况下，调度模型仅由两个阶段组成，第一阶段为主反应器，第二阶段为每条生产线一台机器[2]。然而，即使在这个简化的两阶段模型中，据我们所知，调度界中还没有研究过该问题的随机版本。

值得注意的是，如果存在无限的缓冲，确定性问题(处理时间是固定的)很容易解决，但一旦中间存储不再可用，分析起来就显得相当复杂。实际上，上面引用的许多工作都考虑变体问题，具有中间存储，但是处理时间与作业相关(参见文献[4，6，7])。同样据我们所知，对于没有中间存储的情况，没有一般的复杂性结论，除了如果生产线的数量不固定且可以是任意的，则它是强 NP-hard 问题[2]。当然，在实践中这不是一个现实的假设。对于我们问题的确定性版本，已经分析了几种不同的混合整数规划(MIP)算式以及启发式方法，并且已经针对特殊情况(例如每种产品的生产目标相同的情况)开发了专门的多项式时间算法，参见文献[2]。

13.1.2.2 化工间歇过程的调度

间歇过程的调度已有三十年的研究历史，有些工作甚至时间更久。很重要的是，可以从策略和运行的意义上理解间歇调度。从策略角度来看，问题是决定以何种方式安排装置

(例如，取决于市场需求等)，以便装置能够被设计为适应这种策略，参见文献[9]。在本文综述中，将重点放在运行调度上，即需要以优化的方式来规划给定装置的生产。

有许多关于问题分类、数学建模和启发式算法等主题的论文和概述(参见概述文献[10–12])。这三篇论文都提出了根据生产的产品之间关联紧密程度、中间存储的可用性以及优化目标等因素对问题设置进行分类。对于这些项目，我们的问题可以被描述为多用途(产品之间的区别足够大，以至于它们需要以不同的顺序遍历资源，或者需要总资源的不同子集，参见文献[9])，没有中间存储，目标是达到生产目标以及另外最大化产量。不过请注意，我们研究的装置是一种非常特殊的多用途类型。事实上，在设置中，除了最初的主反应器，不同的产品几乎有完全独立的生产线。

由于许多研究的应用性质，处理不确定性已成为多年来广泛研究的一个问题(见综述[13–15])。传统上，使用重新调度(或者有时称为响应式调度)，即在出现偏差的情况下计算全新的或部分新的生产计划，引起了研究人员的极大兴趣(参见文献[12，14，16–18])。健壮性的解决方法也得到了研究。非正式地说，如果对原始调度数据(如处理时间等)的偏差具有适应力，那么调度被认为是健壮的。健壮性调度和重新调度也可以结合起来，以便能够从相对不受偏差影响的调度方案开始，然后只有在变化过于极端以至于健壮性方法无法应对的情况下，再执行重新调度[14,19]。然而，由于我们的问题中存在大量的不确定性，这些解决方法没有用：一个健壮的调度方案要么离最优解太远，因为它必须防范太多的大偏差；要么必须经常进行重新调度，使得计算初始调度方案基本上是徒劳无功的。

近期，有两组文献与我们在本章中考虑的问题高度相关。一组研究了使用在线调度来处理化工间歇过程运行中固有的不确定性，参见文献[16，20，21]。研究者提出了一种具有小滚动范围 H 的在线调度框架，其中调度方案在每 h 个时间单元($h \ll H$)都被重新计算。请注意，在第 13.2.2 节中提出的算法是这种类型的，尽管 H 很小，因为只计算下一批次。研究者在几篇论文中考虑了这种方法的各个方面(文献[16，20，21])，并强烈主张在实践中使用它。

对我们的研究对象有价值的另一组文献考虑了通过定制模拟的结果来增强调度方法的可能性(文献[22，23])。

对于策略制定，使用模拟来增强间歇过程调度决策的想法实际上早就出现了，参见文献[24]。此处研究者演示了如何通过对每种调度策略进行一系列模拟并选择结果最好的调度策略，为多产品装置找到一个好的生产计划。文献[24]中研究者没有考虑不确定性。他们运行了多个模拟，不是以蒙特卡洛的方式，而是测试了多个不同的问题输入。

有意义的是，Kuriyan 等[24]已经考虑将模拟作为其备选算法的一部分(而不仅仅是用于评估算法)，以便更好地估计复杂过程网络中的完成时间。这个想法实际上是我们在本文中提出的方法的关键特征之一。不幸的是，在撰写那篇论文时，计算机还不够快，无法在合理的时间范围内运行此类模拟，以用于调度算法(Kuriyan 等[24]预测，如果他们尝试这样做，运行时间至少为 8500~17000s)。

在最近的一些论文中(特别是文献[23])，通过模拟来增强调度算法的想法在一定程度上被引入了生产。特别是考虑了将模拟结果作为重新调度策略的一部分的技术。研究者建议使用模拟来建立未来的检查点，比较实际装置状态与预测装置状态，并在偏差超过给定阈值的情况下重新启动调度。

此外，在一个案例研究中，Joglekar[23]建议使用模拟预测的完成时间来决定后续批次的开始时间，类似于我们在本章中提出的方法。然而，我们的方法有三个重要区别。第一，文献[23]的案例只考虑了单个产品批次的过程，因此重新调度算法所做的唯一决策是何时应开始新的批次，而不是选择要注入物料的特定生产线。第二，Joglekar[23]不使用蒙特卡洛模拟来进行运行层面的预测，而是对处理时间和其他模拟参数使用固定值(尽管案例研究的过程中存在可变性)。第三，我们的方法中使用的模拟比 Joglekar[23]使用的模拟简单得多。只需要一个批次通过反应器网络的路径，以及反应器各阶段的处理时间数据，就能知道随机处理时间。这意味着我们的方法可以在没有生产配方或任何相关反应的特殊知识的情况下工作，而这些知识可能并不总是现成的。

13.2 建议的解决方案

我们的目标是建立一个用于第 13.1.1 节所述装置的运行调度的决策支持系统。在本节中，介绍了两个主要的算法组成部分，即预测相关设备就绪时间的蒙特卡洛模拟和后续的调度方法。在第 13.2.1 节中，首先描述了如何建立蒙特卡洛模拟。其次在第 13.2.2 节中，开发了一种在线调度算法，根据蒙特卡洛模拟的预测，计算主反应器中生产的下一个最佳批次。

13.2.1 生产线模拟

在本节中，描述了为模拟单个生产线而开发的基于代理的离散事件模拟(DES，见文献[25])。该模拟是获得第 13.2.2 节中调度算法所需的生产线就绪时间$R_\ell(t)$(生产线ℓ在时刻 t 以后准备好接收新批次的第一时间)的关键特性。

DES 范式非常适合，对于相关事件仅发生在离散的、非均匀的时间点的系统，它可以有效地模拟。在我们的例子中，每个反应器都是一个控制其阶段循环的代理。反应器之间的物料转移要求参与的两个反应器都在适当的阶段做好准备。

从高层次的角度来看，给定时刻 t_0的初始状态，模拟可以预测在未来某个时刻 t_f的生产线状态。或者，它可以预测某些条件将被满足的(最短)时间 $t^* > t_0$，例如“初始反应器已准备好进行物料转移”。

当然，由于引言中提到的随机波动，这种预测具有随机性质。因此，我们用不同的随机种子以蒙特卡洛方式多次重复模拟，可以估计感兴趣的参数例如$R_\ell(t)$的分布。

在下面的章节中，我们首先描述如何建模和获得准确模拟装置所需的随机的阶段持续时间。然后，简要概述了模拟框架的结构。

13.2.1.1 随机的阶段持续时间

基于 PIMS 中记录的反应器阶段持续时间的历史数据，估计了系统每个单独阶段的概率分布(参见第 13.1.1 节)。虽然某些阶段的持续时间(几乎)是恒定的，但许多其他阶段，尤其是处理物料阶段，表现出显著的偏差。通过人工测试，发现具有概率密度$p_{\alpha,\beta}(x) = \dfrac{\beta^\alpha x^{\alpha-1} e^{-\beta x}}{\Gamma(\alpha)}$的伽马分布能够很好地拟合处理时间的经验分布(图 13.3)。这一实验观察结果也与 Juan 等[26]或 van den Akker 和 Hoogeveen[27]的研究发现一致，他们也观察到伽马分布对随机的处理时间建模很有用。

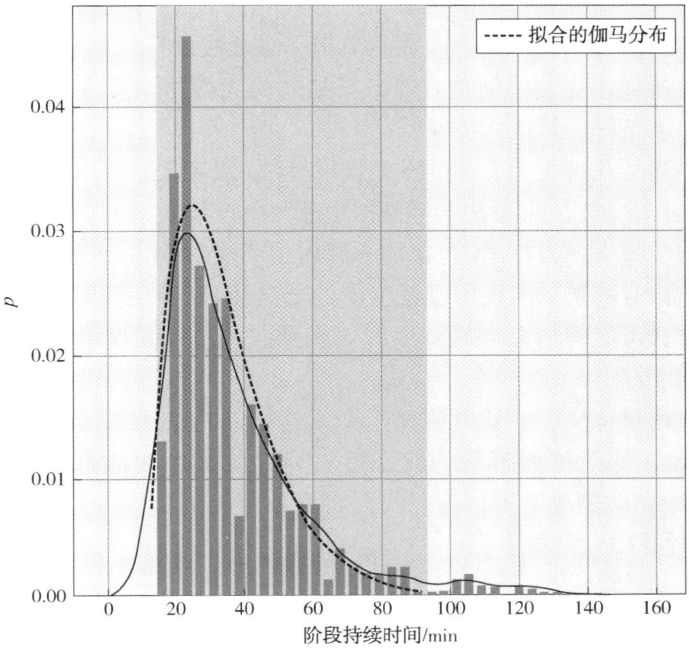

图 13.3　反应器的阶段持续时间分布示例。灰条对应于实验所得持续时间，实线是标准的核密度估计，虚线是拟合的伽马分布的密度

在模拟过程中，每当反应器进入新阶段时，系统会从根据历史数据为该阶段生成的分布中抽取一个随机样本。该随机样本表示该阶段运行的持续时间。因此，假设阶段持续时间是彼此独立的。这一假设是否合理还没有定论。注意，在初始化时，当反应器已经在阶段 p 保持了时间长度 t，则需要从条件分布 $P(x \mid x \geqslant t)$ 中进行采样，以确保采样与观察到的状态一致。

13.2.1.2　简洁的模拟框架

模拟框架包含两个主要部分：生产线状态和多个代理，它们作用于状态并随模拟进程对它进行更改。

生产线状态首先且最重要的组成部分是其中每个反应器的一个状态。它可以由人工生成，也可以在模拟开始时从装置 PIMS 中检索（历史的或实时的）。生产线状态中的每个反应器状态均保留了各自当前所处的阶段，以及该阶段处于活动状态的持续时间。如果一个批次当前正在反应器内处理，它还可以保存该批次的序号和数量。最后，反应器状态保存着活动阶段的当前处理时间示例，以便模拟可以知道何时将反应器切换到下一阶段，以及保存着处理历史，以便在运行结束时对模拟进行评估。

对于每个反应器状态，模拟都有一个仅作用于该状态的反应器代理。反应器代理的主要功能是在其反应器当前阶段完成处理后将状态移动到下一阶段，并与前驱和后续反应器代理交互以同步转移时间。请注意，对于涉及多个前驱和后续反应器的更复杂的转移设置，需要一些额外的控制代理。由于篇幅所限，在这里不再赘述。

13.2.2 调度

现在转向构建一个局部的在线决策算法，对任意时刻 $t \in [0, 1\text{周}]$，计算下一个要注入物料的最佳生产线。为了简单起见，在本节中，总是假设在时刻 t 主反应器已准备好开始新的批次。否则，所描述的方法仍然有效，只是公式变得稍微复杂，因为需要额外的项来描述主反应器尚未准备好的情况。

在下文中，描述了几种更为复杂的在线调度算法(或者按调度术语，在线构建启发式算法)。作为可能的输入，算法从蒙特卡洛模拟中获得生产线就绪时间$R_\ell(t)$，$\ell \in \mathcal{L}$的预测值。进一步地，该算法应将生产目标N_ℓ(指定的一周内生产线ℓ中要生产的批次数量)和同一周内在时刻 $t \in [0, 1\text{周}]$时每条生产线中已经生产的批次数量$n_\ell(t)$作为输入。目标是完成所有生产任务指标，并在可能的情况下额外生产更多批次。这可确保履行所有合同义务，并在可能的情况下增加利润。

首先，考虑生产目标N_ℓ，并暂时假设生产是连续的。其次，对于一周中的任何给定时间 t 和任何生产线ℓ，假设生产速度恒定，可以计算应该生产的批次数量(包括不完整批次)，以便在一周结束时精确实现目标。我们将该数字称为连续生产需求$CP_\ell(t)$。对于 $t \in [0, 1\text{周}]$，可以计算$CP_\ell(t)$如下：

$$CP_\ell(t) = \frac{N_\ell}{1} \times t \tag{13.1}$$

还对时刻 t 生产线ℓ的所谓生产等级$Pr_\ell(t)$感兴趣，如下定义：

$$Pr_\ell(t) = \frac{n_\ell(t) - CP_\ell(t)}{N_\ell} \tag{13.2}$$

请注意，一方面，如果在时刻 t 的生产等级为负，则产量落后于连续预期；另一方面，如果生产等级为正，则产量领先于其连续预期。显然，生产等级越低，选择相应的生产线就越急迫。

考虑到这些因素，可以构建第一个在线算法，如下。

> **算法 13.1** 对于每条生产线$\ell \in \mathcal{L}$的给定生产目标N_ℓ和已经生产的批次$n_\ell(t)$，当主反应器准备好开始一个新的批次时，在时刻 $t \in [0, 1\text{周}]$计算要注入物料的下一条生产线，具体如下：
>
> 1. 对于每条生产线ℓ，使用式(13.1)和式(13.2)计算生产等级$Pr_\ell(t)$；
> 2. 选择下一个批次去注入具有最小生产等级$Pr_\ell(t)$的生产线ℓ。

请注意对于算法 13.1，蒙特卡洛模拟不是必须的。只需要将生产目标、已生产的批次和剩余时间作为输入。显然，预计该算法的一些决策是糟糕的，因为该算法完全忽略了当前的装置状态。

执行模拟来研究算法 13.1 的质量。测试装置由一个主反应器 M 和四条生产线$\ell \in \mathcal{L} = \{1, 2, 3, 4\}$组成，处理时间基于工业合作伙伴运营的真实装置。以 250 种不同的起始状态初始化装置。对于每个状态，运行 10 次一周长度的模拟。每当在主反应器进入其第三阶段(接收物料)之前需要开始新批次时，使用算法 13.1 决定下一步应注入哪条生产线。作为算法输入的每周目标见表 13.1。为了说明目标是合理的，表 13.1 还提供了每条线的每周预期生产能力。这些是通过考虑如果主反应器只为一条生产线工作，那么它在一周内可以处理的批次总量而获得的。

表 13.1　周目标以及期望的每周生产能力

项目	生产线 1	生产线 2	生产线 3	生产线 4	总计
目标	21	38	14	6	79
每周生产能力	24.07	43.47	16.74	9.35	93.63

模拟结果见表 13.2。此外，图 13.4 中给出了每条生产线中实现的批次数量的箱线图。请注意，由于生产量取值集中在中位数附近，因此实际箱图被压缩为一条线，只有异常值被单独显示。在本节结尾的图 13.6 也显示了本节中介绍的所有三种相比较的算法的箱线图。

表 13.2　算法 13.1 的模拟结果

项目	生产线 1	生产线 2	生产线 3	生产线 4	整体
平均批次数量	21.08	37.88	14.06	6.14	79.16
批次(占预期加工能力的)百分比/%	87.57	87.13	83.96	65.61	84.48
平均完成目标	是	否	是	是	否
完成目标(以运行次数计)的百分比/%	95.24	80.80	99.44	100.00	80.80
完成目标(以起始状态数计)的百分比/%	71.20	31.20	94.80	100.00	31.20

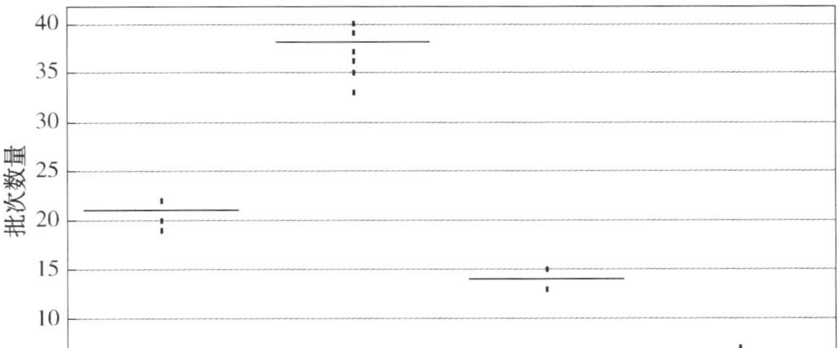

图 13.4　箱线图显示了由算法 13.1 所得的每一条生产线中的批次数量

正如所看到的，虽然生产线 2 的平均批次数没有达到周目标，但算法 13.1 仍然在 80.8%的运行中实现了所有的周目标。问题生产线似乎是 2 号线：事实上，仔细查看表 13.2，可以看到，当 2 号线达到目标时，所有其他线也能达到(否则，达到所有目标的运行次数的百分比将低于 2 号线)。这很容易解释：2 号线有最多的预期批次数量(几乎是第二名的两倍)以及最短的周期时间，因此由调度错误导致的等待时间对 2 号线影响最大。如前所述，预计算法 13.1 会做出一些坏的决策，由于它没有考虑装置状态，因此有时会忽略空闲的生产线，而倾向于尝试将物料注入仍在运行的生产线。这样的错误代价很高，尤其是对于像 2 号线这样周期时间很短的生产线。

这也可以在图 13.4 中看到。虽然在大多数运行中，完全达到了 2 号线的目标，但仍有一些异常点低至 33 个批次，使 2 号线损失了超过 23%的产能。还要注意的是，总体而言，尽管在 80.8%的运行中实现了所有目标，但整个装置的平均产能损失超过 15%，4 号线的产能损失近 35%。这同样是由算法忽略了装置状态而导致的不必要的空闲时间。

最后，回想一下，合同目标是由销售团队选择的，并且目标与装置的工程状况紧密结合，反过来，装置的工程状况也在尽可能地不断优化，以适应市场需求。如果目标的选择不与预期的生产线产能总体上一致，或者在更复杂的设置中，算法 13.1 的性能将显著下降。事实上，如果将 2 号线和 3 号线的目标减少一半，导致目标不再(大致)与预期的生产线产能成比例，将损失更多的批次(即使新的目标仍然可实现)。在这样不成比例的目标下，实验表明损失了超过 30%的装置总产能，而 2 号线和 3 号线的产量还不到其产能的一半。

为了比较，接下来考虑一种算法，该算法只考虑时刻 t 时的生产线就绪时间$R_\ell(t)$，忽略生产目标和当前完成的批次。回想一下，除了生产线就绪时间，还知道当ℓ是最后选择的生产线时，主反应器在阶段 k 的(预期)处理时间，用$p_{k\ell}^M$表示。在下文中，回忆一下第 13.1.1 节中讨论的反应器各阶段编号。为了便于标记，使用$p_{b,\ell}^M=p_{3,\ell}^M+p_{4,\ell}^M$作为主反应器对一个批次的处理时间(包括转入阶段，不包括转出阶段)，以及使用$p_{c,\ell}^M=p_{5,\ell}^M+p_{6,\ell}^M+p_{1,\ell}^M+p_{2,\ell}^M$作为主反应器从转出阶段直到可以开始新批次的处理时间。

使用预计的主反应器生产线就绪时间和处理时间，可以计算对于每一对生产线ℓ_1，$\ell_2 \in L$，$\ell_1 \neq \ell_2$，当ℓ_1确定时，在ℓ_2上产生的空闲时间$I_{\ell_1,\ell_2}(t)$，可由下式计算：

$$I_{\ell_1,\ell_2}(t)=\max\{0,\ \max\{R_{\ell_1}(t),\ t+p_{b,\ell_1}^M\}+p_{c,\ell_1}^M+p_{b,\ell_2}^M-R_{\ell_2}(t)\} \tag{13.3}$$

其中，$\max\{R_{\ell_1}(t),\ t+p_{b,\ell_1}^M\}$项描述了$\ell_1$被选中后直到可以接收下一批次的时间，而$p_{c,\ell_1}^M+p_{b,\ell_2}^M$项描述自那之后到$\ell_2$可以被注入物料之前的时间。请注意，如果主反应器在时刻 t 还没有准备好开始一个新批次，则第一项更改为 $\max\{R_{\ell_1}(t),\ R_M(t)+p_{b,\ell_1}^M\}$，其中$R_M(t)$是主反应器预计可准备好开始下一批次的时间。

最终，对于生产线$\ell \in \mathcal{L}$，用$I_\ell(t)$表示当选用ℓ时会在其他生产线上产生的空闲时间的总和，即：

$$I_\ell = \sum_{\substack{\hat{\ell} \in \mathcal{L} \\ \hat{\ell} \neq \ell}} I_{\ell,\hat{\ell}}(t) \tag{13.4}$$

然后，可以定义一个在时刻 t 时选择下一批次的新算法，方法如下。

> **算法 13.2** 对于每条生产线$\ell \in \mathcal{L}$给定预测的生产线就绪时间$R_\ell(t)$，当主反应器准备好开始一个新的批次时，在时刻 $t \in [0,\ 1$ 周$]$ 计算要注入物料的下一条生产线，具体如下：
>
> 1. 对于每条生产线ℓ，使用式(13.3)和式(13.4)计算当选用ℓ时会在其他生产线上产生的空闲时间的总和$I_\ell(t)$；
>
> 2. 选择下一个批次去注入会导致其他生产线上空闲时间总和$I_\ell(t)$最小的生产线ℓ。

注意，算法 13.2 的计算时间取决于用于预测生产线就绪时间的蒙特卡洛运行次数。因此，在预测就绪时间的准确性和算法的计算速度之间将存在折中。

再次运行模拟来研究算法的质量。使用与之前相同的装置和参数。在每次决策中运行

100 次蒙特卡洛模拟来计算生产线就绪时间$R_\ell(t)$。这个数字足够小，在实际应用中可以在不到 1min 的时间内获得结果。事实上，当该算法实际运行时，就计算时间而言，即使每次决策运行 500 次以计算生产线就绪时间也是可以接受的。表 13.3 显示了算法 13.2 的模拟结果。

表 13.3　算法 13.2 的模拟结果

项目	生产线 1	生产线 2	生产线 3	生产线 4	整体
平均批次数量	20.40	40.25	16.04	9.17	85.86
批次(占预期加工能力的)百分比/%	84.77	92.58	95.82	98.05	91.65
平均完成目标	否	是	是	是	否
完成目标(以运行次数计)的百分比/%	46.04	99.96	100.00	100.00	46.00
完成目标(以起始状态数计)的百分比/%	0.80	99.60	100.00	100.00	0.80

可以看出相对于生产线产能的生产损失要小得多，设法使用了超过 91%的装置总产能。然而，也确实没有达到 1 号生产线的目标。在超过 50%的运行中没有达到目标，并且在 250 个起始状态中只有 2 个(0.8%)实现了该状态下的所有运行都达到了 1 号线的目标。1 号线存在的问题主要有两个：第一，虽然目标的选择与预期生产线能力大致成比例，但 1 号线的目标比 3 号线和 4 号线更严格，因此为了达到 1 号线目标，算法应当稍微“高估”选择 1 号线而不是其他线路。显然，由于算法 13.2 忽略了生产目标，它没有这样做，因此产生了现有的结果。第二，1 号线在处理时间上比其他生产线稍微更易波动，尤其是在它的前端部分，因此很难准确预测它何时已空。

为了结合前面两种算法的优点并减少它们的缺点，现在以算法 13.1 和算法 13.2 的加权组合来构造第三种算法。首先，分别使用式(13.1)~式(13.4)计算每条生产线$\ell \in \mathcal{L}$的生产等级$Pr_\ell(t)$和在其他生产线上的空闲时间总和$I_\ell(t)$。其次，为了将这两个值正确地组合成单一的生产线等级，先将它们映射到[0, 1]区间上，令$I_{\max}(t)=\max\limits_{\ell \in \mathcal{L}} I_\ell(t)$以及$I_{\min}(t)=\min\limits_{\ell \in \mathcal{L}} I_\ell(t)$。然后用式(13.5)计算生产线$\ell$的相对空闲时间等级：

$$I^r_\ell(t)=\frac{I_{\max}(t)-I_\ell(t)}{I_{\max}(t)-I_{\min}(t)} \tag{13.5}$$

注意，$I_{\min}$被映射到 1 且$I_{\max}$被映射到 0，即如果生产线ℓ会被第二种算法选中，那么$I^r_\ell(t)=1$。

类似地，通过将生产等级映射到[0, 1]区间来计算相对生产等级$Pr^r_\ell(t)$，即：

$$Pr^r_\ell(t)=\frac{Pr_{\max}(t)-Pr_\ell(t)}{Pr_{\max}(t)-Pr_{\min}(t)} \tag{13.6}$$

其中，$Pr_{\max}(t)=\max\limits_{\ell \in \mathcal{L}} Pr_\ell(t)$以及$Pr_{\min}(t)=\min\limits_{\ell \in \mathcal{L}} Pr_\ell(t)$。再次注意，最小生产等级$Pr_{\min}(t)$被映射到 1，而最大生产等级$Pr_{\max}(t)$被映射到 0。因此，如果生产线$\ell$会被第一种算法选中，那么$Pr^r_\ell(t)=1$。注意，式(13.5)和式(13.6)类似于多准则优化中期望性的定义[28]。

现在，为了得到每条生产线ℓ的唯一的、组合的生产线等级，简单地将相对生产等级和相对空闲时间等级以加权和的方式组合，即：

$$L_\ell(t)=w_{Pr}\times Pr^r_\ell(t)+w_I\times I^r_\ell(t) \tag{13.7}$$

式中包含一个生产权重 w_{Pr} 和一个空闲时间权重 w_I，且 $w_{Pr}+w_I=1$。

因此，第三个算法描述如下：

> **算法 13.3** 对于每条生产线 $\ell \in \mathcal{L}$ 给定预测的生产线就绪时间 $R_\ell(t)$、生产目标 N_ℓ 和已经生产的批次 $n_\ell(t)$，当主反应器准备好开始一个新的批次时，在时刻 $t \in [0, 1$ 周$]$ 计算要注入物料的下一条生产线，具体如下：
>
> 1. 对于每条生产线 ℓ，使用式(13.5)~式(13.7)计算生产线等级 $L_\ell(t)$；
> 2. 选择下一个批次去注入具有最大生产线等级 $L_\ell(t)$ 的生产线 ℓ。

当然，除了生产目标和计算的空闲时间，算法 13.3 的结果还取决于权重 w_{Pr} 和 w_I 的选择。注意，设置 $w_{Pr}=1$ 和 $w_I=0$ 产生与算法 13.1 相同的结果，而设置 $w_{Pr}=0$ 和 $w_I=1$ 产生与算法 13.2 相同的结果。

和之前一样，在 250 个起始状态上运行模拟，每个起始状态运行 10 次。测试了 $w_{Pr}=\{0.05, 0.1, 0.15, \cdots, 0.5\}$ 和 $w_I=1-w_{Pr}$ 的取值。图 13.5 显示了算法之间的性能对比。y 轴显示生产的批次总数平均值和实现所有目标的部分运行次数的乘积。我们把这个乘积称为给定算法的算法评级。这种对不同权重组合进行评级的方式符合加权乘积法，即将不同尺度的多个准则组合为一个[28]。

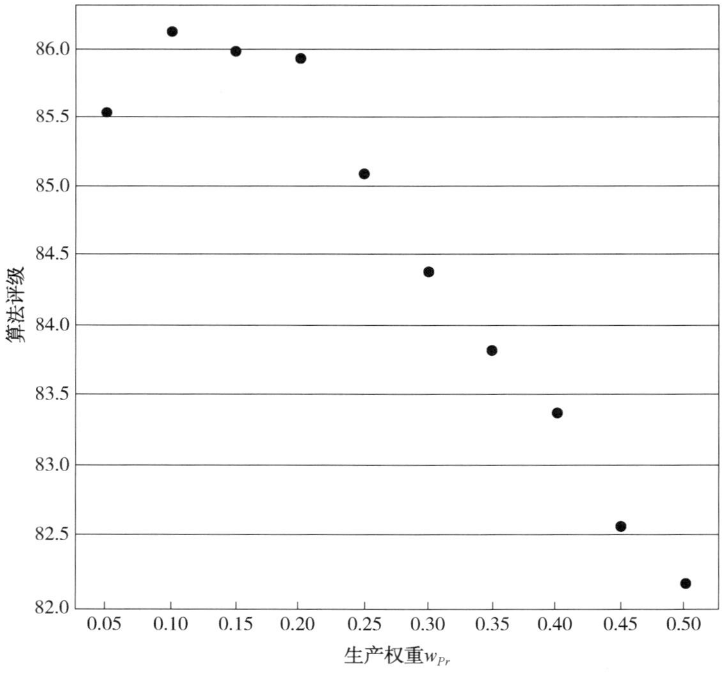

图 13.5　使用不同加权的算法性能，通过生产的批次总数平均值和实现所有目标的部分运行次数的乘积来衡量

正如所看到的，如果用两个目标的乘积来衡量，采用 $w_{Pr}=0.1$ 和 $w_I=0.9$ 的算法 13.3 表现最好。然而请注意，即使是图 13.5 中"性能最差"的算法仍然有 82 左右的评分。所以即使这一算法也优于算法 13.1 和算法 13.2(评分分别为 63.95 和 39.5)。

现在考虑将性能最佳的权重组合 $w_{Pr}=0.1$ 和 $w_I=0.9$ 与算法 13.1 和算法 13.2 进行比较。注意，不仅以比算法 13.1 和算法 13.2 高得多的可靠性满足了目标，而且使用的总产能百分比也略高于算法 13.2(见表 13.4)。

表 13.4　算法 13.3 的模拟结果

项目	生产线 1	生产线 2	生产线 3	生产线 4	整体
平均批次数量	21.88	40.25	15.74	8.79	86.66
批次(占预期加工能力的)百分比/%	90.92	92.60	93.99	94.01	92.51
平均完成目标	是	是	是	是	是
完成目标(以运行次数计)的百分比/%	99.36	100.00	100.00	100.00	99.36
完成目标(以起始状态数计)的百分比/%	93.60	100.00	100.00	100.00	93.60

这也是由于目标的选择。由于所选择的目标与预期的生产线产能大致成比例，算法 13.3 获得了算法 13.2 所没有的关于生产线产能的一些全局信息。事实上，如果再次将生产线 2 和生产线 3 的目标减半(就像我们测试算法 13.1 所做的那样)，那么权重为 $w_{Pr}=0.1$ 和 $w_I=0.9$ 的算法 13.3 实现的总批次数量略少于算法 13.2。不过减少幅度比算法 13.1 的幅度小得多，原因是较大的空闲时间权重 $w_I=0.9$(图 13.6)。

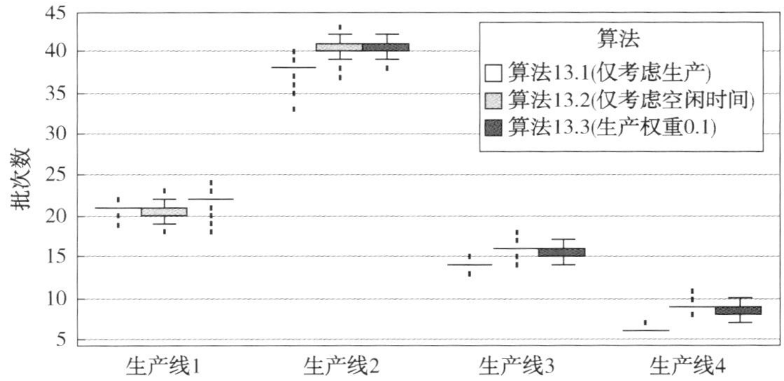

图 13.6　所分析的三种算法得到的批次数比较，以箱线图形式

13.3　实施

已经为巴斯夫化工装置实施了所提出的调度方法，该化工装置以类似于上述(简化)模型的间歇工艺生产塑料添加剂。在本节中，描述了将理论模型应用于现实中的挑战，以及如何解决。还简要介绍了生成的应用程序如何为操作员提供实时决策支持。

13.3.1　实践中实施决策支持工具的重要步骤

对于实际遇到的生产装置，无法获得上述方法所要求的完整数字模型，包括每个反应器的阶段特性、反应器布局的拓扑结构以及控制反应器之间如何进行物料输送的规则。当然，必要的信息是有的，但更有可能存储在几个不同的系统和模型中，有时还体现在装置人员的专业技能中。因此，第一步是从现有的技术文档、IT 系统和专家讨论中创建这样一个模型。在这一过程中，人们通常需要决定如何处理不完整的信息和装置的某些不完全符合模型的特征；在扩展模型（以增加工作量和复杂性为代价）和省略或近似某些人们认为其影响可以忽略不计的方面之间存在折中。

生成的装置模型（拓扑和参数）以人们可读、易于编辑的文件格式来表达。因此，随着装置的改进，可以在不需要更改应用程序源代码的情况下维护装置模型。

当涉及从 PIMS 数据转化到当前状态时，主要挑战是正确识别正在进行的输送。在 PIMS 中，只有一个阶段代码用于区分等待输送、输送中以及可能的输送后操作等所有状态。正在进行的输送的目标和来源，或实际输送开始后的时间，根本没有记录。因此，必须从给定的数据中估计这些信息。

在仅有单个前驱或后续反应器的普遍情况下，可以通过计算两个参与反应器处于各自的输送阶段时所对应的时间段的交集来估算实际输送的持续时间[图 13.7(a)]。然而，当存在可能的并行输送时，这种方法不起作用，如图 13.7(b)所示，其中会出现关于哪些反应器参与同一个输送的歧义。在这些情况下，有必要根据可用信息做出最佳猜测，例如批次编号、所涉及反应器的状态和/或当前泵的活动（并非每次出现这类问题时，所有这些数据都可用）。这当然会在某些罕见的情况下导致对生产线状态的错误假设。幸运的是，在实践中，这种问题很少见，而且只发生在输送的前几分钟。

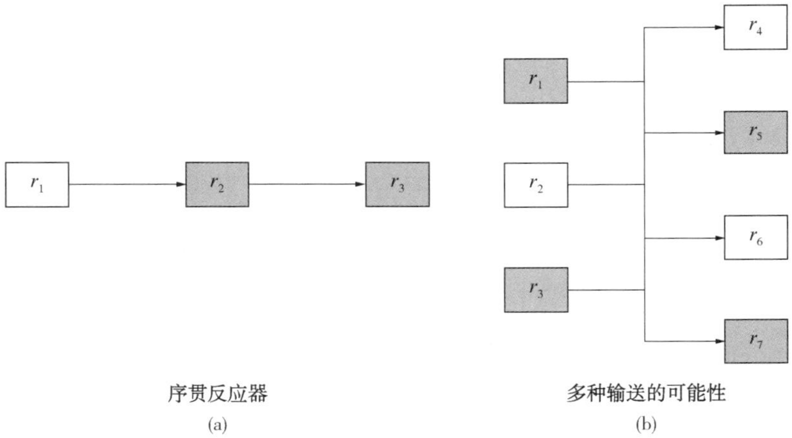

图 13.7　反应器输送情况的实例；以灰色显示的反应器目前正在输送。在简单的顺序情况(a)中，输送肯定是从 r_2 到 r_3，因此实际输送时间很容易检测。然而，在情况(b)中，存在多个选项，例如 r_1 到 r_5 或 r_1 到 r_7

13.3.2　最终应用

本章中描述的模拟和调度系统是作为一个包括图形用户界面的桌面应用程序而实现的（图 13.8）。

运行时，应用程序定期（通常每 5 分钟）读取当前装置状态，然后运行第 13.2 节所述的模拟和调度算法。根据结果，用户界面显示了需要做出下一个决策的预期时间，以及该决策的建议。有关可视化的详细信息，请参见图 13.8 的描述。最终决定权仍在操作员手中，使他们能够控制调度方案，并将任何工具可能没有的额外信息加入决策过程中。

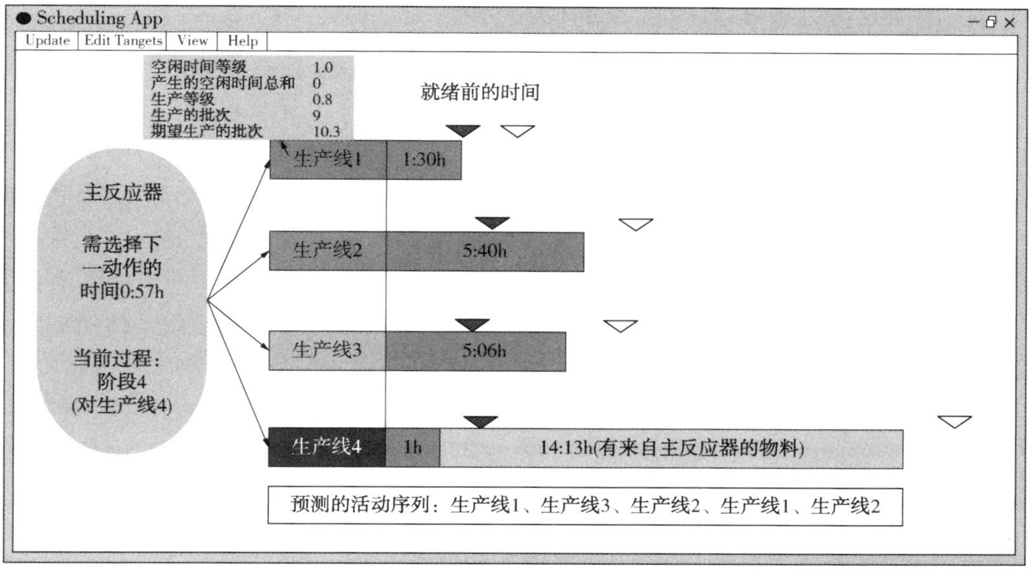

图 13.8　用户界面的模拟图。在左侧可以观察到主反应器的当前状态。生产线标题以彩色编码来可视化由工具计算的生产线等级。有关生产线等级的更多详细信息可以通过工具提示查看。在生产线标题的右侧，将显示预期的空闲时间。在每条生产线的空闲时间预测上方都有两个标记，分别显示如果选择该生产线则主反应器准备好注入的时间(黑色)以及主反应器随后准备好开始新批次的时间(白色)。最后，在底部有一个预测的后续批次序列，给操作员前瞻性以更好地评估他们的决策。回想一下，在示例中，生产线 2 有最短的平均瓶颈处理时间，因此它在序列的末尾越过了生产线 3

13.4　实时运行调度之外的应用

一旦模拟和调度启发式方法得以实施，除了主要目标，即在装置建立一个全面运行的生产调度/任务分派的支持工具，还有更多的用途。在本节中，非常简要地描述两个这样的用例。

13.4.1　用例 1：未来事件和装置状态的预测

对装置的模拟也可用于预测未来的事件或部分装置状态。例如，需要规划一次生产过程的维护或其他人工中断，那么了解某个反应器何时处于下一个维护阶段可能会有所帮助。

指定所期望的部分装置状态(例如，某个反应器处于某个阶段)，模拟可以从 PIMS 读取当前装置状态，并简单地模拟装置未来情况，直到达到期望的装置状态。当然，如果期望的装置状态是复杂的(例如，涉及几个不同反应器的目标状态)，则预测的时间将变得不那么可靠，或者可能根本不会遇到期望的装置状态。

启用该用例所需的主要工作包括一个用户界面、用于输入期望的装置状态和以有意义的方式可视化后续模拟的结果。所有其他组件(模拟、调度、与 PIMS 的接口)都已可用，只需稍微调整用途即可启用此工作流程。

13.4.2 用例 2：装置扩建或优化的假设分析

在巴斯夫，持续采取技术上的工艺优化措施，例如提高装置的生产能力。当然，尽管他们已经采用了瓶颈分析和类似的技术，以找到生产线上优化将产生最大效益的部分，但是包括主反应器调度在内的整个装置的完全模拟是不可能的。

为生产线建立的模拟模型可以很容易地扩展到一个更大的模型，其中包括主反应器和每条生产线，这样就可以运行整个装置的模拟。事实上，为了通过模拟测试调度算法，我们已经这样做了。然后，这个更大的模拟模型可以很容易地适用于在实施可能的更改之前对其进行假设分析。例如，备选方案可以考虑不同的工艺布局，甚至操作条件的变化，会导致某些生产步骤的随机处理时间发生变化。

每种状况都可以单独模拟，以了解每个可能的变化对装置总生产量的影响，包括通过主反应器调度形成的连接。分析这些模拟的数据可以提供关于每个提议更改项的有价值的见解，并且可以帮助工程师做出更明智的决策。

13.5 结论与展望

在本文中，描述了一个实际的调度问题及其解决方案，从数学建模到在装置实际实施决策支持应用。方法的核心思想是使用蒙特卡洛模拟来预测某些未来事件(如生产线就绪时间)，以应对高度随机的处理时间和复杂的装置设置。然后将这些预测输入一个有效的在线调度策略中，该策略使用构造启发式方法来建议下一批的最佳选择。已经展示了在实践中实施这一理论方法时遇到的其他问题，特别是在与装置的 PIMS 集成时。还描述了一个直观用户界面的示例，它以一种简单易懂的方式将解决方法的结果可视化。此外，在最后一节中，指出了所实施方法的附加效用，通过相对较少的额外工作，就可以用于工业。

我们坚信，方法背后的通用理念，将来自蒙特卡洛模拟的预测输入决策支持算法(尤其是运行调度/任务分派)，可以推广到许多其他化工装置配置，甚至其他行业。与案例研究类似，这种方法的一个好处是一旦实现模拟，它可以重新用于许多不同的目的，而不仅仅是最初想要的决策支持。

还要注意的是，我们的模拟相对简单，不需要关于实际生产配方或化学反应的信息。它只需要装置的设备网络，以及设备内不同生产阶段的历史处理时间数据，就可以学习随机处理时间。这使得模拟模型可以很容易地针对其他装置设置以及同一装置内的变化进行调整。尽管如此简单，蒙特卡洛模拟在我们的测试过程中大部分时间能对装置状态做出准确的预测，这是巴斯夫初始项目的部分结果。

在本章的最后，提出了一些未来研究的思路。将专注于实际的方法和问题，尽管调度理论中的相关问题同样尚未得到充分研究(见第 13.1.2 节)。

虽然我们认为保持模拟模型尽可能简单是有益的，但将解决方案应用于其他装置可能需要更多的细节。可能需要更详细建模的额外项目包括连续生产设备如过滤器，连接管道的限制条件，或特殊输送设置。

从调度的角度来看，我们的调度策略是局部算法。虽然这看起来很自然，因为只需要决定下一批，但提前考虑对多个批次的预测实际上可能是有益的。实现这一目标的一种策略可以是考虑给定长度的所有批次序列，并使用这些序列运行模拟以获得更长远的前瞻性。从初步测试来看，我们的模拟足够快，可以在至少三个批次序列的实时设置中采用这种方法。尚无定论的问题是如何更好地评估这些模拟的结果，以便得出每条生产线的可解释的高质量评级，并向操作员展示。

最后，正如在第 13.4 节中已经指出的那样，可以做进一步的工作来实现模拟模型和调度方法的更多用例。第 13.4 节中描述的两个用例可以通过相对较少的工作来实现。对于第 13.4 节中第一个用例后续有价值的扩展，还需要做更多的工作。与其简单地预测预期的部分装置状态下一次出现的时间，不如特定地以这种方式进行调度，在给定时间前后实现这一部分装置状态。这将需要更先进的方法来计算从当前装置状态到期望装置状态的最可靠路径，如果可能的话，在精确的目标时间实现。如果能够设计这样的支持方案，这将意味着对维护和类似过程的计划和准备提供宝贵的帮助，因为这些过程需要装置处于特定的部分状态才能执行。

参 考 文 献

[1] P. Brucker, Scheduling Algorithms, Springer-Verlag Berlin Heidelberg, 2007.

[2] L. Schwehm, Two Staged Job-Shops with Shared Machines on the First and Dedicated Machines on the Second Stage(Master Thesis), Technische Universität Kaiserslautern, Kaiserslautern, 2020.

[3] T. C. E. Cheng, B. M. T. Lin, Y. Tian, Scheduling of a two-stage differentiationflowshop to minimize weighted sum of machine completion times, Comput. Oper. Res. 36(11)(2009)3031-3040, https://doi.org/10.1016/j.cor.2009.02.001.

[4] F. J. Hwang, B. M. T. Lin, Survey and extensions of manufacturing models in two-stage flexible flow shops with dedicated machines, Comput. Oper. Res. 98(2018)103-112, https://doi.org/10.1016/j.cor.2018.05.016.

[5] A. Ouled Bedhief, N. Dridi, Minimizing makespan in a three-stage hybrid flow shop with dedicated machines, Int. J. Ind. Eng. Comput. (2019)161-176, https://doi.org/10.5267/j.ijiec.2018.10.001.

[6] J. Yang, A new complexity proof for the two-stage hybrid flow shop scheduling problem with dedicated machines, Int. J. Prod. Res. 48(5)(2010)1531-1538, https://doi.org/10.1080/00207540802691374.

[7] J. Yang, Minimizing total completion time in two-stage hybrid flow shop with dedicated machines, Comput. Oper. Res. 38(7)(2011)1045-1053, https://doi.org/10.1016/j.cor.2010.10.009.

[8] S. S. Panwalkar, M. L. Smith, C. Koulamas, Review of the ordered and proportionate flow shop scheduling research, Nav. Res. Logist. 60(1)(2013)46-55, https://doi.org/10.1002/nav.21518.

[9] L. T. Biegler, I. E. Grossmann, A. W. Westerberg, Systematic Methods of Chemical Process Design, Prentice Hall PTR, 1999.

[10] S. Giritligil, S. Cesur, B. Kuryel, Overview of planning and scheduling of batch process operations, IFAC Proc. Vol. 31(11)(1998)455-460, https://doi.org/10.1016/S1474-6670(17)44968-8.

[11] M. Hegyhati, F. Friedler, Overview of industrial batch process scheduling, Chem. Eng. Trans. 21(2010) 895-900, https://doi.org/10.3303/CET1021150.

[12] C. A. Mendez, J. Cerdá, I. E. Grossmann, I. Harjunkoski, M. Fahl, State-of-the-art review of optimization methods for short-term scheduling of batch processes, Comput. Chem. Eng. 30(6-7)(2006) 913-946, https://doi.org/10.1016/j.compchemeng.2006.02.008.

[13] L. S. Dias, M. G. Ierapetritou, Integration of scheduling and control under uncertainties: review and challenges, Chem. Eng. Res. Des. 116(2016)98-113, https://doi.org/10.1016/j.cherd.2016.10.047.

[14] Z. Li, M. Ierapetritou, Process scheduling under uncertainty: review and challenges, Comput. Chem. Eng. 32(4-5)(2008)715-727, https://doi.org/10.1016/j.compchemeng.2007.03.001.

[15] I. R. Uhlmann, E. M. Frazzon, Production rescheduling review: opportunities for industrial integration and practical applications, J. Manuf. Syst. 49(2018)186-193, https://doi.org/10.1016/j.jmsy.2018.10.004.

[16] D. Gupta, C. T. Maravelias, J. M. Wassick, From rescheduling to online scheduling, Chem. Eng. Res. Des. 116(2016)83-97, https://doi. org/10. 1016/j. cherd. 2016. 10. 035.
[17] S. L. Janak, C. A. Floudas, J. Kallrath, N. Vormbrock, Production scheduling of a large-scale industrial batch plant. Ⅱ. Reactive scheduling, Ind. Eng. Chem. Res. 45(25)(2006)8253-8269, https://doi. org/10. 1021/ie0600590.
[18] M. T. M. Rodrigues, L. Gimeno, C. A. S. Passos, M. D. Campos, Reactive scheduling approach for multipurpose chemical batch plants, Comput. Chem. Eng. 20(1996)S1215-S1220, https://doi. org/10. 1016/0098-1354(96)00210-4.
[19] G. M. Kopanos, E. Capón-García, A. Espuña, L. Puigjaner, Costs for rescheduling actions: a critical issue for reducing the gap between scheduling theory and practice, Ind. Eng. Chem. Res. 47(22)(2008) 8785-8795, https://doi. org/10. 1021/ie8005676.
[20] D. Gupta, C. T. Maravelias, On the design of online production scheduling algorithms, Comput. Chem. Eng. 129(2019)106517, https://doi. org/10. 1016/j. compchemeng. 2019. 106517.
[21] D. Gupta, C. T. Maravelias, Online scheduling: understanding the impact of uncertainty, IFAC-PapersOnLine 52(1)(2019)727-732, https://doi. org/10. 1016/j. ifacol. 2019. 06. 149.
[22] G. Joglekar, Incorporating enhanced decision-making capabilities into a hybrid simulator for scheduling of batch processes, Processes 4(3)(2016)30, https://doi. org/10. 3390/pr4030030.
[23] G. Joglekar, Using simulation for scheduling and rescheduling of batch processes, Processes 5(4)(2017) 66, https://doi. org/10. 3390/pr5040066.
[24] K. Kuriyan, G. V. Reklaitis, G. Joglekar, Multiproduct plant scheduling studies using BOSS, Ind. Eng. Chem. Res. 26(8)(1987)1551-1558, https://doi. org/10. 1021/ie00068a010.
[25] G. S. Fishman, Discrete-Event Simulation: Modeling, Programming, and Analysis, Springer Science & Business Media, 2013.
[26] A. A. Juan, B. B. Barrios, E. Vallada, D. Riera, J. Jorba, A simheuristic algorithm for solving the permutation flow shop problem with stochastic processing times, Simul. Model. Pract. Theory 46(2014) 101-117, https://doi. org/10. 1016/j. simpat. 2014. 02. 005.
[27] M. van den Akker, H. Hoogeveen, Minimizing the number of late jobs in a stochastic setting using a chance constraint, J. Sched. 11(1)(2008)59-69, https://doi. org/10. 1007/s10951-007-0034-8.
[28] G. O. Odu, Review of multi-criteria optimization methods—theory and applications, IOSR J. Eng. 3(10) (2013)01-14, https://doi. org/10. 9790/3021-031020114.

第14章 资源任务网络调度模型在化学工业中的应用

Hector D. Perez[a], Satyajith Amaran[b], Shachit S. Iyer[b], John M. Wassick[b], Ignacio E. Grossmann[a]

a 卡耐基梅隆大学，美国宾夕法尼亚州匹兹堡；
b 陶氏化学公司，美国密歇根州米德兰

术 语 表

集合

$i \in I$	任务或包裹类型
$i \in I_r$	涉及资源 r 的任务
$i \in I^{PO}$	点订单任务
$i \in I_r^{PO}$	涉及资源 r 的点订单任务
$i \in I_r^{ST}$	涉及资源 r 的存储订单任务
$i \in I^{TR}$	转换(过渡)任务
$k \in K_i$	多范围任务 i 的约束条件
$m \in M_i$	与任务 i 相关的范围
$o \in O$	订单
$r \in R$	资源
$r \in R^{EQ}$	设备
$r \in R^{P}$	产品
$r \in R^{S}$	已发货产品
$r \in R^{ST}$	库存物料
$r \in R_o$	订单 o 需要的物料
$t \in T$	时间点
$x \in X$	水平坐标点
$x \in X_i$	任务 i 消耗的水平资源
$y \in Y$	垂直坐标点

参数

α_i	任务 i 的恒定处理时间比
β_i	任务 i 的比例处理时间比

$\gamma_{i,k,t}^{\min}$，$\gamma_{i,k,t}^{\max}$　在时间点 t 与任务 i 的多个范围相关的约束 k 的下限和上限

$\delta_{i,k,m,t}$　在时间点 t 与任务 i 的范围 m 相关的约束 k 的系数

Δt　一个任务允许的最大时间段数

$\mu_{i,r,t}$　在时间点 t 在任务 i 中资源 r 的离散消耗/生产比率

$\mu_{i,r}^{C}$，$\mu_{i,r}^{P}$　分别为在任务 i 中资源 r 的离散消耗比率和离散生产比率

$\mu_{i,r}^{\min}$，$\mu_{i,r}^{\max}$　分别为在任务 i 中资源 r 的下限和上限的离散消耗/生产比率

$\nu_{i,r,t}$　在时间点 t 在任务 i 中资源 r 的连续变化消耗/生产比率

$\nu_{i,m,r,t}$　在时间点 t 在任务 i 的范围 m 中资源 r 的连续变化消耗/生产比率

$\nu_{i,r}^{C}$，$\nu_{i,r}^{P}$　分别为在任务 i 中资源 r 的连续变化消耗比率和生产比率

$\nu_{i,r}^{\min}$，$\nu_{i,r}^{\max}$　分别为在任务 i 中资源 r 的下限和上限的连续变化消耗/生产比率

τ_i　任务 i 的持续时间

τ_d　延迟 d 的持续时间

c_r^{inv}　物料 r 的库存持有成本

$c_r^{\min}$，$c_r^{\max}$　违反资源 r 的资源上限和下限的惩罚（成本）

c_r^{slack}　不匹配物料 r 的初始和期末库存水平的惩罚（成本）

c_i^{TR}　转换（过渡）任务 i 的成本

D_i　点订单任务 i 的最终到期日

D_o　订单 o 的最终到期日

D_K　主销与半挂车前端（x 方向）的距离

D_T　双联轴与半挂车前端（x 方向）的距离

E_i　提前接受点订单任务 i 的日期

E_o　提前接受订单 o 的日期

$F_T^{\max}$　可施加在双联轴上的最大力

h　集合 T 中的最后一个时间点

H　调度时间界限（即 T_h）

L_i　类型为 i 的箱子的长度（x 方向）

m_i　类型为 i 的箱子的质量

p_r　产品 r 的销售价格

$p_{o,r,t}$　在时间点 t 发货的订单 o 中的产品 r 的销售价格

$Q_{o,r}^{\min}$，$Q_{o,r}^{\max}$　分别为订单 o 所需的物料 r 的最小数量和最大数量

$Q_o^{\min}$，$Q_o^{\max}$　分别为订单 o 所有物料的最小数量和最大数量

$\dot{Q}_{i,m}^{\min}$，$\dot{Q}_{i,m}^{\max}$　在任务 i 的范围 m 中的最小和最大生产速率

$V_i^{\min}$，$V_i^{\max}$　在任务 i 的所有范围中的下限和上限

$V_{i,m}^{\min}$，$V_{i,m}^{\max}$　在任务 i 的范围 m 中的下限和上限

W_i　类型为 i 的箱子的宽度（y 方向）

$W^{\max}$　半挂车允许的最大质量

连续（非负）变量

ϕ　目标函数取值

$\Pi_{r,t}$　资源 r 在时间点 t 的外部转移

$\Pi_{r,t}^{\text{in}}$，$\Pi_{r,t}^{\text{out}}$　分别为资源 r 在时间点 t 流入和流出的外部转移

$\xi_{i,t}$　在时间点 t 任务 i 的范围

$\xi_{i,m,t}$　在时间点 t 任务 i 的范围 m

$\xi_{i,m,t,\theta}$　在时间点 t 已活动运行了 θ 个时间段的任务 i 的范围 m

$\xi_{i,t,t'}$　在时间点 t 开始并且在时间点 t' 或更早结束的任务 i 的范围

F_K　主销对半挂车施加的力

F_T　双联轴对半挂车施加的力

I_r^{ave}　物料 r 的时间平均库存

$R_{r,t}$　资源 r 在时间点 t 的库存水平

$R_{x,y}$　坐标(x，y)处的水平地板空间资源水平

$R_r^{\min}$，$R_r^{\max}$　分别为资源 r 的下限和上限

$R_{r,t}^{\min}$，$R_{r,t}^{\max}$　分别为资源 r 在时间点 t 的下限和上限

$R_{r,t}^{\min,\text{slack}}$　资源 r 在时间点 t 低于下限的量

$R_{r,t}^{\max,\text{slack}}$　资源 r 在时间点 t 高于上限的量

R_r^{slack}　物料 r 超出期末库存约束的量

T_t　在时间点 t 的时间

离散变量

$d_{i,t,\theta}$　在时间点 t 已活动运行了 θ 个时间段的任务 i 存在延迟的标识

$N_{i,t}$　在时间点 t 开始的任务 i 的发生次数

$N_{i,t,\theta}$　在时间点 t 已活动运行了 θ 个时间段的任务 i 的发生次数

$N_{i,t,t'}$　在时间点 t 开始并且在时间点 t' 或更早结束的任务 i 的发生次数

$N_{i,x,y}$　类型为 i 的箱体的左下角已被放置在位置 x、y 的标识

14.1 引言

在过去的三十年里，过程系统工程(Process Systems Engineering，PSE)研究群体开创了基于优化的过程调度领域[1,2]。基于优化的调度的本质是数学规划，更具体地说，是混合整数规划(MIP)，其中系统由一组连续和离散变量(例如，批量大小、过程开始时间、设备分配)建模，这些变量受到一系列代数不等式和等式的约束(例如，物料平衡、资源分配约束)。目标函数被添加到所得到的模型中，该模型被传递给 MIP 求解器，通过在离散-连续可行空间中寻找具有最优目标函数值的点来执行优化。目标函数因模型的目标而不同。目标函数的常见例子包括利润最大化、成本最小化、生产总时长最小化和延迟最小化。多年来，已经提出了数种模型来优化化工装置事件的时刻和顺序，以及有限资源的分配，如设备、原料、公用工程和操作员[3,4]。起初，用于调度的 MIP 模型并不容易被科学界接受，因为有人声称 MIP 模型太难求解，使其无法具有任何实际用途。然而，改进的模型架构[5]、新的算法开发[6]和计算能力的提升[7]促进了这些模型在工业中的应用，在运营和制造中产生了价值[8]。

在过程系统工程领域，为过程调度提出的更通用、更简单、更紧凑的模型之一是资源任务网络(Resource-Task Network，RTN)。RTN 模型开发于 20 世纪 90 年代，自出现以来对化学工业产生了重大影响。在过去的十年里，陶氏化学公司和卡内基梅隆大学的研究人员开发了几种扩展方法，并在工业过程中成功实施。这些扩展是针对在实践中实施标准 RTN 时观察到的限制而提出的[9]。RTN 范式的优势也使其在过程系统工程其他领域和其他行业得到了应用，包括载荷优化[9]、控制系统[10]、过程网络模拟模型[11]、供应链交易过程[12]和供应链物流[13]。

14.2 资源任务网络模型综述

1993 年，帝国理工学院 Roger Sargent 教授领导的课题小组发表了一个新的过程调度建模框架，称为状态任务网络(State-Task Network，STN)[5,14]。这种建模范式将所有过程视为具有两类顶点：状态和任务的二分图。状态表示所计划的过程中涉及的材料(如原材料、中间物料或产品)。任务是将传入状态转换为传出状态的操作。原始形式的 STN 范式在其网络表示中没有明确说明设备和其他资源，而是在数学上用额外的变量和约束说明它们。

一年后，Roger Sargent 小组的成员 Costas Pantelides 提出了一个概念上更通用、更强大的建模范式：资源任务网络[15]。这种范式继续将过程表示为二分图，但使用资源而不是状态。资源的概念是通用的，包括过程步骤中涉及的所有实体，如材料(如原材料、中间物料和产品)、加工和存储设备(如储罐和反应器)以及公用资源(如操作员和蒸汽)。RTN 的示例如图 14.1 所示，它描述了资源和任务节点之间的连接，并描述了过程调度所需的过程典型规范。所得的 RTN 模型在数学上使用混合整数规划(离散和连续时间运行均可)来表示。商业和开源 MIP 求解器都可用于优化模型。当模型是线性的时候，这些求解器依赖于诸如分支定界法[16]、割平面法[17]以及分支割平面法[18]等技术。当模型中引入了非线性时(例如在连续时间公式中对库存成本进行建模时)，可以使用依赖于分支定界法、广义 Benders 分解[19]、外逼近法[20,21]和扩展割平面法[22]的 MINLP 求解器来求解这些问题。另一种选择是通过精确线性化[23]或分段线性近似[24,25]对 MINLP 模型进行线性化。

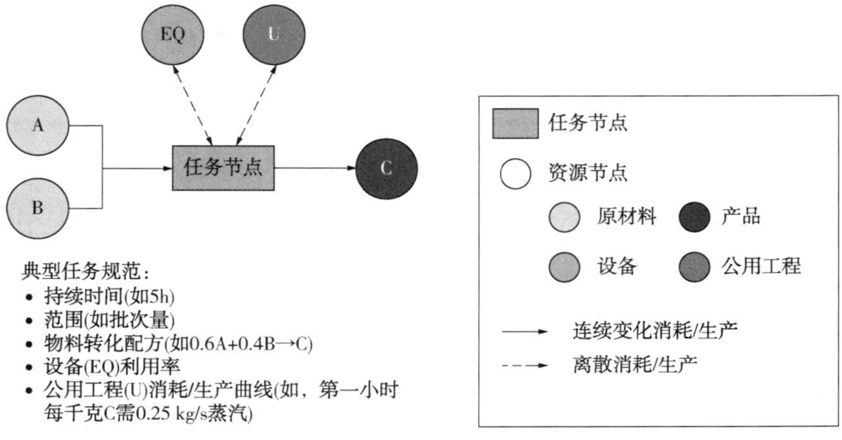

图 14.1 资源任务网络的示例网络结构

RTN 范式的优点是产生更紧凑的模型，尤其是当系统具有相同的处理单元(如冗余或并行设备)时。当同一任务存在备用处理单元时，必须为每个备用资源类型制作任务节点的副本。在最简单的形式中，RTN 模型只需要三组约束(资源平衡、资源限制和运行约束)和三种变量类型(资源清单、任务范围和任务触发器)。RTN 模型同时存在离散时间和连续时间表示。

14.2.1　离散时间表示

Pantelides 提出的 RTN 模型的原始公式[15]是用于离散时间表示的。经典的离散时间公式将时间轴分割到具有相同大小时间间隔的均匀网格上，如图 14.2 所示。下面将描述此公式中的三组约束条件。

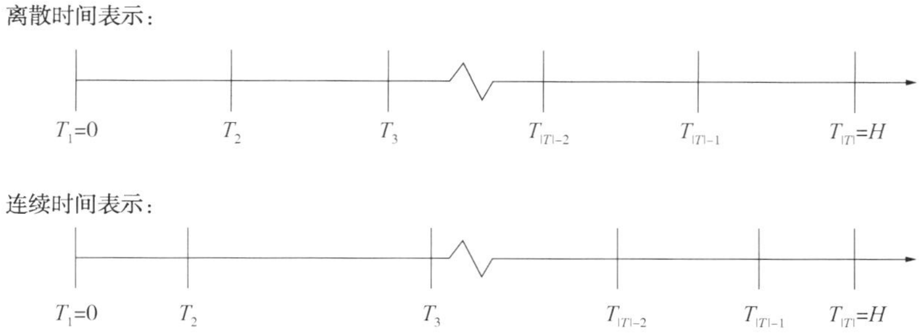

图 14.2　以离散时间(顶部)和连续时间(底部)表示时间轴上的时间点

14.2.1.1　资源水平的平衡

资源水平的平衡由式(14.1)给出，它表明资源 r 在时间点 t 的资源水平 $R_{r,t}$ 是以在前一时间点的资源水平(如果 t 是第一个时间点，则为初始资源值)为基础，以资源的消耗或者生产以及资源的任何进入系统或离开系统进行更新得到的。资源的消耗和生产由变量 $N_{i,t}$(整数)和 $\xi_{i,t}$(连续)决定，它们分别表示在时间点 t 时，任务 i 发生的次数和任务的范围。参数 $\mu_{i,r,t}$ 和 $\nu_{i,r,t}$ 分别表示相对于任务发生次数和任务范围的消耗/生产率。参数上的符号表示它是消耗(负)项还是生产(正)项。参数 $\mu_{i,r,t}$ 用于以离散数量消耗的资源(如设备和操作员)，而 $\nu_{i,r,t}$ 用于以连续数量消耗的资源(如物料和公用工程)。

$$R_{r,t}=R_{r,t-1}+\sum_{i\in I_r}\sum_{\theta=0}^{\tau_i}(\mu_{i,r,\theta}\cdot N_{i,t-\theta}+\nu_{i,r,\theta}\cdot \xi_{i,t-\theta})+\Pi_{r,t}\quad \forall r\in R,\ t\in T \tag{14.1}$$

资源 r 的平衡考虑了在区间$[t-\tau_i,\ t]$内的所有时间点上、所有涉及资源的任务(集合I_r)中的资源消耗和生产，其中 τ_i 是任务 i 的持续时间，因为消耗或生产可以发生在任务持续时间内的任何时间点。对于连续过程，τ_i 是连续任务的最小持续时间，因此一个连续任务可视为一系列持续时间 τ_i(通常 $\tau_i=1$)的多个小任务。资源 r 在时间 t 进入和离开系统由参数 $\Pi_{r,t}$ 决定，当资源进入(如原料供应)时该参数为正，当资源离开系统(如最终产品交付)时为负。

14.2.1.2　资源限制

所有资源库存都有下限和上限，如式(14.2)所示：

$$R_r^{\min}\leqslant R_{r,t}\leqslant R_r^{\max}\quad \forall r\in R,\ t\in T \tag{14.2}$$

14.2.1.3 运行限制

当任务未被执行时(即 $N_{i,t}=0$)，任务的范围(例如批量大小)被强制为零，当任务被执行时(即 $N_{i,t}\in\mathbb{Z}^{+}$)，任务的范围被限制在极限$V_i^{\min}$和$V_i^{\max}$之间。

$$V_i^{\min}\cdot N_{i,t}\leqslant\xi_{i,t}\leqslant V_i^{\max}\cdot N_{i,t}\quad\forall i\in I,\ t\in T \tag{14.3}$$

14.2.1.4 变量定义域

变量定义域是$R_{r,t}\in\mathbb{R}^{+}\ \forall r\in R$，$t\in T$ 和$N_{i,t}\in\mathbb{Z}^{+}$，$\xi_{i,t}\in\mathbb{R}^{+}\ \forall i\in I$，$t\in T$。应该注意的是，如果需要，以离散量消耗/生产的资源例如处理设备，可以声明为整数变量。在某些情况下，这可能在计算上对 MIP 求解器有利。MIP 求解器可以通过变量固定和约束扩展在预求解期间进一步降低模型复杂度。求解器在应用割平面法时也可以更容易地利用完整性约束[26,27]。

14.2.1.5 说明性示例

考虑具有一个反应器(RX)的系统，该反应器将原料 A 和 B 转化为中间物料 C，中间物料 C 在两个平行的蒸馏塔(DC_1和 DC_2)中立即蒸馏，以生产产品 D 和 E，如图 14.3 所示。系统从零物料库存开始，并发生以下事件：①一批物料 A(60 个单位)和 B(40 个单位)在 $t=1$ 时进入；②反应器从 $t=2$ 运行到 $t=4$[批次量 100 个单位，进料比为 60(A)/40(B)]；③两个塔同时从 $t=4$ 到 $t=5$ 分离 50 个单位批次量；④所有产品在 $t=6$ 时运出。该系统的 RTN 表示如图 14.4 所示。当任务启动和生产任务完成时，资源将被消耗。图 14.5 显示了计算所得的每个时间点的调度和资源库存水平。注意，尽管中间物料 C 在 $t=4$ 时被生产出来，但它会立即被消耗掉，导致其库存始终为零。

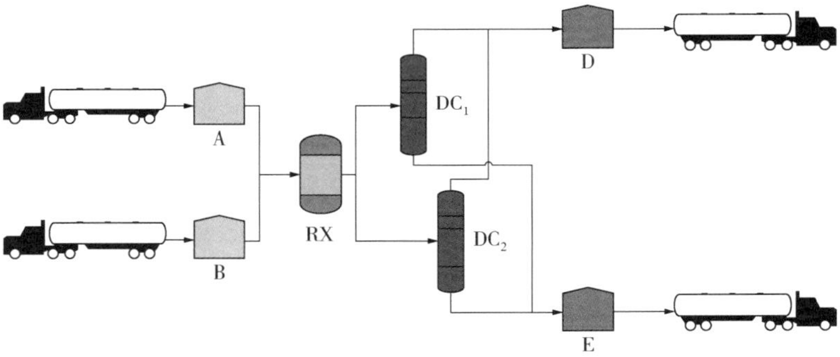

图 14.3 说明性示例的流程图

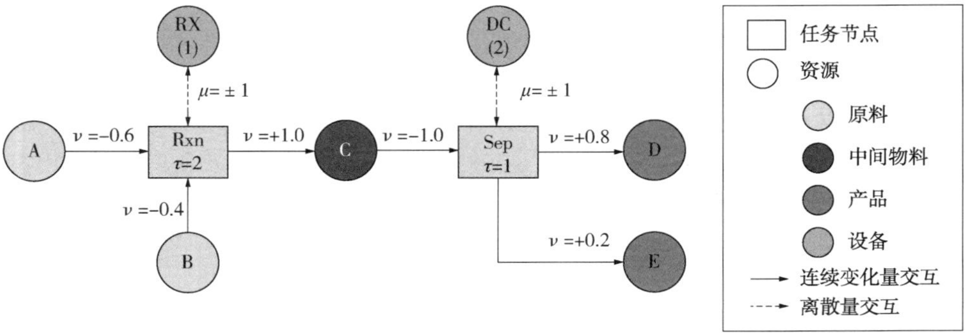

图 14.4 具有离散(μ)、连续变化(ν)消耗和生产比率的说明性示例的 RTN 表达

(为了简单起见去掉下标)

资源	时间点 0	1	2	3	4	5	6
A	0	60	0	0	0	0	0
B	0	40	0	0	0	0	0
C	0	0	0	0	0	0	0
D	0	0	0	0	0	80	0
E	0	0	0	0	0	20	0
RX	1	1	0	0	1	1	1
DC	2	2	2	2	0	2	2

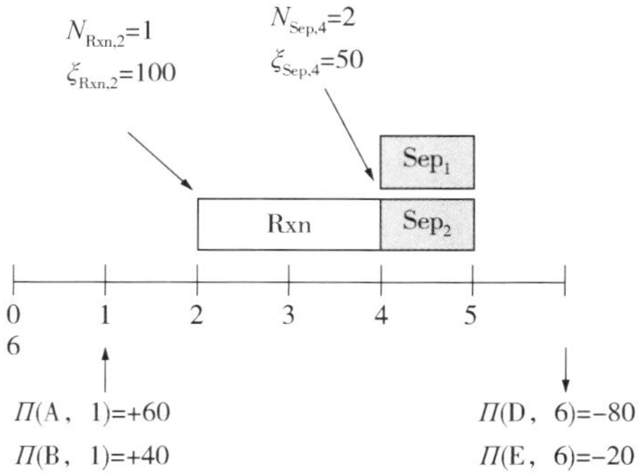

图 14.5　说明性示例中的事件和变量值的时间表

14.2.2　连续时间表示

原始离散时间 RTN 公式必须指定时间间隔长度，会导致产生大规模混合整数线性规划(MILP)模型，为了克服这一限制，不同的研究人员提出了几种替代的连续时间公式。这种连续时间公式更现代、更健壮的版本是由葡萄牙 INETI(国家工程、技术和创新研究所)和高等技术学院的研究人员在 21 世纪初开发的[28,29]。这个公式认为时间是连续的，其中系统状态在指定的时间点进行监测，具体位置有待确定。这种表示可以被认为具有灵活的非均匀离散时间网格，如图 14.2 所示，其中在时间轴上要监视的位置的数量由建模工具设置，这些时间点的最佳位置由优化工具决定。这里的假设是，任务只能在这些时间点触发，但可以根据任务的持续时间在任意时间结束。该公式的一个主要挑战是确定所需的时间点数量。由于时间点的最佳数量不是先验已知的，通常的做法是依次增加集合 T 中的时间点数量，直到观察不到最终目标函数值的显著改善。然而，正如 Castro 等[29]所指出的，这可能会变得棘手，并且可能需要固定变量来降低模型复杂性并避免过长的计算时间。另见 Lee 和 Maravelias[30]对该领域各种策略的更多讨论。

14.2.2.1　时刻和次序

在灵活的非均匀时间网格上，任意两个时间点 $t<t'$ 之间的差值由所有在时间点 t 开始，在区间$[t'-1, t']$中结束的任务的持续时间决定，见式(14.4)。任务持续时间可建模为两部分：一部分由固定的任务持续时间(α_i)组成，另一部分是与任务范围成比例的可变任务持续时间(β_i)。该约束确保触发变量和范围变量(分别为 $N_{i,t,t'}$ 和 $\xi_{i,t,t'}$)上的时间索引相应地映射到时间轴。它还确保任意两个时间点之间的差值大于零。注意，t 和 t' 不一定是时间网格上的相邻点。第一个和最后一个时间点被固定在调度时间区间的起点和终点：$T_0=0$ 和 $T_{|T|}=H$。将式(14.4)应用于 $t'\leqslant \Delta t+t$，其定义的可行空间可进一步缩小，其中 Δt 是一个表示过程中任务允许的最大时间段数的参数。

$$T_{t'} - T_t \geqslant \sum_{i \in I_r} (\alpha_i \cdot N_{i,t,t'} + \beta_i \cdot \xi_{i,t,t'}) \quad \forall r \in R^{EQ},\ t \in T,\ t' \in T,\ t < t' \tag{14.4}$$

14.2.2.2　资源平衡

资源库存平衡与在离散时间公式中使用的类似。由于变量的双时间点索引，生产项和消耗项在等式(14.5)右侧的第二项中被分成两个求和。第一个求和是针对资源生产的，第二个是针对资源消耗的。在末尾添加了一个与资源 r 相关联的存储任务的附加项(I_r^{ST})，以计入存储资源的消耗和释放，这在连续过程中尤其重要。Castro 等[29]提出了这些存储任务的其他约束条件。在基本公式中也没有外部交互的参数，因为时间点的确切位置不是事前已知的，并且需要额外的基于逻辑的约束，这增加了模型的复杂性[31]。

$$R_{r,t} = R_{r,t-1} + \sum_{i \in I_r} \left[\sum_{t' < t} (\mu_{i,r}^{P} \cdot N_{i,t',t} + \nu_{i,r}^{P} \cdot \xi_{i,t',t}) + \sum_{t < t'} (\mu_{i,r}^{C} \cdot N_{i,t,t'} + \nu_{i,r}^{C} \cdot \xi_{i,t,t'}) \right] + \sum_{i \in I_r^{ST}} (\mu_{i,r}^{P} \cdot N_{i,t-1,t} + \mu_{i,r}^{C} \cdot N_{i,t,t+1}) \quad \forall r \in R,\ t \in T \tag{14.5}$$

14.2.2.3 变量定义域

变量定义域与离散时间公式中的相同，除了 $N_{i,t,t'}$ 现在是二元变量。

14.2.3 离散时间对比连续时间

14.2.3.1 时间的表示

由于时间是一个连续变量，因此连续时间数学模型更加精确和灵活。此外，离散化往往会引入舍入误差，尤其是对于较粗的时间网格。

14.2.3.2 模型大小

随着时间离散化变得更加精细，离散时间模型会变得明显更大。时间步长的大小需要由用户指定，以最大限度地减少会降低调度质量的舍入误差。一方面，通过检查系统时间尺度，这种可处理性和准确性之间的权衡相对容易确定。另一方面，连续时间模型通常需要的变量较少。这里的挑战在于确定要使用的时间点的数量，这需要如前所述的连续的手动适应性细化。

14.2.3.3 线性规划松弛

已经发现离散时间公式呈现出更紧密的线性规划松弛，这使得它们尽管模型规模更大，但通常比连续时间模型求解更快[8]。随着 MILP 求解器(如 CPLEX、Gurobi 和 Xpress)的巨大进步，离散化也不再是一个问题。

14.2.3.4 目标函数

一方面，连续时间 RTN 比离散时间 RTN(需要事先指定调度视界的大小)更适用于最小化总任务时间。另一方面，离散时间 RTN 可比连续时间模型更好地处理成本最小化问题，尤其是当考虑库存成本时，因为在后者中时间也是变量，会引入非线性[3]。除在考虑库存时保持模型线性外，离散时间模型还可以有效地监测库存和资源，因为监测点在时间网格上是固定的。

14.2.3.5 离散-连续时间整合

近期，在威斯康星大学麦迪逊分校由 Christos T. Maravelias 教授(他后来入职普林斯顿大学)领导的工作中，研究人员努力将离散和连续时间调度算法的优势相结合[30]。他们的工作基于 STN 模型，提出先求解一个粗略离散时间 MIP 模型，以确定关键分配决策并获得近似的调度方案。然后映射算法将近似解映射到特定于单元或物料的时间网格上。然后连续时间线性规划(LP)模型改进初始的离散时间解并消除近似误差。类似的流程可以应用于RTN，以帮助克服不同模型表示的挑战，并利用两者的优点。

14.3 行业主导的发展

14.3.1 扩展 RTN 模型

14.3.1.1 基于质量的转换

在调度优化过程中，尤其是间歇调度过程中，由于安全性(如化学稳定性)、生产量(如结垢)、操作限制(如半连续过程中达到稳态的时间)或质量原因(如产品纯度)，在从一组物料过渡到另一组时会考虑设备转换。设备清洁任务通过额外的转换任务包含在 RTN 框架中。当 RTN 模型考虑到转换任务时，重复的设备不能再聚合在同一类型的资源中。相反，需要将转换中涉及的每个设备视为转换任务自己的资源，以跟踪哪个设备是干净的或需要清洁[3]。

工业中出于质量原因使用的另一种类型的转换，称为基于质量的转换。这种类型转换的思路是，当从一种物料系列类型过渡到另一种时，可以选择放弃设备清洁步骤，方法是依次执行第二系列的几个连续批次，以稀释第一系列的任何残留污染物。Brunaud 等[32]首先明确提出了这种扩展。图 14.6 详细描述了具有可以进行两种不同的反应(*Rxn*1 和 *Rxn*2)的单个单元(如反应器)的系统的通用 RTN 结构。第一个反应转化式为 A→E，第二个反应转化式为 B→F。当从 *Rxn*1 过渡到 *Rxn*2 时，可以执行清洁步骤或基于质量的转换，进行 $N+1$ 次顺序重复的 *Rxn*2。当从 *Rxn*2 过渡到 *Rxn*1 时，可以执行清洁步骤或基于质量的转换，进行 $M+1$ 次顺序重复的 *Rxn*1。

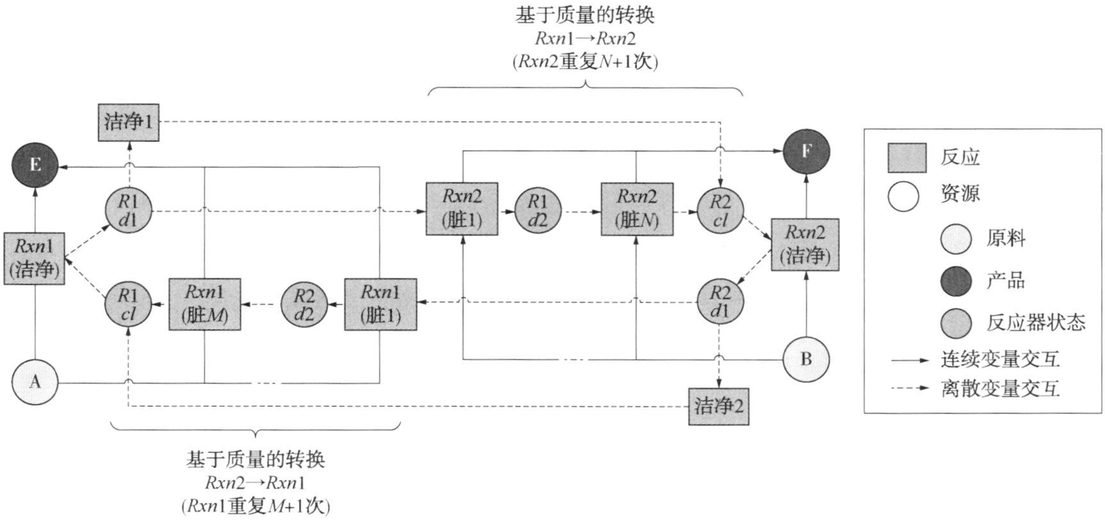

图 14.6 RTN 描述，用于解释在单个反应器上的反应 1 和反应 2 之间过渡用的两种方式：追求质量的转换和清洁步骤

RTN 结构有四个原料资源，每个对应一种原料。与一个反应器一个资源不同(这是忽略转换的系统的情况)，单个反应器有 $N+M+2$ 个资源，表示它处于洁净状态($R1cl$ 和 $R2cl$)或脏的状态($R1dx$ 和 $R2dy$，其中 $x\in\{1,\ \cdots,\ N\}$ 和 $y\in\{1,\ \cdots,\ M\}$ 表示第二个任务的重复次数)。这些资源水平的初始值应该使得只有一个反应器状态的初始值为 1，其余的为 0。这一点，再加上适当的消耗和生产比率，确保了该单元一次只能处于一种状态。在基于质量的转换中，有 $N+M+2$ 个反应任务，而不是两个反应任务。随着转换的发生，从先前反应中遗留的产物罐中的杂质逐渐被稀释。在这种结构下，网络复杂度随着每次基于质量的转换的任务重复次数和任务转换对的数量而线性增加。

14.3.1.2 有时间窗的外部资源转移

由客户下的订单或向供应商下的订单可以分别通过式(14.6)和式(14.7)映射到资源平衡[式(14.1)]中的 $\Pi_{r,t}$ 项[9]。将 $\Pi_{r,t}$ 分为两项，以区分流出转移($\Pi_{r,t}^{out}$)和流入转移($\Pi_{r,t}^{in}$)。集合 R_o 包含与订单 o 相关联的物料 r。总和项是针对每个订单的提前接受日期(E_o)和最终到期日期(D_o)之间发生的外部物料流。应注意的是，使用离散化参数将参数 E_o 和 D_o 从时间值转换为了时间点(例如，当离散化时间步长为 2h 并且时间点集 T 从 0 开始索引时，对于第一天上午 10 点的到期日，$D_o=5$)。在一般意义上，订单也可以有每种物料所需的最小和最大数量(分别为 $Q_{o,r}^{min}$ 和 $Q_{o,r}^{max}$)。还可以引入松弛变量，以确保即使不满足 $Q_{o,r}^{min}$，模型也是可行的。这些松弛在目标函数中会被惩罚。

$$Q_{o,\ r}^{\min}-Q_{o,\ r}^{\min,\ slack}\leqslant\sum_{t=E_o}^{D_o}-\Pi_{r,\ t}^{out}\leqslant Q_{o,\ r}^{\max}\quad o\in O,\ r\in R_o \tag{14.6}$$

$$Q_{o,\ r}^{\min}-Q_{o,\ r}^{\min,\ slack}\leqslant\sum_{t=E_o}^{D_o}\Pi_{r,\ t}^{in}\leqslant Q_{o,\ r}^{\max}\quad o\in O,\ r\in R_o \tag{14.7}$$

14.3.1.3 点订单

为了确保外部交付或装运是在单次物料转移中完成的(这是按订单生产系统的常见要求)，可以定义点订单任务[9]。点订单任务持续时间通常远小于订单的交付时间窗口，并且经常为零(即时订单履行)。点订单作为资源平衡中的附加项，具有与标准消耗/生产项相同的形式。这里的区别在于，对于每个点订单 $i(E_i\leqslant t\leqslant D_i-\tau_i)$，求和仅适用于允许的交付时间点窗口，如式(14.8)所示。集合 I_r^{PO} 是涉及资源 r 的点订单任务的子集。点订单范围的边界($\xi_{i,t}$)是订单限值($Q_o^{min}=\sum_{r\in R_o}Q_{o,\ r}^{min}$ 和 $Q_o^{max}=\sum_{r\in R_o}Q_{o,r}^{max}$)，如式(14.9)所示。式(14.10)中的约束确保每个点订单在允许的时间窗口中最多触发一次。对于所有其他时间点，点订单任务 i 的变量 $N_{i,t}$ 应当固定为零。如果多次装运是可行的，可以将右侧替换为一个等于允许最大装运次数的整数值。

$$R_{r,\ t}=R_{r,\ t-1}+\sum_{i\in I_r}\sum_{\theta=0}^{\tau_i}(\mu_{i,\ r,\ \theta}\cdot N_{i,\ t-\theta}+\nu_{i,\ r,\ \theta}\cdot\xi_{i,\ t-\theta})+$$
$$\sum_{i\in I_r^{PO}}\sum_{\theta=0}^{\tau_i}(\mu_{i,\ r,\ \theta}\cdot N_{i,\ t-\theta}+\nu_{i,\ r,\ \theta}\cdot\xi_{i,\ t-\theta})\Big|_{E_i\leqslant t\leqslant D_i-\tau_i}+\Pi_{r,\ t}\quad\forall r\in R,\ t\in T \tag{14.8}$$

$$\left(\sum_{r\in R_o}Q_{o,\ r}^{\min}\right)\cdot N_{i,\ t}\leqslant\xi_{i,\ t}\leqslant\left(\sum_{r\in R_o}Q_{o,\ r}^{\max}\right)\cdot N_{i,\ t}\quad\forall i\in I^{PO},\ t\in T \tag{14.9}$$

$$\sum_{t=E_i-\tau_i}^{D_i-\tau_i} N_{i,t} \leqslant 1 \quad \forall i \in I^{PO} \tag{14.10}$$

14.3.1.4 资源限制的调整

可以为资源水平限制编写物料平衡，以便于物料转移等操作，而无须定义辅助任务，使模型更具可扩展性[9]。这对于需要将全部物料从一个单元转移到另一个单元的情况特别有用(例如，将储罐的全部内容物转移到卡车上进行交付时)。在标准 RTN 模型中，这需要定义辅助存储任务和存储资源，以确保在一次操作中将储罐的全部内容物转移到卡车上。这样做的缺点是为辅助任务引入了额外的整数变量。作为替代，可以通过参数化相对于时间的资源极限($R_r^{\min}$和$R_r^{\max}$)来引入连续变量，如式(14.11)所示。这些新变量($R_{r,t}^{\min}$，$R_{r,t}^{\max} \in \mathbb{R}^+$)由式(14.12)所示的静态资源限制参数来限定。随后在式(14.13)和式(14.14)中给出的为这些变量定义的附加约束，类似于式(14.1)中的资源库存平衡。针对各自的资源库存限制引入了离散和连续变化的资源限制生产/消耗比率($\mu_{i,r,t}^{\max}$和$\nu_{i,r,t}^{\max}$分别控制上限$R_{r,t}^{\max}$的离散和连续消耗)。

$$R_{r,t}^{\min} \leqslant R_{r,t} \leqslant R_{r,t}^{\max} \quad \forall r \in R,\ t \in T \tag{14.11}$$

$$R_r^{\min} \leqslant R_{r,t}^{\min},\ R_{r,t}^{\max} \leqslant R_r^{\max} \quad \forall r \in R,\ t \in T \tag{14.12}$$

$$R_{r,t}^{\max} = R_{r,t-1}^{\max} + \sum_{i \in I_r} \sum_{\theta=0}^{\tau_i} (\mu_{i,r,\theta}^{\max} \cdot N_{i,t-\theta} + \nu_{i,r,\theta}^{\max} \cdot \xi_{i,t-\theta}) \quad \forall r \in R,\ t \in T \tag{14.13}$$

$$R_{r,t}^{\min} = R_{r,t-1}^{\min} + \sum_{i \in I_r} \sum_{\theta=0}^{\tau_i} (\mu_{i,r,\theta}^{\min} \cdot N_{i,t-\theta} + \nu_{i,r,\theta}^{\min} \cdot \xi_{i,t-\theta}) \quad \forall r \in R,\ t \in T \tag{14.14}$$

该扩展的新 RTN 结构如图 14.7 所示，其中储罐 A 中的物料被输送到运输卡车 B 上。当输送任务 i 被触发时，资源 A 的上限被消耗了 100 个单位(如$\mu_{i,A,t-\tau_i}^{\max} = -100$)，减少到零，从而迫使整个资源被输送到资源 B。一旦输送任务完成，资源 A 的上限就会恢复(如$\mu_{i,A,t}^{\max} = 100$)。

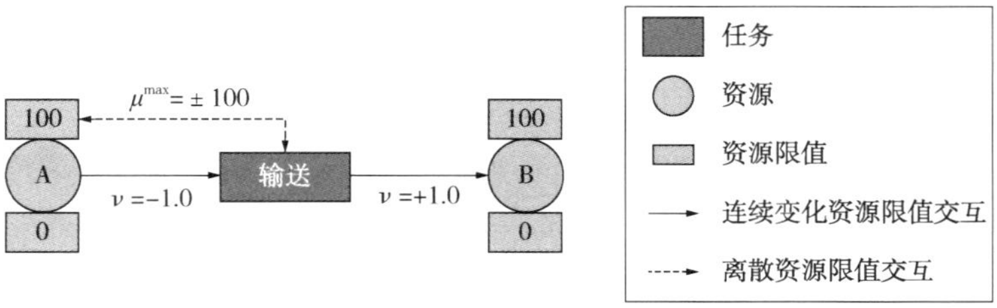

图 14.7 具有资源限制交互的扩展 RTN 表达的示例

14.3.1.5 资源松弛

松弛变量可用于引入资源库存的软边界以生成原本不可行的调度方案。这包括在调度时间区间末尾或者在高需求的情况下没有足够的物料来生产一整批产品，可以允许模型违反物料安全库存[9]。会在目标函数上对松弛进行惩罚。

$$R_{r,t}^{\min} - R_{r,t}^{\min,\text{slack}} \leqslant R_{r,t} \leqslant R_{r,t}^{\max} - R_{r,t}^{\max,\text{slack}} \quad \forall r \in R,\ t \in T \tag{14.15}$$

14.3.1.6 多任务范围

当在单个管理任务下执行多个操作时，可以使用多任务范围[9]。这样做可以避免为所涉及的每个操作的触发都定义一个二元变量。作为替代，每个操作都由管理任务 $N_{i,t}$触发，这降低了模型的复杂性。为了实现多任务范围，修改式(14.1)中的资源库存平衡，使任务范围和可变交互参数(分别为 $\xi_{i,m,t}$和 $\nu_{i,m,r,t}$)特定于范围数 m，如式(14.16)所示。下标 m 也被添加到式(14.3)中的任务范围边界中。

$$R_{r,t}=R_{r,t-1}+\sum_{i\in I_r}\sum_{\theta=0}^{\tau_i}\left(\mu_{i,r,\theta}\cdot N_{i,t-\theta}+\sum_{m\in M_i}\nu_{i,m,r,\theta}\cdot\xi_{i,m,t-\theta}\right)+\Pi_{r,t}\quad \forall r\in R,\ t\in T \tag{14.16}$$

多范围可用于表示在一次操作中处理的不同物料数量，例如当物料以无法用单范围和消耗/生产比率来描述的方式被拆分或被组合时。这些多范围进一步用式(14.17)中所示形式的不等式进行约束，其中集合K_i是分配给任务 i 中的多范围约束的集合。这些约束可用于在管理任务中涉及的多个流程之间强制实现物料平衡(参见 Wassick 和 Ferrio 给出的瓶子灌装任务示例[9])。

$$\gamma_{i,k,t}^{\min}\leqslant\sum_{m\in M_i}\delta_{i,k,m,t}\cdot\xi_{i,m,t}\leqslant\gamma_{i,k,t}^{\max}\quad \forall i\in I,\ k\in K_i,\ t\in T \tag{14.17}$$

14.3.1.7 工业示例：连续处理装置中的多范围

Wassick 和 Ferrio[9]展示了扩展 RTN 模型在陶氏一个连续处理化工装置上的工业应用。在本例中，使用多范围的概念为装置制定了一年的生产调度方案，以生产三种不同的异构体。异构体 1 和异构体 2 可以两个不同的等级来生产，异构体 3 为一个等级，如图 14.8 所示。一级异构体是在单次运行中生产的，必须持续至少 14 天。二级异构体也是在单次运行中生产的，必须持续至少 8 天。运行转换需要 3 天时间。化工装置的其他参数见表 14.1。

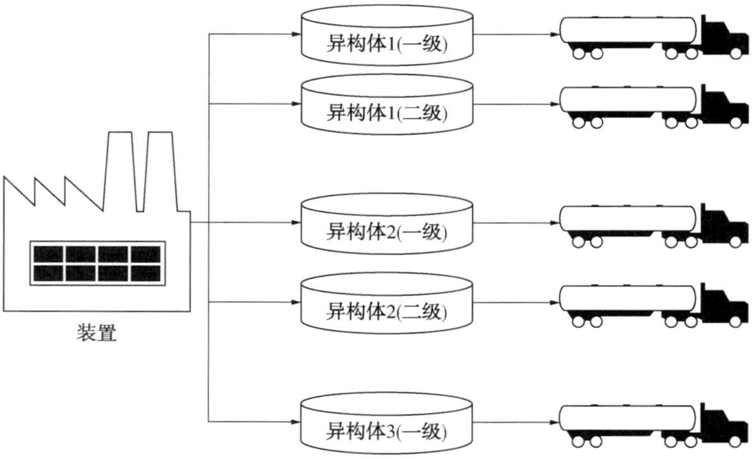

图 14.8　具有三种不同等级产品的连续处理装置[经许可复制自 J. M. Wassick，J. Ferrio，Extending the resource task network for industrial applications，Comput. Chem. Eng. 35(2011)2124-2140. 版权所有(2011)Elsevier，Ltd.]

该问题的扩展 RTN 模型的网络图如图 14.9 所示。所示图表适用于一级异构体。网络的另一半与所示的相同，其中使用二级代替一级，并且只生产两种异构体。这个示例的一个独特之处在于，时间被建模为可消耗资源。因此使用了不均匀的时间网格，所以必须事先指定时间点的数量。每个任务的持续时间是一个单一时段(即 $\tau_i=1$)，每个时段的持续时间由每个任务消耗的时间资源量决定。时间资源初始化为 365 天，在最后一个时间点固定为

0。确定该离散时间模型中的最小时间点数是离线完成的。然后将一些额外的时间点用于不消耗时间的虚拟任务，以确保时段的数量足够以及任何不必要的时段都被消耗掉。每个等级都有一个虚拟任务。一级的虚拟任务未在图 14.9 中显示，它在时段开始时消耗生产装置资源(PP 节点)和装置为一级已就绪资源(PRG1 节点)，并在时段结束时释放。注意，因为不涉及时间资源，此任务的持续时间为零。

表 14.1　连续处理装置的参数

参数[a]	一级			二级	
	异构体 1	异构体 2	异构体 3	异构体 1	异构体 2
安全库存	800	500	100	500	200
库存容量	5000	6049	1000	5000	2000
每日最低产量	75	50	6	140	20
每日最高产量	126	101	16	149	36
每日需求	95. 89	76. 71	12. 05	21. 41	4. 33
产品利润/美元	269. 3	361. 2	615. 5	674. 0	958. 4
库存成本/美元	27. 0	36. 0	62. 0	67. 0	96. 0

注：[a]所有参数均基于百万磅。

［经许可复制自 J. M. Wassick，J. Ferrio，Extending the resource task network for industrial applications，Comput. Chem. Eng. 35(2011)2124-2140. 版权所有(2011)Elsevier，Ltd.］

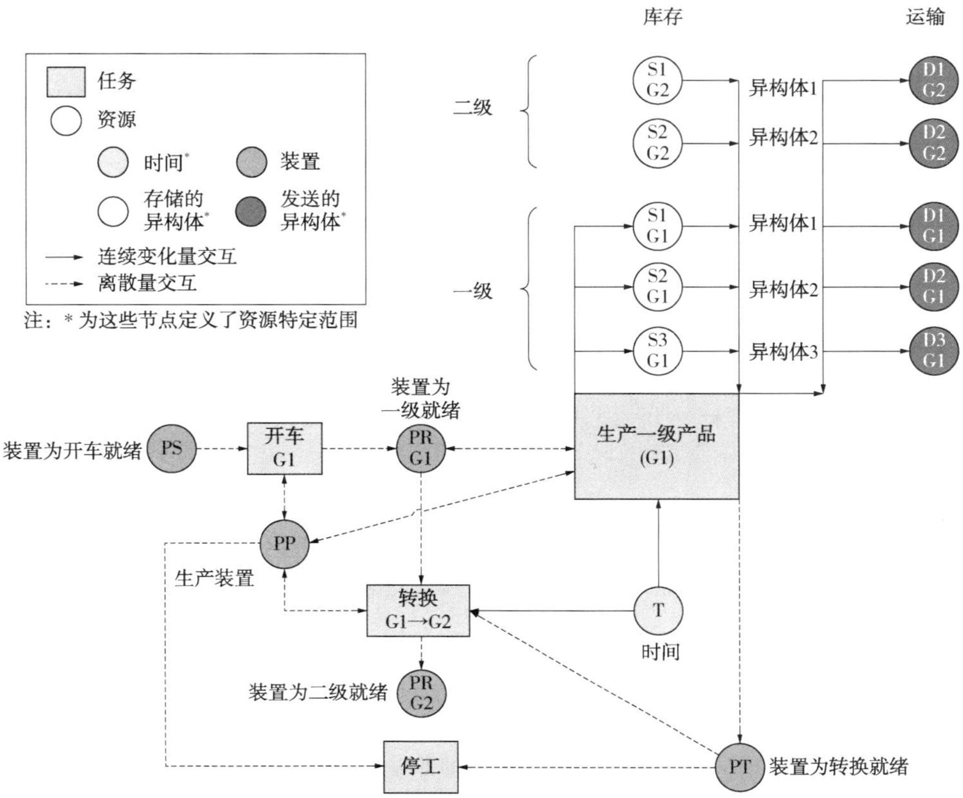

图 14.9　连续处理装置中一级产品生产和装运的 RTN 图

“生产一级产品”任务有三种类型的范围：①运行持续时间；②异构体生产；③异构体运输。在第一种类型范围中，时间资源被消耗(在时段结束时)。第二种类型范围有三个唯一的范围取值(每种一级异构体一个)，其中白色异构体存储资源被生产的物料填充(在时段结束时)。第三种类型范围有五个唯一的范围取值(每种产品一个)，其中白色异构体存储资源被耗尽(消耗)，灰色的异构体运输资源被填充(生产)。第三种类型范围在时段结束时建立索引，以便模型在运行结束时监视已入库库存和已发送产品。生产范围被限制在表 14.1 中的生产限值乘以持续时间范围[即 $\dot{Q}_{G1,m}^{\min}\cdot\xi_{G1,Time,t}\leqslant\xi_{G1,m,t}\leqslant\dot{Q}_{G1,m}^{\max}\cdot\xi_{G1,Time,t}\ \forall m\in M_{G1,2},\ t\in T$，其中 $M_{G1,2}$ 是一级异构体生产范围(类型 2)]。

与化工装置(见图 14.9)相关联的 5 个资源，分别代表装置本身(PP 资源)以及它可以处于的 4 种状态：开车前的初始状态(PS 资源)，装置已为某个确定等级的生产就绪(PRG1 和 PRG2 资源)，以及装置已为等级转换就绪(PT 资源)。每个装置状态可以是 0 或 1，并且装置资源(PP)被强制为零以确保装置在开车后始终处于使用状态。异构体存储资源(白色节点，见图 14.9)受表 14.1 中给出的安全库存和库存容量限制。异构体运输资源(灰色节点，见图 14.9)被限制在零和表 14.1 中该异构体的年需求量之间。

为了防止在生成的计划中出现不切实际的时间阶段末尾效应，RTN 模型加入约束以使每个异构体的期末库存与其初始库存相匹配：$R_{r,h}-R_r^{\text{slack}}\leqslant R_{r,0}\leqslant R_{r,h}+R_r^{\text{slack}}\ \forall r\in R^P$，其中 R^P 是图 14.9 中的(存储的产品资源)白色节点的集合，R_r^{slack} 是在目标函数中受惩罚的松弛变量。最大化的目标函数如式(14.18)所示，其中包括已运输资源的年收入减去库存持有成本和任何非零松弛的惩罚。由于时间是一个变量(资源)，因此可以通过使用每种产品在时间阶段上的平均库存来近似库存成本：$I_r^{ave}=\sum_{t\in T}R_{r,t}/H\ \forall r\in R^P$，以避免目标中的非线性。该网络模型由 7567 个方程、2955 个连续变量和 180 个二元变量组成，并在 1.83GHz CPU 上使用 CPLEX 10.1.0 进行求解。该系统在 51s 内进行了优化，最优性差距为 0.06%。优化的生产调度方案如图 14.10 所示，显示了在一级生产运行中更大的产量计划。所得每种产品的库存曲线，其中一级异构体 1 如图 14.11 所示。所得的平均每日产品运输速率相当稳定，全年变化很小(相对标准偏差约为 0.1%)。

$$\max\phi=\sum_{t\in T}\sum_{r\in R^S}p_r\cdot R_{r,t}-\sum_{r\in R^P}c_r^{\text{inv}}\cdot I_r^{\text{ave}}-\sum_{r\in R^P}\sum_{t\in T}c_r^{\max}\cdot R_{r,t}^{\max,\text{slack}}-\sum_{r\in R^P}\sum_{t\in T}c_r^{\min}\cdot R_{r,t}^{\min,\text{slack}}-\sum_{r\in R^P}c_r^{\text{slack}}\cdot R_r^{\text{slack}}\tag{14.18}$$

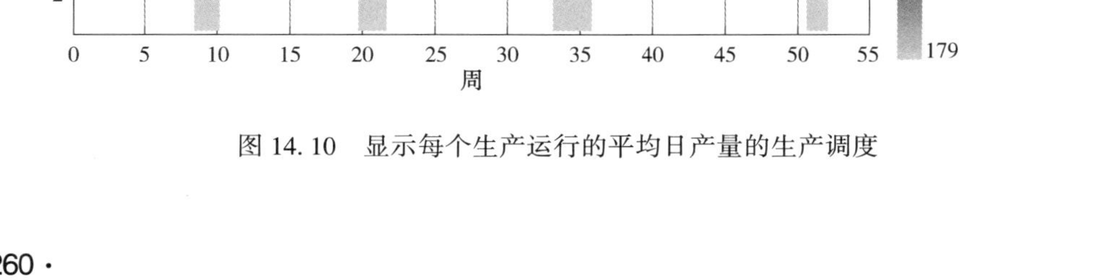

图 14.10　显示每个生产运行的平均日产量的生产调度

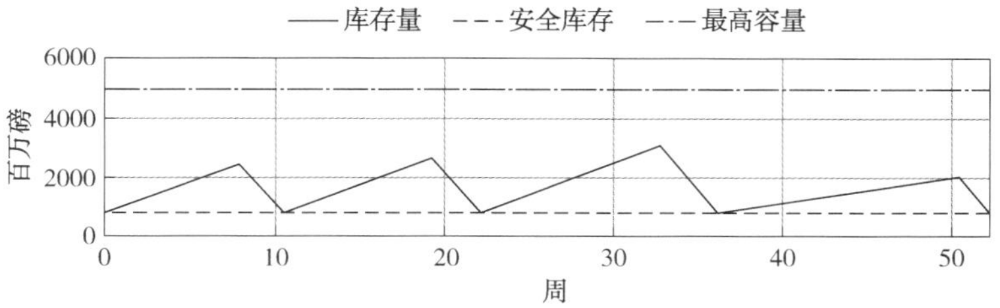

图 14.11 异构体 1(一级)的优化库存曲线[经许可复制自 J. M. Wassick, J. Ferrio, Extending the resource task network for industrial applications, Comput. Chem. Eng. 35(2011)2124-2140. 版权所有(2011)Elsevier, Ltd.]

14.3.2 扩展 RTN 模型的状态空间重构

Nie 等[10]提出了一种扩展的离散时间 RTN 模型的重新表述，用于具有移动时间区间的响应式调度应用。扩展的 RTN 模型被重新表述为过程控制中常用的状态空间范式。重新表述需要扩展变量以引入新的状态变量，从而可以在任何时间点使用当前状态变量完全指定系统状态。模型中的输入变量是任务分配($N_{i,t}$)和任务范围($\xi_{i,m,t}$)。状态变量是资源水平($R_{r,t}$)、资源限值($R_{r,t}^{\max}$和$R_{r,t}^{\min}$)和任务历史(扩展变量 $N_{i,t,\theta}$和 $\xi_{i,m,t,\theta}$)。扩展状态变量($N_{i,t,\theta}$和$\xi_{i,m,t,\theta}$)记录了系统中过去的决策(在时间点 t 已活动运行了 θ 个时间段的任务 i 的任务分配或范围)。注意，输入变量($N_{i,t}$和 $\xi_{i,m,t}$)可以被认为是 $\theta=0$ 的扩展变量。从过程控制的角度来看，资源库存平衡中的外部资源转移项($\Pi_{r,t}$)被视为系统干扰。此外还引入了动态状态演化方程：

$$N_{i,t,\theta}=N_{i,t-1,\theta-1}+(N_{i,t-1,\theta}-N_{i,t-1,\theta-1})\cdot\sum_{\theta'=0}^{\theta}d_{i,t-1,\theta'}$$

$$\forall i\in I,\ t\in T,\ 1\leqslant\theta\leqslant\tau_i \tag{14.19}$$

$$\xi_{i,m,t,\theta}=\xi_{i,m,t-1,\theta-1}+(\xi_{i,m,t-1,\theta}-\xi_{i,m,t-1,\theta-1})\cdot\sum_{\theta'=0}^{\theta}d_{i,t-1,\theta'}$$

$$\forall i\in I,\ m\in M_i,\ t\in T,\ 1\leqslant\theta\leqslant\tau_i \tag{14.20}$$

固定的二元扰动参数 $d_{i,t,\theta}$用于对任务持续时间中的意外延迟进行建模，$d_{i,t,\theta}=1$ 表示在时间点 t 已活动运行了 θ 个时间段的任务 i 的 1 个时间段的延迟。可以使用连续扰动参数($d_{i,t,\theta}$, …, $d_{i,t+\tau_d-1,\theta}$)来对持续时间为 τ_d的较长的任务延迟进行建模。图 14.12 举例说明了在 $t=0$ 时触发的具有 2 个时间段持续时间的任务的动态状态演化。在没有中断的情况下，状态演化为 $N_{i,0,0}\to N_{i,1,1}\to N_{i,2,2}$。如果在 $t=1$ 时出现 1 个时间段延迟($d_{i,1,1}=1$)，则演化为 $N_{i,0,0}\to N_{i,1,1}\to N_{i,2,1}\to N_{i,3,2}$。如果在 $t=1$ 时出现 2 个时间段延迟，这相当于在 $t=2$ 时出现额外的 1 个时间段延迟($d_{i,2,1}=1$)，则演化为 $N_{i,0,0}\to N_{i,1,1}\to N_{i,2,1}\to N_{i,3,1}\to N_{i,4,2}$。

使用状态空间公式具有重要的优势。系统的动态状态可以用任意给定时间的状态变量来完全描述。此外，可以使用输入变量和状态变量来预测系统的未来状态。这使得该重新表述适用于先进过程控制应用，例如模型预测控制。

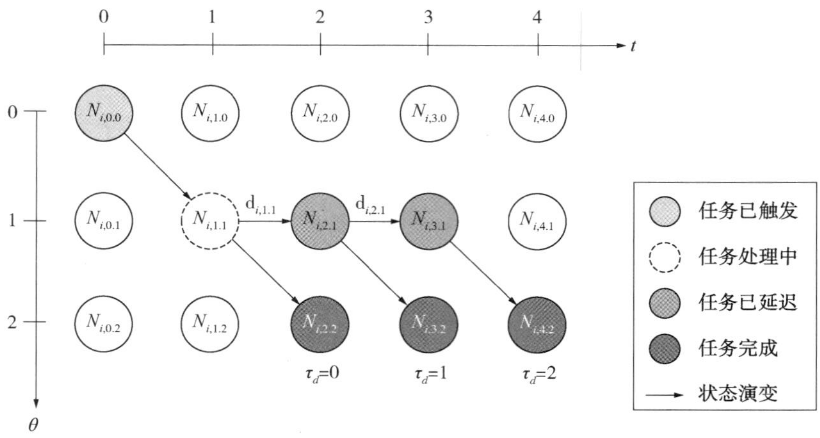

图 14.12 具有不同延迟的 2 个时间段任务的动态状态演变示例[经许可复制自 Y. Nie, L. T. Biegler, J. M. Wassick, C. M. Villa, Extended discrete - time resource task network formulation for the reactive scheduling of a mixed batch/continuous process, Ind. Eng. Chem. Res. 53(2014)17112-17123. 版权许可(2014)American Chemical Society.]

Nie 等[10]提出了一个在线 RTN 调度的工业应用，用于同时具有间歇和连续单元操作的处理装置，如图 14.13 所示。该系统包括两个并列的间歇处理单元，随后依次串联两个缓冲罐、一个连续处理单元、另一个缓冲罐和一个最终的连续单元。该装置生产五种产品(A—E)。产品 A、C 和 D 属于同一个产品系列，B 和 E 属于各自的系列。假设原料是无限的，但中间物料 F 除外，它可以在间歇单元中生产，并被消耗以生产 A、B 和 E。系统运行受以下特性控制。

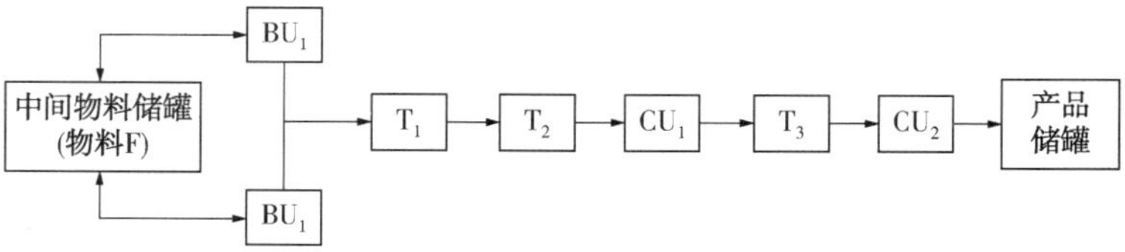

图 14.13 具有间歇装置(BU)、缓冲罐(T)、连续装置(CU)和储罐的装置的流程框图[经许可复制自 Y. Nie, L. T. Biegler, J. M. Wassick, C. M. Villa, Extended discrete-time resource task network formulation for the reactive scheduling of a mixed batch/continuous process, Ind. Eng. Chem. Res. 53(2014)17112-17123. 版权许可(2014)American Chemical Society.]

① 间歇处理时间和处理量是固定的；
② 间歇单元具有零等待输送策略；
③ 缓冲罐具有可变的进、出流速；
④ 连续单元具有可变的处理速率和零停留时间；
⑤ 连续单元不涉及库存；
⑥ 不允许产品相互混合；

⑦ 对于连续单元中的不同产品系列，必须考虑转换任务；

⑧ 第二个连续单元具有消耗性资源(例如过滤器)，需要停工以进行再生/更换；

⑨ 物料 A—F 具有无限的存储容量。

使用扩展状态空间 RTN 模型对上述特征以及装置结构和特性进行建模。最大化的目标函数如式(14.21)所示，其中包括在指定时间窗口内完成订单的收入，以及对产品过渡任务、缓冲罐库存和在调度时段末端违反安全库存水平的惩罚。物料的销售价格($p_{o,r,t}$)以时间 t 为索引，因此提前完成会获得更高的收入。该模型的一个重要特征是缓冲罐库存水平的惩罚很小。这样做是为了在连续处理单元满负荷运行时，打破流量输送曲线的对称性。在这种情况下，该模型迫使缓冲罐尽快产生流量。这避免了流量曲线中的振荡行为，在操作上是有利的。模型参数值见 Nie 等的著作[10]。

$$\max\phi = \sum_{o \in O} \sum_{r \in R_o} \sum_{t=E_o}^{D_o} p_{o,r,t} \cdot (-\Pi_{r,t}) - \sum_{i \in I^{TR}} \sum_{t \in T} c_i^{TR} \cdot N_{i,t} - \sum_{r \in R^{ST}} \sum_{t \in T} c_r^{inv} \cdot R_{r,t} - \sum_{r \in R^P} \sum_{t \in T} c_r^{\min} \cdot R_{r,h}^{\min,\text{slack}} \tag{14.21}$$

该模型用于装置的决策调度，前瞻时间为 72h(3 天)。每天的产品订单见表 14.2，其中某天订购的每种物料的数量均为 70 个单位。在第一个 24h 之后，进行第 2~4 天的重新调度。考虑了三种情况：①没有中断；②第一个间歇单元(BU_1)从第 2 天开始的计划延迟 11h；③最后一个缓冲罐(T_3)在第 60h 计划维护 13h。在第二种情况下，使用动态演化方程中的扰动参数很容易引入延迟。维护事件是通过在事件中的 13h 内将缓冲罐的资源上限设置为零而产生的。每种情况下的模型由 140382 个约束和 143148 个变量(4380 个离散变量)组成，使用 Gurobi 5.5.0 可在 10min 内求解。10min 后，每次运行的最优性间隙值差距小于 5%。前 72h 的调度结果如图 14.14 所示，库存曲线如图 14.15 所示。Nie 等[10]给出了接下来三种情况的类似调度方案。状态空间 RTN 模型的优势在于在第 2~4 天实现三种情况，这些情况很容易用存储在状态变量中的前 24h 运行的相关系统历史进行初始化。在 $t=24$h 时的重新调度是平稳的，不会带来剧烈的运行变化。状态空间模型也适用于对系统扰动的响应。

表 14.2　物料 A—E 的产品订单矩阵(所有订单都是 70 单位)

天	A	B	C	D	E
1	X				
2	X		X		X
3	X	X	X	X	
4	X			X	

[经许可复制自 Y. Nie, L. T. Biegler, J. M. Wassick, C. M. Villa. Extended discrete-time resource task network formulation for the reactive scheduling of a mixed batch/continuous process, Ind. Eng. Chem. Res. 53(2014)17112-17123. 版权许可(2014) American Chemical Society.]

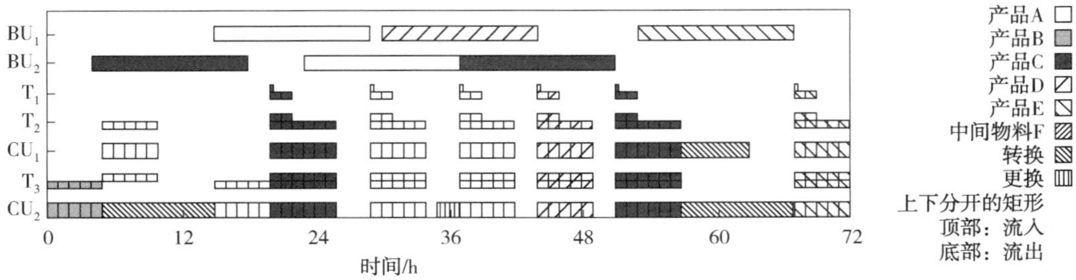

图 14.14　混合间歇/连续装置中前 72h 的最优调度[经许可复制自 Y. Nie, L. T. Biegler, J. M. Wassick, C. M. Villa, Extended discrete-time resource task network formulation for the reactive scheduling of a mixed batch/continuous process, Ind. Eng. Chem. Res. 53(2014)17112-17123. 版权许可(2014)American Chemical Society.]

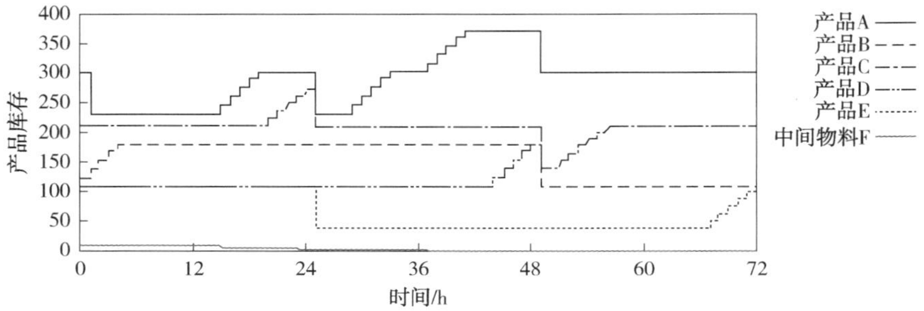

图 14.15　混合间歇/连续装置中前 72h 的库存曲线[经许可复制自 Y. Nie, L. T. Biegler, J. M. Wassick, C. M. Villa. Extended discrete-time resource task network formulation for the reactive scheduling of a mixed batch/continuous process, Ind. Eng. Chem. Res. 53(2014)17112-17123. 版权许可(2014)American Chemical Society.]

14.3.3　空间装箱问题的 RTN

Wassick 和 Ferrio[9]还提出了 RTN 在过程调度之外的一个新应用：一维和二维装箱问题。用于二维条带装箱优化的 RTN 模型是与时间无关的，并且使用单个资源：位置 y 处的水平(x 轴)方向占地空间($R_{x,y}$)。因此，资源的数量等于 x 轴上的离散点的数量。不是随时间跟踪每个资源，而是沿垂直(y 轴)跟踪资源。每个水平资源都有一个统一的初始条件和统一的上限：

$$R_{x,-1}=1 \quad \forall x \in X \tag{14.22}$$

$$0 \leqslant R_{x,y} \leqslant 1 \quad \forall x \in X,\ y \in Y \tag{14.23}$$

放置任务 i 被定义为在平面图上放置具有宽度 W_i 和长度 L_i 的类型 i 的矩形包装。放置包装时，必须指定矩形箱子左下角的(x, y)坐标(见图 14.17 中的×标记)。因此，与标准 RTN 模型中用任务 i 和“时间”y 来索引任务触发变量不同，触发二元变量($N_{i,x,y}$)也由资源 x 来索引。当矩形箱子被放置在位置(x, y)时，它限制了将另一个箱子放置在 x 和 $x+L_i-1$ 之间的位置的可能性，y 坐标也同样。因此，在位置 y 触发任务会消耗水平资源 $R_{x',y}$，其中 $x \leqslant x' \leqslant x+L_i-1$，如图 14.16 所示。反之，这意味着对于任何放置在位置 $x' \in X_i$，使得 $x-L_i+1 \leqslant x' \leqslant x$ 的类型 i 的盒子，资源 x 会被消耗。平面空间库存平衡变为：

$$R_{x,y}=R_{x,y-1}+\sum_{i\in I}\sum_{x'\in x_i}\sum_{\theta=0}^{W_i}\mu_{i,x,\theta}\cdot N_{i,x',y-\theta}\quad \forall x\in X,\ y\in Y \tag{14.24}$$

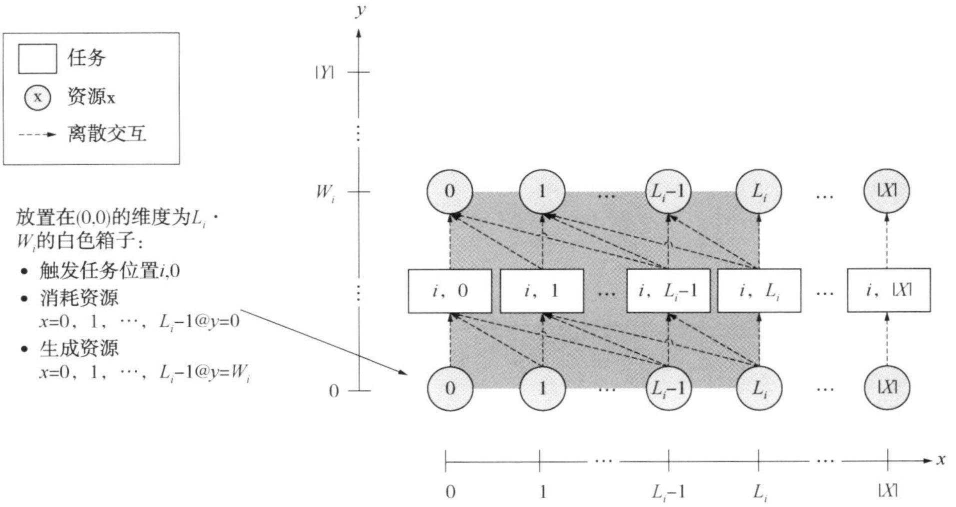

图 14.16　用于二维条带装箱问题的 RTN 表达

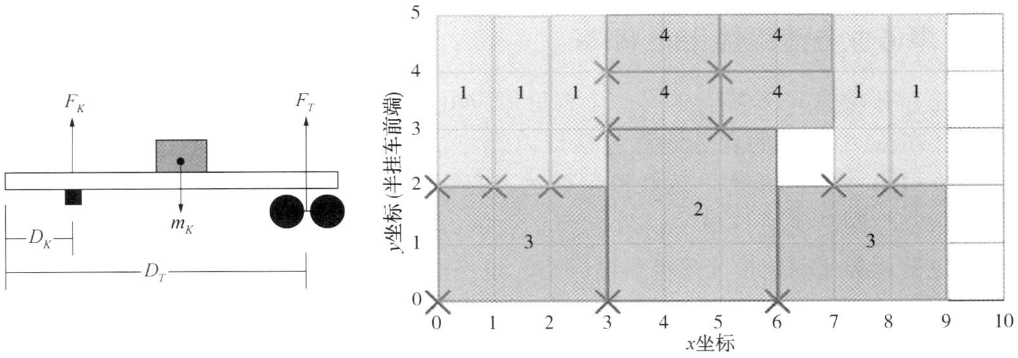

图 14.17　半挂车受力图(左)和载荷装箱问题的优化布局(右)[经许可复制自 J. M. Wassick, J. Ferrio, Extending the resource task network for industrial applications, Comput. Chem. Eng. 35 (2011) 2124-2140. 版权所有(2011) Elsevier, Ltd.]

注意，当箱子的左下角被放置在位置(x，y)时，资源 x 被消耗，然后在箱子的左上角(垂直位置 $y+W_i$)恢复，这意味着一个新箱子可以被放置在位置(x，$y+W_i$)上。箱子的宽度可以被视为任务的“持续时间”。离散的消耗/生产比率 μ 取以下值：当 $\theta=0$ 时为−1，当 $\theta=W_i$时为+1，否则为 0。所以式(14.24)可以表示为：

$$R_{x,y}=R_{x,y-1}+\sum_{i\in I}\sum_{x'=x-L_i+1}^{x}(N_{i,x',y-W_i}-N_{i,x',y})\quad \forall x\in X,\ y\in Y \tag{14.25}$$

对于更简单的一维条带装箱问题，可以去掉二维情况下使用的 x 维度，并且该系统被建模为沿着条带的垂直长度(y 轴)具有单个资源的模型。

Wassick 和 Ferrio[9] 提出了空间 RTN 模型在用于载荷运输的半挂车装载上的应用。目标是最大化装载到半挂车地板空间上的包裹数量。不允许包裹堆叠，并且高速公路质量限制强制规定了最大总载荷质量和最大后(双联)轴负载。使用图 14.17 所示的力平衡引入重量限制。包裹(m_i)、主销(F_K)和双联(后)轴(F_T)的力平衡如式(14.26)所示。总质量约束在式(14.27)中给出，力矩平衡在式(14.28)中给出，后轴质量限制在式(14.29)中给出。四种不同的包裹类型被允许用于 10 个单位长的半挂车。模型参数值见 Wassick 和 Ferrio[9]。

$$F_T+F_K=\sum_{i\in I}\sum_{x\in X}\sum_{y\in Y}N_{i,x,y}\cdot m_i \tag{14.26}$$

$$F_T+F_K\leqslant W^{\max} \tag{14.27}$$

$$\sum_{i\in I}\sum_{x\in X}\sum_{y\in Y}N_{i,x,y}\cdot m_i\cdot\left(x+\frac{L_i}{2}\right)=D_K\cdot F_K+D_T\cdot F_T \tag{14.28}$$

$$F_T\leqslant F_T^{\max} \tag{14.29}$$

模型目标是最大化载荷质量(F_T+F_K)。所得模型(131 个二元变量、211 个连续变量和 77 个方程)使用 CPLEX 10.1.1 在父节点(110 次迭代)上求解，无须分支。优化的装载布局如图 14.17 所示，其中装载了 12 个箱子，总质量为 44 个单位，在后轴上放置了允许的最大载荷(18 个单位)。空间 RTN 模型已在陶氏公司成功应用，以最大限度地提高载荷并降低运费。还包括了附加约束以保持在轴载荷限制内，应对旋转包裹方向以及其他特殊包裹安排。

14.3.4 事务业务流程优化的 RTN

目前正在开发的 RTN 模型的另一个有价值应用是用于供应链中业务事务流程的在线优化[12]。在供应链中常见的业务流程包括订单到收款(Order-to-Cash，OTC)和采购到付款(Procure-to-Pay，PTP)流程。这些流程描述了有请求时必须发生的端到端事务(例如，在客户下订单和收到已完成订单的付款之间必须执行的操作)。已经开发了一个数字孪生框架，将供应链业务流程建模为事务排队网络。这一概念如图 14.18 所示。当请求(例如，客户订单)到达并向下游移动时，它们会经过对请求执行的一系列步骤(例如，信用检查、进出口海关表单、库存确认、运输装载和生成发票)。这些步骤不必是串行的，因为可能存在并行事务，以及与请求通过系统的"正常"流程的偏差(例如，纠正订单中的错误或重新安排装运)。在每个事务中，分配给该事务的资源数量有限(例如，人工或自动代理)。每个事务都具有不确定的持续时间，并被建模为连续概率分布，它可以特定于请求类型、请求者或代理。

真实流程的数字仿真是通过具有优化循环的离散事件模拟，从输入数据中创建的，如图 14.19 所示。优化循环作为离散事件模拟中的一个事件运行，该事件将业务流程的当前状态(例如，在网络中不同事务处正在执行的活动请求和排队的请求)以及事务网络结构、模型参数、请求详情和资源映射作为其输入。利用这些输入构建业务流程的 RTN 模型，以运行调度优化，最大化按时完成的订单数量。然后将所得调度方案转换为队列优先级和任意任务抢占，并将其传递给模拟。然后，模拟使用新的优先级队列和抢占继续运行，直到再次触发优化循环。每次触发优化事件时，RTN 模型都会用新的系统状态进行更新，优化事件可以周期性地发生，也可以某个事件发生(例如，系统扰动)为条件而发生。请注意，解决优化所需的时间至关重要，因为这决定了模拟中优化事件的持续时间。如果模拟已经从传递给 RTN 模型的原始状态显著变动了，那么过长的优化运行时间可能导致与实际不再相符的队列优先级。

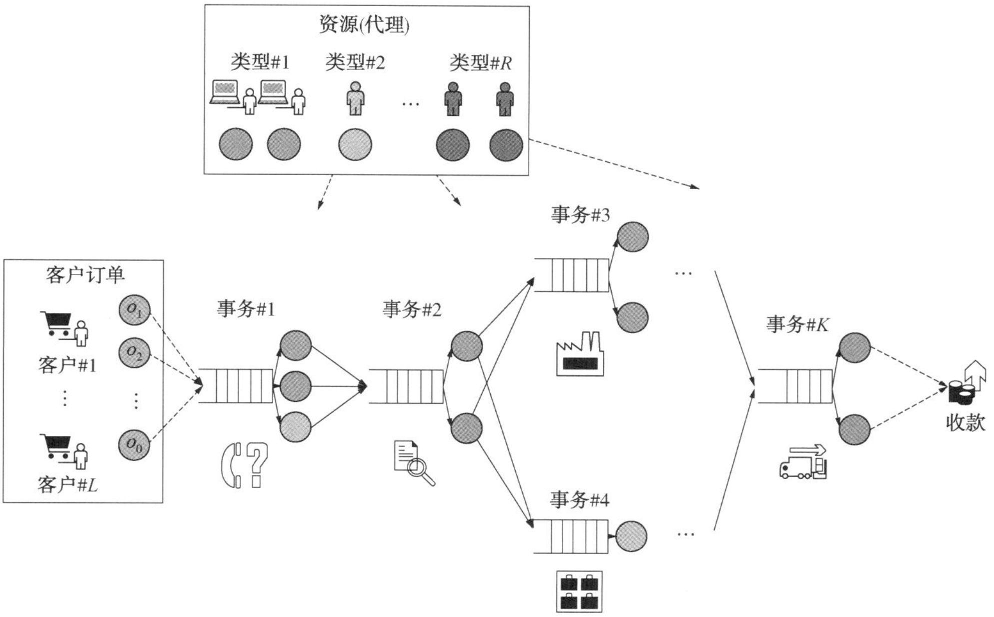

图 14.18　订单到收款业务流程中的事务队列的示例网络

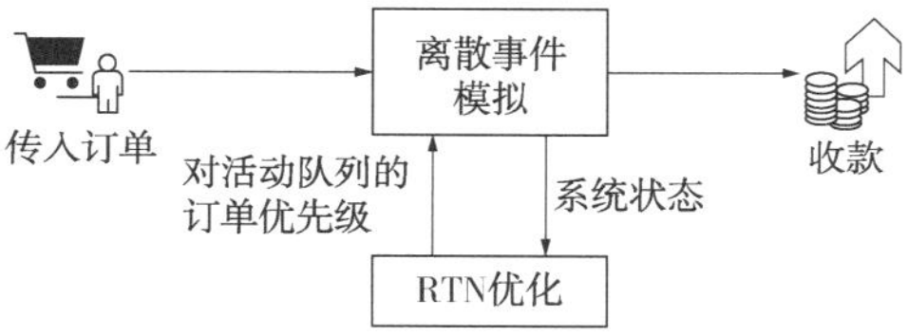

图 14.19　集成的模拟-优化框架

通过处理时间的不确定性、异常发生(会要求一个请求在网络中采用替代路径或被循环回去再处理)的不确定性、请求到达日期的不确定性以及客户违约的不确定性，随机性被引入了模拟中。初步案例研究表明，相对于用于处理传入订单的未优化的先进先出(FIFO)方法，使用运行事务性 RTN 的优化循环有可能带来可观的利润收益。

14.4　对行业的影响

RTN 框架及其扩展对陶氏公司产生了重大影响。例如，使用状态空间 RTN 的在线响应式调度由于提高了生产率和更稳定的运营，每年的利润增长超过 500 万美元。自实施以来，批次等待时间减少了 50%以上，运行能力增加了 5%，人工对装置干预次数减少了 75%[33]。RTN 应用于集成调度和动态建模的技术成功还在 2014 年获得了 Frost&Sullivan 制造业领导力委员会颁发的制造业领导力奖。

14.5 结论

在过程调度优化的背景下，对离散时间和连续时间的经典 RTN 建模框架进行了概述，其已被证明是一个数学上紧凑的模型，特别是对于具有相同处理单元和多个路径的问题。描述了对经典模型结构的扩展，包括：①基于质量的转换的网络结构；②处理有时间窗口的外部物料转移的约束；③确保在单次装运中完成订单的约束；④在数学上简化物料输送的资源限额平衡；⑤允许软约束的约束修正（例如轻微的安全库存违背）；⑥通过多任务范围降低模型复杂度。

由于 RTN 的建模灵活性，在将现有问题映射到资源任务范式时，通常需要实践者的创造力和专业知识。例如，需要适当地定义资源，以及它们在流程不同阶段的交互，包括输入所有必要的建模参数和描述系统约束。尽管这可能并不总是像在其他建模范式中那样直观，但一旦完成了映射，RTN 就会成为一个强大的优化工具。然后就可利用 RTN 的计算优势来解决许多不同的问题，从传统的离线间歇调度到响应式调度、空间装箱优化和业务流程优化。在陶氏，RTN 的这些新颖应用已经并正在产生积极影响。

从实现的角度来看，重要的是确保 RTN 模型参数可以由最终用户（通常不是最初的模型开发人员）无缝更新，以使其能够在实际应用中继续使用。过去曾尝试开发使用 RTN 范式进行间歇调度的软件包，但从未商业化（例如，gBSS 软件[34]）。无论这样的软件包是否被开发出来，RTN 模型预计将继续为许多行业以及化工行业中的其他应用提供价值。

致　谢

作者感谢陶氏化学公司和卡内基梅隆大学先进流程决策中心的支持和资助。

参　考　文　献

[1] G. P. Georgiadis, A. P. Elekidis, M. C. Georgiadis, Optimization-based scheduling for the process industries: from theory to real-life industrial applications, Processes 7(2019)438, https://doi.org/10.3390/pr7070438.

[2] C. Maravelias, Chemical Production Scheduling: Mixed-Integer ProgrammingModels and Methods, Cambridge University Press, Cambridge, 2021.

[3] C. A. Mendez, J. Cerdá, I. E. Grossmann, I. Harjunkoski, M. Fahl, State-of-the-art review of optimization methods for short-term scheduling of batch processes, Comput. Chem. Eng. 30(2006)913-946, https://doi.org/10.1016/j.compchemeng.2006.02.008.

[4] C. A. Floudas, X. Lin, Continuous-time versus discrete-time approaches for scheduling of chemical processes: a review, Comput. Chem. Eng. 28(2004)2109-2129, https://doi.org/10.1016/j.compchemeng.2004.05.002.

[5] N. Shah, C. C. Pantelides, R. W. H. Sargent, A general algorithm for short-term scheduling of batch operations—Ⅱ. Computational issues, Comput. Chem. Eng. 17(1993)229-244, https://doi.org/10.1016/0098-1354(93)80016-G.

[6] R. Bixby, E. Rothberg, Progress in computational mixed integer programming—a look back from the other side of the tipping point, Ann. Oper. Res. 149(2007)37-41, https://doi.org/10.1007/s10479-006-0091-y.

[7] J. X. Chen, The evolution of computing: AlphaGo, Comput. Sci. Eng. 18(2016)4-7, https://doi.org/10.1109/MCSE.2016.74.

[8] I. Harjunkoski, C. T. Maravelias, P. Bongers, P. M. Castro, S. Engell, I. E. Grossmann, J. Hooker,

C. Mendez, G. Sand, J. Wassick, Scope for industrial applications of production scheduling models and solution methods, Comput. Chem. Eng. 62(2014)161-193, https://doi.org/10.1016/j.compchemeng.2013.12.001.
[9] J. M. Wassick, J. Ferrio, Extending the resource task network for industrial applications, Comput. Chem. Eng. 35(2011)2124-2140, https://doi.org/10.1016/j.compchemeng.2011.01.010.
[10] Y.Nie, L. T. Biegler, J. M. Wassick, C. M. Villa, Extended discrete-time resource task network formulation for the reactive scheduling of a mixed batch/continuous process, Ind. Eng. Chem. Res. 53 (2014)17112-17123, https://doi.org/10.1021/ie500363p.
[11] N. Akiya, S. Bury, J. M. Wassick, Generic framework for simulating networks using rule-based queue and resource-task network, in: S. Jain, R. R. Creasey, J. Himmelspach, K. P. White, M. Fu (Eds.), Proceedings of the 2011 Winter Simulation Conference, IEEE, Phoenix, 2011, pp. 2194-2205.
[12] H. D. Perez, S. Amaran, E. Erisen, J. M. Wassick, I. E. Grossmann, A digital twin framework for business transactional processes in supply chains, Computer Aided Chemical Engineering, vol. 50, Elsevier, 2021, pp. 1755-1760.
[13] V. Chen, Plenary: Planning Transportation Capacity at Amazon—2019 INFORMS Annual Meeting j October 20-23, 2019, 2019. http://meetings2.informs.org/wordpress/seattle2019/2019/10/23/plenary-planning-transportation-capacity-at-amazon/. (Accessed 29 January 2021).
[14] E. Kondili, C. C. Pantelides, R. W. H. Sargent, A general algorithm for short-term scheduling of batch operations—I. MILP formulation, Comput. Chem. Eng. 17(1993)211-227, https://doi.org/10.1016/0098-1354(93)80015-F.
[15] C. C. Pantelides, Unified frameworks for optimal process planning and scheduling, in: Proceedings on the Second Conference on Foundations of Computer Aided Operations, 1994, pp. 253-274.
[16] R. J. Dakin, A tree-search algorithm for mixed integer programming problems, Comput. J. 8(1965)250-255, https://doi.org/10.1093/comjnl/8.3.250.
[17] E. Balas, S. Ceria, G. Cornuejols, A lift-and-project cutting plane algorithm for mixed 0-1 programs, Math. Program. 58(1993)295-324, https://doi.org/10.1007/BF01581273.
[18] E. L. Johnson, G. L. Nemhauser, M. W. P. Savelsbergh, Progress in linear programming-based algorithms for integer programming: an exposition, INFORMS J. Comput. 12(2000)2-23, https://doi.org/10.1287/ijoc.12.1.2.11900.
[19] A. M. Geoffrion, Generalized benders decomposition, J. Optim. Theory Appl. 10(1972)237-260, https://doi.org/10.1007/BF00934810.
[20] M. A. Duran, I. E. Grossmann, An outer-approximation algorithm for a class of mixed-integer nonlinear programs, Math. Program. 36(1986)307-339, https://doi.org/10.1007/BF02592064.
[21] L. Su, L. Tang, D. E. Bernal, I. E. Grossmann, Improved quadratic cuts for convexmixedinteger nonlinear programs, Comput. Chem. Eng. 109(2018)77-95, https://doi.org/10.1016/j.compchemeng.2017.10.011.
[22] T. Westerlund, F. Pettersson, An extended cutting plane method for solving convex MINLP problems, Comput. Chem. Eng. 19(1995)131-136, https://doi.org/10.1016/0098-1354(95)87027-X.
[23] F. Glover, Improved linear integer programming formulations of nonlinear integer problems, Manag. Sci. 22 (1975)455-460, https://doi.org/10.1287/mnsc.22.4.455.
[24] S. Sridhar, J. Linderoth, J. Luedtke, Locally ideal formulations for piecewise linear functions with indicator variables, Oper. Res. Lett. 41(2013)627-632, https://doi.org/10.1016/j.orl.2013.08.010.
[25] V. Gupta, I. E. Grossmann, An efficient multiperiod MINLP model for optimal planning of offshore oil and gas field infrastructure, Ind. Eng. Chem. Res. 51(2012)6823-6840, https://doi.org/10.1021/ie202959w.
[26] J. Ostrowski, M. F. Anjos, A. Vannelli, Formulations for the unit commitment problem, IEEE Trans. Power Syst. 27(2012)39-46, https://doi.org/10.1109/TPWRS.2013.2251373.
[27] H. Marchand, A. Martin, R. Weismantel, L. Wolsey, Cutting planes in integer and mixed integer programming, Discret. Appl. Math. 123(2002)397-446, https://doi.org/10.1016/S0166-218X(01)00348-1.
[28] P. Castro, A. P. F. D. Barbosa-Póvoa, H. Matos, An improved RTN continuous-time formulation for the short-term scheduling of multipurpose batch plants, Ind. Eng. Chem. Res. 40(2001)2059-2068, https://doi.org/10.1021/ie000683r.

[29] P. M. Castro, A. P. Barbosa-Póvoa, H. A. Matos, A. Q. Novais, Simple continuous-time formulation for short-term scheduling of batch and continuous processes, Ind. Eng. Chem. Res. 43(2004)105-118, https://doi.org/10.1021/ie0302995.
[30] H. Lee, C. T. Maravelias, Combining the advantages of discrete-and continuous-time scheduling models: part 3. General algorithm, Comput. Chem. Eng. 139 (2020) 106848, https://doi.org/10.1016/j.compchemeng.2020.106848.
[31] H. D. Perez, S. Amaran, E. Erisen, J. M. Wassick, I. E. Grossmann, Optimization of extended business processes in digital supply chains using mathematical programming, Comput. Chem. Eng. 152 (2021)107323.
[32] B. Brunaud, H. D. Perez, S. Amaran, S. Bury, J. Wassick, I. E. Grossmann, Batch scheduling with quality-based changeovers, Comput. Chem. Eng. 132(2020), https://doi.org/10.1016/j.compchemeng.2019.106617.
[33] P. Hayot, Online scheduling and model-based optimization: a candid practitioner view, in: Foundations of Computer Aided Process Operations/Chemical Process Control, Tucson, 2017.
[34] N. Shah, Efficient Scheduling, Planning and Design of Multipurpose BatchPlants, Imperial College London (University of London), 1992.